城市轨道交通系列丛书

城市轨道交通概论

（第二版）

林瑜筠 主编

中国铁道出版社有限公司

2021年·北京

内 容 简 介

本书全面介绍城市轨道交通各系统的基本概念、基本组成和原理，共分为10章：城市轨道交通综述、线路与站场、车辆、供电、信号、通信、机电设备、综合监控系统、单轨交通、规划与运营管理。

本书内容全面、新颖，由浅入深，读各章概述先建立概念框架，再进而深入，可收到明显的学习效果。本书体现了最新的科技动态和成果。

本书可作为从事城市轨道交通的工程技术人员和技术工人的学习用书，以及城市轨道交通技术培训用书；还可作为城市轨道交通高、中等学校相关专业的教材；也可作为对城市轨道交通有兴趣者的读物。

图书在版编目（CIP）数据

城市轨道交通概论/林瑜筠主编．—2版．—北京：中国铁道出版社有限公司，2021.4

（城市轨道交通系列丛书）

ISBN 978-7-113-27786-4

Ⅰ．①城…　Ⅱ．①林…　Ⅲ．①城市铁路-轨道交通-概论　Ⅳ．①U239.5

中国版本图书馆CIP数据核字（2021）第041684号

书　　名：城市轨道交通概论

作　　者：林瑜筠

责任编辑：徐　清　崔忠文　**电话：**（010）51873147　**电子信箱：**357716058@qq.com

编辑助理：王　烁

封面设计：薛小卉　高博越

责任印制：高春晓

出版发行：中国铁道出版社有限公司（100054，北京市西城区右安门西街8号）

网　　址：http://www.tdpress.com

印　　刷：三河市荣展印务有限公司

版　　次：2011年7月第1版　2021年4月第2版　2021年4月第1次印刷

开　　本：710 mm×1 000 mm　1/16　印张：23.5　字数：465千

书　　号：ISBN 978-7-113-27786-4

定　　价：58.00元

前　言

城市轨道交通（包括地铁和轻轨）具有运量大、速度快、安全可靠、污染轻、受其他交通方式干扰小等特点，对改变城市交通拥挤、乘车困难、行车速度下降、空气污染是行之有效的。因此，城市轨道交通是现代化都市所必需的。20 世纪 90 年代以来，我国城市轨道交通加快了建设步伐，尤其是进入 21 世纪，迎来了城市轨道交通建设的高潮。我国城市轨道交通总里程已超越 7 500 km，居世界第一位，发展前景广阔。

城市轨道交通设备包括线路与车站、车辆、供电、信号、通信设备以及其他机电设备（自动售检票系统、火灾自动报警系统和自动灭火系统、环境与设备监控系统、通风与空调设备、给排水及消防设备、安全门、防淹门、自动扶梯和电梯、门禁系统、综合监控系统等），是城市轨道交通赖以正常运营的物质和技术基础。城市轨道交通设备的技术水准和运用质量、运营管理水平是城市轨道交通安全、高效运行，满足人们出行需求的保证。

本书全面而概要地介绍了城市轨道交通各系统与设备。全书共分 10 章：城市轨道交通综述、城市轨道交通线路与站场、城市轨道交通车辆、城市轨道交通供电、城市轨道交通信号、城市轨道交通通信、城市轨道交通机电设备、城市轨道交通综合监控系统、单轨交通、城市轨道交通规划与运营管理。第二章至第八章分别介绍各种设备的作用、组成、基本原理和使用方法。单轨交通运用较少，故将其线路、车辆、供电、信号的内容单列为第九章予以介绍。本书尽可能覆盖了我国各地城市轨道交通的各种设备，但因属于概论性质，对于各种系统和设备不可能详细介绍。如需进一步了解，可阅读与本书配套的《城市轨道交通信号》《城市轨道交通通信》《城市轨道交通供电》《城市轨道交通车辆》《城市轨道交通运营管理》《城市轨道交通线路与站场》等书籍。

本次对 2011 年版的本书，根据城市轨道交通的发展现状进行了全面的修订。

本书由南京铁道职业技术学院林瑜筠主编。上海申通地铁公司林一鸣，南京铁道职业技术学院刘妮娜、韩宜康、陈刚、刘慧，杭州杭港地铁有限公司马学霞，上海公用事业学校周文霞担任副主编。林瑜筠编写第一章并对全书进行统筹，韩宜康编写第二章，刘妮娜编写第三章、第七章，陈刚编写第四章，周文霞编写第五章，林一鸣编写第六章、第八章，马学霞编写第九章，刘慧编写第十章。

在本书编写过程中，得到许多单位和同仁的大力支持和热情帮助，在此表示衷心的感谢。

由于我国城市轨道交通设备，尤其是ATC，引入多国技术，制式纷杂，资料难以搜集齐全，再加上编者水平所限，时间仓促，书中不免有错误、疏漏和不妥之处，恳望读者批评指正，以不断提高本书水平，为我国城市轨道交通事业的发展尽绵薄之力。

编　者

2020年12月

目　录

第一章
城市轨道交通综述

城市轨道交通是大城市，尤其是特大城市的重要基础设施，对于改善城市交通状况、优化环境、构建现代化立体交通系统起着非常重要的作用。我国正掀起发展和建设城市轨道交通的高潮，这必将促进城市的发展。

第一节　城市和城市轨道交通

一、城　　市

城市是在人类社会发展过程中，由于人们在政治、经济、科学、文化、生活等方面的需要而形成的活动中心，是人类文明和社会进步的标志。城市代表了一个社会发展的高峰，集中了人类智慧与成就，同时也集中了社会与时代两方面的矛盾。

从地理形态上定义，城市是指地处交通方便、覆盖有一定面积的人群和建筑物的密集结合体。从功能与职能内涵上定义，城市是具有中心性能的区域焦点，是从事第二、第三产业人口的集中居住地。

随着经济发展和科技进步，劳动生产率的提高，农村人口逐渐向城市聚集，城市数量增加，规模不断扩大，人口急剧增长，出现了人类社会发展的大趋势——城市化。城市形态发展的最终趋势，是形成人口高度集中的超级大城市，或向多中心组团式城市、大都市圈，多个城市组合而成的城市群、城市带形态发展。

二、城市轨道交通

1. 定义

城市轨道交通是以轨道交通运输方式为主要技术特征，在城市公共客运交通系统中具有中等以上运量的轮轨交通系统，主要为城市公共客运服务，是一种在城市公共客运交通中起骨干作用的现代化立体交通系统。城市轨道交通号称“城市交通的主动脉”。

城市轨道交通车辆在固定导轨上运行，有别于道路交通；服务于城市公共客运，也有别于城际铁路、市郊铁路及大都市圈范围内的铁路。

在中国国家标准《城市公共交通常用名词术语》中，将城市轨道交通定义为“通常以电能为动力,采取轮轨运转方式的快速大运量公共交通之总称”。在《城市轨道交通技术规范》(GB 50490—2009)中,城市轨道交通定义为“采用专用轨道导向运行的城市公共客运交通系统,包括地铁系统、轻轨系统、单轨系统、有轨电车、磁浮系统、自动导向轨道系统、市域快速轨道系统”。目前中国城市轨道交通主要分为地下铁道(以下简称地铁)和轻轨交通(以下简称轻轨)两种形式。

市域铁路是大都市市域范围内的客运轨道交通系统,服务于城市与郊区、中心城市与卫星城、重点城镇间,服务范围一般在 50 ~ 100 km 之内,设计速度为 100 ~ 160 km/h,平均站间距不小于 3 km。市域铁路属于城市轨道交通的范畴。

2. 地铁和轻轨

地铁,国际隧道协会将其定义为轴重相对较重、单方向输送能力在 3 万人次/h 以上的城市轨道交通系统。

轻轨的输送能力为 1.5 万 ~ 3.0 万人次/h。它的车辆轴重较轻,施加在轨道上的荷载相对于地铁的荷载来说比较轻,因而称之为轻轨。1978 年 3 月,国际公共交通联合会(UITP)确定了现代有轨电车交通的统一名称,英文为 Light Rail Transit,简称“轻轨”,缩写为 LRT。而在我国,根据城市快速轨道交通工程项目建设相关标准,用轻轨来命名中等运量的城市轨道交通,这和欧洲所说的轻轨有所区别。

轻轨与地铁的不同之处在于轻轨运量较小,采用较小的车辆,线路曲率半径较小以及“最大坡度”较大。它们的线路大体上是相同的,供电设备、信号设备、通信设备、机电设备以及运营管理是完全相同的。

地铁在中心区全部或大部分位于地下隧道内,在市郊则采用地面和高架线路;轻轨除采用地面和高架线路,也可采用地下线路。

不能认为,位于地面和高架的线路是轻轨,而地铁必须位于地下隧道内。例如,上海轨道交通 3 号线全部采用高架线路,许多人称之为轻轨,这是不正确的。因为 3 号线完全是按地铁标准设计的。而 6 号线和 8 号线,大部分位于地下隧道内,却是按轻轨标准设计的。也不能认为,轻轨的轨道较轻。虽然轻轨的轴重较轻,但是为了保证列车运行的平稳,仍然采用与地铁一样的钢轨。

另有单轨交通,也可纳入轻轨的范畴。单轨交通又称独轨交通,分为跨座式和悬挂式两种,前者车辆跨在一根走行轨道上行走,其重心位于走行轨道上方;后者车辆悬挂于可在轨道梁上行走的走行装置下面,其重心位于轨道梁的下方。单轨交通适宜于市区较窄的街道,我国仅有重庆、芜湖采用跨座式单轨交通。

3. 城市轨道交通的网络化

单一的城市轨道交通线路不能满足市民出行的需要,更不能缓解城市交通的拥堵状况。必须形成多条线路互换的、基本覆盖城市主要区域的城市轨道交通网络,才能有效解决城市交通的问题。城市轨道交通的网络化是大城市,尤其是特大城市发展的必然趋势。

城市轨道交通的网络至少要由三条以上独立运行的线路构成，而且每条线路至少有一个以上与其他线路换乘的车站。城市轨道交通的网络化对于客流组织、客运服务以及应急处置都提出较高的要求。

目前，我国北京、上海、广州、深圳、南京、武汉、重庆、成都、天津、香港、台北等已经实现了城市轨道交通的网络化运营。

第二节　城市轨道交通的设备组成

城市轨道交通设备基本上可分为线路、站场、车辆、供电、信号、通信及其他设备（包括自动售检票、门禁、火灾自动报警和自动灭火、车站机电设备、环境与设备监控、综合监控）。这些设备是城市轨道交通的“硬件”，是正常运营的物质基础和安全的技术保证。

城市轨道交通系统采用了以计算机处理技术为核心的各种自动化设备，从而代替人工的、机械的、继电的设备运行和安全保证系统。如ATC（列车自动控制）系统可以实现列车自动驾驶、自动跟踪、自动调度；PSCADA（电力监控）系统可以实现主变电所、牵引变电所、降压变电所设备系统的遥控、遥信、遥测；BAS（环境监控系统）和FAS（火灾报警系统）可以实现车站环境控制的自动化和消防、报警系统的自动化；AFC（自动售检票系统）可以实现自动售票、检票、清分等功能。这些系统全线各自形成网络，均在OCC（控制中心）设中心计算机，实行统一指挥、分级控制。

一、线路和站场

每一条城市轨道交通线路都是由线路（区间隧道或地面线路或高架线路）、车站及附属建筑物组成。城市轨道交通线路是城市轨道交通车辆运行的基础，按其空间位置，有地下、地面和高架三种形式。上部建筑沿用传统铁路方式，由钢轨、轨枕、联结零件等组成。线路下部基础由路基、道床等组成，现多采用整体道床结构。跨座式单轨铁路的车体重心在轨道梁的上方，运行时车体跨坐在轨道梁上。

城市轨道交通线路按其在运营中的作用，分为正线、辅助线和车场线。辅助线包括折返线、渡线、联络线、停车线、出入段线、安全线等。车场线指牵出线、停车线及车辆段内的各种作业线和试车线。

道岔，可以把不同位置和方向的轨道相互连接起来。

车站是城市轨道交通的重要组成部分，是集散客流的基本设施。

车辆段用于列车停留、折返、临修及检修。包括停车库、检修库、运用管理部门等。

二、车　　辆

车辆是城市轨道交通的重要组成部分，应具有先进性、可靠性和实用性，满足容量大、安全、快速、美观和节能的要求。城市轨道交通车辆有动车和拖车，带司机室车和不带司机室车等多种形式。动车又分为带有受电弓的动车和不带受电弓的动车。在运营时采用动拖结合、固定编组，形成电动车组。

车辆由车体、转向架、车钩缓冲装置、制动装置、受流装置、电气系统以及内部设备组成。

车体分为有司机室车体和无司机室车体两种。现均采用整体承载的钢结构或铝合金结构，为在最轻的自重下满足强度的要求。

转向架分为动力转向架和非动力转向架，分别安装在动车和拖车上。

车钩缓冲装置用于连接车辆，并改善列车纵向平稳性，连接车辆之间的电气和空气的管路。

制动装置使运行中的车辆按需要减速或在规定的距离内停车。

受流装置从接触导线或导电轨将电流引入车辆。

车辆电气系统包括车辆上的各种电气设备及其控制电路。

车辆内部设备包括照明、通风、取暖、空调、座椅、拉手等服务于乘客的车体内的固定附属装置，以及蓄电池箱、主控制箱、电动空气压缩机组、总风缸、电源变压器、各种电气开关和接触器箱等服务于车辆运行的装置。

三、供　　电

城市轨道交通供电系统是最重要的基础能源系统，为各种用电设备提供动力电源，确保轨道交通列车和照明、通风、空调、给排水、通信、信号、防灾报警、安全门、自动扶梯等系统的正常运行。供电系统包含城市供电局地区变电站与轨道交通主变电所之间的输电线路、轨道交通供电系统内部输配电网络、直流牵引供电网和车站低压配电网、电力监控系统、防雷设施和接地系统等。

变电所可分为主变电所、牵引变电所、降压变电所或牵引降压混合变电所。电源及供电系统采用集中供电方式，中压供电网络与牵引供电系统共用，电源由主变电所供给。车站及区间动力、照明负荷由车站降压变电所供给。

动力、照明供电范围为各车站和区间、车辆段、综合维修基地的所有动力、照明用电，以及城市轨道交通物业用电。

接触网是城市轨道交通的输电网。通过电动车组的受电弓和接触网的滑动接触，牵引电流由接触网进入电动车组，驱动牵引电动机使列车运行。牵引变电所向接触网供电。

电力监控(PSCADA)系统对城市交通供电系统变电所、牵引网设备进行实时监视和数据采集,使调度管理人员实时地监视供电系统的运行情况,及时掌握和处理供电系统的各种事故、报警事件,准确实施调度指挥、事故抢修和事故处理,保证供电的可靠性、安全性。

四、信　　号

城市轨道交通信号系统的主要作用是保证行车安全和提高线路通过能力,是城市轨道交通的主要技术装备。

联锁设备是重要的信号设备,用来在车站、车辆段实现联锁关系,建立进路、控制道岔的转换和信号机的开放,以及进路的锁闭和解锁,以保证行车安全。联锁设备分为正线联锁设备和车辆段联锁设备。联锁设备现均采用计算机联锁。

列车自动控制(ATC)系统是城市轨道交通信号系统的最重要的组成部分,它实现行车指挥和列车运行自动化,能最大限度地保证列车运行安全,提高运输效率,减轻运营人员的劳动强度,增强城市轨道交通的通过能力。ATC 系统的技术含量高。ATC 系统包括三个子系统:列车自动防护(ATP)、列车自动运行(ATO)、列车自动监控(ATS)。

按照闭塞实现的方式,城市轨道交通的闭塞可分为固定闭塞、准移动闭塞和移动闭塞。移动闭塞式 ATC 系统可以实现较大的通过能力,技术水平较高,具有广阔的发展前景。

ATP 按地面信息的传输方式分为点式和连续式两种结构。按地—车信息传输所用的媒体分类,连续式 ATC 系统可分为有线与无线两大类,前者又可分为利用轨间电缆与利用数字编码音频轨道电路两类。采用无线传输的 CBTC 是新型的列车自动控制系统。最新的动向是发展全自动无人驾驶。

五、通　　信

城市轨道交通必须配备专用的、完整的、独立的通信系统,来构成城市轨道交道各部门之间的有机联系,以便于集中统一指挥,保证城市轨道交通列车安全、可靠、准点运行,实现行车调度和列车运行自动化。

城市轨道交通通信系统包括传输系统、公务电话系统、专用电话系统、无线通信系统、广播系统、时钟系统、视频监控系统(CCTV)、乘客信息系统(PIS)、电源及接地系统等。

六、其他机电设备

按照《城市轨道交通技术规范》(GB 50490—2016)的规定,供电、信号、通信设备属于机电设备,除此之外的其他机电设备包括:通风、空调、采暖设备,给排水及消防设备,火灾自动报警,自动售检票,环境与设备监控,自动扶梯和电梯,站台安全门,防淹门,门禁。这些系统还集成为综合监控系统。

城市轨道交通地下车站的内部空气环境采用通风或空调系统进行控制,分为通风系统和空调系统。通风空调系统按控制区域分为隧道通风系统和车站通风空调系统两大部分。隧道通风系统分为区间隧道通风系统和车站隧道通风系统。车站通风空调系统分为车站公共区通风空调系统(大系统)、车站设备和管理用房通风空调系统(小系统)和空调循环水系统。

城市轨道交通给排水系统包括给水系统、排水系统和水消防系统。给水系统由车站、区间生产和生活给水系统组成。排水系统由雨水系统、污水系统和废水系统组成。

火灾自动报警系统(FAS),对城市轨道交通全线进行火灾探测、报警和控制。FAS有中央级和车站级两级监控。FAS系统由控制中心系统、车站级火灾自动报警系统和现场设备组成。城市轨道交通的主变电所、变配电所、信号设备室及车站控制室等一些电子电气用房采用自动灭火系统进行保护。自动灭火系统由存储输送灭火介质的管网子系统和探测报警的控制子系统组成,平时由自动灭火系统的控制子系统来监视防护区的状态,火灾时能自动报警,并按预先设定的控制方式启动灭火装置,达到扑灭防护区火灾的目的。

环境与设备监控系统(BAS)是将城市轨道交通沿线车站、区间和相关建筑内的环控、低压、照明、给排水、安全门等设备,以集中监控和科学管理为目的而构成的综合自动化系统。其接受FAS和ATS等系统的灾害信息,控制相关设备转向灾害模式,从而实现城市轨道交通防灾自动化,对车站设备实现科学管理和合理维护。

自动售检票系统(AFC)用于自动售票、自动检票和自动统计、结算。它是集机械、电子、计算机应用、计算机网络管理、通信传输、票务政策及票务管理等功能于一体的控制系统和信息管理系统。AFC通常由中央计算机、车站计算机、票房售票机、自动售票机、进/出闸机、验票机和车票等部分组成。

自动扶梯、电梯设置在车站内和出入口。自动扶梯将地面上的乘客送入地下站台或高架站台,以及将地下站台或高架站台下车的乘客送到地面。电梯主要为行动不方便的乘客提供出入城市轨道交通的一条无障碍通道。

安全门系统是为了在城市轨道交通地下车站达到节能与保护乘客安全的目的而设置的。为了起到保护乘客的目的,在高架车站则常常设置半高安全门。安全门系统主要由门体、门机、电源与控制等部分组成。其中控制系统主要由安全门中央接口盘、安全门就地控制盘、门控单元以及通信介质和通信接口构成。安全门的控制模式有系统级控制、站台级控制和人工操作三种控制模式。

防淹门应用于地下线路穿越江河或湖泊等水域时，防止因意外使水流进入隧道和车站，是城市轨道交通的重要防灾设备。防淹门系统由闸门等机械部分和液位传感器、控制柜等监控部分组成，自动控制闸门的启闭。

门禁系统的功能主要是方便授权人员在受控情况下方便地进入设备管理区域。门禁系统由中央计算机、车站计算机、主控制器、电源箱、就地控制器、读卡器、电子锁、员工票以及通信网络组成。

第三节　城市轨道交通的特点

城市轨道交通的技术装备和运输组织工作远比地面交通复杂。但由于服务范围限于城市内部，服务对象比较单一，其运营管理比铁路简单得多。然而城市轨道交通的高密度、大运量需要现代化的设备和技术来保证。

一、与城市道路交通相比的特点

1. 城市轨道交通的优势

城市轨道交通具有城市道路交通无可比拟的优势：运能大，运行准时、速达、安全；能耗低，无污染，利于环境保护；用地省，能实现大运量的要求，具有良好的社会效益。

(1)容量大。地铁单向每小时运送能力可达 30 000 ~ 70 000 人次，轻轨交通在 10 000 ~ 30 000 人次之间，而公共汽车、电车为 8 000 人，在客流密集的城市建设轨道交通可极大地疏散公交客流。

(2)运行准时、速达。城市轨道交通是一种独立的有轨交通系统，有专用线路，与道路交通相隔离，不受地面道路情况的影响，不受其他交通工具、气候的干扰，一般不会出现交通阻塞而延误运行时间的问题，可保证乘客准时、迅速地到达目的地。

(3)安全。城市轨道交通或在地下或高架，即使在地面也与道路交通相隔离，与其他交通工具无相互干扰，且自身有可靠的安全保障措施，如果不遇到自然灾害或发生意外，运行安全有充分的保障。

(4)能耗低。由于城市轨道交通是大运量集约化的客运系统，且采用了多项高新技术，按每运送一位乘客的能源消耗评价，是其他任何一种城市交通方式所无法比拟的，节约了大量能源，对能源的适应性也相当强。在同样运输工作量的前提下，小轿车的能耗是轨道交通的 6 ~ 13 倍，公共汽车是轨道交通的 1.8 倍。

(5)无污染。城市轨道交通采用电力牵引，几乎没有污染，噪声小，有利于保护环境，符合生态化的要求，对于现代都市的可持续发展带来了极大的长远利益，堪称

"绿色交通"。从环境污染量来看,如二氧化碳、氮氧化合物、硫氧化合物排放等,轨道交通要比轿车及公共汽车小得多,轿车的二氧化碳的排放量是轨道交通的10~20倍。

(6)用地省。城市轨道交通多建于地下或高架,即使在地面占地也有限,充分利用了城市空间,节省日益宝贵的土地资源。从土地占用量来看,在同样的运能下,道路公交是轨道交通用地的8~10倍,轿车用地就更大了。

城市轨道交通路线越长,形成线网的规模越大,其优势就越明显。

2. 城市轨道交通的局限性

城市轨道交通确实具有优势,但也存在一定的局限性:

(1)建设投资巨大。城市轨道交通建设要求高、施工难度大、技术含量高,因此,城市轨道交通路线建设一次性的工程投资巨大,一个城市没有相当强的整体经济实力,是无法承受如此巨额的投资负担的。

(2)建设周期长。由于城市轨道交通建设难度大、周期长,一条线路往往需要几年才能建好,对于地面交通会造成一定的影响。

(3)建成后不易调整。城市轨道交通路线和车站一般均是永久性结构(比如地下隧道、高架结构等),一旦建成后就难以迁移和变动,几乎没有调整的可能性,不像地面公共交通可以机动地调整路线和设置站点,以满足乘客流量和流向变化的需要。

(4)运营成本高。城市轨道交通系统能源消耗绝对量大,包括列车牵引、环境控制、车站机电设备及通信信号设备等日常运转的能耗等。防灾系统使用机会虽然不多,但其日常维护保养的成本也相当高,再加上车站服务工作、运营管理的大量人员、设备的费用等,使整个轨道交通系统运营成本居高不下。

(5)存在安全隐患。虽然城市轨道交通有比较完善的防灾系统,但一旦遇有自然灾害尤其是火灾,乘客疏散困难,容易造成人员伤亡。

(6)经济效益有限。城市轨道交通系统带有较强的公益性,较多地关注社会效益,无法按运营成本核收票价,极易导致运营亏损。

二、与铁路相比的特点

城市轨道交通虽然和铁路同为轨道交通,但与铁路相比有一些不同之处。

(1)运营范围。城市轨道交通运行范围是城市市区及郊区,一般只有几十公里,运距短,不像铁路那样纵横数千里,而且连接城乡。城市轨道交通往往单条线路运行,列车不跨线运行,而铁路则全路成网,必须跨线运行。

(2)运行速度。城市轨道交通因在城市范围内运行,站间距离短(通常在1~2 km),且站站须停车,列车运行速度通常不超过80 km/h。而普速铁路最高运行速度在120 km/h以上,高速铁路最高运行速度达350 km/h。铁路快车停站少,直达列车则中途一站不停。

(3)服务对象。城市轨道交通的服务对象单一,只有市内客运服务,没有货运及行包服务,而且列车不分等级,不像铁路那样客、货混运,而且列车等级众多。

(4)线路与轨道。城市轨道交通大部分线路在地下或高架,较少在地面,均为双线。线路允许的设计坡度较大,列车质量较小,不受车辆牵引力的限制,因此没有限制坡度的概念。正线一般采用 9 号道岔,车辆段采用 7 号道岔,这些都与铁路不同。另外,城市轨道交通还有铁路没有的跨座式和悬挂式。铁路有单线、双线、多线,一般采用 12 号道岔,还有 18 号、42 号、62 号道岔。

(5)车站。城市轨道交通正线车站一般无配线,多数车站也没有道岔,站台长度较短,换乘多为立体方式,不像铁路车站有数量不等的道岔及股道,较复杂的咽喉区,换乘为平面方式。

(6)车辆段。城市轨道交通的车辆段不像铁路车辆段那样只有车辆检修的功能,而类似于铁路的区段站,要进行车辆检修、停放及大量列车编解、接发和调车作业。

(7)车辆。城市轨道交通采用电动车组,没有普通铁路那样的机车和车辆的概念,也没有铁路那样众多类型的车辆。

(8)列车编组。城市轨道交通列车编组通常为 4 ~ 8 辆,铁路动车组最少为 8 辆,其他客车可达 20 辆,货车则为几十辆,甚至上百辆。

(9)供电。城市轨道交通的供电包括牵引供电和动力照明供电。城市轨道交通均为电力牵引,也就没有非电气化铁路的说法。城市轨道交通的动力、照明供电尤为重要,一旦供电中断,将陷入整体瘫痪状态。城市轨道交通均为直流电力牵引,有接触网和接触轨两种形式,接触网供电电压1 500 V,接触轨供电电压 750 V(或 1 500 V)。铁路则为工频交流电力牵引,供电电压 25 kV。

(10)信号。城市轨道交通密度高、间隔短,普遍采用自动监控列车速度和自动调整列车追踪间隔的控制方式,某些方面的技术含量高于一般铁路。

城市轨道交通没有铁路那样数量和类型众多的信号机。

城市轨道交通车辆段可采用 50 Hz 轨道电路,过绝缘节采用一条线,称之为 Z 字线。而电气化铁路不能采用 50 Hz 轨道电路,过绝缘节必须采用扼流变压器。

(11)运营管理。城市轨道交通运营条件十分单纯,除了进、出段和折返作业外,没有越行、交会,正线上一般没有调车作业,易于实现自动监控,运输组织和运营管理没有铁路那样复杂。

第四节　城市轨道交通的效益

城市轨道交通的效益主要分为经济效益和社会效益。

一、经济效益

城市轨道交通是属于资本密集和技术密集的行业，其建设要求高、施工难度大、设备技术标准高，不仅建设成本高，而且运营成本也高，无法按运营成本核收票价。因此，除非个别城市轨道交通因乘客量巨大，产业开发经营较佳而略有盈余外，全世界的城市轨道交通绝大多数处于亏损状态，其盈利模式是世界性难题。

二、社会效益

城市轨道交通虽然没有可观的经济效益，但是带来的社会效益却是难以估量的。

(1)扩展了城市空间。轨道交通多建于地下或高架，较少占用地面，节约了非常宝贵的城市土地资源，开辟了城市新空间。

(2)疏通了地面交通。轨道交通吸引部分以至大部分客流，大大减少了地面车辆，从而使地面道路畅通，消除或缓解了交通阻塞现象。

(3)净化了环境。轨道交通零排放、低噪声大大减少了对环境的污染，非常有利于环境保护，实现了生态化的要求，为都市的可持续发展创造了有利条件。

(4)便利了市民生活。轨道交通便利了市民出行，在相当的程度上满足市民各方面的交通需求。

城市轨道交通还带来了新产业发展，具有开发沿线土地，使城市布局合理，增添现代都市景观等附加效应。

第五节　城市轨道交通的发展

一、世界城市轨道交通的发展

1863 年，世界上第一条城市轨道交通线路在英国伦敦建成通车，线路位于地下隧道内，用蒸汽机车牵引，称为地下铁道。这为人口密集的大都市如何采用铁路技术来发展公共交通取得了重要突破。特别是 1879 年电力牵引的研究成功，使地下运营环境和服务条件得到了空前的改善，地铁建设显示出强大的生命力。从此以后，世界上一些著名的大都市相继建造地下铁道。

自 1863 年至 19 世纪末，除伦敦外，有英国的格拉斯哥、美国的纽约和波士顿、匈牙利的布达佩斯、奥地利的维也纳,以及法国的巴黎等城市率先建成了地下铁道。

20 世纪前叶(1900 年至 1924 年),又有德国的柏林、汉堡,美国的费城以及西班牙的马德里等 9 座大城市相继修建了地下铁道。

其后经历了第二次世界大战,地铁建设处于低潮,但仍有日本的东京、大阪,苏联的莫斯科等少数城市在此期间修建了地铁。

第二次世界大战以后,随着汽车业的蓬勃发展,发达国家城市经济活动向乡村转移,城市客流需求下降,加上城市快速路的大量建设,一度使得城市轨道交通的发展步伐减缓。从 1950 年至 1974 年的 24 年间,加拿大的多伦多、蒙特利尔,意大利的罗马、米兰,美国的费城、旧金山,苏联的列宁格勒(今圣彼得堡)、基辅,日本的名古屋、横滨,韩国的汉城(今首尔)以及中国的北京等约 30 座城市相继建成了地铁。

1974 年的汽油短缺及其价格上涨,也促使人们重新向市中心聚集,刺激了公共交通需求的增长。1975 年至 1995 年的 20 年时间里,地铁建设在原有基础上,取得了长足的进展。世界上 30 多座城市在此期间建成了地铁或正在修建地铁:美洲有华盛顿、温哥华等 9 座城市;欧洲有布鲁塞尔、里昂、华沙等 9 座城市;亚洲更多,有神户、香港、加尔各答以及天津和上海等 16 座城市。

与此同时,有轨电车的建设,采用线路隔离、自动化信号系统、生产高新技术的车辆等措施来提高速度,改善舒适度,争取客流,形成了轻轨交通、单轨交通等系统。如 20 世纪 70 年代初美国率先在亚特兰大、巴尔的摩及迈阿密建设轻轨交通系统,随后底特律、洛杉矶、檀香山和休斯敦等 10 个城市都开始建设轻轨交通,掀起了美国第二次城市轨道交通建设的浪潮。

进入 21 世纪,由于世界经济的进一步发展和城市化进程的加快,不仅发达国家,而且发展中国家的许多城市也大力发展城市轨道交通。截至 2020 年底,有 52 个国家及地区,约 150 多个城市,总计 9 000 多公里的线路在运营。世界各国城市轨道交通线路情况如表 1 –1 所示。世界各主要城市轨道交通运营里程如表 1 –2 所示。世界各主要城市轨道交通年客运量如表 1 –3 所示。

表 1 –1　世界各国城市轨道交通运营里程

序号	国名	运营里程(km)	序号	国名	运营里程(km)
1	中国	7 652	7	俄罗斯	517
2	美国	1 228	8	英国	496
3	韩国	1 210	9	法国	357
4	德国	969	10	意大利	271
5	西班牙	639	11	巴西	270
6	日本	605	12	印度	268

续上表

序号	国名	运营里程(km)	序号	国名	运营里程(km)
13	墨西哥	234	35	葡萄牙	38
14	智利	175	36	乌兹别克斯坦	36
15	伊朗	168	37	白俄罗斯	35
16	马来西亚	155	38	阿塞拜疆	35
17	新加坡	149	39	秘鲁	35
18	加拿大	134	40	哥伦比亚	35
19	乌克兰	118	41	朝鲜	34
20	瑞典	108	42	匈牙利	32
21	土耳其	100	43	多米尼加	27
22	荷兰	88	44	格鲁吉亚	26
23	挪威	84	45	波兰	22
24	南非	80	46	芬兰	21
25	埃及	78	47	丹麦	21
26	阿联酋	75	48	保加利亚	18
27	委内瑞拉	71	49	波多黎各	17
28	奥地利	70	50	菲律宾	17
29	罗马尼亚	69	51	瑞士	14
30	捷克	65	52	巴拿马	14
31	阿根廷	60	53	阿尔及利亚	14
32	泰国	49	54	亚美尼亚	13
33	希腊	47	55	哈萨克斯坦	9
34	比利时	44			

表 1-2　世界各主要城市轨道交通运营里程

序号	国别	城市	里程(km)	序号	国别	城市	里程(km)
1	中国	上海	711	8	中国	南京	378
2	中国	北京	700	9	俄罗斯	莫斯科	365
3	中国	成都	519	10	中国	武汉	339
4	中国	广州	513	11	中国	重庆	329
5	中国	深圳	411	12	日本	东京	326
6	英国	伦敦	402	13	印度	德里	317
7	美国	纽约	380	14	韩国	首尔	314

续上表

序号	国别	城市	里程(km)	序号	国别	城市	里程(km)
15	西班牙	马德里	284	32	美国	旧金山	167
16	中国	香港	264	33	中国	苏州	166
17	中国	西安	244	34	中国	长沙	161
18	墨西哥	墨西哥城	227	35	西班牙	瓦伦西亚	156
19	法国	巴黎	220	36	中国	宁波	154
20	中国	天津	220	37	日本	大阪	153
21	中国	杭州	206	38	中国	台北	152
22	中国	郑州	206	39	马来西亚	吉隆坡	151
23	新加坡	新加坡	199	40	西班牙	巴塞罗那	144
24	中国	东莞	194	41	中国	昆明	139
25	美国	华盛顿	188	42	智利	圣地亚哥	118
26	中国	大连	184	43	中国	沈阳	117
27	伊朗	德黑兰	178	44	俄罗斯	圣彼得堡	113
28	中国	青岛	177	45	中国	南宁	108
29	德国	柏林	173	46	瑞典	斯德哥尔摩	108
30	美国	芝加哥	170	47	土耳其	伊斯坦布尔	106
31	韩国	釜山	168	48	中国	长春	100

表 1-3　世界各主要城市轨道交通年客运量

序号	国别	城市	客运量(亿人)	序号	国别	城市	客运量(亿人)
1	中国	北京	45.3	16	中国	武汉	12.2
2	中国	上海	38.8	17	中国	南京	11.5
3	日本	东京	37.3	18	新加坡	新加坡	11.4
4	中国	广州	33.1	19	中国	台北	10.6
5	中国	香港	30.6	20	中国	重庆	10.4
6	韩国	首尔	28.4	21	印度	德里	10.1
7	俄罗斯	莫斯科	24.4	22	中国	西安	9.5
8	中国	深圳	20.2	23	日本	大阪	8.7
9	美国	纽约	17.3	24	俄罗斯	圣彼得堡	7.3
10	墨西哥	墨西哥城	16.5	25	伊朗	德黑兰	7.2
11	法国	巴黎	15.2	26	智利	圣地亚哥	6.4
12	中国	成都	13.9	27	中国	杭州	6.3
13	英国	伦敦	13.8	28	西班牙	马德里	6.3
14	埃及	开罗	13.1	29	意大利	米兰	5.7
15	巴西	圣保罗	13.0	30	德国	柏林	5.6

从上述世界城市轨道交通建设发展概况可以看出,20 世纪 50 年代以后,世界范围内的城市轨道交通有了迅速发展。其主要原因:一是发达国家的小轿车激增与城市道路有限通行能力之间的矛盾日益突出,空气严重污染,使这些国家的城市都面临着如何在较长的距离内,以最有效而快速的方式来输送大量乘客的问题;二是战后以和平和发展为主流的年代里,随着亚洲、拉丁美洲的城市化进程加快以及数百万人口的城市不断增加,各国面临着如何解决日益突出的大量客流的问题。实践证明,建造城市轨道交通是解决这些难题的有效方法。

二、我国城市轨道交通的发展

北京于 1969 年开始试运营第一条地铁,其后天津于 1980 年建成长 7.4 km 的地铁。20 世纪 80 年代以前地铁的规划与建设,除了实现城市客运的功能之外,更重要的是考虑战备的要求。20 世纪 80 年代以后,以上海地铁 1 号线、北京地铁复八线、北京地铁 1 号线改造、广州地铁 1 号线建设为标志,我国真正以交通为目的的地铁项目开始建设。

由于建设 1 km 的地铁线路需要投资近 7 亿元人民币,被称为“天价工程”等问题,1995 年国务院办公厅 60 号文(《暂停审批快速轨道交通项目的通知》),宣布除上海地铁 2 号线项目外,“不再批准地铁项目立项”,并要求做好发展规划和国产化工作。这期间近 3 年国家没有审批城市轨道交通项目。1997 年底开始,国家计委研究城市轨道设备国产化实施方案,提出深圳地铁 1 号线、上海地铁 3 号线、广州地铁 2 号线作为国产化依托项目,并于 1998 年批复 3 个项目立项。2002 年 10 月中旬,国务院办公会议又决定,冻结各城市地铁立项。

2003 年,国家发改委《关于进一步加强快速城市轨道交通规划建设管理的意见》要求,建设轨道交通的城市市区常住人口在 300 万以上,地区生产总值 1 000 亿元以上,一般公共财政预算收入 100 亿元以上。

从 2005 年以后,随着国家积极财政政策的实施,国家从建设资金上给予有力支持,并通过技术引进,国际先进制造企业同国内企业合作,实现了城市轨道交通车辆、设备本地化,使城市轨道交通建设造价大大降低。国家先后批准了 40 多个城市轨道交通项目开工建设,并投入 40 亿元国债资金予以支持,我国轨道交通建设进入高速发展期。

2018 年,鉴于城市轨道交通建设的高投入,国家发改委《关于进一步加强城市轨道交通规划建设管理的意见》提高了建设城市轨道交通的要求。地铁,市区常住人口 300 万以上,地区生产总值 3 000 亿元以上,一般公共财政预算收入 300 亿元以上;轻轨,市区常住人口 150 万以上,地区生产总值 1 500 亿元以上,一般公共财政预算收入 150 亿元以上。这样,使得不够条件的城市,不再盲目建设。而符合条件的城市,因为确实需要,还在大规模地建设。

截至 2020 年底,中国已有 42 个城市在运营规模不一的轨道交通,如表 1－4 所示。

表 1－4　中国运营的城市轨道交通

序号	城市	首通时间	里程（km）	线路（条）	车站（座）	年运量（亿人次）	日均运量（万人次）	最高日运量（万人次）
1	上海	1993. 5. 28	711	17	428	38. 8	1 063	1 329
2	北京	1971. 1. 15	700	23	405	45. 3	1 241	1 375
3	成都	2010. 9. 27	519	12	332	14	383	568
4	广州	1997. 6. 28	513	14	271	33. 1	905	1 156
5	深圳	2004. 12. 28	411	11	283	10. 9	438	672
6	南京	2005. 5. 15	378	10	174	12. 8	350	422
7	武汉	2004. 7. 28	339	9	228	9. 3	305	445
8	重庆	2004. 11. 6	329	10	190	7. 4	300	373
9	香港	1979. 10. 1	264	11	169	20. 4	559	600
10	西安	2011. 9. 16	244	8	153	9. 4	259	407
11	天津	1984. 12. 28	220	6	139	5. 2	143	173
12	杭州	2012. 11. 24	206	5	122	6. 3	190	261
13	郑州	2013. 12. 28	206	7	153	2. 9	80	173
14	东莞	2016. 5. 27	194	4	55	0. 53	15	—
15	大连	2003. 5. 1	184	4	79	2. 03	55	—
16	青岛	2015. 12. 16	177	4	86	1. 9	52	85
17	苏州	2012. 4. 28	166	4	135	3. 6	99	155
18	长沙	2014. 4. 29	161	5	114	3. 3	90	—
19	宁波	2014. 5. 30	154	4	103	1. 02	55	100
20	台北	1996. 3. 28	152	6	117	7. 7	209	321
21	昆明	2012. 6. 28	139	5	57	1. 25	53	81
22	沈阳	2010. 9. 27	117	4	92	3. 7	101	134
23	南宁	2016. 6. 28	108	4	87	2. 14	59	140
24	长春	2002. 10. 30	100	5	85	1. 7	56	94
25	合肥	2016. 12. 26	90	3	78	0. 35	44	—
26	厦门	2017. 12. 31	72	2	56	0. 58	38	55
27	无锡	2014. 7. 1	61	2	53	1. 09	30	—
28	福州	2016. 5. 18	56	2	43	1. 07	29	—
29	高雄	2008. 3. 9	53	3	52	0. 63	17	47
30	南昌	2015. 12. 26	52	2	50	1. 74	48	—
31	桃园	2017. 3. 2	51	1	21	0. 27	5	—

续上表

序号	城市	首通时间	里程（km）	线路（条）	车站（座）	年运量（亿人次）	日均运量（万人次）	最高日运量（万人次）
32	呼和浩特	2019. 12. 29	49	2	43	0. 35	6	—
33	济南	2019. 4. 1	48	2	24	0. 07	2	—
34	徐州	2019. 9. 30	46	2	37	0. 19	6	15
35	石家庄	2017. 6. 26	43	2	37	0. 95	26	—
36	温州	2019. 1. 23	35	1	12	—	—	—
37	贵阳	2018. 12. 1	35	1	25	0. 5	14	18
38	常州	2019. 9. 21	34	1	29	0. 1	22	24
39	哈尔滨	2013. 9. 26	31	2	27	0. 8	22	31
40	乌鲁木齐	2018. 10. 25	28	1	21	0. 25	10	12
41	兰州	2019. 6. 23	26	1	20	0. 32	17	30
42	太原	2020. 12. 26	24	1	23	—	—	—
43	佛山	2010. 11. 3	21	1	15	0. 95	25. 8	36. 8
44	澳门	2019. 12. 20	9	1	11	—	—	—
45	新北	2019. 12	7	1	11	—	—	—

第二章

城市轨道交通线路与站场

线路是城市轨道交通车辆运行的基础设施。车站是城市轨道交通的窗口，是集散客流的基本设施。车辆段/停车场是城市轨道交通列车停留、折返、临修及检修的基地。线路和站场对于城市轨道交通来说，是赖以存在和发展的基础。

第一节　概　　述

线路包括正线和车辆段/停车场内的线路。站场指的是车站和车辆段/停车场。

一、线　　路

1. 线路及其分类

城市轨道交通线路按其在运营中的作用，可分为正线、辅助线和车场线。正线是指列车正常运行的线路，均为双线。辅助线包括车站配线（折返线、渡线、存车线）、联络线、出入段/场线、安全线等。个别车站有到发线。车场线是车辆段/停车场作业的线路，包括停车线、检修线、试车线、牵出线及其他各种作业线。

线路按其与地面的关系可分为地下线路、地面线路、高架线路。

城市轨道交通线路主要技术要素是平面、纵断面、横断面三个部分。从平面上看，线路由直线和曲线组成。曲线包括圆曲线和缓和曲线。从纵断面上看，线路包括坡段及坡段间的连接。横断面要满足线路各个断面列车通过的限界要求。

城市轨道交通线路的形态有径向形、环形和 Y 字形。

3 条以上的线路相互组合形成线网。最基本的线网形态结构有网格式、无环放射式及有环放射式。

2. 对线路的要求

线路是城市轨道交通工程的基本组成部分，线路必须满足行车安全、平顺与养护维修方便等要求，并保证乘客一定的舒适度。

（1）线路的敷设和封闭方式应根据沿线的土地利用规划、自然条件、环境保护及其功能定位综合确定。

（2）城市轨道交通线路与道路相交时，应采用立体交叉方式。

(3)正线(含支线)之间的接轨点应选择在车站,在进站方向应设置平行进路;当车辆段/停车场的出入段线/出入场线与正线的接轨点不在车站时,应设置相应的安全防护措施。

(4)正线线路的平面曲线和纵向坡度设置应保证列车运行安全,应与列车的性能参数相匹配,应与设计的列车运行速度相适应,并应满足运营和救援的要求。

(5)辅助线的设置应确保运营及救援的需要。

3. 城市轨道交通线路的特点

与铁路比较,城市轨道交通线路有如下特点:

(1)线路难以改建,线路设计要做长期考虑。城市轨道交通线路一经建成,无论在地下、地面还是高架,线路位置的改变都十分困难。另外,地面线路建成后因涉及周围建筑、道路等,其改建会引起很大的拆迁工程量,并破坏多年来逐渐形成的环境。因此,城市轨道交通的设计年限较长,应符合城市总体规划规定的年限。

(2)线路允许的坡度较大。线路用于客运,列车质量较小,不受车辆牵引力的限制,没有限制坡度的概念。

(3)线路为双线,车站一般无配线。城市轨道交通客运量大,必须采用双线分方向追踪运行。一般车站只有正线,不设到发线,车辆集中停放在车辆段/停车场。

(4)站点密。城市轨道交通运距短,且分布在整个城市区域内,为保证线路的客流吸引力,通常站距在 1 ~ 2 km。短站距制约了列车的最大速度。

(5)车站长度较短。城市客流可容忍的等待时间较短,要求发车间隔时间不能太长。由于线路各站点的吸引范围小,聚集的客流量有限,列车编组长度通常为 4 ~ 8 节。这样,供乘客上下车的站台长度就短了,通常在 100 ~ 200 m。

二、轨　　道

1. 轨道的构成

城市轨道交通一般采用轮轨系统。轮轨系统的线路由轨道构成。轨道由钢轨及其联结部件、扣件、轨枕、道床和路基构成。

正线及辅助线钢轨一般采用 60 kg/m 钢轨,车场线采用 50 kg/m 钢轨。

钢轨与钢轨之间用钢轨接头连接。钢轨接头的联结零件包括:接头夹板(鱼尾板)、螺栓、弹簧垫圈及螺帽。

城市轨道交通一般采用无缝线路。无缝线路在相当长的范围内消灭了钢轨接头,可以改善行车条件,减少振动和噪声,增强乘客舒适感,减少养护维修工作量,延长线路设备和车轮的使用寿命。在条件允许时尽量铺设无缝线路。

扣件是钢轨与轨枕之间的联结零件。扣件将钢轨与轨枕牢固联结,保持钢轨在轨枕等轨下基础上的正确位置,防止钢轨不必要的移动。

轨枕承受来自钢轨的各向压力，弹性地传于道床，并有效地保持轨道结构的几何形位。轨枕应具有必要的坚固性、弹性和耐久性。轨枕目前主要是混凝土轨枕。

目前城市轨道交通地下线路、高架线路、车场库内线均采用整体道床。根据情况，整体道床分别采用混凝土短枕、混凝土长枕及混凝土支撑块。

城市轨道交通只有采用碎石道床的地面线路和车场线路才有路基，数量较少。

2. 轨道结构的几何形位

轨道结构的几何形位指的是轨道各部分的几何形状、相对位置和基本尺寸，主要有：轨距、水平、曲线轨距加宽、曲线外轨超高、高低、轨向。

3. 道岔

道岔包括轨道在平面上的出岔、连接和交叉等设备，是轨道的重要组成部分。道岔引导车辆由一条线路转向另一条线路。道岔构造复杂，是线路的薄弱环节。

道岔分为连接设备、交叉设备以及连接设备和交叉设备的组合。道岔的种类很多，在实际应用中以普通单开道岔使用最广。普通单开道岔由转辙部分、连接部分、辙叉及护轨部分组成。

复式道岔、菱形交叉、交分道岔在城市轨道交通线路中也有采用，但数量不多。

4. 对轨道的要求

(1)轨道结构应具有足够的强度、稳定性、耐久性和适当的弹性，应保证列车运行平稳、安全，并应满足减振、降噪的要求。

(2)轨道标准轨距应采用 1 435 mm。

(3)钢轨的断面及轨底坡应与轮缘踏面相匹配，并应保证对运行列车具有足够的支承强度、刚度和良好的导向作用。

(4)正线曲线段轨道应根据列车运行速度设置超高，允许未被平衡横向加速度不应超过 $0.4\ m/s^2$，且最大超高应满足列车静止状态下的横向稳定要求。车站内曲线超高不应超过 15 mm，允许未被平衡横向加速度不应超过 $0.3\ m/s^2$。

(5)轨道尽端应设置车挡。设在正线、折返线和试车线的车挡应能承受列车以 15 km/h 的速度撞击时的冲击荷载。

(6)道岔结构应安全可靠，并应与列车运行安全相适应。

(7)区间线路的轨道中心道床面或轨道旁，应设有逃生、救援的应急通道，应急通道的最小宽度不应小于 550 mm。

(8)当利用走行轨做牵引网回流时，轨道应进行绝缘处理，并应防止杂散电流扩散。

(9)轨道路基应具有足够的强度、稳定性和耐久性，并应满足防洪、防涝的要求。

三、结构工程

城市轨道交通轨道的结构工程主要是地下结构和高架结构。

1. 地下结构

地下结构在城市轨道交通中占有的比重最大。地下结构优点非常明显:对地面上的其他交通工具无干扰,其运输能力不受气候影响,也避免了噪声对城市的污染。地下结构分为明挖结构、暗挖结构和特殊方法施工的结构。暗挖法有盾构法、矿山法、新奥法。地下结构按埋深有浅埋式和深埋式。

2. 高架结构

高架结构包括区间高架桥及高架车站受列车荷载影响较大的构件如轨道梁、支承轨道梁的横梁、支承横梁的柱以及柱下基础。高架线路的轨下基础采取整体道床结构。高架桥梁主要由梁、墩台、基础组成。

四、车　　站

1. 车站及其分类

车站是站线、站台、站房等站场设备的总称,是城市轨道交通的基本设施。车站一般由主体、出入口及通道、通风道及风亭(地下)和其他附属建筑物组成。车站主体是列车的停车点,它不仅要供乘客上下车、集散、候车,一般也是办理运营业务和运营设备设置的地方。

车站主体一般分为站厅和站台两部分。车站主体根据功能的不同,可分为乘客使用空间和车站用房两大部分。

车站按运营功能分为:终点站、折返站、换乘站、中间站。

车站按设置位置分为:地面车站、地下车站、高架车站。

车站按站台类型分为:岛式站台车站、侧式站台车站、混合式站台车站。

换乘站是城市轨道交通的重要车站,位于各线路之间。换乘设施的通过能力应满足预测的远期需要。换乘方式分为同站台平面换乘、结点换乘、站厅换乘、通道换乘、站外换乘等基本类型。

2. 对车站的主要要求

(1)车站应满足预测客流的需求,应保证乘降安全、疏导迅速、布置紧凑、便于管理,并应具有良好的通风、照明、卫生、防灾等设施,为乘客提供安全的候车、乘车环境。

(2)车站的站厅、站台、出入口、通道、人行楼梯、自动扶梯、售检票口(机)等部位的规模和通过能力应相互匹配。当发生事故或灾难时,应保证将一列进站列车的预测最大载客量以及站台上的候车乘客在 6 min 内全部撤离到安全区。

(3)站台应设置足够数量的进出站通道或楼梯、自动扶梯,同时应满足站台计算长度内任一点距梯口或通道口的距离不大于 50 m 的要求。

(4)在车站付费区与非付费区之间的隔离栅栏上,应设置栅栏门;检票口和栅栏门的总通行能力应满足乘客安全疏散的需要。

(5)车站应至少设置一处无障碍检票通道。

(6)当车站不设站台安全门时,站台边缘应设置醒目的安全线。

(7)地下车站的站台、站厅疏散区和通道内不得设置任何商业设施。

(8)地面车站和高架车站应与相邻建筑物保持安全的防火间距,并应设置消防车通道。

(9)地下车站的风亭(井)应防止气流短路,并应符合环境保护要求。

(10)车站内的顶棚、墙面、地坪的装饰应采用A级材料;当使用架空地板时,不应低于B_1级材料;车站公共区内的广告灯箱、休息椅、电话亭、售检票机等固定服务设施的材料应采用低烟、无卤的阻燃材料。地面材料应防滑耐磨;当使用玻璃材料时,应采用安全玻璃。

(11)车站的防火应满足相关规定的要求。

(12)车站出入口的设置应满足进出站客流和事故疏散的需要。一般不少于2个出入口。

(13)车站的站台、站厅公共区、自动扶梯、疏散通道、安全出口、楼梯转角等处应设置灯光或蓄光型疏散指示标志。

五、车辆段/停车场

车辆段是车辆运用、维护保养、检修的专门机构。除车辆段以外,尚有综合维修中心、物资总库和技术培训中心等,形成综合基地,是城市轨道交通正常运营所必需的设备和设施。车辆段泛指城市轨道交通车辆检修设施和运用整备设施的总称。车辆段必须配备相应修程的各种检修设备和设施,包括检修库和各种检修线路、各种辅助生产车间和设备以及为车辆检修服务的各种设施,如试车线、旋轮线、给水设备、供电设备和污水处理设备等。

一般每条线路设一个车辆段,只是在线路较长时才在线路的另一端独立设置停车场。停车场往往只配备停放车辆的股道和一般车辆维修整备设备,负责部分车辆的停放、运用、检查和整备工作。

车辆段与停车场区别在于:作业范围不同、设备和设施多少、规模大小、隶属关系不同、设置与否。

第二节　线　　路

一、线路的分类

城市轨道交通线路按其在运营中的地位和作用,分为正线、辅助线和车场线。不同类别线路有相应的技术标准,以达到既能保证运营要求又能降低工程造价的目的。

1. 正线

正线连接所有车站、区间，贯穿于运营线路的始、终点，为载客运营的线路。正线均为双线，采用上、下行(上、下行由该城市主管运营的有关部门决定)分行，实施右侧行车惯例，以便与城市地面交通的行车规则相吻合。正线行车速度高、密度大，且要保证行车安全和舒适，因此线路标准较高。

2. 辅助线

辅助线包括折返线、渡线、联络线、停车线、出入段/场线、安全线等，是为保证正线运营而配置的线路，一般不行驶载客车辆，速度要求较低，故线路标准也较低。

(1)折返线。在线路两端终点站或开行折返列车的折返站设置的专供列车折返的线路。终点站的折返线称为尽端折返线，折返站的折返线称为中途折返线。折返站一般带有存车线。折返线可分为单折返线与双折返线。单存车线与双存车线的尽端折返线、单存车线与双存车线的中途折返线分别如图 2－1(a)、(b)、(c)、(d)所示。利用折返线折返，既可有效组织折返(如双折返线可明显降低折返时间)，又备有存车线，供故障停车、检修、夜间停车等作业使用。

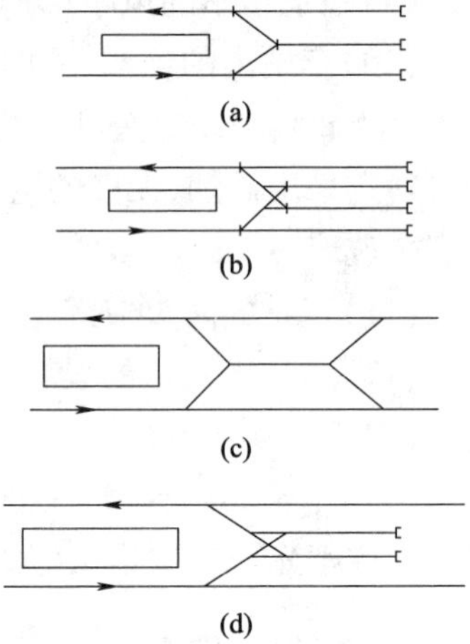

图 2－1　折返线

注：▭表示站台；—⊏表示尽头线。

折返线有足够的长度对保证列车折返安全和折返能力是必要的。折返线的有效长度，宜为远期列车长度加 40 m(不含车挡长度)。主要从以下因素考虑：存车线端距道岔基本轨端留有必要的距离，如该距离太短，将影响列车加速，从而影响列车折返能力；列车进入折返线通过最后一组道岔时，不希望降低速度以尽快开通其他通路，为此折返线的长度不能太短。当存车线末端与正线接通时，可设置列车防溜设备。

(2)渡线。当线路两端客流不平衡，需中间折返时，在折返站应设置渡线。渡线是在上、下行正线之间(或其他平行线路之间)设置的连接线，通过一组联动道岔达到转线的目的。有在车站前或车站后设置渡线两种情况，分别如图 2－2(a)、(b)所示。

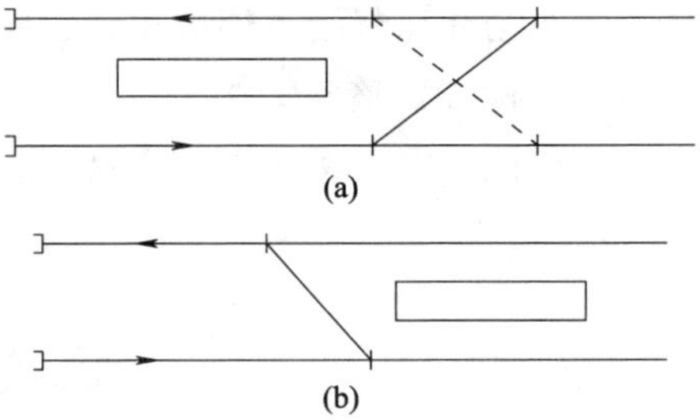

图 2－2　渡线

利用渡线可进行折返作业。利用渡线折返需要修建的线路最少，节省投资。然而，列车进出车站与折返作业有严重干扰。尤其是在区间站利用渡线进行列车折返，需占用正线进行作业，对运营管理要求十分严格。且列车运行间隔时间受其制约较大，导致线路通行能力下降。所以，在列车运行速度较高、运行间隔时间较短、运量较大的线路不宜采用此类办法。

(3)联络线。两条线路间的连接线。如图 2－3 所示。

城市轨道交通线路之间应根据线网规划设置联络线，以满足车辆调配和处理其他事项须转线运行的需要。因为，有时一个车辆段要承担两条或两条以上线路的车辆检修业务；有的线路没有条件与铁路接轨，无法直接运送车辆与大型设备；有的线路采取分段修建和运营时，车辆段一时未建，车辆检修业务需临时由其他车辆段承担等，都需要借助联络线转运。此外，联络线还可保证在特殊情况下，列车可由一条线转入其他线路运行，增加处理事态的灵活性。

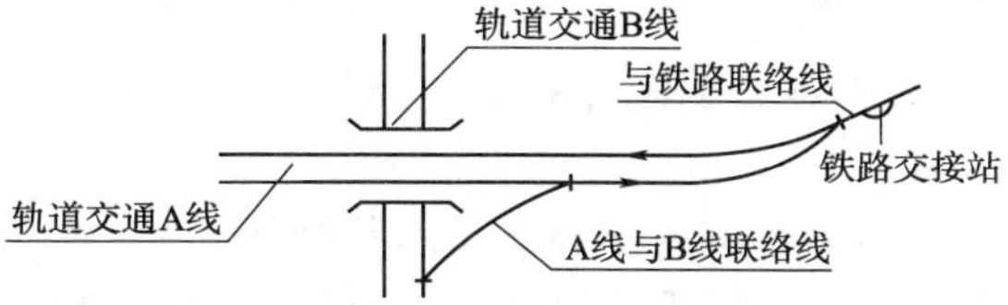

图 2－3　联络线示意图

就总体而言，转线运行概率较小，且不载客运营，故联络线通常采用单线。

联络线因连接的轨道交通线往往不在一个平面上，因此，有较大的坡道与较小的曲线半径，列车运行速度不可能很高。如果在地下建设，施工难度较大，投资也随之加大。

(4)停车线。一般设置在端点站，专门用于停车，可进行少量检修作业的尽端线。

(5)出入段/场线。车辆段/停车场与正线车站联系的线路，专供列车进出车辆段/停车场。一般分为入段/场线和出段/场线。

(6)安全线。为了防止在车辆段/停车场出入线、折返线、停车线和岔线(支线)上，行驶的列车未经允许进入正线与正线列车发生冲突，以保证列车安全、正常的运行，当遇到下列情况时，宜设安全线或其他隔开设备(脱轨器、脱轨道岔和车辆防溜设备等)：当车辆段/停车场出入线上的列车在进入正线前需要一度停车，且停车信号机至警冲标之间小于列车制动距离时；折返线末端与正线接通时。当岔线(支线)与正线接轨，与正线间为岛式站台，且站台端至警冲标间的距离大于或等于 60 m 时，可不设列车运行隔开设备，若为侧式站台则宜设道岔隔开设备。

安全线的长度一般不小于 40 m。在困难条件下，可设置脱轨道岔。

3. 车场线

车场线是车辆段/停车场作业的线路，包括停车线、检修线、试车线、牵出线等，用于停车、调车、修车、试车等。车场线行车速度低，故线路标准只要能满足场区作业即可。

(1)停车线。在车辆段/停车场拥有众多的停车线，提供夜间停止运营后列车停放。需要进行检修作业的停车线设有地沟。

(2)检修线。设在车辆段检修库内，是专门用于检修车辆的作业线，设有地沟，配有架车设备、检修设备(如行车等)。

(3)试车线。用于对检修完毕的车辆进行运行状态检测试验以及对车载信号设备进行动态调试的线路。为达到必要的运行速度,试车线需有一定长度和平纵断面。

此外还有:为进行列车连接、摘挂与解体作业的调车线;设在站场的一端,作为临时牵出车辆的牵出线;为进行货物装卸的材料线;静调线、洗车线、旋轮线等。

二、线路的空间布置

城市轨道交通的线路之间的交叉处,应采用立体交叉,以保证城市轨道交通高效、安全运输。城市轨道交通线路按空间布置方式,有地下线路、高架线路、地面线路,应根据城市总体规划和地理环境条件因地制宜地选择。

1. 地下线路

地下线路铺设于地下隧道内,轨下基础为带枕浇筑式的整体道床。其优点是与地面交通完全分离,且不占城市地面与空间,基本上没有气候影响。其不足之处在于需要较大投资,较高的施工技术,较先进的管理,完善的环控、防灾措施与设备。

2. 高架线路

高架线路,铺设于高架结构物上,轨下基础为支撑块式的整体道床。高架线路与地面交通无干扰,造价介于地下与地面之间,施工、维护、管理、环控、防灾诸方面都较地下线路方便;但要占用一定的城市用地并有光照、景观、噪声等负面效应,也受气候变化的影响。

3. 地面线路

地面线路,其上部结构保留了铁路线路的特点,轨下基础也基本保留了传统的碎石道床。其优点是:弹性好,造价低,施工简便,运营成本低,线路调整与维护较易。不足是:不稳定,在列车碾压和冲击下,几何尺寸较易变形,必须进行经常性的养护和矫正;占地面积较多,线路封闭给地面带来的隔离影响,破坏城市道路路面,使城市道路交叉复杂化,容易受气候影响,乘车环境难改善,有一定的污染效应(如噪声、景观等)。

在同一条轨道交通路线上可采用上述 3 种不同的空间布置方式。在城市中心区,建筑密集、道路狭窄、交通拥挤、人口众多,为减少建设中的困难和噪声、振动等对城市的有害影响,轨道交通线路一般设在地下,也可适当布置为高架方式。进入地面建筑稀少、路面宽阔的城市边缘区及郊区,可考虑设高架线或地面线以降低工程造价。由正线通往车辆段/停车场时,线路由地下或高架延铺至地面。

地面线路和高架线路对乘客来讲比地下线路安全感好,噪声小,豁亮通畅,可饱览市容,乘车比较舒适,而对沿线居民产生不良影响。所以,在定线时一定要充分考虑行车产生的振动、噪声,以及乘客视线对居民生活的影响;同时要防止建筑物内的废弃物投掷到线路上影响行车安全;在建筑、结构、供电设计中更要处理好景观对城市的影响。地面线路和高架线路距建筑物的距离,应根据行车安全、消防、减振、降噪、景观和居民隐私等相关要求,以及采取相应的防范措施等因素,经综合比较后确定。由于根据相关规范要求所采取的防范措施不同,线路离建筑物的距离也不相同,但最小距离不得小于防火规范的要求。当轨道交通与地面建筑合建时,除满足防火规范的要求外,还要从结构、轨道等方面加强减振、降噪措施,并要防止因建筑结构设计不当而影响行车安全。

三、线路的形态

城市轨道交通线路的形态有径向形、环形和 Y 字形。

径向形线路包括穿越市中心的直径线和从市中心发出的放射线。多数城市轨道交通线路是径向形。

环形线是环绕市区的、首尾相接的线路。

Y 字形线是设置支线的线路,从主线某站分叉,形成 Y 字形线路。

城市轨道交通的线路宜按独立运行进行设计。在客流需要的情况下,确实需要设置支线时,通过论证,在不影响主线运输能力并确保安全的情况下,可以考虑共线运行。

四、线网的形态

一个城市的轨道交通线路一般在 3 条以上,这些线路相互组合,并受各城市具体的人文地理环境等条件制约,便形成了千姿百态的线网形态。线网的线路越长及条数越多,所构成的线网形态就越复杂。最常见、最基本的线网形态结构是网格式、无环放射式及有环放射式。

1. 网格式

网格式线网由纵向和横向的平行线交织而成,呈格栅状或棋盘状。网格式线网中的线路分布比较均匀,客流吸引范围比例较高,线路按纵横两个走向,多为相互平行或垂直的线路,乘客容易辨识方向,换乘站较多,纵横线路间的换乘方便,线网连通性好。缺点是:线路走向比较单一,对角线方向的出行需要绕行,市中心区与郊区之间的出行常需换乘,有时可能要换乘多次;平行线路间的换乘比较麻烦,当线网密度较小,平行线之间间距较大时,换乘很费时。网格式线网结构适合于人口分布比较均匀、没有明显的市中心或不希望形成强大的市中心的城市,这在当前世界上建有轨道交通线网的城市中是不多见的。

2. 无环放射式

无环放射式线网是由若干直径线或放射线构成。这种线网可使全市各地至市中心的距离较短,因此市中心的可达性很好,市中心与市郊之间的联系非常方便,有利于市中心客流的疏散,也方便市郊居民到市中心工作、购物和娱乐出行,有助于保证市中心的活力。由于各条线路之间都相互交叉,任意两条线路之间均可实现直接换乘,因此线网连通性很好。但由于没有环行线,圆周方向的市郊之间缺少直接的轨道交通联系,市郊之间的居民出行需要经过市中心的换乘站中转,绕行距离很长,或者需要通过地面交通方式来实现，这种不便程度随着城市规模的扩大而增大。无环放射式线网结构适合于有明显的市中心、城市规模中等，且市郊周边方向客流量不大的城市。

3. 有环放射式

有环放射式线网由径向线及环行线构成，是在无环放射式线网的基础上加上环形线形成的。在一些轨道交通线网规模不是很大或建设时期较短的城市，环线一般只有一条；而在一些轨道交通线网规模较大、轨道交通发展比较成熟的城市，会出现两条或两条以上的环线。有环放射式线网既具有无环放射式线网的优点，又克服了其周边方向交通联系不便的缺点，可以利用环线便捷地出行。这种线网对城市居民的使用最为便利，当城市因其郊区发展成市区后，便于线网有效地扩展。与无环放射式线网一样，在市中心区交汇成一点是不利的，而应改进成为在市中心区范围内多点交叉。有环放射式线网结构特别适合于有强大市中心的城市。

五、线路的命名

1. 建设线路的命名

在城市轨道交通规划和建设过程中，有关管理部门用城市轨道交通线路的性质来命名。线路序号前分别冠以 M、R、S、L 字头。

(1) M 线：市区地铁被冠以 M 字头，M 是 Metro 的缩写，M 线一般分布在城区，最高时速为 80 km，站距为 1 km 左右。一般使用 A 型车或 B 型车，6 节或 8 节编组。

M 线主要穿过市区繁华的中心地带，并和 R 线融为一体。

(2) L 线：轻轨被冠以 L 字头，L 是 Light Rail 的缩写，一般分布在近郊。L 线最高时速为 80 km，站距为 1 km 左右，一般使用 C 型车，4 节或 6 节编组。

L 线主要用于城市内人口密集度较低的地区，作为 M 线网的补充。

(3) R 线、S 线：市域轨道交通线被冠以 R、S 字头，是指联系中心区与市郊各新城以及新镇的轨道交通线。R 线、S 线主要连接市中心和市郊卫星城。

2. 运营线路的命名

城市轨道交通运营线路有不同的命名方法，主要有序号命名法和地域命名法，以及两者的结合。

(1) 序号命名法：大多数城市采用序号命名法，即以序号命名为 1 号线、2 号线、3 号线……

(2) 地域命名法：少数城市采用地域命名法，即以线路所经过的地区或者终点地名命名。

(3) 序号和地域结合命名法：北京的市区地铁采用序号命名法，如地铁 1 号线、2 号线、3 号线；郊区地铁采用地域命名法，有机场线、亦庄线、大兴线、房山线、昌平线、西郊线；八通线则采用与铁路相同的命名法，以线路的起点和终点地名命名，即八王坟—通州。

此外，高雄捷运则用车辆的颜色命名，有红、橘2条运营线路。

六、线路平面

城市轨道交通的线路平面位置和纵断面设置，应根据城市现状与规划的道路、地面建筑物、地下管线和其他构筑物，以及被保护的文物古迹予以综合考虑，使其相互影响减至最低程度，并争取得到良好的结合。

线路平面是轨道交通线路中心线在水平面上的投影。除了直线外，主要组成要素为：圆曲线、缓和曲线、夹直线。曲线是为了满足线路选线要求，适应地形变化（地面布置方式），避让障碍物（地面、地下、高架方式）而必然出现的部分。城市轨道交通线路受都市建筑群的影响，在很多情况下曲线是不可避免的。

1. 圆曲线

圆曲线半径小，具有限制车速、养护困难和钢轨侧面和车轮磨耗严重等缺点，特别是在运量大、密度高的情况下，上述缺点更加突出。因此，最小曲线半径是修建城市轨道交通的主要技术标准之一，它与城市轨道交通线路的性质、车辆性能、行车速度、地形地物条件等有关。最小曲线半径的选定是否合理，对线路的工程造价、运行速度和养护维修等都将产生很大影响。应根据车辆类型、列车设计运行速度和工程难易程度经比选确定最小曲线半径，不得小于表2－1规定的数值。

表2－1　最小曲线半径

线路		一般情况（m）			困难情况（m）		
		A型车	B型车	C型车	A型车	B型车	C型车
正线	$v \leq 80$ km/h	350	300	100	300	250	50
	80 km/h $< v \leq 100$ km/h	550	500		450	400	
联络线、出入段/场线		250	200	80	200	150	25
车场线		150	110	80	110	80	25

圆曲线长度短，对改善瞭望条件、减少行车阻力和养护维修有利，但正线及辅助线的圆曲线最小长度，A型车不宜小于25 m，B型车不宜小于20 m，在困难情况下不得小于一个车辆的全轴距。否则车辆将跨越在三种不同线型上，会危及行车安全、降低列车的平稳性和乘客的舒适度。

城市轨道交通线路不宜采用复曲线（指的是两个或两个以上半径不同、转向相同的圆曲线相连接或插入缓和曲线相连接而成的曲线），这是因为设置复曲线会增加勘测设计、施工和养护维修的困难，在复曲线上行驶的列车，其受力情况和产生的横向加速度将在短时间内发生较大变化，会降低列车的平稳性和乘客的舒适度。

车站站台段线路应尽量设在直线上。因为站台上有大量乘客活动,直线站台通视条件好,有利于行车安全。车站站台段线路设在曲线上时,司机和车站管理人员瞭望条件差,增加管理上的难度,对行车安全不利,另外曲线半径太小,列车停靠曲线站台时车辆与站台间的间隙过大,对乘客安全不利。在困难地段可设在曲线上,其半径不应小于800 m,可基本满足曲线站台边缘与车辆之间的空隙要求。

2. 缓和曲线

由于直线与圆曲线间存在曲率半径的突变,圆曲线半径越大,这种突变程度就越小。当圆曲线半径超过2 000 m时,这种突变对行车影响很小。反之,则要在圆曲线与直线间加设缓和曲线,实现曲率半径和外轨超高的逐渐过渡,减少列车在突变点处的轮轨冲击,满足曲率过渡、轨距加宽和超高过渡的需要,以保证乘客舒适和安全。应根据曲线半径、超高设置及设计速度等因素设置缓和曲线。当两圆曲线的曲率差大于1/2 500时,应设置中间缓和曲线,其长度根据圆曲线半径和列车最大运行速度计算确定,在困难情况下不得小于20 m。

列车侧向通过道岔时要限速,而道岔附带曲线距道岔很近,列车速度不可能很快提高,故道岔附带曲线可不设缓和曲线和超高,并要求其半径不小于道岔导曲线半径,主要是考虑保证列车通过附带曲线时其速度不要低于过岔速度。

3. 夹直线

夹直线指两相邻曲线间的直线。当相邻曲线距离较近时,可能会出现两曲线(有缓和曲线时指缓和曲线,无缓和曲线时指圆曲线)相邻两端点间的夹直线过短的情况。夹直线短于20 m时,会出现一辆车同时跨越两条曲线引起车辆左右摇摆,影响行车平稳性;夹直线太短,也不易保持直线方向;增加养护困难。

城市轨道交通布线条件往往受到一定的限制,考虑行车平稳要求,正线及辅助线上夹直线长度(不含超高顺坡及轨距递减段的长度)应保证不小于一节车辆的长度,A型车不宜小于25 m,B型车不宜小于20 m,在困难情况下不得小于一个车辆的全轴距。车场线上的夹直线长度不得小于3 m。

七、线路纵断面

线路纵断面是线路中心线在垂直平面上的投影,除了平道外,主要表征为:坡道、竖曲线。坡道是由于选线及避让障碍物需要及适应运行需要而设置的特殊路段。从行车角度上来说,线路坡度应尽可能平缓,但受城市地质条件以及穿越市区的河流等地理条件的影响,有时必须设置较大的坡度;再者,轨道由地下、高架延伸到地面的时候,也需要爬坡。除了这些特殊情况以外,隧道内由于排水的需要,也不宜设置平坡。

1. 坡度

正线最大坡度是线路的主要技术标准之一,对线路的埋深、工程造价及运营都有较大的影响，因此，合理地确定线路最大坡度具有很重要的意义。线路坡度以轨面高程升降的高度与其长度之比的千分率来表示，上坡为正，下坡为负，平坡为零。

正线的最大坡度不宜大于30‰，困难地段可采用35‰，联络线、出入段/场线的最大坡度不宜大于40‰。

隧道内和路堑地段的正线最小坡度不宜小于3‰，主要是为了满足隧道和路堑排水需要，因一般情况下线路的坡度与排水沟的坡度是一致的，有些地段会处于地下水位线以下，为保证排水，规定其线路最小坡度为3‰。困难地段在确保排水的条件下，可采用小于3‰的坡度；地面和高架桥上正线最小坡度在采取了排水措施后不受限制。

地下车站坡度应尽量平缓，以防止车辆溜动，但又要考虑隧道的量小排水坡度问题，故宜将车站站台计算长度线路设在2‰的坡道上，在困难条件下设在3‰的坡道上。

与地面建筑结合建设的车站，考虑到设坡与建筑物接口困难，故线路坡度不受条文限制，但因其不是独立的单体建筑，区间的水不得排入车站，需在站端截流，并设带坡水沟。

地面和高架桥上的车站站台计算长度段线路，因为排水较易处理，为使车站停车平稳，宜设在平坡道上，在困难地段为便于停车和启动，可设在不大于3‰的坡道上。车场线宜设在平坡道上，条件困难时，库外线可设在不大于1.5‰的坡道上。

隧道内的折返线、停车线坡度宜为2‰，地面和高架桥上的折返线、停车线，坡度不宜大于1.5‰。

2. 竖曲线

为缓和变坡点坡度的急剧变化，使列车通过变坡点（不同坡段的分界点）时产生的附加加速度不超过允许值，相邻坡度的代数差大于或等于2‰时，应在变坡点处设置圆曲线型竖曲线。区间线路竖曲线半径采用5 000 m，困难地段为3 000 m；在车站端部由于速度较低，采用3 000 m，困难地段为2 000 m；辅助线和车场线采用2 000 m。

为了保证站台平整和乘客安全，并有利于车站的设计和施工，车站站台计算长度内和道岔范围内不得设置竖曲线。道岔是轨道的薄弱部位，其尖轨和辙岔应保持平顺、严密状态，因此竖曲线不应侵入道岔范围，并保持一定距离，不应小于5 m，以保证行车安全和便于线路养护维修。

碎石道床线路竖曲线不得与平面缓和曲线重叠。竖曲线若与缓和曲线重叠，由于缓和曲线范围内超高顺坡改变了轨顶坡度，从而改变了两者立面上的形状。

从保证行车平顺性考虑，希望在两竖曲线间能放下二、三节车辆，因此相邻竖曲线间的夹直线长度不宜小于50 m。

八、线路限界

为了保证列车在线路上运行安全，列车的外轮廓线始终与周围的一切建筑物和各种设备的轮廓线之间，保持着一个空间性的安全距离，以防止车辆与沿线建筑物（设备）发生互相碰撞，线路限界就是为此而规定的轮廓尺寸线，即在空间范围内安全间隔的警戒线。限界分为车辆限界、设备限界、建筑限界。受电弓或受流器都是车辆上的部件之一，受电弓限界或受流器限界是车辆限界的组成部分。接触轨限界属于设备限界的辅助限界。

1. 车辆限界

车辆限界是车辆在直线地段正常运行状态下形成的最大动态包络线。所谓正常运行状态，是指一系悬挂和二系悬挂在正常弹性范围内、易损件磨耗不过限等。直线地段车辆限界分为隧道内车辆限界和高架或地面线车辆限界，高架或地面线车辆限界应在隧道内车辆限界基础上，另加当地最大风荷载引起的横向和竖向偏移量。

车辆限界是车辆的制造、安装以及工程列车上所装载的施工料具不得向建筑物方向超出的安全警戒线。

2. 设备限界

设备限界是车辆在运行途中一系悬挂或二系悬挂发生故障状态时的动态包络线，用以限制安装的一切设备不得侵入这条控制线。直线地段设备限界是在直线地段车辆限界外扩大一定安全间隙后形成的。转向架部件最低点设备限界离轨顶面净距：A 型车为 25 mm，B 型车为 15 mm。相邻的双线，当两线间无墙、柱及其他设备时，两设备限界之间的安全间隙不得小于 100 mm。

地面固定设备（包括各种电缆线、消防水管及消防栓、动力箱、信号箱及信号灯、照明灯、扩音器、通风管、架空线及其固定设备、接触轨及其固定设备等）的任一部分均不得向内侵入此限界。

3. 建筑限界

建筑限界是指沿线一切建筑物的外轮廓严禁向车辆运行空间方向侵入的安全警戒线。建筑限界是在设备限界基础上，考虑了设备和管线安装尺寸后的最小有效断面，在宽度方向上，设备和设备限界之间应留出 20 ~ 50 mm 的安全间隙。其原因有二：一是设备安装误差；二是限界检测车检测误差。建筑限界规定了城市轨道交通隧道的形状、尺寸、位置，地下车站及站台位置以及地面建筑物的位置，任何永久性建筑物均不得向内侵入此限界。

建筑限界分为矩形隧道建筑限界、马蹄形隧道建筑限界、圆形隧道建筑限界、高架线及地面线建筑限界、车辆段车场线建筑限界。图 2 - 4 所示为圆形隧道限界示意图，图 2 - 5 所示为矩形隧道限界示意图。

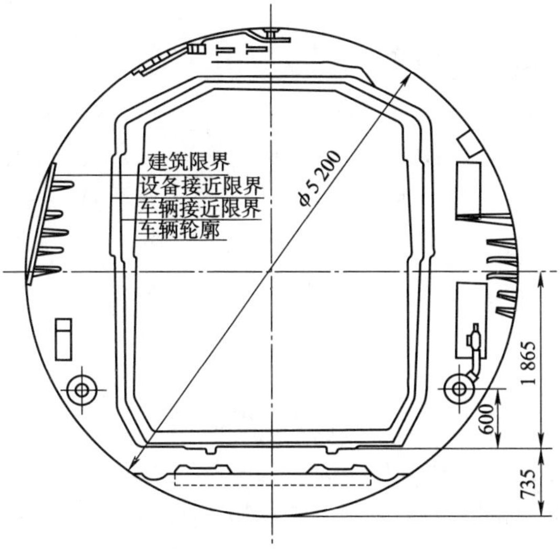

图 2－4　圆形隧道限界示意图(单位:mm)

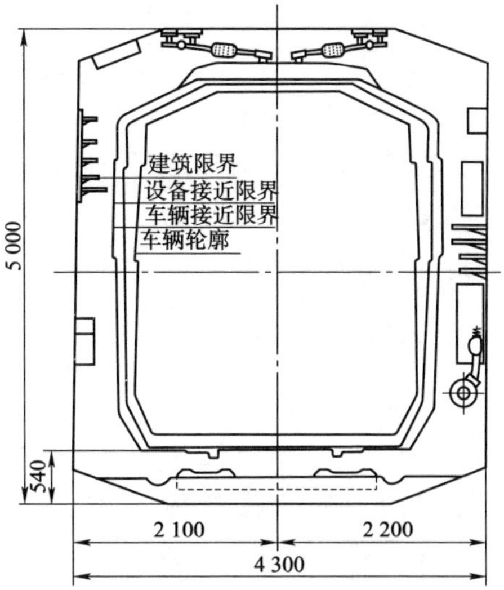

图 2－5　矩形隧道限界示意图(单位:mm)

九、线路标志及信号标志

依据城市轨道交通运营情况,应设线路标志及有关标志。视实际情况,可减少和增加所需要的标志。

1. 线路标志

线路标志有百米标、公里标、坡度标、曲线要素标、圆曲线和缓和曲线始终点标、竖曲线始终点标、道岔编号标、水准基点标、桥号标、涵洞标、水位标等。线路标志设于本线列车运行方向右侧。

2. 信号标志

信号标志包括限速标、停车位置标、进站预告标(分别设于距站界 100 m、200 m、300 m 位置)、警冲标、联锁分界标等。信号标志顺列车运行方向设于线路右侧。

为使司机瞭望清晰,百米标、坡度标、限速标、停车位置标、警冲标等标志,宜采用反光材料制作,并安装在司机易见的位置上。其他标志材料可采用搪瓷板制作。所有标志应不侵入设备限界。

地面线的标志埋设于线路路肩以外,隧道的标志安装于隧道的侧墙,高架桥面的标志安装于桥面的整体道床。不管哪种标志的安装,都必须严格执行限界的规定,并要安装牢固。

各种标志(警冲标除外)应设在钢轨头部外侧不小于 2 m 处。不超过钢轨顶面的标志,可设在距钢轨头部外侧不小于 1. 35 m 处。警冲标设在会合线路两线间距为 4 m 的起点处中间,有曲线时按限界加宽办法加宽。两线间距不足 4 m 时,应设在两线最大间距的起点处中间。

第三节 轨　　道

轨道除起引导列车运行方向的作用外，还直接承受列车的竖向、横向及纵向力，因此轨道结构应具有足够的强度、稳定性、耐久性和适量弹性，确保列车安全、平稳、快速运行和乘客舒适。

一、钢轨及其联结

1. 钢轨的作用

钢轨是轨道的主要组成部件，它引导车辆的车轮前进，承受车轮的压力，并传递到轨下结构。要求钢轨能为车轮提供可连续、平顺地滚动的轨面。为发挥这些功能，既要求轨面粗糙，以增加轮轨黏着力，又要求轨面光滑，以减少阻力；既要求钢轨有相当的刚度，以抵抗挠曲，又要求有可挠性，以减轻车轮的冲击力，减少轮轨的伤损；既要求有足够的强度、硬度，以抵抗磨耗，延长使用寿命，又要求具有一定的塑性、韧性，以防脆性碎裂和折断。这些相互矛盾的要求，是由钢轨复杂的受力状况所引起的。钢轨所受的力，除了垂直方向的力以外，还有横向水平力、弯曲力、扭曲力及温度拉压力，并且各种受力随机发生着变化。

钢轨还兼作牵引供电的回流线及轨道电路的通道。

2. 钢轨的结构

钢轨分为轨头、轨腰和轨底三部分，截面为工字型，不同类型钢轨横截面的各部分尺寸不同，如图 2 -6 所示。轨头应具有足够的表面面积及厚度，以延缓轨头压溃和磨耗。轨底为分布压力及保持稳定，应具有一定宽度。轨腰主要承受剪力，使钢轨具有较大的竖向刚度。

3. 钢轨的类型

钢轨的类型通常按每米长度大致质量数表示，如 60 kg/m 轨表示每米质量为 60 kg。我国城市轨道交通轨型一般采用 60 kg/m、50 kg/m 两种。

单根标准钢轨的长度分为 25 m 和 12. 5 m 两种。在曲线轨道中，曲线内股使用厂制标准缩短轨。25. 0 m 钢轨的缩短轨有：24. 96 m、24. 92 m、24. 84 m。12. 5 m 钢轨的缩短轨有：12. 46 m、12. 42 m、12. 38 m。

60 kg/m 钢轨较 50 kg/m 钢轨质量只增加 17. 5%，而允许通过的总质量可增加 50%，抗弯强度增加 34%，车轮通过所产生的轨底应力、局部应力及抗弯曲变形均较 50 kg/m钢轨小，可减小钢轨实际的冲击作用，降低钢轨本身和道床的振动和速度，减少了对道床的压力及残余变形的积累，提高轨道的稳定性，能延长钢轨及轨下基础各部件的使用寿命。60 kg/m 钢轨使用寿命为 50 kg/m 钢轨的 1. 5 ~3. 0 倍，由疲劳破坏造成

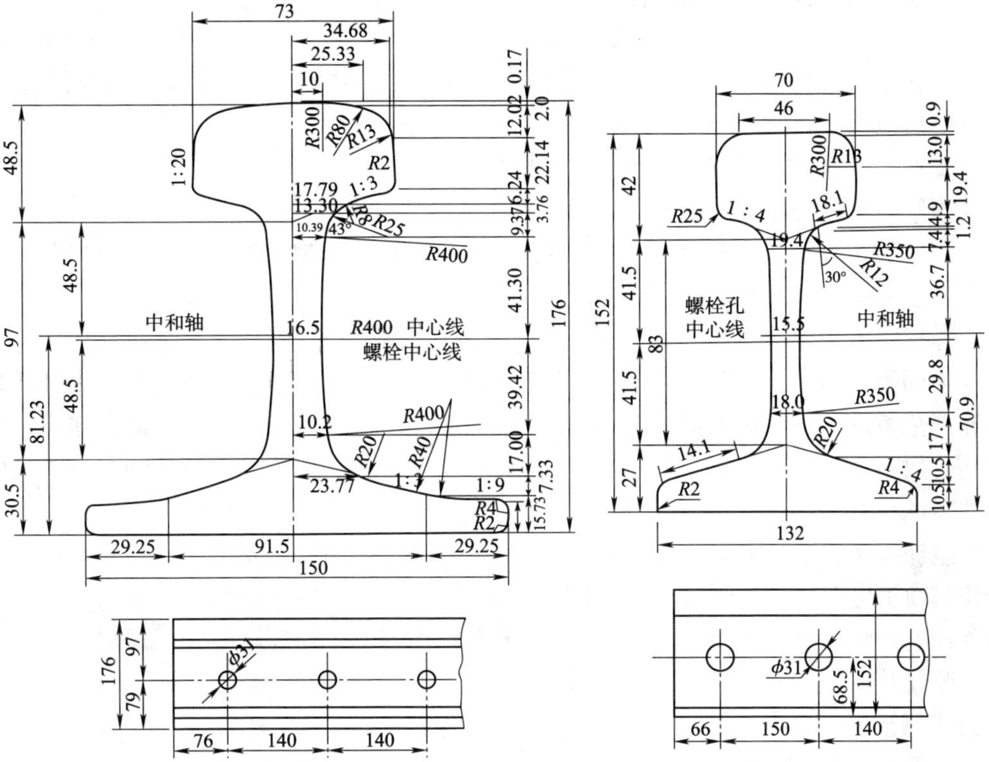

（a）60 kg/m钢轨　　（b）50 kg/m钢轨

图 2－6　钢轨示意图（单位：mm）

的更换率为 50 kg/m 钢轨的 1/6，受列车冲击振动较 50 kg/m 钢轨约减少 10%，有利于减振降噪。同样条件下，60 kg/m 钢轨较 50 kg/m 的轨道维修工作量减少 40%。

正线及辅助线钢轨应依据近、远期客流量，并经技术经济综合比较确定，宜采用 60 kg/m钢轨。车场线宜采用 50 kg/m 钢轨。

正线半径小于 400 m 的曲线地段，应采用全长淬火钢轨或耐磨钢轨。全长淬火钢轨的耐磨性和使用寿命较普通钢轨高 1～2 倍，而价格较普通钢轨约高 20%，耐磨钢轨较普通钢轨价格高 10%，所以采用耐磨钢轨或全长淬火钢轨具有明显的技术经济效益。

4. 钢轨联结

钢轨与钢轨之间的连接，称为钢轨接头。目前，正线均采用无缝线路，无须钢轨接头。钢轨接头用于车辆段/停车场。

钢轨接头按其平面位置关系可分为相对式（对接）和相错式（错接）两种。车场线半径等于及小于 200 m 的曲线地段钢轨接头采用错接，错接距离不应小于 3 m（大于车辆的固定轴距）。

钢轨接头按其相对于轨枕的位置，可分为悬空式和承垫式两种。

钢轨接头按其连接方式，可分为普通接头、冻结接头、异形接头、绝缘接头。

普通接头是钢轨与钢轨之间用夹板连接，如图 2－7 所示。

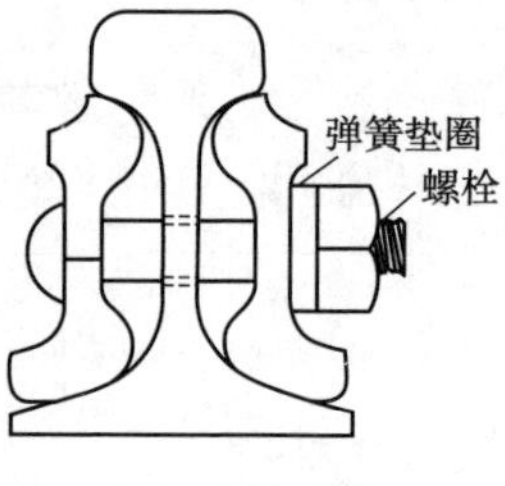

图 2－7　钢轨接头

冻结接头是先在钢轨螺栓孔内插入月牙形垫片，再用高强度螺栓将接头夹板与钢轨夹紧，强制两根钢轨的轨端密贴，使轨缝不再发生变化，即使接头部分有构件实现冻结，不能产生任何位移。

异形接头设于不同类型的钢轨互相连接处。应使用异型夹板，异形夹板的两端分别与不同类型钢轨相吻合。异形钢轨的联结，除使用异形夹板外，在接头枕木上还应铺设异形垫板。但异型接头强度低、轨头断面突变，顶面和侧面不易平顺，对行车和维修不利。故不同类型的钢轨应采用异型钢轨连接。如用 50 kg/m 轨一端轧制成 60 kg/m 轨的断面，将该异型轨作过渡，衔接 60 kg/m 轨线路和 50 kg/m 轨线路。

绝缘接头设于轨道电路区段两端的钢轨接头处，它的作用是保证相邻轨道电路的电气隔离。绝缘接头除夹板与螺栓外，用于绝缘的零件有绝缘槽、轨端绝缘片、绝缘套管、垫片等，如图 2－8 所示。

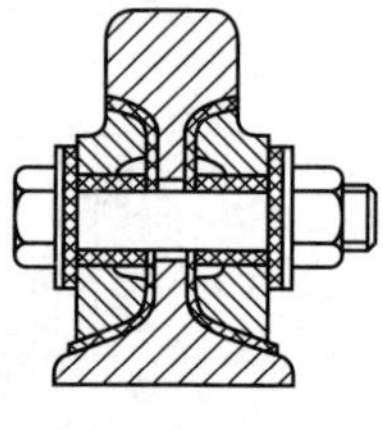
图 2－8　绝缘接头

胶结接头是把绝缘接头部分全部胶结为一个整体，由厂家制作为成品或者于现场胶结。胶结接头代替绝缘接头，改善了绝缘性能和受力状态，并有利于增强接头阻力。

5. 联结零件

钢轨接头的联结零件包括接头夹板（鱼尾板）、螺栓、弹簧垫圈及螺帽。

每一个接头夹板上有螺栓孔 6 个，分为圆形孔和长圆形孔两种，用 6 枚螺栓上紧，螺帽的位置在钢轨内外侧相互交错，万一车轮出轨，不致将全部螺栓切坏，仍能维持线路的连续。螺栓孔径较螺栓直径略大，依靠钢轨圆形螺栓孔直径与螺栓直径之差，以及夹板圆形螺栓孔直径与螺栓直径之差，可以得到所需要的预留轨缝。接头螺栓必须经常保持紧固状态，以维持其接头阻力。

6. 接头轨缝

普通线路为适应钢轨的热胀冷缩，在钢轨接头处预留轨缝，其基本原则是：达到最高轨温时，轨缝大于或等于 0，轨端不受顶力；达到最低轨温时，轨缝小于或等于构造轨缝，轨端不受剪力。

二、轨道扣件

钢轨与轨枕之间的联结零件称为扣件。扣件是轨道结构的重要部件，将钢轨与轨枕（或承轨台）牢固连接，能保持钢轨在轨枕等轨下基础上的正确位置，防止钢轨不必要的横向及纵向移动。要求扣件具有足够的强度、耐久性和一定弹性，能长期有效地保持钢轨与轨枕的可靠连接，阻止钢轨相对于轨枕而移动。此外，还要构造简单，便于安装和拆卸。扣件结构应力求简单、造价低，并应具有足够的强度和扣压力、适量的弹性和轨距、水平调整量和良好的绝缘、防腐性能。隧道内、地面线的正线扣件尽量采用无螺栓弹条，可减少零部件，减少施工和维修的工作量。轨道扣件有传统系列、DT 系列、WJ 系列、弹簧系列、减振系列。

不同道床型式的扣件设计，宜符合表 2－2 的规定。

表 2－2　扣件类型

道床型式	型式	扣压件	与轨枕联结方式
一般整体道床	弹性分开式	有螺栓弹条、无螺栓弹条	在轨枕预埋套管
高架桥上整体道床		有螺栓弹条、小阻力	
混凝土枕碎石道床	弹性不分开式	有螺栓弹条、无螺栓弹条	轨枕内预埋螺栓或铁座
车场库内整体道床、检查坑	弹性分开式	有螺栓弹条、无螺栓弹条	在轨枕或立柱内预埋套管

扣件，根据其安装在钢轨上的部位来区分，有中间扣件和接头扣件两种。普通线路，钢轨通过夹板进行连接，该位置的扣件受到夹板的影响，必须将其几何尺寸进行修改，设计接头扣件，钢轨的其余部位，均为中间扣件。

1. DT 系列扣件

DT 为地铁的意思。该系列的扣件主要有 DT-Ⅱ、DT-Ⅲ、DT-Ⅶ等形式，还有派生改良的 DT-Ⅲ-2 扣件等。

DT-Ⅲ型扣件为全弹性分开式，如图 2－9 所示。适用范围：60 kg/m 钢轨、减振要求一般地段、轨枕式整体道床。在 DT-Ⅲ型扣件的基础上进一步改进成 DT-Ⅲ-2 型扣件，如图 2－10 所示。该扣件为无挡肩弹性分开式，适用于 60 kg/m 钢轨隧道内一般减振地段的轨枕式整体道床。

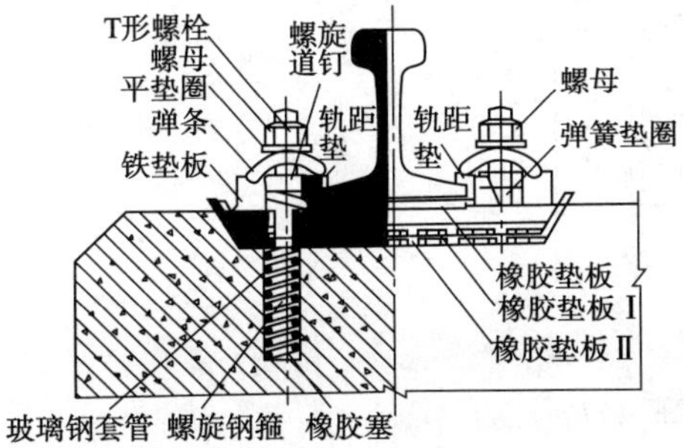

图 2－9　DT-Ⅲ型扣件

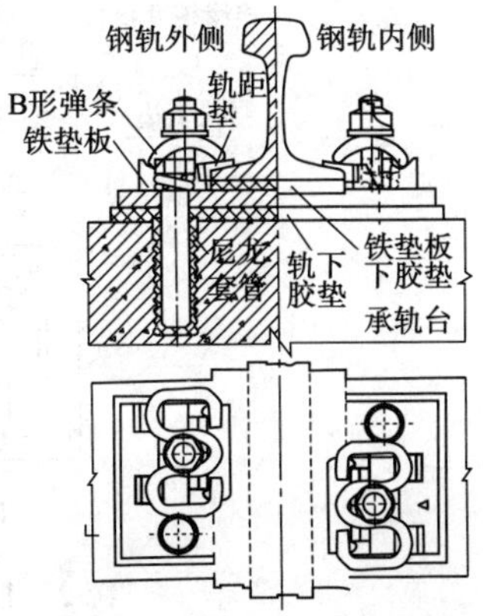

图 2－10　DT-Ⅲ-2 型扣件

DT-Ⅶ型扣件是对DT-Ⅲ扣件的进一步改进，如图2－11所示，为全弹性分开式扣件，扣压力较强，弹性好，对铁垫板、轨距垫的设计也相应变化，两个端头增加了一个弯头，卡住铁垫板上的挡肩，以防止轨距垫纵向位移。橡胶垫板上下设有圆柱形粒子，提高减振效果。

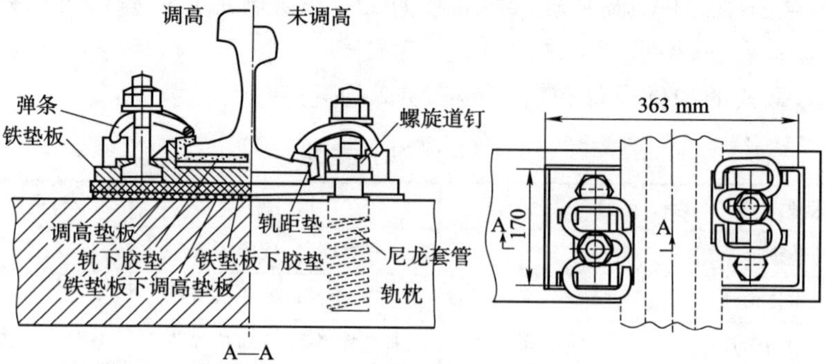

图2－11　DT-Ⅶ型扣件

2. WJ 系列扣件

WJ 为无挡肩的意思。该系列扣件有WJ-1、WJ-2 至 WJ-5 等形式。

WJ-2 型扣件如图 2－12 所示，它的第一部分由铁垫板、板下缓冲胶垫、板下调高胶垫绝缘套管、锚固螺栓、弹簧垫圈、平垫块组成；第二部分由 T 形螺栓、螺帽、平垫圈、弹条、轨下胶垫、轨下调高胶垫组成。WJ-4 型扣件为新型扣件，无螺栓、无挡肩，扣件结构简单，有利于制作、安装和养护维修。

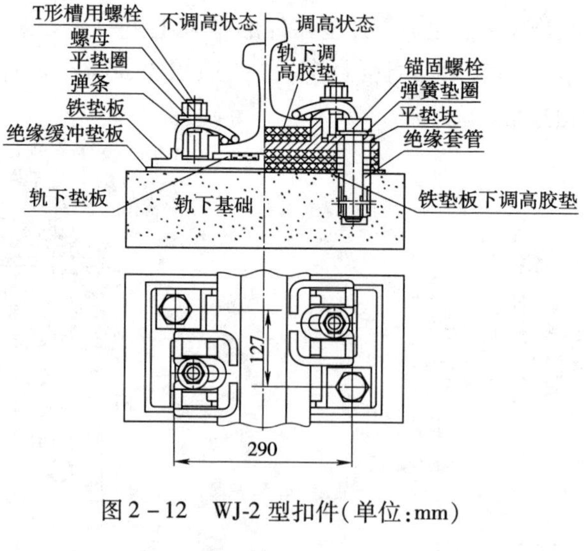

图2－12　WJ-2 型扣件(单位:mm)

3. 弹簧系列扣件

弹簧系列扣件有单趾弹簧扣件和双趾弹簧扣件两种，分别如图 2－13 和图 2－14 所示。

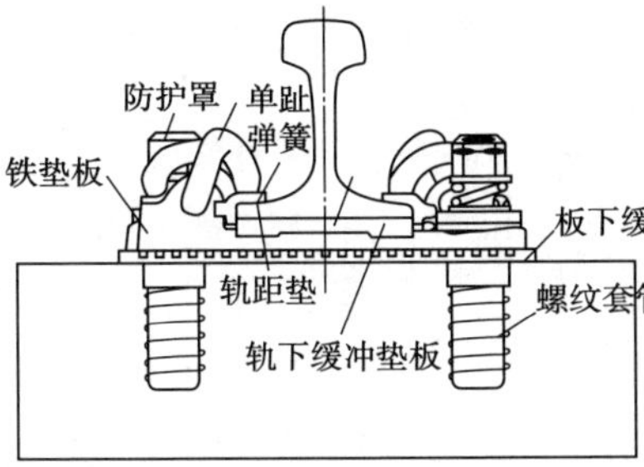

图 2－13 单趾弹簧扣件

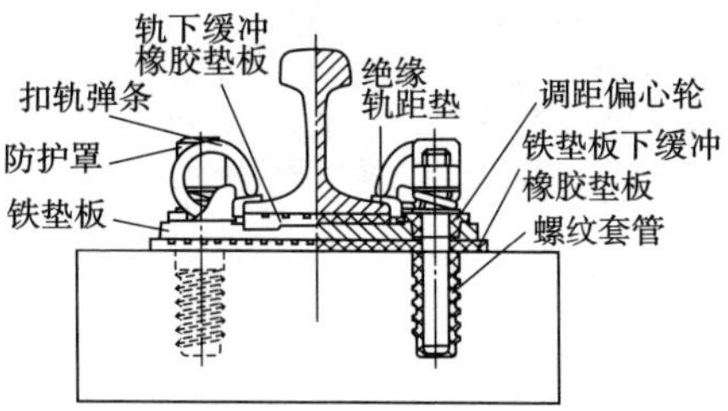

图 2－14 双趾弹簧扣件

单趾弹簧扣件以单趾弹簧作为钢轨扣压件，扣压力稳定。适用于铺设 60 kg/m 钢轨轨道的直线及半径大于等于 300 m 的曲线地段。具有一定的调距、调高能力以及足够的、稳定的扣压力和纵、横向阻力，以保证行车安全；提供一定的弹性和电气绝缘性能，以满足减振降噪和列车自动驾驶、防杂散电流的需要。

双趾弹簧扣件的弹条设计为对称结构形式，在外力作用下，弹条两趾各承担一半的作用力。偏心轮可进行无级调距，保证两根螺栓同时受力，以增大扣件的可靠性。双趾弹簧扣件适用于 60 kg/m 钢轨无砟轨道结构；扣压力稳定，能保持轨距、水平，能提供足够的防爬阻力；具有良好的减振性能和电气绝缘性能；轨距、高低调整量适度，能满足施工及维修的要求；结构简单，养护维修工作量少。

4. 减振系列扣件

减振系列扣件是为减少振动对周边建筑的影响，降低振动和噪声减小对附近居民的影响而专门设置的。轨道减振器扣件是一种高弹性扣件，能较充分地利用橡胶的剪切变形，弹性好，较一般扣件的振动减少 4 ~ 5 dB，减振效果良好。

D-T 扣件减振器为全弹性分开式，三阶减振。由金属承轨板、底座与橡胶圈为一整体，橡胶圈承受压力与剪力，具有垂向和横向弹性，用于减振要求较高地段。轨道减振器是国内轨道减振新的扣件形式，根据减振原理，结合城市轨道交通特点，确定外形为椭圆形。减振器扣件的弹条、轨距垫等均与 DT-Ⅲ型扣件相同。扣件与轨枕联结方式，均采取在轨枕中预埋玻璃钢套管。D-T 扣件减振器如图 2－15 所示，减振器平面如图 2－16 所示。

由于减振器外形为椭圆形，且橡胶圈与承轨板底座成为一整体，可避免应力集中，延长了使用年限。橡胶圈为锥形，能较充分利用橡胶剪切变形，具有良好的弹性；有较好的绝缘性能；轨距、水平调整量较大。轨距可调 +8 ~ −12 mm，高低可调 −5 ~ +30 mm，国外同类扣件不能调整轨距。

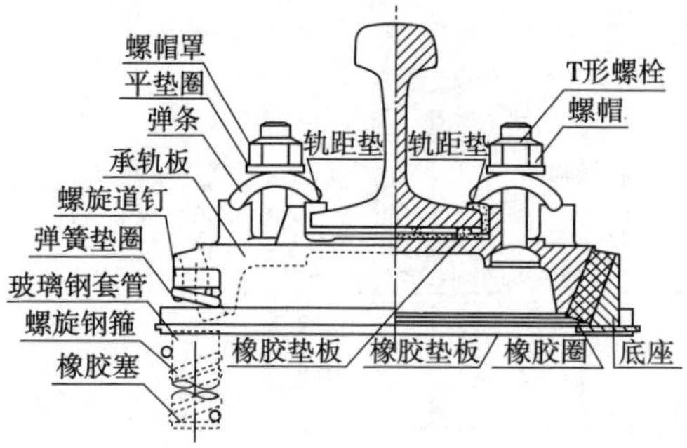

图 2 − 15　D-T 扣件减振器

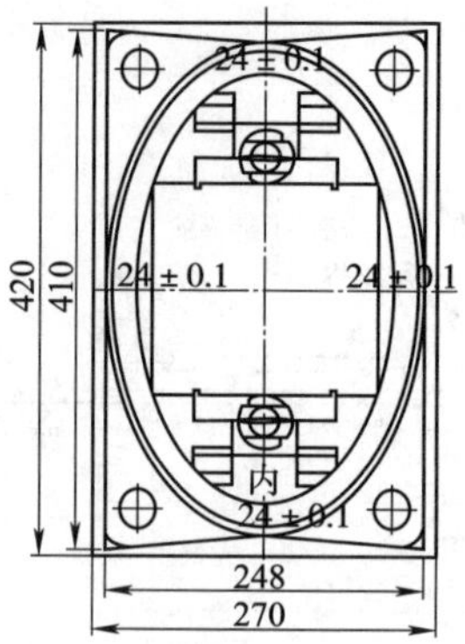

图 2 − 16　减振器平面（单位：mm）

三、轨　　枕

轨枕承受来自钢轨的各向压力，并弹性地传递给道床。同时，有效地保持轨道结构的几何形位。轨枕应具有必要的坚固性、弹性和耐久性，还要造价低廉，制作简单，铺设及养护便易。

轨枕目前主要是混凝土枕。混凝土枕不受气候、腐朽的影响，使用寿命长，具有较高的道床阻力，对提高线路稳定性是十分有利的，缺点是质量大，弹性差，更换困难。

在整体道床线路上，根据其特点，分别采用混凝土短枕、混凝土长枕及混凝土支撑块。

1. 混凝土轨枕的名称与规格

目前，我国混凝土枕统一为 3 个级别：I 型、Ⅱ 型及 Ⅲ 型预应力混凝土轨枕。

城市轨道交通地面线路使用最广泛的 S-2 型预应力混凝土轨枕如图 2 − 17 所示。

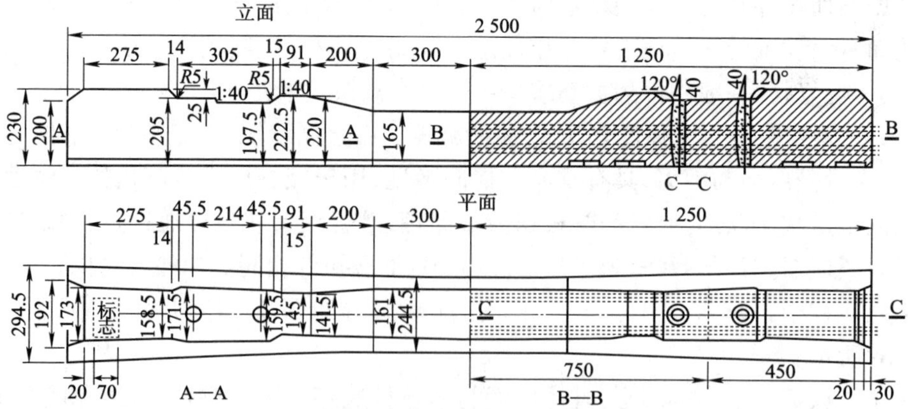

图 2 − 17　S-2 型预应力混凝土轨枕（单位：mm）

2. 整体道床混凝土长枕

在隧道内的整体道床一般采用预应力钢筋混凝土长枕。有挡肩式长枕如图 2－18 所示，无挡肩式长枕如图 2－19 所示。

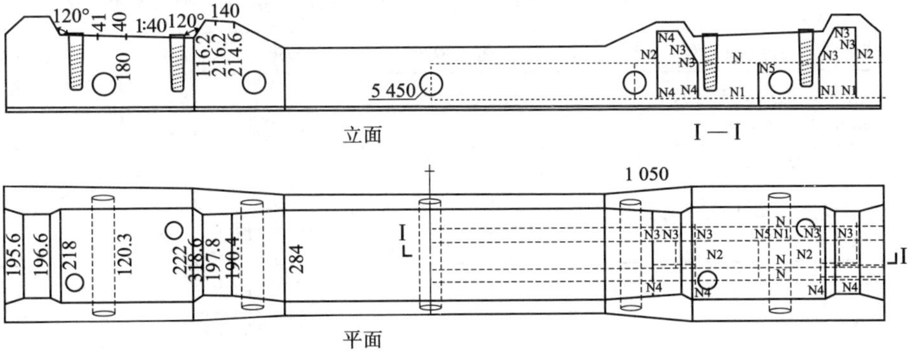

图 2－18　有挡肩式长枕(单位:mm)

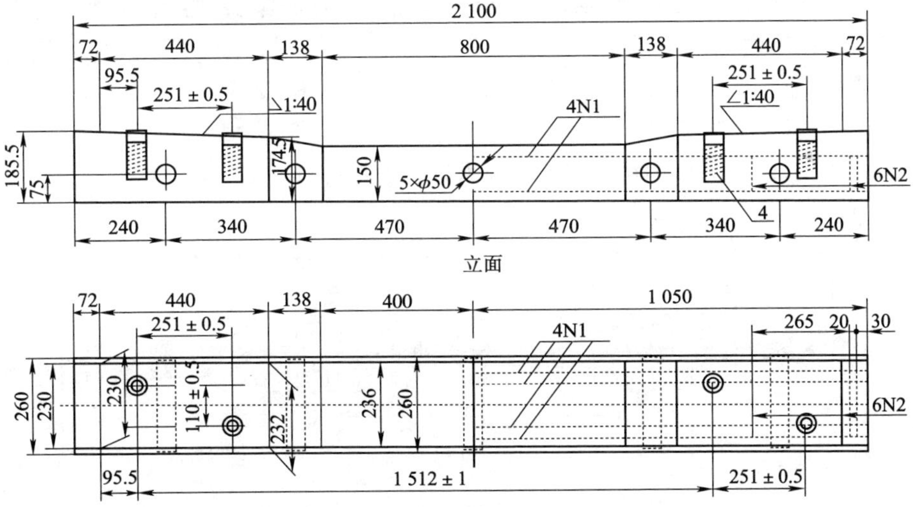

图 2－19　无挡肩式长枕(单位:mm)

3. 轨枕铺设数量

轨枕铺设数量应符合如表 2－3 所示的规定。

表 2－3 轨枕铺设数量

序号	道床型式	轨枕铺设数量			
		正线 50 kg/m、60 kg/m 钢轨		辅助线	车场线
		直线及 $R>400$ m 或坡度 $i<20‰$	$R\leqslant400$ m 或坡度 $i\geqslant20‰$		
1	枕式整体道床（根＜对＞/km）	1 600 ~ 1 680	1 680	1 600	1 440
2	减振轨道枕式整体道床（根＜对＞/km）	1 600 ~ 1 680	1 680	1 600	1 440
3	混凝土枕碎石道床（根/km）	1 600 ~ 1 680	1 680	1 600	1 440
4	无缝线路混凝土枕碎石道床（根/km）	1 680 ~ 1 760	1 760 ~ 1 840	1 680 ~ 1 760	—

四、道　　床

道床铺设于路基之上、轨枕之下，起承受、传布荷载，稳定轨道结构的作用。道床有碎石道床、整体道床两大类型。碎石道床用于地面正线、出入段/场线、试车线和库外线。整体道床用于地下线路、高架线路、车场库内线。基底坚实、稳定，排水良好的地面车站，可采用整体道床。正线、出入线、试车线的整体道床与碎石道床间应设轨道弹性过渡段。同一曲线地段宜采用一种道床类型。

1. 碎石道床

（1）碎石道床的结构。图 2－20 所示为碎石道床断面图。

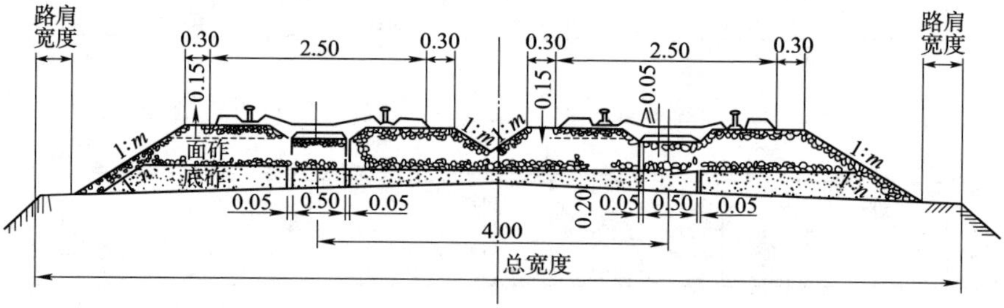

图 2－20　碎石道床断面图（单位：mm）

（2）碎石道床的作用：①将列车荷载均布于路基面上，起保护路基的作用；②提供抵抗轨排纵横向位移的阻力，保持轨道结构的几何形位；③提供了良好的排水性能；④提供一定的弹性；⑤通过起道、拨道等手段，便于调整轨道结构的几何尺寸。

（3）碎石道床的材料。碎石道砟分为 3 种规格：标准石砟（粒径 25 ~ 70 mm）用于新建、大修及维修；中砟（粒径 15 ~ 40 mm）用于维修；细砟（粒径 3 ~ 20 mm）用于垫砟起道。

(4)碎石道床断面的主要特征。

①道床厚度。根据土质情况和地下水源情况的不同,道床有单层和双层两种。单层的为石砟层。双层的为先铺设200 mm厚度的黄沙层,然后铺设不小于250 mm厚度的石砟层,其厚度从线路中心线处量取。道床厚度应符合表2－4的规定。

表2－4　碎石道床厚度

路基类型	道床厚度(mm)		
	正线		车场线
非渗水土路基	双层	道砟250	单层250
		底砟200	
岩石、渗水土路基	单层300		

②道砟肩宽。正线、联络线、出入段/场线和试车线无缝线路地段道砟肩宽不应小于400 mm,非无缝线路地段道砟肩宽不应小于300 mm。无缝线路半径小于800 m、非无缝线路半径小于600 m的曲线地段,曲线外侧道砟肩宽应增加100 mm。其他车场线道砟肩宽不小于200 mm。半径小于300 m的曲线地段,曲线外侧道砟肩宽应增加100 mm。

③道床边坡。正线、联络线、出入段/场线和试车线1∶1.75,其他车场线1∶1.5。

2. 整体道床

混凝土整体道床,也称无砟轨道,是在坚实基底上直接浇筑混凝土以取代道砟层的新型轨下基础,常用于地下线路、高架线路及库内线路。

(1)整体道床的优缺点。整体道床将松散的碎石道床改变为钢筋混凝土结构,使之整体化。其优点是:结构坚固、稳定,几何尺寸变化小,维修工作量小,从而降低维修成本,外观整洁。但整体道床不可避免地存在一定的缺点:道床弹性差,几何尺寸的调整没有碎石道床方便;一旦发生沉降开裂或和变形等病害,整治非常困难;造价昂贵。

(2)整体道床的类型。整体道床有带枕浇筑式、承轨台式、平过道式、坑道式及立柱式、弹性整体道床共5类。后4种统称为无枕式整体道床,也称为整体灌注式道床,施工麻烦、进度慢、施工精度不易保证。带枕浇筑式整体道床,施工方便,可采用轨排法施工,进度快、精度易保证。

①带枕浇筑式整体道床。有带长枕浇筑和带短枕浇筑式整体道床两种。

长枕浇筑式整体道床为初期所采用,主要应用于地下线路,适用于软土地基。一般长轨枕预留圆孔,让道床纵筋穿过,加强了与道床的联结。道床内布有纵横交错的钢筋。每枕间隔布置一根横向钢筋,五根纵向钢筋,从轨枕的预留孔穿过,然后用混凝土浇筑为一体,结构强度非常理想。道床设侧向排水沟。带长枕浇筑式整体道床如图2－21所示。

带短枕浇筑式整体道床的短枕基本上都为预制，大部分应用于停车库内带检查坑的线路，也开始为地下线路和高架线路所采用。一般设中心排水沟。这种道床稳定、耐久，结构较简单，施工简便，进度较快。带短枕浇筑式整体道床如图 2－22 所示。

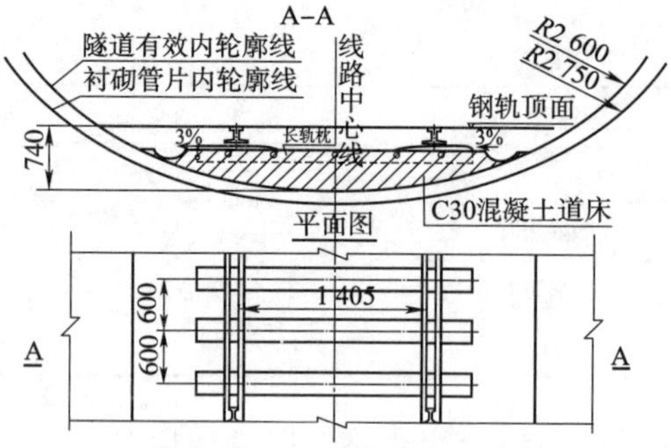

图 2－21　带长枕浇筑式整体道床（单位：mm）

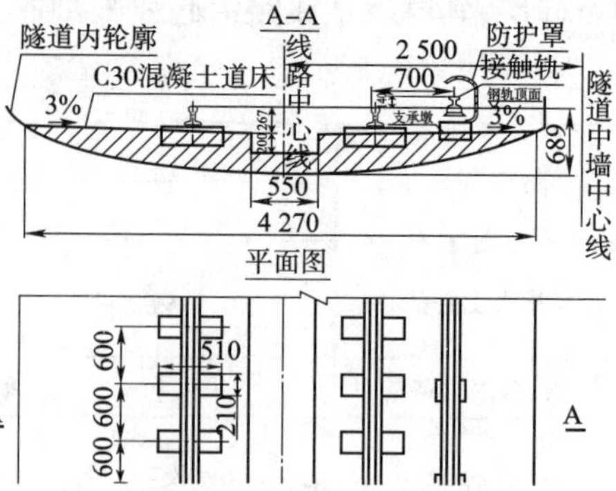

图 2－22　带短枕浇筑式整体道床（单位：mm）

长度大于 100 m 的隧道内和隧道外 U 形结构地段及高架桥和大于 50 m 的单体桥地段，宜采用短枕式或长枕式整体道床。

②承轨台式整体道床。是比较新颖的一种轨下基础，为整体灌注式的钢筋混凝土结构，尤其对高架线路适用。先预制支撑块，通过扣件与钢轨联结，然后浇筑纵向混凝土承轨台，把支撑块与高架桥面上预留的垂直钢筋浇筑为一体。由于整体道床轨道调整量有限，所以对桥梁徐变及桥墩的不均匀沉降提出了更高的要求。承轨台式整体道床如图 2－23 所示。

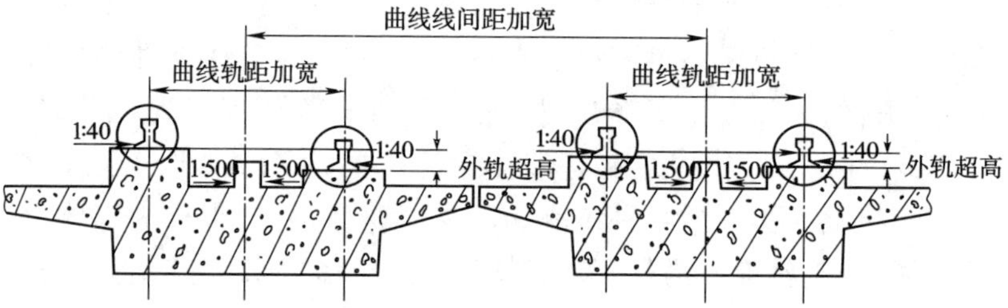

图 2－23　承轨台式整体道床

支撑块式承轨台是在每股钢轨下面沿纵向铺设条形分段的钢筋混凝土结构。相对于长轨枕式整体道床而言，承轨台结构简单、自重轻（仅为长轨枕式整体道床的一半）、排水性能好、工程造价低、方便施工及养护维修作业。支撑块直接支承钢轨及轨道联结部件，并埋设在承轨台中。支撑块底部外露钢筋与整体道床的钢筋连接。

③平过道式（地坪式）整体道床。又称地坪式道床，多为检修库内修建不需检查坑

的整体地坪式的线路所采用。

④坑道式和立柱式轨下结构。为了满足检修工作的需要，检修库内轨下结构设计为坑道式及立柱式的检查坑。检查坑的扣件在钢轨内侧全部焊接固定，当发生整体结构不均匀下沉时，调整轨面高低和水平非常困难。

⑤弹性整体道床。即浮置板式整体道床，由于造价极高、而且修理困难，所以通常很少采用，仅在特殊地段，由于减振的需要，设计有少量的浮置板式轨道。弹性整体道床如图2-24所示。

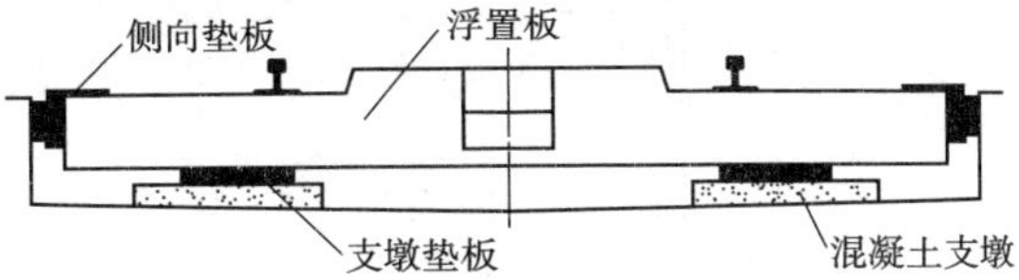

图2-24　弹性整体道床

(3)整体道床的结构高度。根据不同结构类型，宜采用下列数值：①矩形隧道内混凝土整体道床为560 mm；②单线马蹄形隧道内混凝土整体道床为不小于650 mm；③单线圆形隧道内混凝土整体道床为不小于740 mm；④高架桥上整体道床为500～520 mm；⑤浮置板轨道为750～900 mm。

(4)道岔的整体道床。除了地面线路、车场线的道岔采用碎石道床外，在地下线路、高架线路上铺设的道岔均采用整体道床。地下线路上使用预制的混凝土短枕，先进行拼装，然后进行整体浇注。高架线路上的道岔，铺设方案与高架线路的铺设办法基本相似，先预制支撑块，通过道岔联结零件和一系列扣件将道岔拼装，再浇筑纵向承轨台。

短岔枕根据铺设部位进行分类：转辙器滑床板部分、辙岔护轨部分、辙岔部分、辙后及辙岔趾跟端前后部分，根据铁垫板尺寸进行设计。短轨枕在铺轨基地预制。

(5)整体道床的过渡段。整体道床与碎石道床连接处设过渡段，长度为6.25 m，在混凝土槽型基础上铺设钢筋混凝土轨枕，碎石道床厚25 cm。

整体道床采用弹性分开式扣件，扣件静刚度较小、弹性好，所以，也可采取适当加大整体道床轨枕间距、加密碎石道床轨枕间距的方法实施弹性过渡，过渡段长度宜12～15 m。

列车驶入车场库内线时速度低，又是空载，库内整体道床多采用弹性分开式扣件，弹性好，与库外线碎石道床衔接可采取适当加大整体道床轨枕间距、加密碎石道床轨枕间距的方法，实施轨道弹性过渡。

减振轨道结构与碎石道床衔接时，不必设轨道弹性过渡段。

五、路　　基

路基直接承受由轨道传来的列车动荷载的作用，它是轨道的基础。路基的稳定性与坚固性、耐久性关系着线路的质量和列车的运行安全。只有采用碎石道床的地面线路和车场线路才有路基，数量较少。

1. 路基的断面形式

路基的断面形式有 6 种：路堤、路堑、半路堤、半路堑、半堤半堑、不填不挖，如图 2 –25 所示。

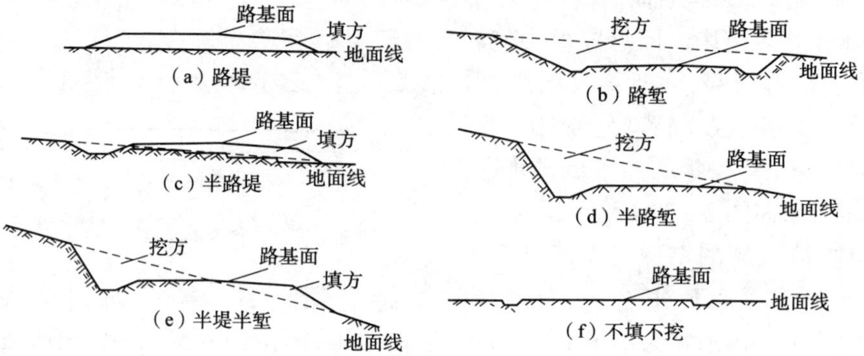

图 2 –25　路基断面的形式

2. 路基断面

（1）路基面。路基顶部的表面称路基面。区间曲线地段的路基面宽度，单线应在曲线外侧，双线应在外股曲线外侧加宽。加宽值在缓和曲线范围内线性递减。

（2）路肩。为路基本体顶面道床坡脚以外的部分，即路基两侧未被道床覆盖的部分，为专业人员通行而设置。正线路肩宽度不小于 0. 6 m。当路肩埋有设备时路堤及路堑的路肩宽度均不得小于 0. 6 m，无埋设设备时路肩宽度均不得小于 0. 4 m。站场线路不小于 0. 4 m。

（3）边坡。路基横断面两侧边线，即线路外侧的部分，称为路基边坡。其中坡底处称为坡脚，坡顶处为砟肩。路基边坡主要根据路基的土质、高度或土质的物理力学性质决定。一般取 1:1. 5 和 1:1. 75。如高路堤上部 1:1. 5，下部 1:1. 75。路堤坡脚外应设宽度不小于 1. 0 m 的天然护道。站场线路，由于股道较多，可根据具体情况，设置为一面坡、两面坡、锯齿形坡。坡面排水横坡的坡度为 2‰ ~ 4‰。

（4）路拱。为利于排水，路基面设计为人字坡的断面形式，称为路拱。非渗水土和用封闭层处理的路基面路拱形状为三角形，单线路基的路拱高 0. 15 m，双线路基的路拱高 0. 2 m，底宽等于路基面宽度，曲线加宽地段仍保持三角形。

无缝线路双线上下行路基采用三角形路拱，拱高 0. 2 m。

3. 路基支挡结构物

路基位于陡坡地段或风化的路堑边坡地段，为避免大量挖方及降低边坡高度的路堑地段，为节约用地少占用地的地段，为保护重要的既有建筑物及其他特殊条件和生态环境需要的地段应修筑支挡结构物。

支挡结构物主要是路堤或路肩挡土墙。路肩挡土墙的平面位置,在直线地段应按路基宽度确定,曲线地段宜按折线形布置,并应符合曲线路基加宽的规定。在折线处应设沉降缝。路堤或路肩挡土墙与路堤连接可采用锥体填土坡面,挡土墙端部深入路堤内应不小于0.75 m,路堤锥体顺线路方向的坡度应不大于1:1.25。路堤或路肩挡土墙嵌入原地层的深度,土层应不小于1.5 m,弱风化的岩石应不小于1.0 m,微风化的岩石应不小于0.5 m。挡土墙基础埋置深度不应小于1 m,同时在最大冻结深度以下不应小于0.25 m。

4. 路基排水

路基应有完善的排水系统,并宜利用市政排水设施。排水设施应布置合理,当与桥涵、隧道、车站等排水设施衔接时,应保证排水畅通。在路堤天然护道外设置单侧或双侧排水沟;路堑应于路肩两侧设置侧沟;堑顶外应设置单侧或双侧天沟。

5. 路基防护

路基坡面防护包括:种草、铺草皮、植树;抹面、勾缝、喷浆、灌浆;砌片石;浆砌骨架。

路基冲刷防护包括:抛石防护、片石防护、混凝土板防护、石龙护坡、挡土墙。

6. 路基基床

路基基床是指路基上部受轨道、列车动力作用,并受水文气候变化影响较大,需作处理的土层。路基基床分表层和底层,表层厚度应不小于0.4 m,底层厚度应不小于1.1 m。基床厚度以路肩施工高程为计算起点。

六、地下结构

地下结构在城市轨道交通中占有的比重最大。地下结构在地下,对地面上的其他交通工具无干扰,其运输能力不受气候影响,也避免了噪声对城市的污染,在战争期间还可作为民用防空设施。所以地下结构的优点非常明显,但是造价昂贵。

1. 地下结构

地下结构分为:明挖结构、暗挖结构和特殊方法施工的结构。

(1)明挖结构。当城市地面空间足够时,可以采用明挖法修筑隧道。明挖结构的基坑可分成放坡开挖和护壁(地下连续墙)施工两大类。放坡开挖法费用低,但施工影响面广,条件限制多(市区不宜),埋深有限制(深埋式不可能),地质条件要求高,气候影响施工等。仅在场地开阔、埋深浅和环境允许时采用。护壁施工法对地面影响减少,地质条件限制放宽,技术要求提高,需要专门施工机械。

明挖结构的基坑护壁有锚喷支护、土钉墙、重力式挡墙和桩、墙式围护结构等多种形式。其选型应综合考虑周围环境、现场工程地质和水文地质条件、围护结构的使用目的、基坑深度和安全等级等因素,结合土方开挖、降水和地层加固等辅助措施,通过技术经济比较确定。图2-26所示为明挖法修建的整体式衬砌结构。对应的区间隧道一般采用框架结构,上部设计荷载以回填土加路面荷载来考虑,侧面荷载考虑侧土压力。

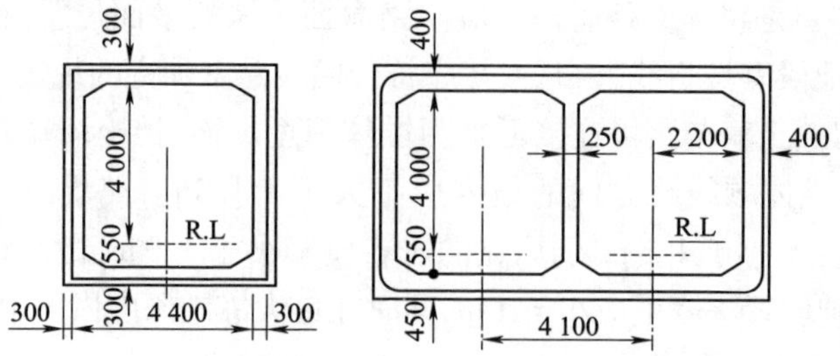

图 2－26　明挖法修建的整体式衬砌结构(单位:mm)

明挖法施工的造价较低,但土方工程量较大,且影响地面交通。

(2)暗挖结构。暗挖法有盾构法、矿山法、新奥法。

①盾构法结构。盾构是松软地层中修建隧道的专门机具,如图 2－27 所示。盾构既是一种施工机具,又是一种强有力的临时支撑结构,其开挖和衬砌工作均在盾壳保护下进行。地下结构一般采用此法进行施工。盾构沿其长度由前往后可分为切口环、支撑环和盾尾。切口环是为了保护开挖面的稳定和作业空间的安全而设置的。支撑环连接着切口环和盾尾使盾构构成整体,是盾构结构的重要组成部分,在其周边内装有一组盾构千斤顶。在盾尾中设有组装机,主要用于组装预制衬砌管片。

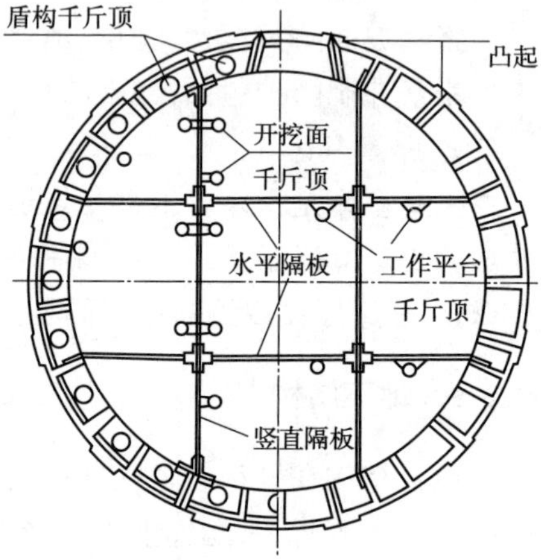

图 2－27　盾构的组成

盾构的断面形式有:圆形或椭圆形、半圆形、马蹄形、箱形。大多数盾构为圆形。

②矿山法结构。矿山法施工包括:全断面法、台阶法、下导坑漏斗棚架法及上下导坑先拱后墙法等。我国的铁路隧道大部分采用矿山法修筑而成。

矿山法施工的理论基础是传统的结构力学,其基本假设与实际隧道的工作状态相差甚远,另外在施工中需要大量的钢和木材作为临时支撑,劳动强度大,施工环境差,因而近年来已逐渐被新奥法所取代。

③新奥法结构。新奥法是新奥地利隧道施工法的简称。新奥法施工的理论基础建立在现代岩体力学的基础上。它的基本观点是:围岩既是隧道结构的荷载,又是承受岩体压力的承载体一部分,即围岩本身具有承载能力;围岩自承能力只有通过围岩的变形才能发挥出来,因而隧道开挖后允许围岩发生变形,同时也要限制围岩的变形量,不致由于变形过大而使岩体松弛甚至坍塌,所以最理想的支护结构应当是能随围岩共同变形的柔性支护(喷混凝土和锚杆支护);由于允许围岩发生变形,为了掌握围岩和支护

的实际工作情况，在施工的各个阶段，应进行现场量测监护，及时反馈位移或应力等信息，以指导施工和修改设计。新奥法施工按其开挖断面的大小及位置，基本上可以分为全断面法、台阶法两大类。

a. 全断面法。将隧道设计轮廓线一次钻爆成型，优点是：工序少、相互干扰少、便于组织施工和管理、工作空间大、便于采用大型施工机具。

b. 台阶法。将开挖断面分成两步或多步，又可根据台阶的长短划分为：长台阶法、短台阶法和超短台阶法。

(3)特殊方法施工的结构。有沉管法和顶进法。

①沉管法。提前将隧道管段分段预制，并在每段两端设临时止水头部，施工时先将隧道管段浮运至隧道轴线处，沉放在预先挖好的地槽内并将所有管段进行水下连接，然后移去临时止水头部，回填基槽保护沉管，最后铺设隧道内部设施，形成一个完整的水下通道。

②顶进法。在地面开挖的基坑井中安放管节，然后通过千斤顶或顶推机械将管节从工作井预留口穿出，穿越土层到达接收井并从接收井的预留口穿出，形成区间隧道。

2. 地下结构的埋深

(1)浅埋式。轨面到地面的高差小于 20 m，一般采用明挖式施工，为矩形断面。浅埋式施工方便，造价低，运营费用低，乘客出入方便。

(2)深埋式。轨面到地面的高差大于 20 m，采用暗挖式施工。根据施工方式不同，可以设计为矩形断面(如地下连续墙施工方法)，也可以采用圆形断面(如盾构法)，也有采用椭圆形断面。深埋式对于地下管线影响小，施工期对地面交通影响小，避让地下建筑障碍及地质困难地段较有利，受气候影响小，具有较强军事功能。

3. 地下结构的断面

地下结构的横断面有：矩形、圆形、拱形、椭圆形、多圆形等类型。但最多的是矩形断面和圆形断面。通常，车站前后为矩形断面，区间为圆形断面。圆形隧道内径一般为 5.5 m，由 6 块钢筋混凝土管片装配成环，如图 2-28 所示。

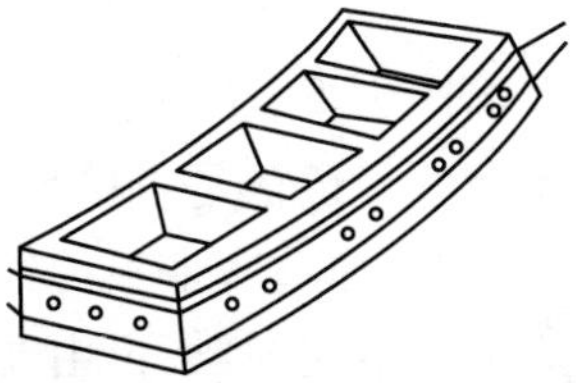

(a) 隧道管片

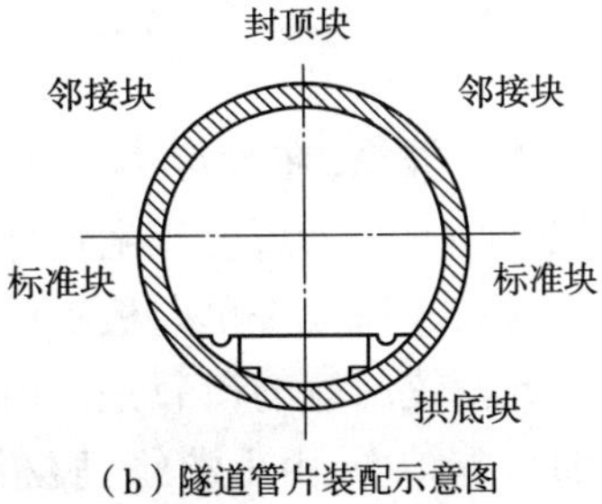

(b) 隧道管片装配示意图

图 2-28　圆形隧道管片

矩形隧道单线净断面一般为 4.3 m(宽) ×5 m(高),双线净宽为 9.5 ~ 14.6 m,为现浇钢筋混凝土结构。

地下车站多为矩形断面。按层数,地下车站分为单层、二层和三层三种结构。其中,多数为二层,即站厅层和站台层。当地下车站接近地面或高架线路时,因埋深较浅,采用单层结构。有的车站因换乘需要,采用三层结构。按横向立柱数,地下车站分为无柱单跨、单柱双跨和双柱三跨三种结构。站台较窄的地下车站采用无柱单跨或单柱双跨结构,其他地下车站采用双柱三跨结构。

七、高架结构

"高架结构"包括区间高架桥及高架车站,由受列车荷载影响较大的构件如轨道梁、支承轨道梁的横梁、支承横梁的柱以及柱下基础组成。高架线路的轨下基础采取了整体道床结构,但为了减少桥梁上部的自重,不采用带枕浇筑的形式,而是设计为支撑块式的结构。在线路扣件的设计上与地下线路不同,不设置轨距垫,调整轨距和线路方向通过横向拨移轨下铁垫板而实现,尽管操作上不十分方便,但对线路结构几何尺寸的调整有利。

1. 高架结构的组成

城市轨道交通高架桥梁主要由梁、墩台、基础三部分组成。

(1)梁。目前在城市轨道交通高架桥上应用较多的梁有槽形梁、脊梁、板梁等形式。

①槽形梁。一般是预应力混凝土结构,属下承式桥梁,由车道板、主梁和端横梁组成,如图 2 – 29 所示。

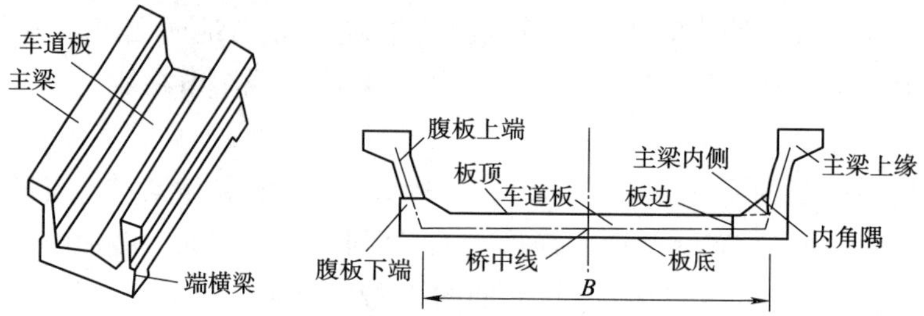

图 2 – 29　槽形梁

车道板位于梁体下翼缘,在预应力和竖向荷载作用下,不仅会产生双向弯曲和扭转,而且作为主梁截面的一部分,会产生拉伸或压缩。车道板是直接承受车辆荷载的部分,当桥的长宽较大时,车道板按单向板考虑,荷载主要通过车道板传给主梁,再由主梁传到支座。只有接近桥梁两端的荷载是经由车道板传给端横梁,再由端横梁传到支座。

主梁是主要的承重结构,由上翼缘、腹板和车道板的一部分宽度作为下翼缘组成。上翼缘是主要的受压构件,其横向稳定是依靠腹板与车道板组成的 U 形半框架来保证的,在梁端由加厚的腹板与端横梁形成刚度较大的结构,对上翼缘起侧向支撑作用。

端横梁在施工和养护维修时起顶梁的作用，并为车道板的两端提供支承，保证车道板的整体作用，还为上翼缘的横向稳定起支撑作用。

②脊梁。脊梁式结构分上承式和下承式两种。上承式是在单箱梁的上部带大悬臂挑臂结构，下承式是在脊梁的下底板位置带大悬臂挑臂结构。这种结构主要靠脊梁来承受纵向弯矩，挑臂板作为行车道板，同时将列车荷载传到脊梁上。挡墙主要是防止噪声和作为防护车辆倾覆的保护体，也可以作为结构的一部分，起边梁作用，改善挑臂的受力。

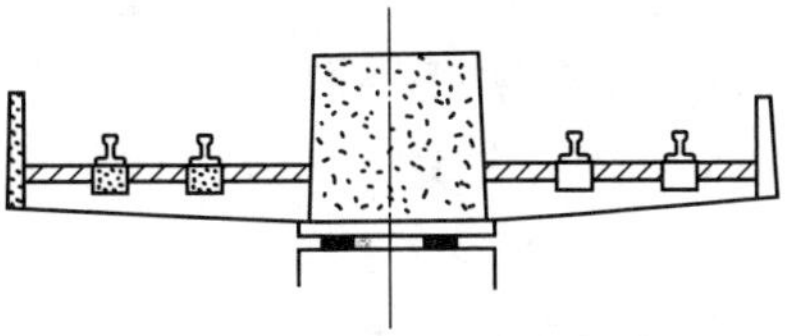

图 2－30　下承式脊梁结构形式

下承式脊梁结构的横断面由脊梁、大挑臂翼板、端加劲边梁（或称挡板）组成，如图 2－30 所示。具有建筑高度低、施工方便、边缘和脊梁顶面可作检修道、脊梁和边梁构成一个防噪体系、外形美观等优点，故多采用下承式。

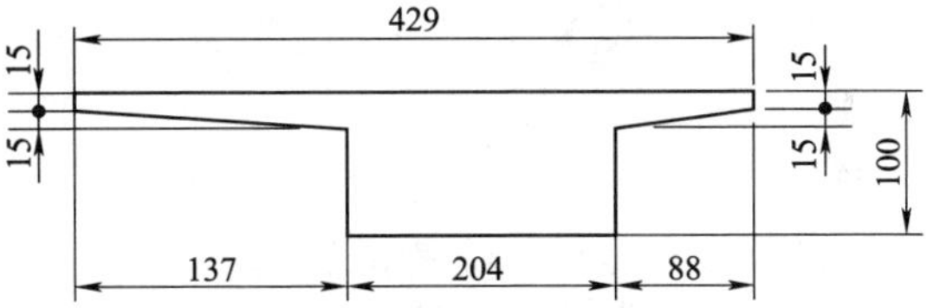

图 2－31　超低高度板式结构（单位：mm）

③板梁。超低高度板式结构实际上是低高度梁或厚板，亦称为板梁，一般是由于结构的建筑高度要求做得小，刚度就成为设计的控制条件。超低高度板梁结构形式如图 2－31 所示。

（2）墩台。高架桥的墩台除具有足够的强度和稳定性以承受荷载外，还需要考虑美观，并与城市环境和谐、匀称、协调。一般有：倒梯形、T 形、双柱式、Y 形等形式，分别如图 2－32（a）、（b）、（c）、（d）所示。

①倒梯形桥墩。倒梯形桥墩构造简单，施工方便，受力合理，具有较大的强度、刚度和稳定性，对于单箱单室箱梁和脊梁来说，选用倒梯形桥墩在外观和受力上均较合理。

②T 形桥墩。T 形桥墩自重小，节省圬工材料，能减少占地面积，墩身可做成圆柱、矩形、六角形等，美观，具有较大的强度和刚度，其与上部结构的轮廓线过

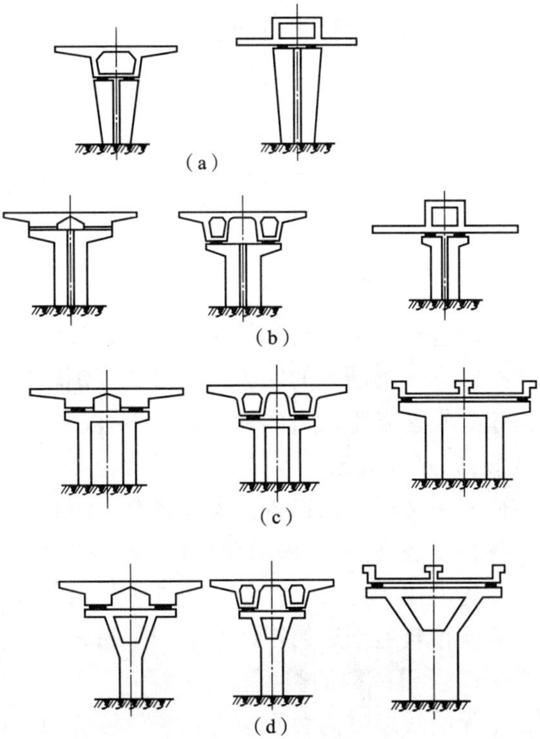

图 2－32　墩台形式

渡平顺，受力合理。

③双柱式桥墩。双柱式桥墩体积小，圬工省，透空空间大，承载能力强，稳定性好。结构轻巧，所适用的上部结构较灵活。

④Y 形桥。Y 形桥墩与 T 形桥墩一样，体积小，重量轻，省圬工，占地少，外观简洁，桥下透空大。但其结构相对来说较复杂，施工也较麻烦。

(3)基础。桥梁基础形式有扩大基础和桩基础。扩大基础适用于岩石及持力层较浅的地基。桩基础适用于砂质及软土地基。

2. 高架桥的净空

城市轨道交通高架桥净空：主要道路的净空为 5.00 m（个别超高车辆通行的道路为 5.50 m）；一般道路净空高度为4.50 m；次要道路的净空高度不低于 4.20 m；跨越铁路干线的净空高度为 6.75 m；跨越铁路支线的净空高度为 5.70 m。

3. 高架桥的排水

高架桥面必须设置性能良好的排水系统，排水设施应便于检查、维修与更换。应防止桥面出现积水。双线桥桥面横向采用双侧排水坡，坡度不小于 2‰。排水管道直径与根数根据计算确定，直径不小于 150 mm。排水管出水口不得紧贴混凝土构件表面。设滴水檐防止水从侧面淌入梁、板底面。高架桥面应设防水层。梁缝处应设伸缩缝，伸缩缝除保证梁部能自由伸缩外，还应有效防止桥面水渗漏。墩台顶面预留更换支座时顶梁的位置，并应设置排水坡，防止表面及支座处积水。

4. 隔声屏

对于轨道距离居民住宅区非常接近的地段，于轨旁护栏安装隔声屏，以减少噪声的影响。

八、无缝线路

用普通标准钢轨焊接成具有一定长度的长轨条所铺设成的轨道称为无缝线路。无缝线路是一种新型的轨道结构形式。钢轨接头是线路的薄弱环节，列车通过时，车轮对接缝处轨端发生巨大的冲击振动，不仅影响行车平稳和乘客的舒适，还加剧轨道设备的破损，如碎石道床发生局部下沉导致空吊板，整体道床发生裂缝，车轮、钢轨接头及联结零件发生磨耗和伤损等。无缝线路由于在相当长的范围内消灭了钢轨接头，因此，可以改善行车条件、减少振动和噪声、增强乘客舒适感、减少养护维修工作量、延长线路设备和车轮的使用寿命。在条件允许时尽量铺设无缝线路。

城市轨道交通的正线均采用了超长型无缝线路的形式，基本上都是一轨贯通。

1. 无缝线路的类型

无缝线路分为温度应力式和放散应力式两种。

温度应力式无缝线路又称锁定式无缝线路，用线路配件将钢轨锁定，无论是轨温上升还是下降，通过多种阻力（接头阻力、道床纵向阻力及扣件阻力）与温度力（无缝线路，当轨温变化时由于钢轨被锁定，无法伸缩，于是在钢轨内部产生内力）相抗衡，使钢轨内应力得到锁定，不让其释放。如地面线路及地下线路的正线、联络线、出入段/场线的直线和半径大于或等于200 m 曲线的整体道床地段、半径大于及等于400 m 曲线的碎石道床地段以及长度大于1 000 m 的试车线宜铺设温度应力式无缝线路。

放散应力式无缝线路是对钢轨不完全锁定，在长轨条两端设置钢轨伸缩调节器，当轨温发生变化时钢轨内应力随钢轨的伸缩而得到一定量的释放，使长钢轨在温度力作用下进行一定量的伸缩。既保证轨道的稳定性，又保证最低轨温下断轨的断缝不超过允许值。如高架线路均采用放散应力式无缝线路，以减少钢轨内应力对桥梁所发生的影响。

2. 无缝线路的结构

温度应力式无缝线路，一般由固定区、伸缩区、缓冲区三部分构成。固定区是由于长轨两端接头、轨枕扣件及防爬设备等阻力，长轨中间部分处于稳定状态而不能伸缩的范围，不得短于50 m。伸缩区是在温度力作用下，长轨两端在一定距离内有伸缩量的范围，其长度根据年轨温差幅值、道床纵向阻力、钢轨接头阻力等参数计算确定，一般为50～100 m。缓冲区是调节轨缝变化所组成的范围，一般由2～4 节标准轨（含厂制缩短轨）组成，普通绝缘接头为4 节，采用胶接绝缘接头时，可将胶接绝缘钢轨插在2 节或4 节标准轨中间，绝缘接头轨缝不得小于6 mm。

3. 无缝线路伸缩调节器

伸缩调节器由一对基本轨和一对尖轨所组成，通过扣件固定，在线路纵向的方向上，基本轨与尖轨两者之间能进行相对位移。当轨温发生变化时，无缝线路的伸缩区即推（或拉）动调节器伸缩，钢轨位移的发生使无缝线路的温度力得到一定量的释放，大大降低了对桥梁的影响。

伸缩调节器有单向伸缩与双向伸缩两种，如图2－33、图2－34 所示。

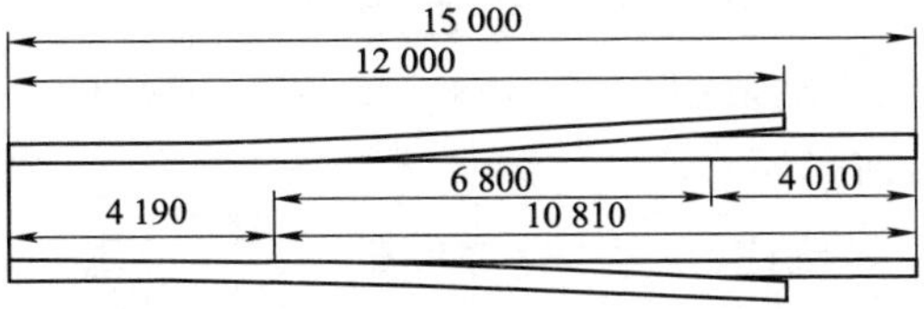

图2－33　单向伸缩调节器（单位：mm）

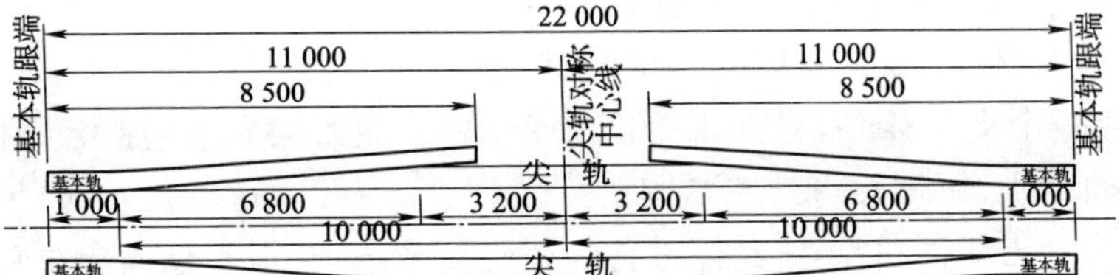

图2－34　双向伸缩调节器（单位：mm）

九、轨道安全设备

1. 防脱护轨

(1)防脱护轨的原理。虽然承轨台结构为保持轨道结构的稳定提供了可靠的保证,但在局部地段,例如在小半径曲线的缓和曲线范围及竖曲线缓和曲线重叠地段因超高顺坡造成轨顶平面的扭曲,不利于轨道的平顺性。当列车通过时,势必加剧车辆某些车轮的减载或悬浮,同时还将使轮轨间产生附加的横向水平力,为确保列车运行安全,在高架桥轨道的特殊地段设置防脱护轨。

防脱护轨是新型护轨设备,轮缘槽较小,能消除列车车轮因减载、悬浮而脱轨的隐患,当一侧车轮轮缘将要爬上轨顶面时,同一轮对的另一侧车轮的轮背与护轨接触,促使要爬轨的车轮恢复到正常位置,防止列车脱轨。防脱护轨设在基本轨内侧,用支架固定在基本轨轨底,安装拆卸方便。可根据实际需要增加安装防脱护轨的地段。

防脱护轨能可靠地防止列车车轮在小半径曲线轨道上发生爬(或跳、滑)轨脱线事故,能提高小半径曲线轨道整体结构抗横向变形的承载能力,增强其稳定性,可改善轮轨相互作用的横向动力学效应,以减少其线路养护维修工作量;通用性好,护轨不与轨下基础(含轨枕)发生直接连接紧固关系。

(2)高架桥上设置防脱护轨的地段

①半径小于 500 m 曲线的缓圆(圆缓)点,缓和曲线部分 35 m、圆曲线部分 15 m 的范围内曲线下股钢轨内侧。

②双线高架桥跨越城市干道和铁路地段及其以外各 20 m 范围内,在靠近高架桥中线侧的钢轨内侧;单线高架桥位于上述地段两股钢轨内侧。

③竖曲线与缓和曲线重叠处,重叠范围内两股钢轨内侧。

④根据实际需要增加安装防脱护轨的地段。

(3)防脱护轨的结构。由护轨、护轨支架、扣板、弹性绝缘缓冲垫片和联结紧固部件(螺栓、螺母)等组成,如图 2 - 35 所示。

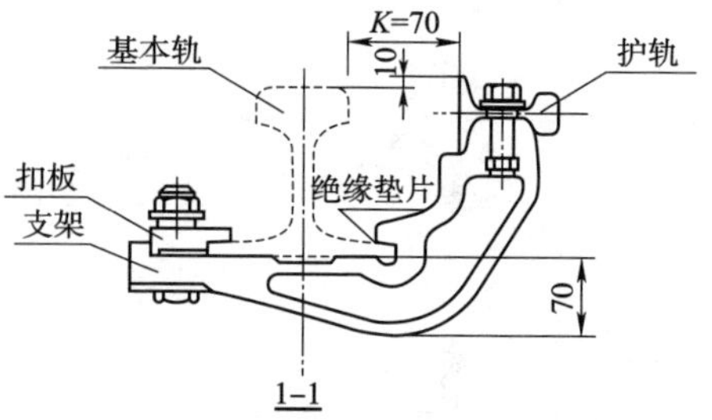

图 2 - 35　防脱护轨(单位:mm)

护轨支架安装在相邻轨枕(支承块)之间的基本轨轨底上,用螺栓和扣板将支架紧固在基本轨轨底上。护轨支架安装间距,根据运输条件(速度与轴重)拟定,一般为每间隔两根轨枕(或支承块)安装一个支架;随后将加工好的护轨置于支架的承轨台上,用螺栓将护轨紧固于支架一侧。在护轨与基本轨之间,护轨螺栓设置的轮缘槽宽度值,应根据曲线半径、列车通过速度及现场使用条件对其功能提出要求,应用轮轨关系及其相互作用原理,进行具体设置。护轨之间的接头用相应的夹板、螺栓连接。每一局部安装地段护轨的始端和终端，应设置缓冲段。护轨装置一般安装在小半径曲线轨道内股钢轨的内侧，安装长度：曲线圆缓点和缓圆点的前后各40～60 m，主要是防止列车车轮发生爬（或跳、滑）轨脱线事故，确保行车安全。

2. 车挡

为保证行车安全，防止在遇到特殊情况时列车冲出线路，在正线、辅助线、试车线、库内线的末端都必须设置车挡。车挡也称为挡车器。车挡有缓冲滑动式和固定式两类。正线、辅助线和试车线的末端宜采用缓冲式车挡。库内线末端宜采用固定式车挡。

（1）缓冲式车挡。缓冲式车挡上设有缓冲装量，能起缓冲作用，而且在被列车撞击后车挡还有一定的滑动距离，有效地消耗列车的动能，迫使列车停住，比较安全可靠。缓冲式车挡有滑动式、液压式等多种。滑动式结构简单、安全可靠。液压式结构复杂，造价较高，但具有自动复位及事故报警、记录等功能，从而可以缩短事故处理时间，并能在事故发生的瞬间发出警报，并同时记录、储存事故发生的时间、肇事车辆的速度等数据。缓冲滑动式车挡如图2－36所示。车挡占用轨道长度12～15 m，列车撞击速度不小于15 km/h。在车挡的前端加设24.5 m长度的安全区。车挡的滑动距离确定为13.5 m，设计采用24 m，增加部分安全余量。

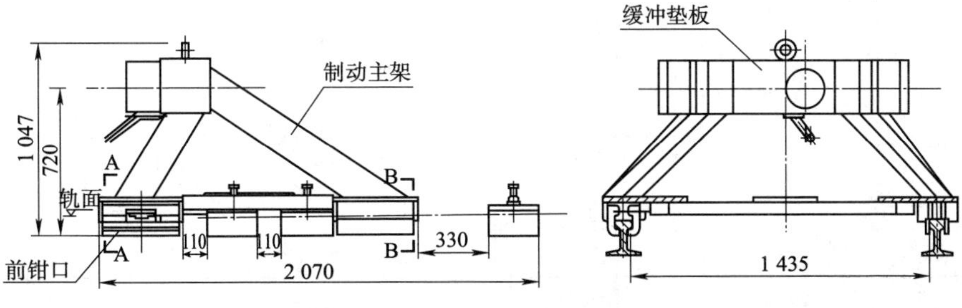

图2－36　缓冲滑动式车挡（单位：mm）

（2）固定式车挡。固定式车挡结构简单，长度小，造价低。固定式车挡有XCD型、CDKN型、CDKW型。XCD型与缓冲滑动式车挡配套使用。CDKN型车场内车挡（铸钢月牙式）适用于车辆段/停车场的库内线路。CDKW型车场库外车挡（竖壁式）适用于车辆段/停车场的调车作业线路尽头。

十、轨道结构的几何形位

轨道结构的几何形位指的是轨道各部分的几何形状、相对位置和基本尺寸，主要有：轨距、水平、曲线轨距加宽、曲线外轨超高、高低、轨向。

1. 轨距

轨道由直线和曲线组成。直线部分的方向应保持平直,两股钢轨之间应保持一定的距离,这一距离称之为轨距。轨距为两股钢轨头部内侧与轨道中线相垂直的距离。为使轨道交通车辆能顺利通过轨道,轨道的轨距必须略大于轮对宽度,有一定的游间。游间不能过大,否则会使车辆行驶时的蛇行运动的幅度加大,横向加速度、轮缘对钢轨的冲击及作用于钢轨上横向力也随之而增加。行车速度愈高,这种影响愈严重。游间亦不能过小,否则会增加行车阻力和轮轨磨耗,严重时轮对有可能被钢轨卡住。所以,为了提高行车的平稳性和减少轮轨之间的动力作用,应对游间加以限制。

我国城市轨道交通线路的轨距都采用标准轨距,即 1 435 mm。

因为轨底坡的缘故,轨距应在钢轨头部内侧面下 16 mm 处量取。轨距用道尺或轨检车进行测量。前者测得的是静态的轨距,后者则可以测得列车通过时轨距的动态变化。验收线路时,线路轨距相对于标准的容许误差为 4 mm。

2. 曲线轨距加宽

车辆在曲线轨道上行驶时,由于车辆固定轴距的影响,转向架前一轮对的外轨轮缘和后一轮对的内轨轮缘紧贴钢轨,致使行车阻力增大,轮轨磨耗加剧。为使轨道交通车辆能顺利通过曲线,并减少轮轨间的横向水平力,减少轮轨磨耗和轨道变形,半径等于及小于 200 m 的曲线地段轨距要适当加宽。新建正线曲线半径一般大于 250 m,无须轨距加宽。辅助线、车场线小半径曲线轨距加宽标准见表 2 – 5。

表 2 – 5 曲线轨距加宽表

曲线半径	加宽值(mm)		轨距(mm)	
	A 型车	B 型车	A 型车	B 型车
$200 \geqslant R > 150$	5	10	1 440	1 445
$150 \geqslant R > 100$	10	15	1 445	1 450

轨距加宽值应在缓和曲线长度范围内递减,无缓和曲线时在直线地段递减。递减率不宜大于 2‰,困难地段不应大于 3‰。

道岔构造复杂,为缩短道岔长度,道岔的轨距递减率不受此限制。

3. 水平

水平是指两股钢轨的顶面,在直线地段应保持在同一水平面上或保持一定的相对高差,目的是使两股钢轨受力均匀,并保证车辆平稳行驶。

水平可用道尺或轨检车进行测量。验收线路时,其容许误差为 4 mm。

有两种性质不同的钢轨水平误差,对行车的危害程度也不一样。第一种水平误差是在一段相当长的距离内,一股钢轨的轨顶较另一股高,只要水平误差保持在容许范围值内,反倒可使列车贴着一股钢轨而平稳地行驶。另一种称三角坑或称轨道扭曲,是指在一段不太长的距离内，先是左股钢轨高，后是右股钢轨高。轨道上存在三角坑会出现车轮不能全部正常压紧钢轨的现象，在最不利的情况下甚至可以爬上钢轨，引起脱轨事故。

4. 曲线外轨超高

车辆在曲线轨道上运行时，产生了离心力，为了平衡这个离心力，需在曲线轨道上设置外轨超高，即把曲线外轨适当抬高，借助车辆重力的水平分力以平衡离心力，从而达到内外两股钢轨受力均匀、垂直磨耗均等，使乘客不因离心加速度的存在而感到不舒适，以及提高线路横向稳定性，保证行车安全。

曲线超高是根据列车通过曲线时平衡离心力，并考虑两股钢轨垂直受力均匀等条件计算确定的。最大超高值是根据行车速度、车辆性能、轨道结构稳定性和乘客舒适度确定的。经多年实践，曲线最大超高 120 mm 比较合理、适宜。

由于列车在曲线上的运行速度与计算超高的平均速度不同，因此设置的外轨超高不能与列车运行速度完全适合。当实际速度大于平均速度时，实际超高不足，有一个欠超高，反之称为过超高或余超高。未被平衡的欠超高愈大，外轮轮缘与外轨产生磨耗愈严重。为了保证列车运行安全和乘客舒适，减轻钢轨磨耗必须对未被平衡的欠超高加以限制。一般可允许有不大于 61 mm 的欠超高。

曲线超高值应在缓和曲线内递减，无缓和曲线时应在直线段递减。超高顺坡率不宜大于 2‰，困难地段不应大于 3‰。

5. 高低

高低是指一侧钢轨纵向的相对高低。轨道高低必须满足平顺要求，以减少列车对轨道的冲击，确保运营安全和旅客舒适。高低用 10 m 弦线在钢轨顶面中间测量最大矢度，最大矢度即弦线与钢轨顶面之间的距离最大者。高低差用 10 m 弦线测量时误差不得超过 4 mm。

6. 轨向

轨向是指一侧钢轨作用边的走向，也称方向，轨道方向要求直线段平直，曲线段圆顺。直线段轨向用 10 m 弦线在钢轨顶面以下 16 mm 作用边处测量矢度，其允许误差正线不得超过 4 mm，其他线不超过 6 mm。曲线段轨向用 20 m 弦线在钢轨顶面以下 16 mm 作用边处测量矢度，称为正矢，其误差应符合曲线正矢误差的规定。

7. 轨底坡

为使钢轨顶面与车轮踏面斜坡相吻合，将钢轨适当向内倾斜，由此所产生的钢轨底面相对于轨枕顶面的倾斜度称为轨底坡，实际上就是钢轨的内倾度。

列车运行时，车辆踏面与钢轨顶面接触，由于车轮踏面有一个倾斜坡度，因此，钢轨的倾斜度必须与车轮踏面的倾斜度基本吻合。如果不符合，轮轨接触点将偏离轨面中心线。轨面上因车轮碾压会形成明亮的光带，如果光带居中，说明轮轨接触点良好，轨底坡适宜，如果光带偏向内侧，轨底坡偏小，如不纠偏，就要加剧钢轨内侧的磨耗。

轨底坡的设置，是通过混凝土轨枕在制作过程来实现的，混凝土轨枕的承轨台已按规定设计有一定的坡度，对于线路的各种特定地段，还必须在轨下增设斜型垫片加以改善。正线、辅助线和车场线上的钢轨，应设置 1/40 或 1/30 的轨底坡。在曲线地段，要根据超高的不同情况加以调整。道岔碎石道床，辙叉跟端轨缝后的一定范围内是普通长轨枕，在无轨底坡道岔间不足 50 m 不应设置轨底坡。

8. 线间距

线间距为上、下行线路或两相邻线路中心线之间的垂直距离，通常 4.5 ~ 5 m。

第四节　道　　岔

道岔是指轨道在平面上的出岔、连接和交叉等设备，习惯上把这些设备统称为道岔。道岔是轨道的重要组成部分。道岔的作用是引导车辆由一条线路转向另一条线路。道岔构造复杂，是线路的薄弱环节。

一、道岔的构造

道岔的种类很多，在实际应用中以普通单开道岔使用最广，普通单开道岔具有其他道岔所共有的特点和要求，具有代表性。普通单开道岔由转辙部分、连接部分、辙叉及护轨部分组成，如图 2 – 37 所示。

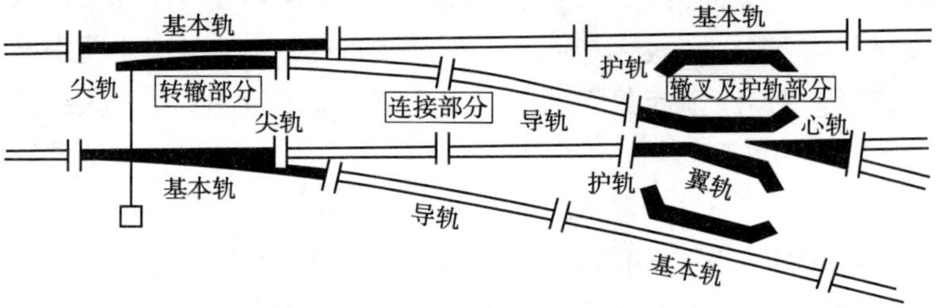

图 2 – 37　单开道岔的组成

1. 转辙器

转辙部分即转辙器，是引导车轮运行方向的设备，当尖轨置于不同的位置时，列车将沿着直向或侧向运行。转辙器主要包括两根基本轨、两根尖轨、联结零件（如滑床板、顶铁、轨撑、拉杆、连接杆、辙前垫板、辙后垫板等）及跟部结构（包括跟端大垫板、间隔铁、跟端夹板、防爬卡铁、异径螺栓跟部螺栓）等，其构造如图 2 – 38 所示。

（1）基本轨。基本轨用 12.5 m 或 25.0 m 的标准轨制成，一侧为直基本轨，一侧为曲基本轨。基本轨的作用除承受车轮的垂直压力外，还与尖轨共同承受车轮的横向水平力并保持尖轨位置的稳定。为了防止基本轨因横向水平推力而引起的横移，在基本

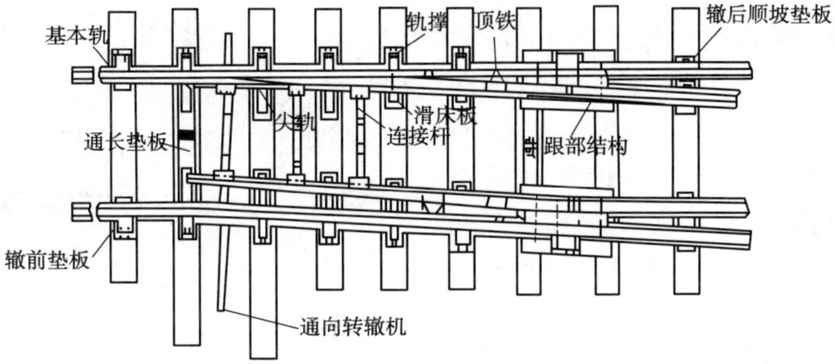

图 2－38　辙岔结构

轨轨腰处钻有水平螺栓孔，与其在外侧设置的轨撑用螺栓联结，共同抵抗水平推力。基本轨上还有联结辙跟设备和顶铁的螺栓孔。基本轨实现全长淬火。

当尖轨与基本轨密贴时，有一个转辙角，因此在转辙部分必须将轨距加宽，以满足车辆固定轴距和车轮与轨道接触的需要，使转辙器轨距、方向正确及尖轨和基本轨密贴。

（2）尖轨。尖轨按其平面形式可分为直线型尖轨（直尖轨）与曲线型尖轨（曲尖轨）两种。

直尖轨分左股和右股，可以用于左开或右开的单开道岔，制造简单，便于修换，尖轨尖端刨削部分短，横向刚度大，尖轨摆度和跟端轮缘槽小。缺点是道岔长，尖轨的转折角大，使列车产生摇晃，尖轨尖端易磨耗。

曲尖轨由于与基本轨、导曲线的衔接较为圆顺，与同号直尖轨相比，其冲击角（转辙始角）小，导曲线半径也可增大，列车进入道岔侧线运行时速度可以提高，而且比较平稳，尖轨使用的寿命也可相对延长。但曲尖轨制造复杂，且其尖轨不能左、右开道岔兼用，只能用于与转辙器开向相同的道岔。

尖轨按其断面形式分为普通钢轨断面、高型特种钢轨断面和矮型特种钢轨断面 3 种。

普通钢轨断面的尖轨，按构造分为：不补强的普通钢轨断面尖轨、一般补强的普通钢轨断面尖轨、特种补强的普通钢轨断面尖轨。目前普遍采用一般补强的普通钢轨断面尖轨和特殊补强的普通钢轨断面尖轨。

高型特种钢轨断面一般指用于基本轨等高的特种断面钢轨制造的尖轨。尖轨竖向或横向的刚度都比较大，通常铺设在列车运行速度较高、轴重较大的线路上。

矮型特种断面尖轨（AT 型），指用于较基本轨低的特种断面钢轨制造的尖轨。这种尖轨由于断面高度比较矮，所以稳定性好，但刚度比高型特种钢轨断面的尖轨要差。

弹性可弯式尖轨指尖轨的扳动是依靠削弱部分的弹性变形来实现的。

(3)跟端结构。要求以跟部为轴心，能够灵活扳动尖轨。大部分采用间隔铁式，近年来也大量采用弹性可弯式跟端结构。

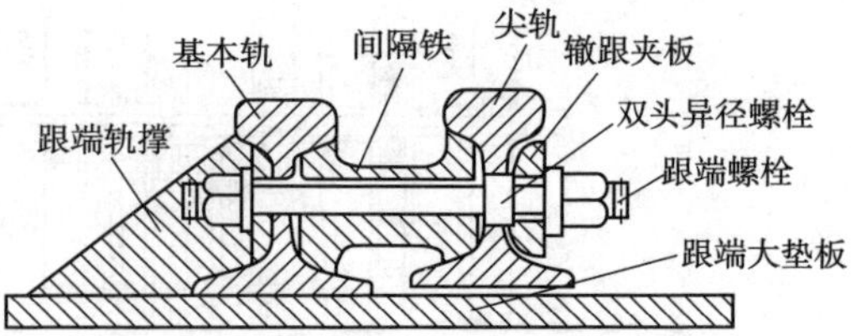

图 2－39　间隔铁式跟端

间隔铁式跟端又称为活接头，主要由辙跟垫板、间隔铁、辙跟夹板、轨撑及双头螺栓等组成，结构形式如图 2－39 所示。

弹性可弯式尖轨使用的是特种断面钢轨，必须进行刨切加工才能满足灵活扳动的要求。由于采用了弹性可弯段的弹性变形，从而实现了尖轨的转换扳动，消灭了"活接头"。在弹性可弯段后部设置转辙接头，该接头主要设备为一块大垫板和一块间隔铁，用两条螺栓固定，作为尖轨转动的固定点，断面形状如图 2－40 所示。

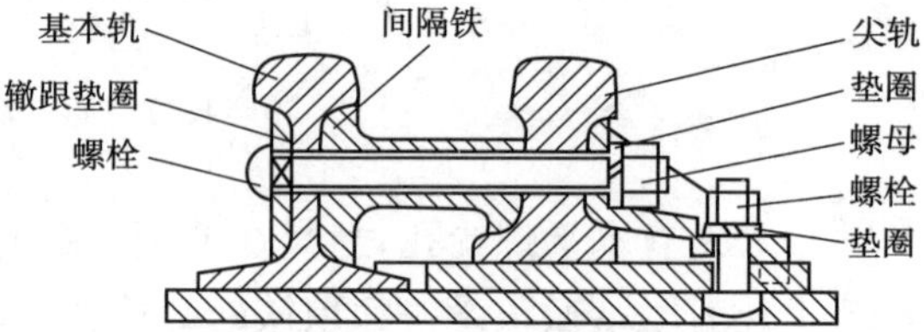

图 2－40　弹性可弯式跟端

(4)连接杆。连接杆的作用是将两根尖轨联结成为一个框架式整体而一起扳动，同时保持两尖轨在平面上的相对位置。连接杆多用扁钢或方钢制成，通过接头铁(耳铁)与尖轨相连接，连接杆的数量与尖轨长度有关，普通道岔一般装 2～3 根。安装在尖轨最前面且与转辙机械相连的一根称为转辙连接杆。分动外锁闭道岔，没有连接杆。在有轨道电路的道岔上，连接杆中部必须有隔断电流的绝缘装置。

(5)尖轨顶铁。由于尖轨与轨枕没有道钉固定，为了保持尖轨在列车通过时不被车轮横向压力所挤弯，须在尖轨轨腰上安装顶铁(也叫轨距卡)，当尖轨与基本轨相密贴时，每个顶铁顶部应正好顶住基本轨的腰部，这样作用在尖轨的横向力便会通过顶铁传递至基本轨，尖轨与基本轨共同抵抗列车的横向压力，故要求顶铁长度应做到尖轨贴靠基本轨时，顶铁也恰好与基本轨轨腰贴紧。如顶铁过短，就会压弯尖轨，过长就会造成尖轨与基本轨不密贴而危及行车安全。

(6)轨撑。为了增强转辙器的横向稳定性，在基本轨外侧安装轨撑。它的作用是承受横向压力和防止基本轨产生横向移动。

(7)滑床板。是承垫基本轨并供尖轨滑动的垫板。滑床板用厚 20 mm 的钢板制成，板面上有凸出高 6 mm、宽 90 mm 的滑床台。滑床板的作用是承托由尖轨、基本轨传来的压力，并传递到岔枕上去。

(8)垫板。辙前垫板(轨撑垫板)铺设在尖轨尖端前面的一段基本轨下面，与轨撑共同配合以防止基本轨向外横向移动。另外在道岔导曲线中部，也铺设这种垫板。为了使尖轨高出基本轨的轨面高差逐渐顺坡下降，并保持导曲线支距位置的正确，在尖轨跟后面一定长度内铺设辙后垫板。

平垫板是铺设在转辙器最前面的两块垫板，其平面形状与普通垫板相同，但没有轨底坡，故称平垫板。这是由于道岔内所有垫板均不设坡度的缘故。此外，在道岔的连接部分以及直线或侧线的钢轨末端也铺设这种平垫板。

辙跟垫板铺设在尖轨跟端与基本轨连接处。

通长垫板铺设在尖轨尖端。

2. 辙叉

(1)辙叉构造。辙叉是轨道平面交叉的设备，它的作用是使列车按确定的方向，通过平面交叉处。辙叉是由心轨、翼轨、护轨及其他零配件组成，如图2－41所示。

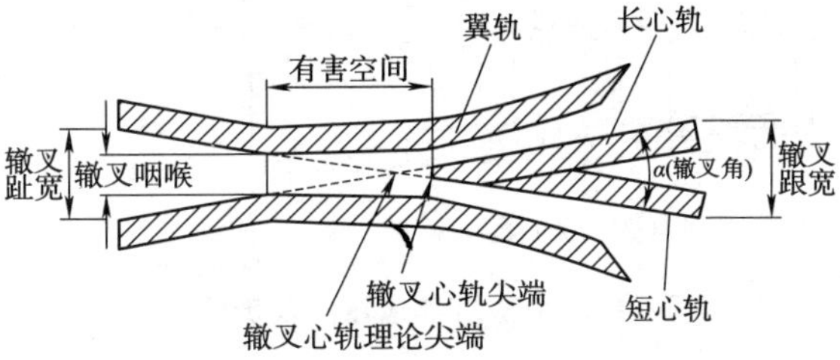

图2－41　辙叉示意图

辙叉的前端称为趾端，后端称为跟端。心轨两作用边之间的夹角称辙叉角。

心轨与翼轨之间保持一定宽度的轮缘槽，使车轮轮缘能够顺利通过，两翼轨工作边相距最近处称为辙叉咽喉(我国定型道岔咽喉宽度为68 mm)。

辙叉心轨两工作边的延长线交点称为辙叉心轨理论尖端，由于制造工艺关系，实际上的尖端有6～10 mm的宽度，此处称为辙叉心轨尖端。

从辙叉咽喉至辙叉心轨尖端之间钢轨工作边中断，称为有害空间。例如9号道岔的有害空间长度为702 mm。为保证车轮安全通过有害空间，在辙叉两侧相对位置的基本轨内侧设置了护轨。

辙叉大垫板是铺设在钢轨组合辙叉下面的大垫板，作用是为加强辙叉的强度及稳定性，连接方式是通过扣板、螺栓将翼轨轨底扣紧在大垫板上。

为防止辙叉趾端产生低接头，导致车轮通过辙叉趾端的不平顺运行，应在辙叉端设置叉趾垫板。叉跟垫板与叉趾垫板相同。

护轨垫板是铺设在护轮轨与基本轨下面的垫板，护轨中间部分几块垫板带有轨撑，能防止护轨横向位移。

趾前、叉后垫板是铺设在辙叉趾前、叉后钢轨下面的垫板。

护轨螺栓是用来固定护轨，通过间隔铁使护轨与基本轨间有一定间隔。

(2)辙叉的分类。目前单开道岔上常用有钢轨组合式辙叉、高锰钢整铸辙叉。

钢轨组合式辙叉用普通钢轨及其他零件加工组成的辙叉称为钢轨组合式(拼装式)辙叉，如图2－42所示。它由长心轨、短心轨、翼轨、间隔铁、垫板以及其他零件组成，短心轨与长心轨拼贴而成的叉心，目前广泛采用短心轨轨底叠盖在长心轨轨底上的办法(即爬坡式),长心轨应铺放在正线方向上。翼轨是用与道岔同类钢轨弯折刨切而成。在翼轨、心轨之间用不同尺寸的间隔铁和螺栓联结,紧固形成整体。从辙叉咽喉至心轨 50 mm 宽断面间,设有支承辙叉的大铁垫板,以加强辙叉的整体性。为防止辙叉趾端和跟端及其连接轨出现低接头,分别设置叉趾和叉跟的桥型垫板。

钢轨组合辙叉各部分之间的联系很差,零件较多,养护维修困难,使用寿命很短。目前已广泛采用高锰钢整铸辙叉,代替原来的钢轨组合辙叉。用含锰量 10% ~ 14% 的高锰钢把心轨和翼轨铸成整体的辙叉称为高锰钢整铸辙叉,如图 2 – 43 所示。

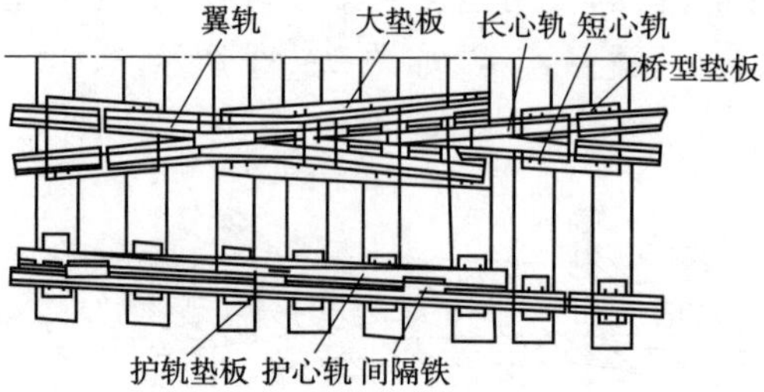

图 2 – 42　钢轨组合式辙叉及护轨

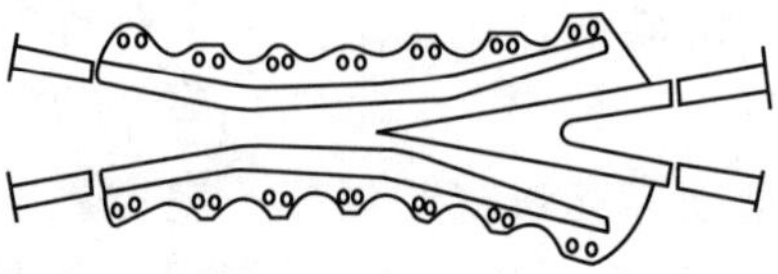

图 2 – 43　高锰钢整铸辙叉

高锰钢具有较高的强度和良好的冲击韧性,经过热处理后,在承受动力冲击荷载下,会很快产生硬化,使表面具有良好的耐磨性,同时还具有整体性及稳定性较好的优点,可直接铺设在岔枕上,不需安装辙叉垫板,零件少,安装方便,养护维修省工,较钢轨组合辙叉使用寿命长(一般为 5 ~ 10 倍)。

3. 连接部分

连接部分是把转辙器和辙叉及护轨连接起来的设备,它包括四股钢轨,即两股直线钢轨和两股曲线钢轨组成。

(1)导曲线。两股曲线钢轨在道岔中称为导曲线。导轨由两端的短直线及与之相连接的圆曲线组成。圆导曲线的特点是能与直线型尖轨和各种曲线型尖轨配合设置,设计简单,可以获得最短的道岔长度,铺设养护方便,在各种类型道岔中普遍采用。

导曲线半径的大小是由道岔号码的大小及侧向通过道岔的速度来决定,道岔号码大相应的导曲线半径也大,通过侧向道岔速度也愈高。

现有道岔大部分是用普通钢轨制造的直尖轨,在构造上尖轨的后大半部分高于基本轨,一般高出 6 mm。目前,我国使用的钢筋混凝土岔枕,铺设的道岔导曲线上,设置了 6 mm 的超高,两端用减薄胶垫厚度进行顺坡。

钢轨组合辙叉的道岔,为简化构造,导曲线不设轨底坡,轨底垫板为平垫板,在导曲线的前面部分,为了顺坡设有顺坡垫板。但采用有轨顶横坡的特种断面尖轨和高锰钢整铸辙叉相配合的道岔时,导曲线应铺设带坡度的垫板,轨面应有1:20或 1:40 的横坡。

为防止导曲线在荷载作用下的外股钢轨倾倒及轨距扩大，在导曲线部分安装若干轨距杆，或在两股钢轨外侧成对地安装一定数量的轨撑。

导曲线配轨时，要考虑轨道电路上的绝缘接头的位置及满足对接接头的要求。尽量采用 12.5 m 或 25 m 长的标准钢轨。使用短轨，一般不短于 6.5 m，在不得已的情况下，不短于 4.5 m。

（2）岔枕。岔枕现以预应力钢筋混凝土岔枕为主。这种岔枕在增强道岔稳固性，减少道岔养护维修工作量方面有很多优点。

二、道岔的分类

道岔分为连接设备、交叉设备以及连接设备和交叉设备的组合。

1. 连接设备

（1）单式道岔。使一条线路通向两条线路的道岔叫单式道岔，包括：普通单开道岔、单式对称道岔、单式不对称道岔、单式同侧道岔，运用最多的是普通单开道岔。

普通单开道岔保持主线为直线，侧线在主线的左侧或右侧岔出（面对道岔尖端而言）。侧线向右侧岔出的，称为右向单开道岔，简称右开道岔，如图 2－44 所示。侧线向左侧岔出的，称为左向单开道岔，简称左开道岔，如图 2－45 所示。

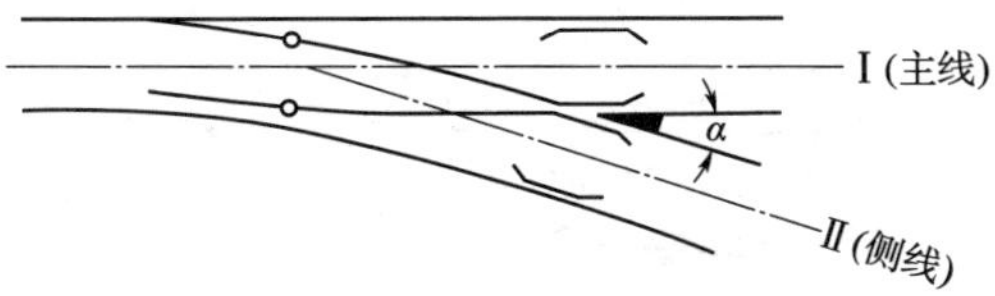

图 2－44　右开道岔

图 2－45　左开道岔

（2）复式道岔。为了节省用地缩短线路总长，或由于受地形限制，道岔铺设位置不能按照一前一后逐组错开铺设，必须把一组道岔纳入另一组道岔内，便形成复式道岔。复式道岔分为：复式对称道岔、复式异侧不对称道岔、复式同侧不对称道岔。

复式对称道岔（又称三开道岔），其主线为直线，用同一部位的两组转辙器，将线路分为 3 条，两侧对称分支，如图 2－46 所示。这种道岔有两对尖轨和三副辙叉。两对尖轨中有一对尖轨较短，三副辙叉中后两副辙叉的辙叉角相等，而前面的（即中间的）一副辙叉角较大，并位于主线的中线上。

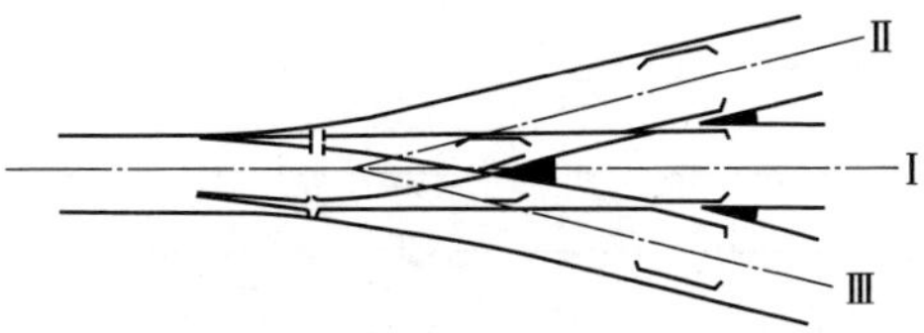

图 2－46　复式对称道岔

2. 交叉设备

两条轨道在同一平面上相互交叉的设备称为交叉。交叉分直角交叉和菱形交叉。

两条直线轨道成直角相交的交叉称为直角交叉，很少见。两股轨道相交成菱形的交叉，当其交叉角小于直角时称为菱形交叉，如图 2－47 所示。

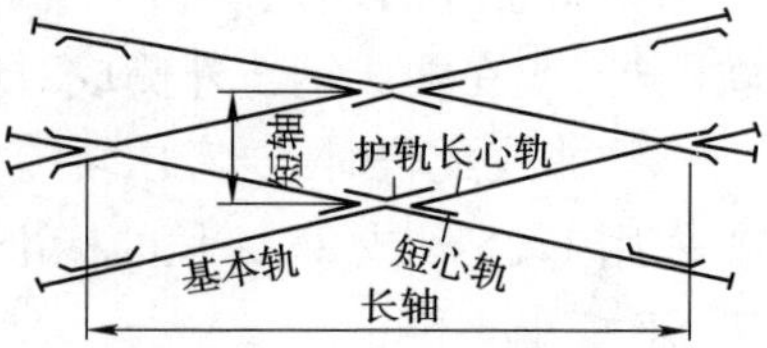

图 2－47 菱形交叉

3. 连接与交叉的组合

两条线路相互交叉，列车不仅能够沿着直线方向运行，而且能够由一直线转入另一直线，这种道岔叫作交分道岔。

(1)交分道岔。分单式交分道岔和复式交分道岔。单式交分道岔是两条线路相交，中间增添两副转辙器和一副连接曲线，列车可沿某一侧由一条线路转入另一条线路的道岔，如图 2－48 所示。

复式交分道岔是两条线路相交，中间增添四副转辙器和两副连接曲线，列车能沿任何一侧由一条线路转入另一条线路的道岔，如图 2－49 所示。这种道岔既能达到线路交叉的目的，又能起到线路连接的作用。一组复式交分道岔能起到四组单式道岔的作用，且与普通道岔比较起来，能节省用地面积，也能节省调车作业时间。

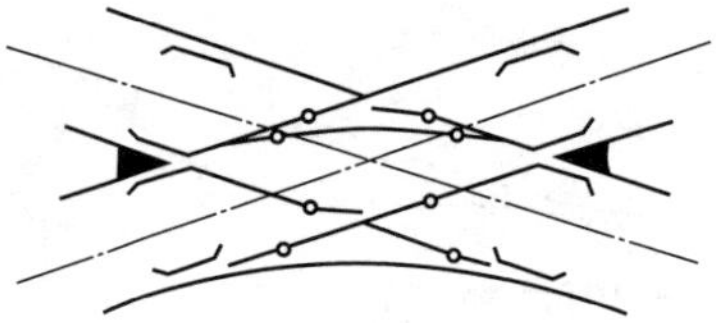

图 2－48 单式交分道岔

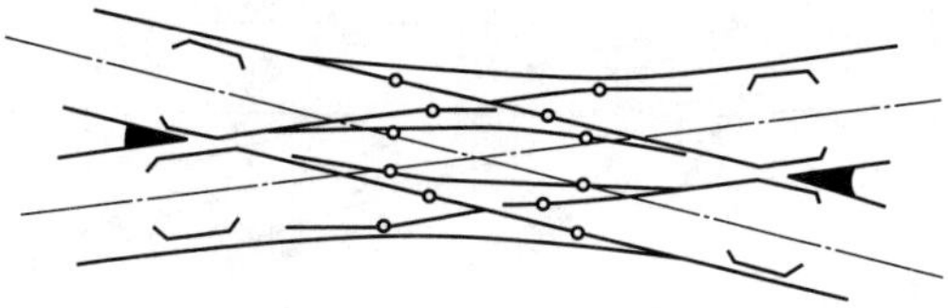

图 2－49 复式交分道岔

(2)渡线。利用道岔或固定交叉连接两条相邻线路的设备，称为渡线。渡线分为单渡线和交叉渡线。单渡线由两组单开道岔及一条连接轨道组成，如图 2－50 所示。交叉渡线由相邻两线路间的两条相交的渡线和一组菱形交叉组成，如图 2－51 所示。

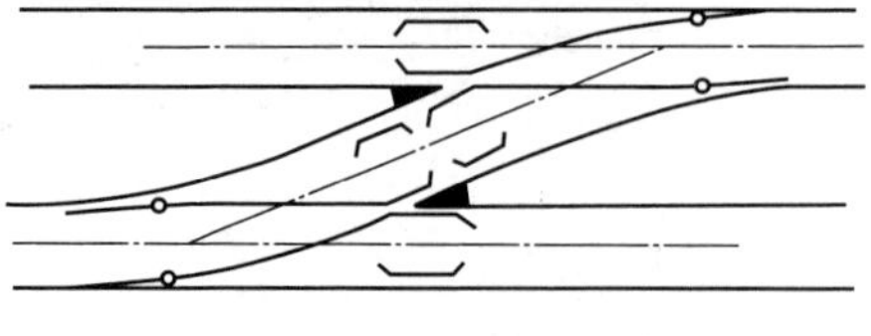

图 2－50 单渡线

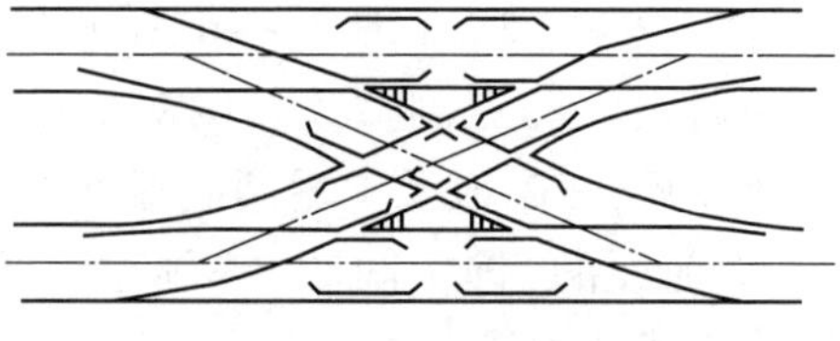

图 2－51 交叉渡线

三、道岔号码

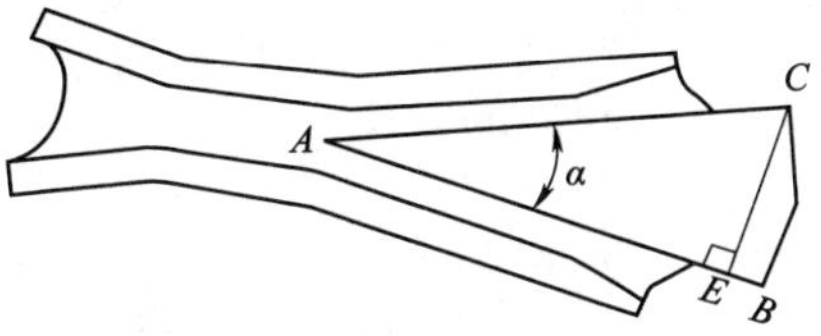

图 2-52　道岔号码表示图

道岔号码数是以辙叉号数 N 来表示的。辙叉的号数是以辙叉角的大小来衡量的，如图 2-52 所示。

1. 辙叉号数的计算方法

辙叉号数为

$$N = AE/CE = \cot\alpha$$

式中　N——辙叉号数；

α——辙叉角；

CE——叉心工作边上任一点至另一工作边的垂直距离；

AE——由辙叉尖端沿工作边至垂足点的长度。

2. 辙叉角的计算方法

$$\alpha = \arctan(1/N)$$

我国的道岔号码从 6 号到 62 号都有，辙叉角与道岔号码成反比，道岔号码愈大，辙叉角就愈小，连接部分导曲线半径也就愈大，容许列车侧向通过道岔的速度也就愈高，列车通过道岔时就愈平稳、安全。

城市轨道交通中规定：正线和辅助线上采用的道岔不得小于 9 号，车场线采用的道岔不大于 7 号。因为正线道岔是控制行车速度的关键设备，道岔铺设后再改造，工程量很大，也影响正常运营，道岔整体道床改造难度更大，因此，道岔型号应满足远期运营的需要。目前，国内城市轨道交通运营线路列车运行速度一般都不超过 80 km/h，所以正线均采用 9 号道岔。随着国民经济的快速发展，城市范围不断扩大，轨道交通往郊区延伸，列车运行的速度将提高，会超过 80 km/h，所以规定正线宜采用不小于 9 号的道岔。车场线采用不大于 7 号的道岔，能减少车场占地面积，并能满足使用要求。

近年，有些城市轨道交通线路设计时速 100 km/h 或 120 km/h，正线应采用 12 号道岔。市域线设计时速 160 km/h，正线宜采用 18 号道岔。

3. 现场确定道岔号数的方法

(1)脚测量法。在心轨顶面一脚宽处，用脚量到心轨尖端，是几脚则是几号道岔。

(2)尺测量法。先在心轨顶面量出 100 mm 宽度和 200 mm 宽度两处，并在此两处划上线，然后再量出两条线之间的垂直距离，有几个 100 mm 则是几号道岔。

第五节　车　　站

车站是站线、站台、站房等站场设备的总称，是吸引和疏散客流，为乘客服务的基本设施。车站的选址、布置、规模等不仅影响运营效益，而且影响城市文明建设和市容观瞻。车站往往又是连接其他交通的枢纽,交通的方便必然促进城市的发展。

一、车站的分类

1. 按运营功能分

按运营功能车站分为:终点站、折返站、换乘站、中间站。

(1)终点站。是线路两端的车站,设置专供列车折返的线路,如图 2 - 1(a)、(b)所示。其功能除乘降和服务外,还提供列车折返及少量检修作业。

(2)折返站。是设在线路中间可供列车折返、开行区间列车的车站,设置专供列车折返和存车的线路,如图 2 - 1(c)、(d)所示。折返站根据使用情况,又分为运转折返站和功能折返站。运转折返站除乘降和服务外,可按照客流量开行部分折返列车。功能折返站平时就作为一般的中间站,在特殊情况下应急折返、存车。

(3)换乘站。是两条或两条以上轨道交通线路交叉点设置的车站,必须配备换乘设施,提供乘客转线换乘。其功能除乘降和服务外,有大量换乘。

(4)分歧站。位于轨道交通线路分岔的地方,如图 2 - 53 所示。其中有一条是主线,另一条是支线。

(5)中间站。是线路中数量最多的一般车站。其功能是:乘降、服务。

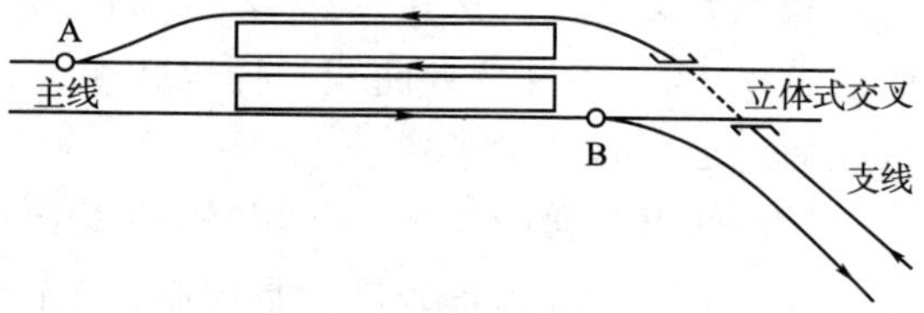

图 2 - 53　分歧站

2. 按规模分

车站规模主要是根据车站设计客流量确定的,一般可以参照日均客流乘降量和高峰小时客流乘降量来综合确定。按车站规模车站分为:特等、一等、二等、三等,或A 级、B 级、C 级。

3. 按设置位置分

按设置位置,车站分为:地面车站、地下车站、高架车站,它们分别设在地面线路、地下线路、高架线路上。地下车站一般由地面出入口、中间站厅、地下站台三个主要部分组成。高架车站一般由地面出入口、高架站厅或地面站厅、高架站台三个主要部分组成。地面车站的出入口、站厅、站台都设在地面。

4. 按建筑风格分

按建筑风格,车站分为:古典风格、现代风格、民族风格、地方风格。一条线路上的各个车站,它们的风格可以一样,也允许有差异,但设计应追求美,追求和谐。

二、车站的组成

车站一般由主体、出入口及通道、通风道及风亭(地下)和其他附属建筑物组成。车站主体是列车的停车点,它不仅要供乘客上下车、集散、候车,一般也是办理运营业务和运营设备设置的地方。车站主体一般分为站厅和站台两部分。

1. 站厅

站厅的作用是集疏客流,将进入车站的乘客迅速、安全、方便地引导到站台乘车或使下车乘客迅速离开车站。站厅内要设置售检票及问讯服务等,根据需要还可设银行、公用电话、小卖部等设施。在一定程度上会形成乘客聚集,因此站厅要起到分配和组织客流的作用。站厅应有足够的面积,除考虑正常所需购票、检票及通行面积外,尚需考虑乘客作短暂停留及特殊情况下紧急疏散的情况。站厅的面积主要由远期车站预测的客流量大小和车站的重要程度决定,一般根据经验和类比分析确定,可以参照能容纳高峰小时 5 min 内聚集的客流量的水平来推算。

站厅布置应满足功能分区要求,尽量避免进、出站及换乘客流路线之间的相互干扰。

检票口(机)宜垂直于客流方向布置。付费区内应设补票亭。检票口(机)处宜设检票亭。条件合适时,可考虑检票、补票合一设置。售票处距出入通道口和进站检票处的距离不小于 5 m,出站检票处距梯口的距离不小于 8 m。车站控制室位置要便于对售检票口(机)、人行楼梯和自动扶梯部位的观察,其地面宜高于站厅地面 450～600 mm。

2. 站台

站台供列车停靠、乘客上下。由站台与线路、乘降设备等组成。

(1)站台类型

①岛式站台。位于上、下行线路之间,如图 2－54 所示。优点是:当一个方向的乘客很多时,可分散到整个站台上,站台面积可得到充分利用,有效利用率高;所有的行车控制都集中在同一站台上,运营方便,管理集中;在站台的端部可借助于自动扶梯或楼梯直接通至地面,乘客上下很方便,对于折返乘客也较为方便;当车站深埋时不用设置喇叭口;当车站的天花板为拱形时,站厅的最高部分正好在站台上方,故站厅在建筑艺术处理上较好。缺点是:在明挖式施工时车站两端线路可能产生喇叭口,运行状态差(进出站曲线);当区间隧道双线集中布置时,横向扩展余地差;双向乘客上下车对流干扰大。

由于岛式车站优点较多,因此地下车站绝大多数都采用这种形式。

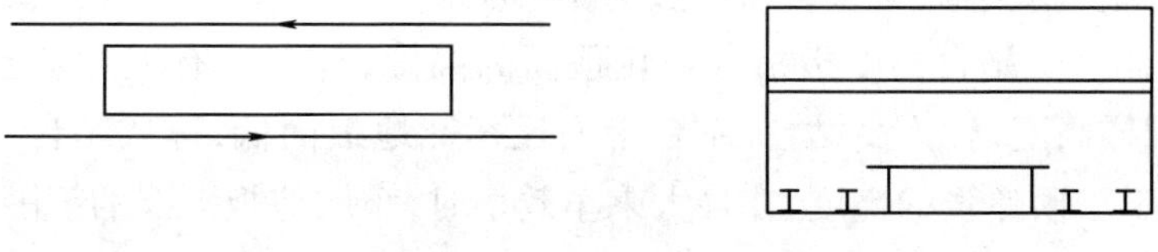

图 2－54　岛式站台

②侧式站台。站台分别位于线路两侧，如图2－55所示。侧式站台会出现一个方向的站台很拥挤，而另一方向的站台尚未充分利用的情形，因此，两个侧式站台的总宽度一般总比一个岛式站台的宽度大，乘客折返时必须经过站厅换车。但是，高架车站将两条线路放在当中，可以使最大荷载位于桥梁结构的中间，便于增加结构稳定性及节省造价，同时乘客从两侧去站台也方便。

③混合式站台。在有些特殊的情况下，有可能综合上述两种型式，既有岛式站台，又有侧式站台，形成混合式站台。一岛一侧的混合式站台如图2－56所示，还有一岛二侧的混合式站台。从运营方面看，这种车站可以实现上、下客流的分流，即中央的站台用于上车，而侧式站台用于下车，但由于乘客上车要比下车慢得多，因而停站时间减少量有限，效果并不明显。从工程方面看，这种车站造价较高，占地面积也明显增加，乘客的竖向输送设备布置尤其复杂。因此，混合式车站用得极少。

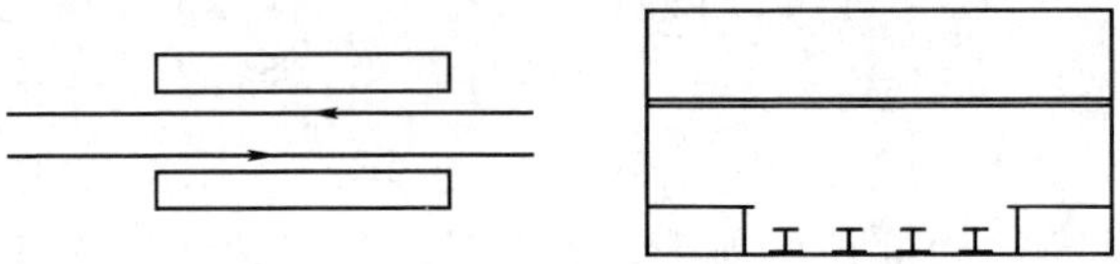

图2－55　侧式站台

图2－56　混合式站台

(2)站台长度。站台长度由列车长度决定，列车长度则是车辆长度与编组辆数的乘积。站台计算长度应采用远期列车编组长度加停车误差。停车误差的确定与人工驾驶时司机操作的熟练程度或采用列车自动控制设备的先进程度有关。一般停车不准确距离为1～2 m，当采用安全门时停车误差必须控制在±0.3 m之内。

地下站台的长度一旦决定(建成)，基本无延长改建的可能，因此，在预测确定了远期客流量后，需充分考虑足够的列车编组辆数，来保证较大的供应能力。

(3)站台宽度。站台宽度根据高峰时段客流候车、乘降、集散的需要计算，并按安全要求扣除安全带宽度及柱子、椅子等附属设施所占面积折算宽度，实际是计算站台有效宽度。

岛式站台最小宽度8 m，横向并列的立柱越多，站台宽度越大。侧式站台的最小宽度视其有无立柱而定，长向范围内设梯的侧式站台最小宽度2.5 m，垂直于侧式站台开通道口的侧式站台最小宽度3.5 m，一般为4～6 m。

(4)站台高度。站台高度指站台到轨顶面的高度，与车型有关。站台平面与车辆车厢内地板同样高度，称为高站台；站台平面比车厢地板面低，称低站台。采用高站台时，考虑到由于车辆弹簧的挠度，在最大乘车效率时，车厢地板下沉的范围在100 mm以内，故高站台高度宜低于车厢地板面50～100 mm为宜。

(5)轨道中心到站台边缘距离。从轨道中心到站台边缘的距离由车辆的建筑限界决定，还应考虑站台的施工误差，一般为10 mm。站台边缘与车辆外边之间的空隙，在直线段宜为80～100 mm，在曲线段应不大于180 mm。

(6)安全门。应尽量设置站台安全门，以保证乘客安全和节省能源。

3. 出入口

出入口是车站的门户，客流集疏的第一通道。车站出入口的位置，应根据周边环境及城市规划要求进行合理布置。出入口位置应有利于客流的吸引和疏散。

车站出入口的数量应根据吸引与疏散客流的需求设置，满足高峰时段、客流集疏的需求，保证人流的有效流动。为此，一个车站出入口通道总数不得少于两个。每个出入口宽度应按远期分向设计客流量乘以不均匀系数1.1～1.25计算确定。

车站出入口布置应与主客流的方向相一致，宜与过街天桥、过街地道、地下街、邻近公共建筑物相结合或连通，统一规划，同步或分期实施。如兼作过街地道或天桥时，其通道宽度及其站厅相应部位应计入过街客流量，同时考虑夜间停运时的隔离措施。

设于道路两侧的出入口宜平行或垂直于道路红线，距道路红线的距离应按当地规划部门要求确定。当出入口开向城市主干道时，应有一定面积的集散场地。

车站地面出入口的建筑形式，应根据所处的具体位置和周边建筑规划要求确定。地面出入口可做成合建式或独立式，但应优先采用与地面建筑或风亭合建式。

4. 车站乘降设备

保证车站出入口、站厅、站台之间乘客垂直移动的便捷舒适，安全可靠，必须设楼梯、自动扶梯等。

(1)人行楼梯。楼梯是最简单易建的乘降设备，投资低、施工简单、管理方便。但易造成客流交叉干扰，乘客不方便。在站台宽度允许的条件下，尽量放宽楼梯宽度。

(2)自动扶梯。为减轻乘客疲劳，增强车站吸引力，在条件许可的情况下，在地面出入口与站厅、站台之间应设置自动扶梯。车站出入口的提升高度超过6 m时，必须设上行自动扶梯；超过12 m时应考虑上、下行均设自动扶梯。站厅与站台间应设上行自动扶梯，高差超过6 m时，上、下行均应设自动扶梯。自动扶梯可以形成最佳的运送状态，通过能力大，乘客间无冲突干扰，能合理组织客流（无交叉对流）。在不设步行楼梯时，自动扶梯总数不少于3条（上、下、备用）。一般采用上行自动扶梯，下行步行楼梯的设置办法降低设备投资及运营成本。

站厅通道及出入口较多，可适当地选用自动扶梯；站台因需尽快疏解下车乘客，宜将站台两端楼梯尽量放宽，站台中间楼梯则需留出一侧通道，设置自动扶梯用于上行。

自动扶梯必须由一级负荷供电。下行自动扶梯能改为上行（高架车站上行可改为下行）。

人行楼梯和自动扶梯宜沿纵向均匀设置，同时应满足站台计算长度内任一点距最近梯口或通道口的距离不得大于50 m。人行楼梯和自动扶梯的总量布置除应满足上、下乘客的需要外，还应按站台层的事故疏散时间不大于6 min进行验算。消防专用梯及垂直电梯不计入事故疏散用。

(3)垂直电梯。车站应建设无障碍设施，这是关怀残疾人的具体体现。无障碍设施包括：设置垂直电梯或斜坡道（或坡度小的自动人行步道），同时配制导盲设施到达站台，在人行楼梯边上挂设轮椅升降台等。

(4)斜坡道。在条件许可的情况下，比如高差较小，施工条件良好，可用坡道替代楼梯来连接站台、站厅、出入口，坡道长度应以乘客走行时间能够承受为限，考虑是设在地下的坡道，应取较小的值（一般不应超过200 m）。为防止滑倒，坡道地面需有防滑措施，坡道照明十分重要，两侧墙体可用广告灯箱或装饰画布置，创造一个比较安全可靠、温馨的环境，减少乘客穿越地下坡道时可能产生的疲劳感、烦躁情绪。

5. 风井(亭)与冷却塔

车站风井的位置，应根据周边环境及城市规划要求进行合理布置，在满足功能要求的前提下，尚应满足规划、环保和城市景观的要求。

地下车站按通风、空调工艺要求设活塞风井、进风井和排风井。在满足功能的前提下，根据地面建筑的现状或规划要求，风井可集中或分散布置。

地面风亭的设置应尽量与地面建筑相结合。对于单建的风亭，如城市环境有特殊要求时，可采用敞口低风井，风井底部应有排水设施，风口最低高度应满足防淹要求，开口处应有安全装置。风井的周边应绿化。

单建或与建筑物合建的风亭，其口部距其他建筑物距离应不小于5 m。当风亭设于路边时，风亭开口底距地面的高度应不小于2 m。

对于采用集中式空调系统的地下车站设在地面的冷却塔，其造型、色彩、位置应尽量符合城市规划、景观及环保要求。对于有特殊要求的地段，冷却塔可采用下沉式或全地下式，但必须满足工艺要求。

此外，车站应设公共厕所，并应根据需要与可能在靠近位置设置自行车和汽车的停放场地。

6. 乘客使用空间和车站用房

车站主体根据功能的不同，可分为乘客使用空间和车站用房两大部分。

乘客使用空间又可分为非付费区和付费区。非付费区是乘客购票并正式进入车站前的活动区域，一般是站厅。付费区包括站台、楼梯和自动扶梯等，它是为乘客候车服务的设施。对于一般车站来说，通常非付费区的面积应略大于付费区。

车站用房包括运营管理用房、设备用房和辅助用房三部分，多设于站厅。运营管理用房是车站运营管理人员使用的办公用房，主要包括站长室、行车值班室、业务室、广播室、会议室和公安保卫室等。设备用房是为保证列车正常运行、保证车站内良好环境条件和在灾害情况下乘客安全所需要的设备用房，主要包括通风与空调用房、变电所、配电室、蓄电池室、综合控制室、防灾中心、消防器材用房、泵房、通信机械室、信号机械室、自动售检票室、冷冻站、维修工区用房等。辅助用房是为保证车站内部工作人员正常工作生活所设置的用房，主要包括卫生间、更衣室、休息室、茶水间等。

车站用房应根据运营管理需要设置，在不同车站只配置必要房间，尽可能减少用房面积，以降低投资。

三、地下车站

地下车站尽量与地面交通车站、停车场靠近，形成较佳的换乘组合；尽量与地面建筑结合，可设在地面建筑物内（如商场、公寓的底层、门厅等）。也可独立设置，但需与周围景观协调吻合（如建筑风格、色彩、位置），通常可设在人行道、街心花园、绿化带下。当然，最重要的是能保证高峰时段客流通畅，乘客进出方便。

1. 出入口

地下车站出入口的地面标高一般应高出该处室外地面 300 ~ 450 mm，当此高程未满足当地防淹高度时，应加设防淹闸槽，槽高可根据当地最高积水水位确定。

地下出入口通道力求短、直，通道的弯折不宜超过 3 处，弯折角度宜大于 90°，地下出入口通道长度不宜超过 100 m，超过时应采取能满足消防疏散要求的措施。有条件时宜设自动人行道。地下车站的出入口通道可以兼作人行过街设施，如图 2 – 57 所示。

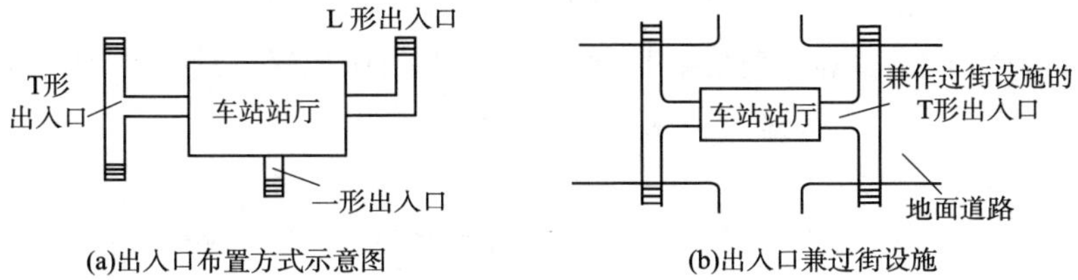

(a)出入口布置方式示意图　(b)出入口兼过街设施

图 2 – 57　出入口布置示意图

2. 站厅

为了不占用地面空间，地下车站的站厅一般设在地下一层。可分别在两端布置，即站厅分为两个，分别布置在站台两端上层。也可集中在中间布置，在站台上层。

3. 站台

站台设在地下二层，由站台与线路、乘降设备等组成。

四、高架车站

1. 设置方案

高架车站有两种设置方案：①地面出入口，高架站厅，高架站台；②地面出入口，地面站厅，高架站台。主要依据地面占地可能性条件、高架结构设置条件、投资条件、施工条件决定。

2. 设置位置

(1)设在道路两侧。可设在人行道上空或沿街建筑物内,一般采用上、下行分线设置的办法。该方案容易与沿街建筑融合,方便乘客出入。但上、下行分列布置,建设投资和占地面积均较大。

(2)设在道路中部上空。上、下行并线采用两侧式站台布置,设备集中,管理集中,乘客上、下车过街方便。但对街道景观影响较大,且占用道路面积。

3. 高架车站的设计。

高架站台(包括地面车站)上应设置风雨棚或封闭的候车棚,其体量、造型应考虑城市景观要求。可用新型轻质材料构筑,以减轻结构重量,提高车站外观形象;尽量采用自动扶梯组织乘客乘降;保证足够的站厅面积,便于控制站台候车人数。

五、换 乘 站

换乘站在各线路之间及与其他轨道交通线路交会处,应根据线网规划、线路敷设方式、地上及地下周边环境,换乘量的大小等因素,选取换乘形式。换乘设施的通过能力应满足预测的远期换乘客流量的需要,且应形成在付费区内换乘。不能同步实施时,应预留接口。

换乘站一般为两线交会,少数有三线交会的,甚至有四线交会的。

换乘站可以由中间站补充换乘设备而成,或者一开始就建成为供两条相交线路使用的联合车站。换乘站的类型与换乘方式关系密切。

1. 换乘方式

换乘方式分为同站台平面换乘、站厅换乘、通道换乘、站外换乘四种基本类型。

(1)同站台平面换乘。将互相交叉、不在同一平面的两条轨道交通线路通过坡道曲线的处理,构成互相平行的同一平面的换乘方式。平面换乘对于某两个方向(如图2-58中的A—D、B—C所示)的换乘乘客来说,实现了同一站台换乘,非常方便,这当然是最佳方案,尤其是在客流很大的时候。

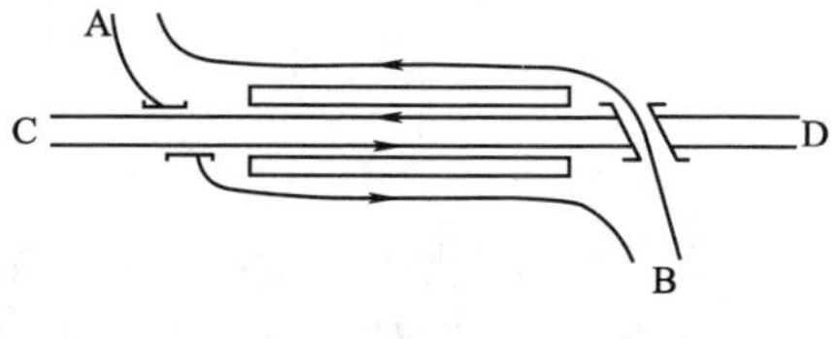

图2-58 同站台平面换乘

对于另两个方向(如图2-58中的A—C、B—D所示)的换乘乘客来说,仍需进入站厅完成换乘。由于这种换乘方式要求两条线具有足够长的重合段,近期需要把车站预留线及区间交叉预留处理好,工程量大,线路交叉复杂,施工难度大,并增加了列车运行的不良因素(有反向曲线、上下坡道)。因此,除非某两个方向的换乘比例相当高,其他条件也许可的情况下,方可权衡得失后慎重选用。

(2)站厅换乘。设置两线或多线的共用站厅,或相互连通形成统一的换乘大厅。

乘客下车后,无论是出站还是换乘,都必须经过站厅,再根据导向标志出站或进入另一站台继续乘车。由于下车客流只朝一个方向流动,减少了站台上人流交织,乘客行进速度快,在站台上的滞留时间减少,可避免站台拥挤,同时又可减少升降设备的总数量,增加站台有效使用面积,有利于控制站台宽度。乘客换乘路线通常要先上(或下)再下(或上),换乘总高度大。若是站台与站厅之间用自动扶梯连接,可改善换乘条件。

采用同层并列侧式站台形式,如图 2－59(a)所示,通过上一层共用站厅层来完成换乘;采用并列岛式站台形式,如图 2－59(b)所示,通过地下一层共用站厅来完成换乘;采用上、下平行侧式站台形式,如图 2－59(c)所示,通过夹在中间共用站厅来完成换乘。这种换乘方式有利于各条线路分期建设。

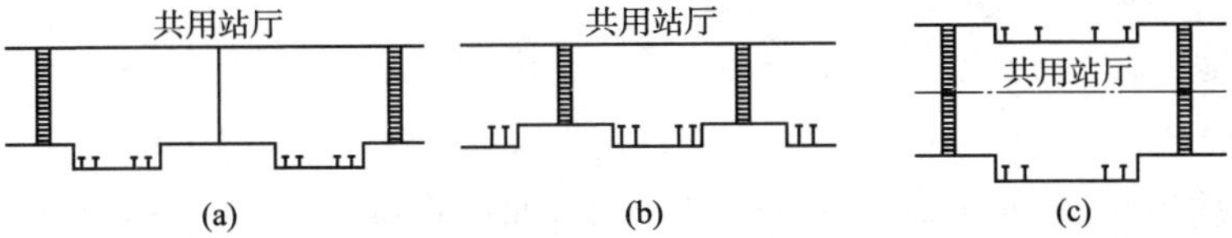

图 2－59　站厅换乘的 3 种形式示意图

(3)通道换乘。在两线交叉处,车站结构完全分开,用通道和楼梯将两车站连接起来,供乘客换乘。连接通道一般设于两站站厅之间,也可以在站台上直接设置。通道换乘方式布置较为灵活,对两线交角及车站位置有较大的适应性,预留工程少,甚至可以不预留,将来做少许改动。通道宽度按换乘客流量的需要设计。换乘条件取决于通道长度,有利于两条线工程分期实施,预留工程最少,后期线路位置调整的灵活性大。

当两条轨道交通线路在区间相交,构成 L 形交叉时,两线上的轨道交通车站均应靠近交叉点设置,并用专用的人行通道相连接,如图 2－60 所示是通道换乘方式的地下换乘站。在位置较高的车站 A 的站台中心安设双向楼梯或自动扶梯下降到人行隧道平面,该隧道在 A 站的站线下方穿过。人行隧道内应有斜坡,且其朝向乘客走行较多的方向。客流交叉的地点,人行隧道的断面应予加宽。此人行隧道在靠近位置较低的车站 B 的地方,通常分成两个断面较小的隧道,这两个隧道的出口处接有跨越站线的天桥,该天桥端部应设置楼梯通到站台地板面,楼梯则设在车站的塔柱或立柱之间。在人行隧道分支的地方

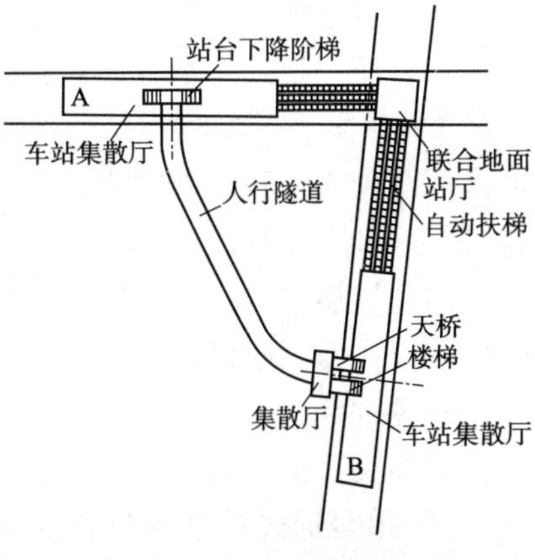

图 2－60　通道换乘方式的地下换乘站

应设置一间不太大的集散厅，以便在其中将不同方向的客流分隔开来。在条件许可时，可利用联合式的地面站厅或地下站厅来换乘，联合式地面（或地下）站厅，用自动扶梯与两个车站相连接，而在地面只设一个共同的出口。也可以同时采用上述两种方案。这时，人行隧道的宽度可减小，并只用于单向通行。反向换乘时可通过自动扶梯进行换乘。

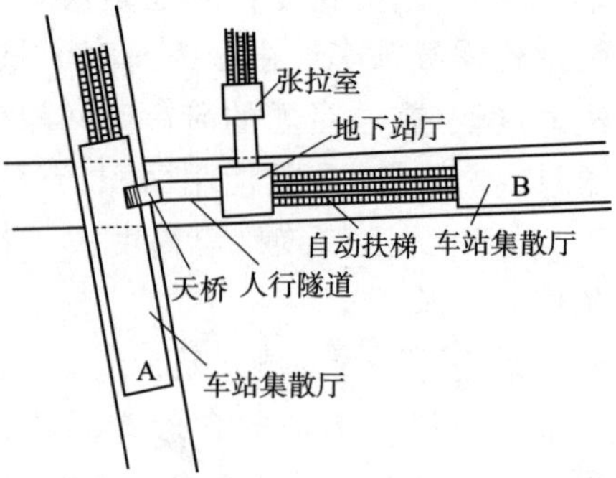

图 2－61　一条线路区间与另一条线路车站 T 形交叉时的换乘站

当一条线路的区间与另一条线路的车站 T 形交叉时，可按图 2－61 所示的换乘站形式组织换乘。位置较高的 A 站的集散厅可用一个人行隧道与一个地下站厅相连接，该地下站厅则经由自动扶梯而与位置较低的 B 站相连接。若人行隧道长度不大，则 B 站乘客可经由 A 站的自动扶梯出站，但这样对乘客是不便的，因为他们必须先上到一个多余的高度，而后再经由楼梯下降到 A 站的站台去。若人行隧道很长，则可使地下站厅直接与地面相连接，以供 B 站乘客出站之用。这样人行隧道则仅供换乘乘客使用，A 站的自动扶梯也不致超荷。

（4）站外换乘。乘客在车站付费区以外进行换乘，实际上是没有专用换乘设施的换乘方式。它在下列情况下可能会出现：

①高架线与地下线之间的换乘，因条件所迫，不能采用付费区内换乘的方式；

②两线交叉处无车站或两车站相距较远；

③规划不周，已建线未做换乘预留，增建换乘设施又十分困难。

由于乘客增加一次进出站手续，步行距离长，再加上在站外与其他人流混合，因而显得很不方便。站外换乘方式在路网规划中应尽量避免。

（5）组合换乘。在换乘方式的实际应用中，若单独采用某种换乘方式不能奏效时，则可采用两种或多种换乘方式组合，以达到完善换乘条件，增强换乘功能，方便乘客使用，降低工程造价的目的。例如，同站台换乘方式辅以站厅或通道换乘方式，使所有的换乘方向都能换乘；在岛式站台中，必须辅以站厅或通道换乘方式，才能满足换乘能力；站厅换乘方式辅以通道换乘方式，可以减少预留工程量。

2. 换乘站形式

在两线交叉处，将两线重叠部分的结构做成整体的结点，并采用楼梯将两座车站站台连通，乘客通过该楼梯进行换乘，换乘高差一般为 5～6 m，换乘也比较方便。依两线车站交叉位置的不同，有一、十、T、L、H 形布置形式。在两条交叉的线路上一般采用十字形换乘、T 形换乘或 L 形换乘；在两条平行的线路上，可选择一字形换乘或 H 形换乘。

(1)一字形换乘。两个车站上下重叠设置构成一字形组合的换乘车站,如图2-62所示。一般采取相同站台直接换乘或站厅换乘。

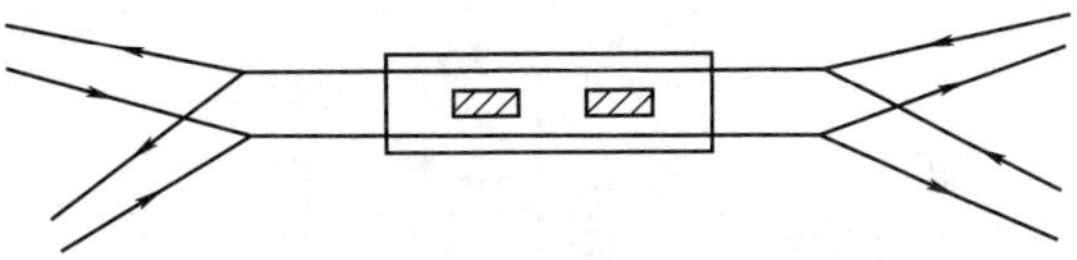

图2-62　一字形换乘

(2)十字形换乘。两个车站在中部相立交,在平面上构成十字形,如图2-63所示。一般采用站台直接换乘或站厅加通道换乘。

(3)L形换乘。两站平面位置在端部相连构成L形,如图2-64所示。高差要满足线路立交的需要。一般在相交处设站厅进行换乘,也可根据情况,设通道进行换乘。

(4)T形换乘。两个车站上下相交,其中一个车站的端部与另一个车站的中部相连,在平面上构成T形,如图2-65所示。一般可采用站台或站厅换乘。

(5)H形换乘:两个车站在同一水平面设置,以换乘通道和车站构成H形,如图2-66所示。一般采用站厅换乘或通道换乘。

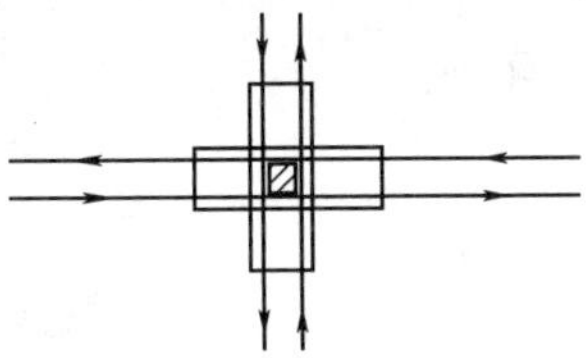

图2-63　十字形换乘

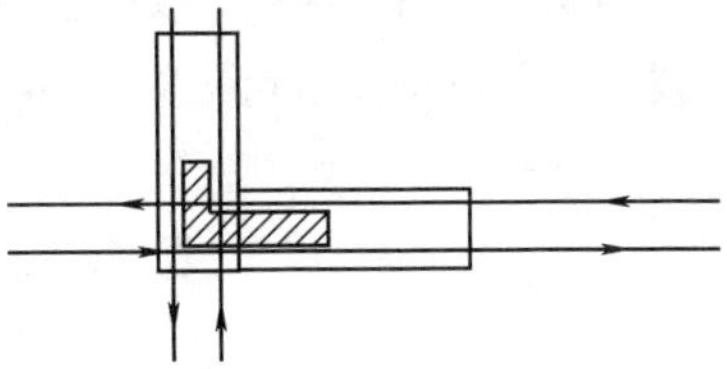

图2-64　L形换乘

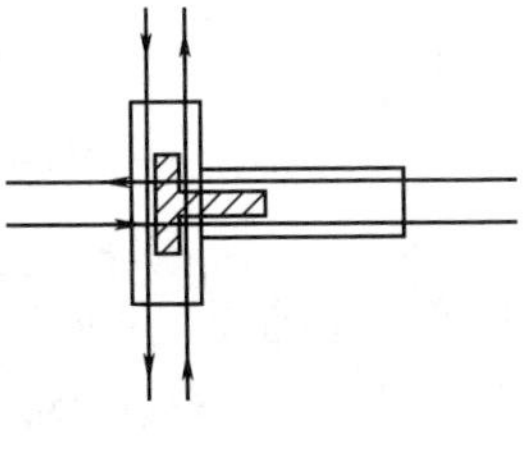

图2-65　T形换乘

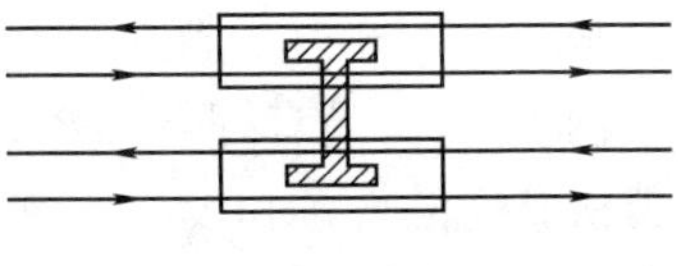

图2-66　H形换乘

结点换乘方式依两站的站台型式不同,有许多组合形式。以十字形换乘为例,常用的换乘站类型有:

①岛式与侧式换乘。岛式站台与上层侧式站台换乘,如图2-67(a)所示。

②岛式与岛式换乘。利用上、下二层岛式站台层的"十"字交叉点,进行站台与站台之间的换乘,如图2-67(b)所示。

③侧式与侧式换乘。利用上、下二层侧式站台层的"十"字交叉点,完成站台与站台之间的换乘,如图2-67(c)所示。

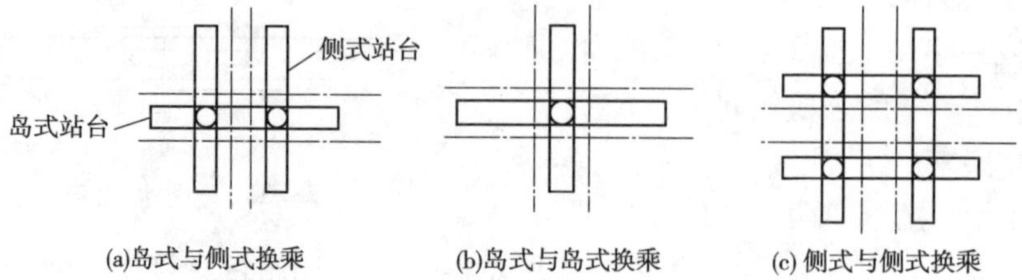

图 2－67　十字形结点换乘的 3 种形式示意图

结点换乘方式要注意上、下客流组织，避免进、出站客流与换乘客流的交叉紊乱。该方式多应用于侧式站台间的换乘，或与其他换乘方式组合应用，可以达到较好的效果。

两个岛式站台之间采用结点换乘方式连接一般较为困难，因为楼梯宽度往往受岛式站台总宽度的限制，其通行能力难以满足换乘客流需求。如果两条交叉线路的高差足够大，那么可以采用两个车站十字塔式交叉，两站台之间用双层式梯阶相连接。

结点换乘方式的结点要求一次做成，预留线路的限界净空及线路位置受到制约，要求预留线要有必要的设计深度，避免预留工作做得不尽合理。

第六节　车辆段/停车场

城市轨道交通车辆保有量较多，运行时间长，运行距离长，技术要求高，安全可靠性指标高，对车辆的运用、维护保养、检修均有很高的要求，需设置专门的机构完成。这一机构即为车辆基地，其主要任务是车辆的运用、保养和修理，使运行车辆保持良好的技术状态，确保行车安全，提高车辆的运行效益。车辆基地是城市交通系统的重要组成部分。车辆基地通常称为车辆段。

除车辆段以外，尚有综合维修中心、物资总库和技术培训中心等，是城市轨道交通正常运营所必需的设备和设施。它们的各种设备、设施与车辆段有着较紧密的联系，实现综合利用，有利生产、方便管理和节约投资。培训中心虽具有相对的独立性，但与车辆段布置在一起时邻近现场，对教学也有一定的好处，同样也可利用车辆段的公共设施。因此综合维修中心、物资总库和培训中心应尽量与车辆段布置在一起，形成车辆段与综合基地。

一、车辆段与综合基地

车辆段与综合基地的功能、布局和各项设施的配置应根据城市轨道交通线网规划、既有车辆设备的状况和工程具体情况分析确定。一座城市首建的城市轨道交通工程的车辆段与综合基地应具有较为完善的功能。

车辆段与综合基地的设计，应初、近、远期结合，统一规划，分期实施。其车辆的配置应按初期运营需要配置，以后根据运营的需要逐步添置；站场股道、房屋建筑和机电设备等应按近期需要设计；用地范围应按远期规模并在远期站场股道和房屋规划布置的基础上确定。

1. 车辆段与综合基地的组成和功能

(1)车辆段。是城市轨道交通车辆停放、检查、整备、运用和修理的管理中心。车辆段担负全线车辆的运用维修和检修任务，每天进出车频繁，与正线关系密切，而且线路、设备和房屋建筑多，工艺要求严格，因此，车辆段与综合基地的总平面布置应以车辆段为主体。

(2)综合维修中心。是城市轨道交通各种设备和设施的维修管理单位。其功能应满足全线线路、路基、轨道、桥梁、涵洞、隧道、房屋建筑和道路等设施的维修，保养工作，以及供电、通信、信号、机电设备的维修和检修工作的需要。

(3)物资总库。为城市轨道交通材料、配件、设备和机具及劳保用品等的采购、存储、发放和管理工作提供场所，为城市轨道交通正常运转和材料设备供应提供服务。物资总库设有各种仓库、材料棚和必要的办公、生活房屋，以及材料堆放场地。

(4)培训中心。负责组织和管理职工的技术教育和培训工作，应根据当地城市轨道交通的实际需要设置。一般一座城市的城市轨道交通宜建立一处培训中心，以加强集中管理，避免重复建设。

2. 救援设施

车辆段与综合基地内应设救援设施，确保及时、准确地处理事故。

救援用的轨道车辆宜利用车辆段和综合维修中心的车辆，包括车辆段的调车机车和维修中心的接触网检修车等，并根据救援需要设置专用地面工程车和指挥车。

二、车辆段/停车场

1. 车辆段的设置

(1)车辆段的数量。为充分利用设备、便于管理、节约投资，通常将停车场和车辆段合并设置在一起，统称为车辆段。一般每条线路设一个车辆段。只是在线路太长(如超过20 km)，或车辆段用地面积受限制，或运营的特殊需要等情况下，为了减少列车空走距离、有利于运营和分担车辆的检查清洗工作量，才在线路的另一端设独立设置的停车场，负责部分车辆的停放、运用、检查和整备工作。

技术经济条件合理时，也可以两条或两条以上线路共设一个车辆段。在特大城市，轨道交通车辆较多时，才考虑一条线路设置第二个车辆段。

(2)车辆段的设置位置。从运营效率来看，车辆段设在线路中部较好。但是城市轨道交通线路一般都穿越市区，线路中部多为市中心地区，要征用大规模用地是不可能的。因此，往往在城市边缘区或郊区征用土地，采取在线路端部设置车辆段的方法。这种方式的线路起终点在郊外，早上车辆由车辆段向市中心方向发车，晚上往郊外方向入车辆段，配车的损失时间减少。

(3)车辆段的设置方式。车辆段均设在地面，采用平面布置，使投资大幅度降低，调车作业简单易行，管理较为方便。车辆段如立体设置，对于高架结构的轨道交通而言，列车不需经常运行在长大上下坡道出入库，但是投资难以承受。

(4)车辆段的布置形式。车辆段/停车场的平面布置应力求作业顺畅、工序紧凑合理。与正线车站的联系布置可以分为尽头式车辆段和贯通式车辆段两种不同方式，分别如图 2 - 68(a)、(b)所示。车辆段/停车场为贯通式布置时，应设联络车场两端咽喉区的走行线。

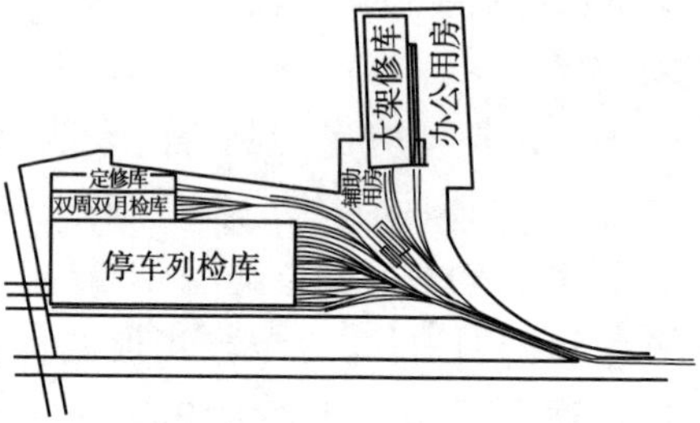

(a)

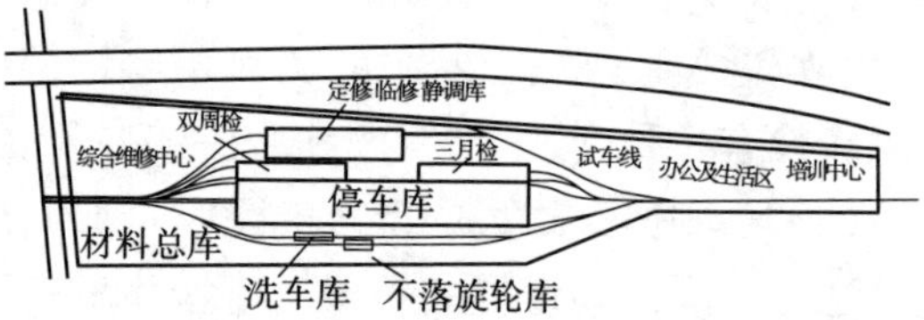

(b)

图 2 - 68　车辆段平面布置示意图

2. 车辆段与停车场

尽管“车辆段”的名称仍属外来语，但其在我国已沿用数十年，同时考虑到我国铁路系统也一直沿用，因此采用“车辆段”泛指城市轨道交通车辆检修设施和运用整备设施的总称，并按功能分别称为检修车辆段(简称车辆段)和运用停车场(简称停车场)。

车辆段必须配备相应修程的各种检修设备和设施，包括检修库和各种检修线路、各种辅助生产车间和设备以及为车辆检修服务的各种设施，如试车线、旋轮线、给水设备、供电设备和污水处理设备等。

停车场(独立设置的，下同)往往只配备停放车辆的股道和一般车辆维修整备设备，仅能完成车辆的运用管理、清洁整备、列车安全检查和月检等日常维修保养工作。简单的停车场也可不担负月检任务，其月检设施可设于相关车辆段内。

车辆段与停车场的区别：

①作业范围不同。除运用管理外，车辆段必须完成车辆检修的相应修程，而停车场只承担日常维修、保养工作。

②设备和设施多少。除停车线路外，车辆段必须配备相应修程的各种检修设备和设施，而停车场往往只配备一般车辆维修整备设备。

③规模大小。车辆段设备和设施多,且与综合基地合建,占地面积大、规模大,而停车场相对规模较小。

④设置与否。一般每条线路必须设一个车辆段,而停车场只有运行线路较长时才设。

⑤隶属关系不同。车辆段是城市轨道交通的独立生产单位,而停车场隶属于相关的车辆段。

3. 车辆段的分类

(1)车辆检修制式。城市轨道交通车辆检修采用两种制式:厂修、段修分修制和厂修、段修合修制。

①厂修、段修分修制。就是修建专门的车辆大修厂(不限于 1 个),承担全线网各线车辆的大修任务;车辆的架修、定修及其以下的修理工作,由各线的车辆段承担。这种制式,用于线网规模较大的城市,优点是实行专业化生产,形成规模效益,有利于提高修车质量。缺点是在工程建设起始阶段必须同时修建车辆大修厂和车辆段,由于形成有一定规模的轨道交通线网须经几十年时间,因此大修厂在建成后相当时间内,因大修任务不足,投资效益难以发挥。国内目前只有北京采用厂修、段修分修制。

②厂修、段修合修制。就是不设专门的车辆大修厂,车辆的大修在车辆段内进行。这种制式,对于线网规模不大的城市,采用厂修、段修合修制较为经济。采用厂修、段修合修制,可以避免上述问题。另外,由于车辆进行大修所用的大部分机械设备与车辆进行架修所用的机械设备基本相同,因此,将厂修与段修合并还可减小机械设备的重复投资,提高设备利用率。国内除北京外,其他城市均采用厂修、段修合修制。

(2)架(厂)修段和定修段。车辆段是车辆基地的主要设施,承担车辆的定期检修任务,一般包括月检、定修和架修。车辆段可根据担负车辆检修等级的不同(即作业范围的不同)分为架(厂)修段和定修段。

我国城市轨道交通车辆检修制度属于覆盖性检修,即高修程检修应包括低修程检修的全部内容,目前定期检修修程包括定修、架修和厂修三个等级。为充分利用设备,架(厂)修除完成架修(或厂修)任务外,尚应能完成定修任务;定修段则仅完成定修及其以下任务。

4. 车辆段的组成

车辆段规划总体上主要分为 3 个部分:咽喉部分、线路部分及车库部分。

(1)咽喉部分。是车辆段的线路部分及车库部分与正线的连接地段,有出入段线和很多道岔。它直接影响整个轨道交通的正常运行。咽喉部分既要注意保证行车安全、满足输送能力的需要,又要保证必要的平行作业,要尽量缩短咽喉区长度,以节省用地。

出入段线应在车站接轨,接轨站宜选在线路的终点站,有条件时可选在折返站;出入段线应按双线双向运行设计，并避免切割正线，有条件时可结合段型布置，实现列车调头转向功能；出入段线应根据行车和信号的要求，留有必要的信号转换作业长度；停车场出入线可根据需要设计为双线或单线。

(2)线路部分。有各种不同用途的线路，包括停车线、洗车线、牵出线、试车线以及材料线等。

(3)车库部分。有停车库、检修库。各库之间应有便捷的联系。

①停车库。主要用于夜间收车后车辆集中停放，以及停放备用车辆。除了停放车辆外，它还是日常检修保养的场所，用于车辆编组、清扫、整备、维修和日常管理，所以设有检查坑。停车库不仅要有足够的轨道停车位，同时还要配置管理人员、乘务员工作和活动休息的场所。停车库以车辆进出便捷为原则，规模不宜过大，应保证所有车辆停放的需求，需在停车库停放的车辆数是运用车辆与备有车辆的和。

为便于列车进出，一条停车线存放的列车数不应超过 2 列。

停车库内有检车线、停车线、洗车线、列检线。检车线用以做简单的维护保养作业。停车线专门用于停车，需配置雨棚、站台，便于简单维护保养，降低车辆的自然破损(常用封闭式车库)。洗车线设置于停车库与运行线路之间，专门用于车辆清洗，设有洗车设备、污水处理设施。列检线专门用于一般检查。

②检修库。根据其性质包括：列检库、双月检库、定修库、架修库、大修库等。列检库完成列检作业，也可在停车库列检线完成。双月检库完成列车双月检作业。定修库完成列车定修作业。架修库完成列车架修作业。大修库完成列车大修作业。按车辆检修修程、检修内容、车辆数，设定各检修库的线路、设备容量及人员等。检修车辆停放于检修库内。

检修库内有出入库线、检修线、车体整修线、试车线、旋轮线和其他线路。出入库线是检修库与停车库以及直接与正线连接的线路。检修线设在各检修库内用于检修。车体整修线完成分解车体、喷丸除锈、结构整修、车体组装等作业。试车线完成定修、架修、大修等修程的车辆进行试车检测。旋轮线是当轮对磨耗不对称(圆度、斜面不等)时进行旋轮作业的线路。其他线路有：调车用牵出线、与铁路的联络线、内燃机车线、材料线等。

5. 车辆段/停车场的规模

车辆段/停车场的规模应满足功能和能力的要求，并根据线路走向和行车交路、列车对数、列车编组、管辖范围内配属列车数、车辆技术参数、检修周期和检修时间计算确定。

6. 车辆段的布局

车辆段生产房屋的布置应以运用及检修库为核心，各辅助生产房屋应根据生产性质按系统布置。与运用和检修作业关系密切的辅助生产房屋宜分别布置在相关车库的侧跨内或邻近地点，性质相同或相近的房屋宜合并设置。

车辆段空气压缩机间、变配电所、给水所和锅炉房等动力房屋，应设置在相关的负荷中心附近。

产生噪声、冲击振动或易燃、易爆的车间宜单独设置；产生粉尘、有毒或有害气体的房间或设施宜布置在常年主导风向的下风侧，并宜远离生活、办公区。

7. 车辆段/停车场的命名

车辆段/停车场一般以所在地域命名。

第三章

城市轨道交通车辆

车辆是城市轨道交通的运载工具,也是城市轨道交通的最重要的设备。城市轨道交通系统的车辆荟萃了多学科的新成果,是将机械技术、电子技术和其他领域先进技术有机地结合在一起的机电一体化的交通运输设备。实际上,城市轨道交通和高速铁路一样,车辆就是动车组,只是通常不这么称呼。城市轨道交通车辆技术发展很快,从车辆牵引技术、车体制造技术,到车辆制动技术、整体制造技术都有了长足的进步。

第一节　概　　述

一、对车辆的要求

城市轨道交通车辆的数量、品种、质量和技术水平直接影响城市轨道交通发展和运营。因此,要求车辆具有相当的先进性、可靠性和实用性,不仅要保证车辆运行的安全、快速、准点、平稳,而且要为乘客提供良好的服务条件(如容量大),使乘客乘车舒适、方便,而且还要考虑节能、外观美观、低噪声等,充分考虑对城市的景观和环境的影响。

城市轨道交通车辆作为城市公共交通工具,主要在市内和市郊运行。它的运营条件与铁路的车辆有种种不同:车辆要在地下隧道、高架和地面轨道上运行,线路曲线半径小,坡度大;站距短,起动和停车频繁,车辆起动加速度和制动减速度都比较大;客流量大而集中,高峰时严重超载。

作为公共交通,应尽量缩短乘客的乘坐时间,由于站距短,要提高行车最高运行速度是困难的,所以车辆一般有较高的起动加速度和制动减速度,以达到起动快、停车制动距离短、提高车辆平均速度的目的。

车辆的设计应遵循减少能耗、减少发热设备的原则,以降低隧道内温度升高,为此要尽量减轻自重,选择效率高的传动系统。

由于运行密度较高,为确保安全行车,城市轨道交通的信号和通信系统比较复杂,所以车载信号和通信设备及车辆的控制系统,应有良好的适应能力。

车辆及其设备禁止使用易燃材料,应采用高阻燃性、低发烟浓度、低毒性的环保材料。

为了达到以上要求，城市轨道交通车辆上采用了大量的高新技术。例如：车体结构、材料的轻量化；走行装置的低噪声和高平稳性设计；线性电机驱动；直流斩波调速技术；再生制动技术以及交流变频调压技术等。

二、车辆的分类

1. 按牵引动力配置分为动车和拖车

城市轨道交通列车均为电动车组，由动车和拖车组成。动车自身具有动力装置（装有牵引电机），具有牵引与载客双重功能，动车又可分为带有受电弓的动车和不带受电弓的动车；拖车不装备动力装置，需具有动力牵引功能的车辆牵引拖带，仅有载客功能。可设置司机室，也可带受电弓。

2. 按驱动方式分为旋转电动机驱动和直线电动机驱动

旋转电动机驱动包括直流电动机驱动和交流电动机驱动，都是依靠轮轨黏着作用传递牵引力。直线电动机驱动，将传统电动机从旋转运动方式改为直线运动方式，由于取消了传统的旋转电机从旋转运动转换成直线运动的机械变速传动机构，使转向架结构简单、重量轻。

3. 按车辆规格分为 A 型车、B 型车和 C 型车

A 型车为高运量地铁车辆的基本车型，大运量地铁车辆为 B 型车，轻轨车辆的基本车型为 C 型车，C 型又分为低地板车型和高地板车型。A 型车轴重较大，载客人数较多，车体尺寸较大。B 型车相对 A 型车各项指标值均较小，C 型车更小。各型车辆的主要指标见表 3－1 所列。

表 3－1　城市轨道交通各型车辆的主要指标

系统	分类	车辆条件			适用线路条件		客运能力（万人次/h）	运营速度（km/h）	备　注
		车长（m）	车宽（m）	定员（人）	线路半径（m）	线路坡度（‰）			
地铁	A 型车辆	24.4～22.8	3.0	310	≥300	≤35	4.0～7.5	≥35	高运量，适用于地下、地面或高架
	B 型车辆	19.52	2.8	230～245	≥250	≤35	3.0～5.0	≥35	大运量，适用于地下、地面或高架
	直线电机 B 型车辆	(17.2) 16.2	2.8	215～240	≥100	≤60	2.5～4.0	≥35	大运量，适用于地面、高架或地下
轻轨	C 型车辆	18.9～30.4	2.6	210～315	≥50	≤60	1.0～3.0	25～355	中运量，适用于地下、地面或高架
	直线电机 C 型车辆	16.5	2.5	150	≥60	≤60	1.0～3.0	25～35	中运量，适用于地下、高架或地下
单轨	跨座式单轨	15	3	150～170	≥60	≤60	1.0～3.0	≥35	中运量，主要适用于高架

4. 按车体制作材料分为钢骨车和新型材料车

钢骨车的车底架、车体骨架等受力部分采用钢材制作，其他用木材或合成材料制作；新型材料车采用轻质合金材料，如铝合金、钛合金等，以降低车辆自重，提高承载能力和运输效率。

5. 按连接方式分为贯通式或非贯通式

贯通式车辆，全列车载客部分贯通，乘客可沿全列车走动，可以有效调节各个车辆的载客拥挤度，使乘客在全列车中均匀分布，也有利于在列车发生意外事故时疏散乘客。非贯通式车辆，车辆之间无通道贯通。

三、车辆的组成

城市轨道交通车辆不管是动车还是拖车，主要由车体、转向架、车钩缓冲装置、制动装置、受流装置、电气系统、内部设备等部分组成。

1. 车体

车体是容纳乘客的地方，是司机驾驶的处所，又是安装与连接其他设备和部件的基础。车体分为有司机室和无司机室两种。

2. 转向架

转向架位于车体与轨道之间，用来支撑车体，牵引和引导车辆沿着轨道行驶，承受与传递来自车体及线路的各种载荷并缓和其冲击作用。转向架分为动力转向架和非动力转向架，动力转向架安装在动车上，非动力转向架安装在拖车上。

3. 车钩缓冲装置

车辆借助于车钩编组成列车。为了改善列车的纵向平稳性，在车钩的后部装设缓冲装置，以缓和列车的冲击。另外还必须有连接车辆之间的电气和空气的管路。

4. 制动装置

制动装置是使车辆减速、停车，保证列车安全运行必不可少的装置。不仅在动车上，而且在拖车上也要设置制动装置，才能使运行中的车辆按需要减速或在规定的距离内停车。

5. 空调通风系统

为改善车厢的空气质量必须要有通风装置，随着城市轨道交通车辆服务质量的提高，目前均采用空调通风系统。

6. 受流装置

受流装置从接触导线或导电轨将牵引电流引入动车。接触网受流采用受电弓。第三轨受流采用轨道受流器。

7. 车辆电气牵引系统

电气牵引系统指车辆上的各种电气设备、牵引设备及其控制电路。车辆电气牵引系统有直流电气牵引系统和交流电气牵引系统两种。随着电力电子技术和微电子技术的发展,目前几乎所有车辆都采用交流牵引电机和交流调频调压(VVVF)控制的交流电气牵引系统。

8. 车辆内部设备

车辆内部设备包括:照明、通风、取暖、空调、座椅、拉手等服务于乘客的固定附属装置,以及蓄电池箱、主控制箱、电动空气压缩机组、总风缸、电源变压器、各种电气开关和接触器箱等服务于车辆运行的设备装置。

9. 列车控制和诊断系统

控制和诊断系统有自我监控和诊断功能,能对列车主要设备的运行状态和故障自动进行信息采集、记录和显示。

10. 乘客信息系统

城市轨道交通车辆乘客信息系统向乘客提供列车运行信息、安全信息和其他公共信息。在列车发生故障或事故时,向乘客提供回避危险的指挥、指导信息等。

四、车辆的特点

1. 载客能力较强

由于城市轨道交通车辆服务于城市居民的市内交通,车内的平面布置上有座位少、车门多且开度大、内部设备比较简单等特点。大型车辆可载客350人/辆。

2. 动力性能良好

为了适应城市轨道交通线路曲线半径小、坡度大、停站多的运营条件,城市轨道交通车辆的加速能力强,制动效果好。

3. 安全可靠性较高

城市轨道交通车辆设备先进,可靠性、稳定性强,故障率低,在突发情况下适应性强(设置防火、紧急出口等)。

4. 环境条件优越

城市轨道交通车辆设计有完善的照明和空调,并且提供适量的座椅和众多的扶手。

五、列车的编组

城市轨道交通车辆均采用电动车组,固定编组,辆数为4~8节,依据客流量而定。一般采用6节编组,其中包含两辆带司机室的拖车(A或Tc)、两辆无司机室带受电弓的动车(B或Mp)、两辆不带受电弓的动车(C或M),列车排列形式为:A—B—C—C—B—A,如图3-1所示。带驾驶室的A型车始终编在列车两端,其他车型在列车中的位置可以互换,这样就能保证所编列车首尾两节车均带有司机室。6节编组也可以编成A—B—C—B—C—A。

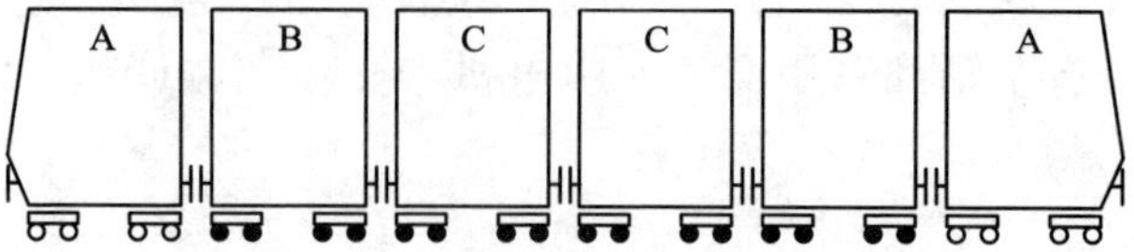

图 3 – 1　6 节编组的城市轨道交通列车

当采用 4 节编组时，其排列为 A—B—B—A。当采用 8 节编组时，其排列为 A—B—C—B—C—B—C—A，也可以是 A—B—C—C—B—B—C—A。

六、车辆的车型代号和编号

城市轨道交通车辆类型较多，车型代号和编号的方式各地不同，没有统一的规定。这里以北京地铁说明车辆的车型代号和编号。

1. 车型代号

北京地铁的车辆：由中国北车长春客车股份有限公司制造的车辆，型号为 DK（电动客车）、DKZ（电动客车组）或 QKZ（轻轨客车组）；由中国南车青岛四方股份有限公司制造的车辆，型号为 SFM（四方地铁车）；由北京地铁车辆装备有限公司（原北京地铁大修厂）制造的车辆，型号为 BD（北京地铁）。

2. 车辆编号

（1）北京地铁在 2009 年之前建设的线路采用的是字母加三位数字的格式。

如：H4571（北京地铁 13 号线）

字母为配属车辆段，本例 H 为回龙观。第一个数字为牵引控制设备类型，1 为凸轮调阻，2 为斩波调阻，3 为斩波调压，4 为调频调压。第二、三个数字为车号，从 01 开始依次递增，两位数。第四个数字为车厢号，从 1 开始依次递增，一位数。

（2）北京地铁在 2009 年（含）以后建设的线路采用的是线路名加三位数字的格式。

如：150012（北京地铁 15 号线）

第一、二个数字配属线路。15 为 15 号线。第三、四、五个数字为车号，从 001 开始依次递增，三位数。第六个数字为车厢号，从 1 开始依次递增，一位数。

又如：YZ0016（北京地铁亦庄线）

字母为配属线路。YZ 为“亦庄”（Yi Zhuang）。第一、二、三个数字为车号，从 001 开始依次递增，三位数。第四个数字为车厢号，从 1 开始依次递增，一位数。

（3）京港地铁采用的是数字加车厢类型的格式。

如：001 Tc1（北京地铁 4 号线）

前三个数字为车号，从 001 开始依次递增，三位数。字母为车厢类型。京港地铁使用 Tc1—M1—T3—M3—M2—Tc2 编组。1、2、3 分别为车厢组号。

七、车辆的限界

对于城市轨道交通车辆的横断面的形状和尺寸要有一定限制，以与隧道或线路上所留出的空间相适应，防止车辆在直线或曲线上运行时与各种建筑物及设备发生接触。车辆限界就是这个限制车辆横断面最大允许尺寸的轮廓图形。车辆的一切凸出部分和悬挂部分，都应容纳在车辆限界之内。设备限界和车辆限界之间留有一定的间隙，这个间隙主要作为未计及因素的安全留量。

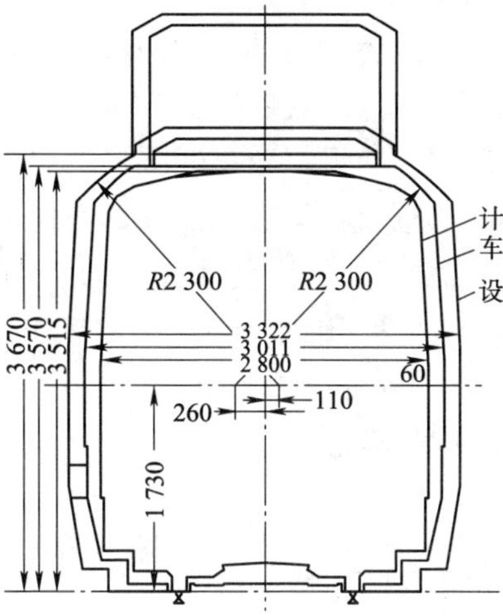

图 3－2　计算车辆轮廓线、设备限界和车辆限界示意图（单位：mm）

计算车辆轮廓线是指认定具有某一横断面轮廓尺寸及认定结构的车辆在轨道上运行，并使用该车辆作为确定车辆限界及设备限界尺寸的依据。

图 3－2 为计算车辆轮廓线、设备限界和车辆限界示意图。

八、车辆的主要技术参数

车辆技术参数概括地介绍车辆技术规格的某些指标，是从总体上表征车辆性能及结构的一些参数，分为性能参数与主要尺寸两大类。

1. 车辆性能参数

车辆性能参数主要有自重、载重、构造速度、轴重、轴列数、最大起动加速度、平均起动加速度、最大制动减速度、制动形式、座席数及每平方米地板面积站立人数等。

自重——车辆本身的全部质量。

载重——车辆允许的正常最大装载质量。

构造速度——指车辆设计时，按安全及结构强度等条件所允许的车辆最高行驶速度。车辆实际运行速度不允许超过构造速度。

轴重——车辆总重量与轴数之比。

轴列数——例如 4 轴动车，设两台动力转向架。6 轴单铰轻轨车，两端为动力转向架，中间为非动力铰接转向架。

制动形式有摩擦制动、再生制动、电阻制动以及磁轨制动等多种制动形式。

此外，还有容积、每延米轨道载重、通过最小曲线半径、每吨自重功率、供电电压、最大网电流、牵引电机功率等。

2. 车辆的主要尺寸

车辆的主要尺寸除车辆全长及转向架固定轴距外尚有：

车辆最大宽度、最大高度，指车体最宽部分的尺寸和车辆顶部最高点离钢轨水平面之间的距离，它们均需符合车辆限界的要求。

车体的长、宽、高，又有车体外部与内部之别。

车钩中心线距轨面高度简称车钩高，是指车钩钩舌外侧面的中心线至轨面的高度。

地板面高度受车辆本身某些结构高度的限制，如车钩高及转向架下心盘面的高度，又与站台高度的标准有关。

车辆定距是车辆两相邻转向架中心之间的距离。

第二节　车辆机械

城市轨道交通车辆的机械部分包括车体、车门、转向架、车钩缓冲装置、制动装置、空调通风系统等。

一、车　　体

车体是城市轨道交通车辆的主体结构。它坐落在转向架上，是车辆的上部结构，构成车辆的主体，用以载客。车体底架下部及车顶上部安装有车钩缓冲装置、制动设备、空调装置、电气设备和内装设施等。车体要承受和传递各种动静载荷及振动，还要具备隔音、减震、隔热、防火性能，以在事故状态下尽可能保证乘客的安全。

1. 车体结构

城市轨道交通车辆车体分有带司机室车体和无司机室车体两种。车体按结构功能分为车体（壳体）、车门、车窗、贯通道和内装饰。

车体由底架、车顶、侧墙、端墙等部件组成整体承载结构，为封闭筒形结构，整体承载方式。图3－3所示为铝合金车体，其各部件由挤压铝型材制造。

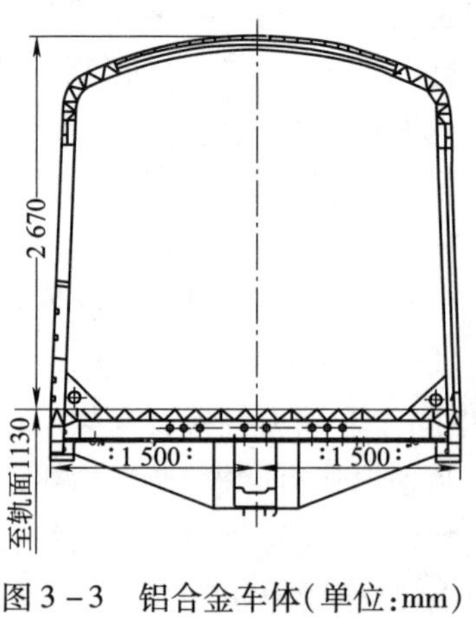

图3－3　铝合金车体（单位：mm）

车体底架由地板梁、牵引梁、枕梁、横梁、侧梁组成。每根地板梁由上下翼板、腹板和筋板组成中空截面挤压铝型材，将与车体等长的地板梁通过两侧的接口拼焊成车地板。每块地板梁下部有两对安装车下设备（各种机电设备、制动设备等）的吊挂座。牵引梁设在底架的两端，用来安装车钩缓冲装置。枕梁用来支承车体下两端的转向架。底架两端为横梁，两侧为侧梁，用来承重。车体底架采用上拱结构，即使在满载情况下车体也不会产生下挠度。

车顶的两侧小圆弧部分采用形状复杂的中空截面铝型材，中部大圆弧部分为带有纵向加强杆件的挤压成型的车顶板，其长度与车顶等长。车顶设受电弓。空调机组一般安装在车辆顶棚的上方，风道沿车顶两侧配置。

车体的左右侧墙各有宽型车门和车窗，侧墙被车门和车窗分割成带窗框、窗下间壁及左右窗间壁或门间壁的分部件，各块分部件亦为整体的挤压铝型材或焊接部件，在组装时分别与底架、车顶拼接。

车体两端的端墙由弯梁、贯通道立柱和墙板组成。

一般司机室采用框架结构，外罩玻璃纤维增强塑料罩壳，用螺栓紧固在车体构架上。司机室前端设司机瞭望窗口，司机室内布置有驾驶台、转椅和设置有司机需要操作的各种电器的设备箱。司机室与载客部分隔离，后端墙设门。在隧道运行的车辆前端还应设有乘客紧急安全疏散门。

车体是搭载乘客的地方，采用美观、舒适的内部装饰。车体内部座位少、车门多且开度大。每侧有车门的传动装置。车体内还布置有座椅、扶手、立柱、乘客信息系统等各种服务设施，以及车门紧急手柄、紧急对讲、灭火器等安全设施。车体上还安装了车辆电子、电器、机械等各种设备和部件。

2. 车体材料

按使用的主要材料，车体分为碳素钢、不锈钢、铝合金三大类。

车体原来采用普通碳素钢制造，由普通碳素钢型材构成骨架、外侧包薄钢板，构成一个闭口的整体承载的筒形薄壳结构，自重达 10 ~ 13 t。由普通碳素钢制成的车体，自重大，在使用中腐蚀十分严重，增加了维修的工作量和开支。因此对车体的板材、型钢要进行预处理，清除表面锈垢或氧化皮，预涂底漆；车体组焊后要及时修补预涂底漆；车体完工后再喷涂防锈底漆。为了提高车体的耐腐蚀性，延长车体的使用寿命，采用了含铜或含镍铬等合金元素的耐腐蚀的低合金钢（耐候钢）制造，可使车体结构自重减轻 10% ~ 15%。

采用半不锈钢（包板为不锈钢，骨架为普通碳素钢）或全不锈钢车体，免除了车体内壁涂覆防腐涂料和表面油漆，在保证强度、刚度的前提下，板厚可减小，简化了工艺，减轻了自重（约 10% ~ 20%），同时也提高了使用寿命。

采用铝合金车体，由挤压铝型材拼焊而成，比之钢制车体焊缝数量和焊接工作量大大减少，焊接变形易于控制，重量大为减轻（减轻 30% ~ 40%），工艺更为简单、标准、规范，可保证车体承载结构在使用寿命期内（30 年）不需结构性维修和加固。

无论何种车体，车体内表面均应喷涂 2 ~ 4 mm 厚的防震隔音阻尼涂层。

3. 车体的轻量化

车辆的轻量化不仅节约制造材料，减轻车辆走行部分和线路的磨耗，延长使用寿命，而且在相同客流的条件下可降低牵引动力的消耗，带来巨大的经济效益，具有重要的现实意义。

车体轻量化的措施包括采用轻型材料，改进构件结构。车体承载结构一般采用大型中空截面铝合金挤压型材、高强度复合材料或不锈钢。车体其他辅助设施尽量采用轻型高科技新材料。另外，对车体其他辅助设施也尽量采用轻型化材料。

二、车　　门

车门包括客室车门、紧急疏散安全门、司机室门和司机室通道门。

1. 客室车门

客室车门简称车门，用于乘客上、下车。客室车门如图 3－4 所示。

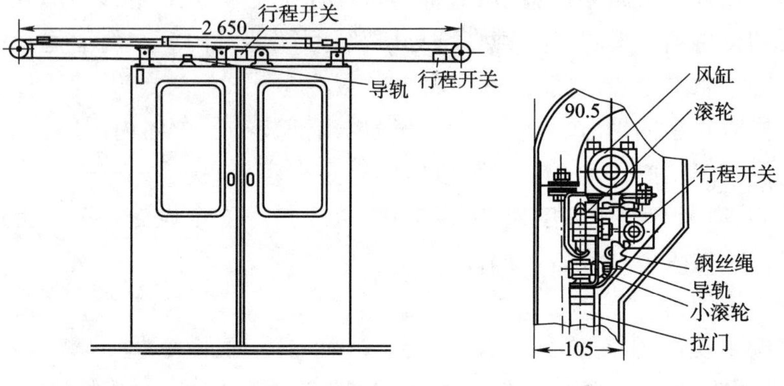

图 3－4　客室车门（单位：mm）

（1）对车门的基本要求。根据城市轨道交通的特点，车门应有足够的有效宽度；要均匀分布，以方便乘客上、下车；数量足够，使乘客上、下车时间满足运行密度的要求；车门附近要有足够的空间，方便乘客上、下车时周转；要确保乘客的安全；具有较高的可靠性。

（2）车门的驱动方式。按照驱动系统的动力来源，分为电动式车门（电动门）和气动式车门（风动门）。电动式车门的动力来源是直流电动机或交流电动机。气动式车门以压缩空气为动力，动力来源是驱动气缸。

（3）车门开启方式。按照车门的运动轨迹以及与车体的安装方式有内藏嵌入式侧移门、外挂式移门、塞拉门、外摆式车门四种形式。

内藏嵌入式移门简称内藏门。在车门开、关时，门叶在车辆侧墙的外墙板与内饰板之间的夹层内移动。传动系统设于车厢内侧车门的顶部，装有导轮的门叶可在导轨上移动，传动机构的钢丝绳、皮带或丝杠与门叶相连接，气缸或电机驱动传动机构，从而实现车门的往复开、关动作。

外挂式移门简称外挂门。它的门叶和悬挂机构始终位于侧墙的外侧,其传动机构的工作原理与内藏嵌入式移门完全相同。

塞拉门的门叶借助车门上方安装的悬挂机构和导轨导向作用,由电机驱动机械传动机构使门叶沿着导轨滑移。车门在开启状态时门叶贴靠在侧墙的外侧,车门在关闭状态时门叶外表面与车体外墙成一平面。这不仅使车辆外观美观,而且也有利于在高速行驶时减小空气阻力,车门不会因空气涡流产生噪声,也便于自动洗车。

外摆式车门简称外摆门。开门时通过转轴和摆杆使门叶向外摆出并贴靠在车体的外墙板上,门关闭后门叶外表面与车体外墙成一平面。这种车门在开启的过程中,门叶需要较大的摆动空间。

四种车门的性能比较见表 3－2。

表 3－2　四种车门的性能比较

标　准	内藏门	外挂门	塞拉门	外摆门
隔声	差	很差	很好	好
隔热	差	差	好	好
隔空气动压差	差	差	很好	一般
乘客候车区无障碍	一般	一般	差	很差

(4)车门的机械结构

①气动门的机械结构。每扇气动门由驱动气缸、门控电磁阀、机械传动系统、行程开关和门叶等组成。气动门由压缩空气驱动气缸,作用于驱动气缸活塞,再由活塞杆带动机械传动系统,使两门叶同步反向移动,完成车门的开、关动作。

驱动气缸是执行开、关门动作的执行元件,为双重活塞、双作用式结构,由压缩空气推动其活塞运动,再通过机械传动系统将推力传递至门叶。整个气缸处于浮动状态,不会因车体变形使活塞在气缸内产生卡死现象。驱动气缸的性能直接影响车门的开、关动作是否可靠。

门控电磁阀有 3 个两位三通电磁阀,分别为开门、关门和解锁电磁阀;4 个节流阀,其功能分别为调节开门速度、关门速度、开门缓冲和关门缓冲;两个快速排气阀的集成阀,相当于一个双向选择阀,将主气缸两端的空气经排气管排向大气。

机械传动系统由钢丝绳、绳轮、防跳轮、滚轮和上下导轨等组成,将驱动气缸活塞杆的运动传递至两扇门叶,使车门动作。

门叶内、外表面为铝合金板,内部为铝箔构成的蜂窝结构,以提高门叶的抗弯刚度和减轻重量,面板与蜂窝结构采用胶粘剂加温加压粘接成一体。门叶上部装有由钢化玻璃及氯丁橡胶密封条组成的玻璃窗。门叶的前后边装有橡胶密封条,保证门叶关闭时有良好的密封效果。门叶前边的橡胶条又称为护指橡胶,在车门关闭瞬间起保护乘客免于被夹伤的作用。

行程开关是反映车门开、关动作的限位开关。在开、关车门时，行程开关把车门的机械动作变成电信号反映到车门的监控回路，使司机随时了解车门的开、关状态。4 个行程开关分别对门钩位置、关门行程、门控切除及紧急手柄位置进行监控和显示。

②电动门的机械结构。电动门由门叶、门叶悬挂机构、驱动电动机、传动装置（由齿式皮带和丝杆/球螺母等组成）、控制器、闭锁装置和紧急开门装置组成。每组车门由直流电机驱动，通过丝杠螺母传动机构传动，采用先进的电子门控单元（EDCU）控制。

（5）车门的电气控制系统。气动门的电气控制系统完成车门控制、车门动作监视和列车控制电路联锁等，以保证车门动作的可靠和行车安全。车门的电气控制系统具有车门开关控制、客室车门监控回路和列车再开门功能。车门电气控制系统采用电子控制技术，可根据需要编制程序，修改操作过程。

①车门开、关的操作模式。车门的开、关是由司机按动司机室左、右侧墙上的开关门按钮来完成的，按钮开关上带有指示灯，以显示车门开的状态。车门的电气控制系统有两种操作模式：在 ATP 系统开通的状态下进行操作，在 ATP 系统关闭的状态下进行操作。

a. ATP 系统开通时的开、关门控制。司机按下开门按钮时，设在按钮内的指示灯点亮，这是开门的必要条件（前提条件是站位对准、车速为零、钥匙启动）；向解锁气缸充气，打开门钩，气缸内的活塞杆推动门叶滑动，做好开门准备；具备了开门的必要条件且做好了开门的准备后，即可打开车门；门钩复位，关闭车门。为了提醒乘客不要被车门夹住，在关门前设置关门报警。报警时蜂鸣器鸣叫约为 4 ~ 5 s，蜂鸣器停止鸣叫后车门关闭。

b. ATP 系统关闭时的开、关门控制。当 ATP 系统出现故障时，列车关闭 ATP 系统，实行人工驾驶模式，这时司机转动司机室后墙的开关处于关闭状态，此后的程序与上述 ATP 系统开通时的开、关门动作相同。

②车门的监控。为了保证安全运营，必须有一套有效的车门监控装置来监控列车全部车门开、关状态。该装置全方位监控车门，具有自动故障报警和记录的功能。司机首先通过关门按钮上的按钮灯亮或暗来判断全列车的车门是否关闭及锁定，然后根据司机台的显示屏显示内容或车外侧侧墙灯、车门灯来进一步确认。当某扇车门由于故障而不能正常开、关时，可使用方孔钥匙通过应急拉手旁的行程开关将该单扇门的控制电路切除，使该门处于关闭状态而不能开启。

③列车再开门。为了防止在开关门时夹伤乘客，车门还设有防夹装置。当车门在关闭过程中，如果乘客或乘客随身携带的物品被夹持在待关闭的车门门叶之间，则司机实施再开门功能，即再按一下开门按钮，此时仅有未关闭的车门再次开启，并隔 4 ~ 5 s

后自动关闭。

2. 紧急疏散安全门

紧急疏散安全门设在驾驶室中间的前端墙上。在紧急情况下，向前放到路基上，成为踏板，乘客可通过此踏板疏散。在驾驶室内或室外都可开启紧急疏散安全门。

3. 司机室门

司机室门设在司机室两侧，供司机上、下车。

4. 司机室通道门

司机室通道门设在司机室后端墙中间，通向客室，在客室一侧没有设开门把手，在正常情况下不允许乘客开启，当乘客发现危险情况时，可以启用该门上方的一红色紧急拉手，开启通道门。

三、转向架

转向架是支承车体及其荷载并使车辆沿着轨道走行的装置，每辆车装有两台转向架。转向架是保证车辆运行质量、动力性能和运行安全的关键部件。转向架的结构是否合理，直接影响车辆的性能和行车安全。城市轨道交通车辆，要求转向架具有较低的噪声和良好的减振性能，并有适应车辆载重量变化较大的能力。为减低工程造价，要求轮对的轴重尽可能地低。

1. 转向架的作用

(1)转向架利用车轮的轮缘与钢轨引导车辆沿着轨道行驶，一般利用转向架轮对踏面与钢轨的黏着力传递牵引力和制动力，通过转向架的轴承装置使车轮沿着钢轨的滚动转化为车辆沿线路运动的平动。

(2)转向架相对车体可自由回转，使车辆能灵活地通过曲线，减少运行阻力与噪声，提高运行速度。

(3)支承车体，承受并传递从车体至轮轨的各种载荷及作用力，使各轴的重量均匀分配。

(4)采用转向架可增加车辆的载重、长度和容积，提高列车运行速度。

(5)在转向架上安装弹簧减振装置，缓和车辆和线路之间的相互作用，减小振动和冲击，减小动应力，提高车辆运行的平稳性，保证车辆具有良好的动力性能。

(6)在转向架上安装制动装置，传递制动力，满足运行要求。

(7)在动车转向架上安装牵引电机及变速传动装置，驱动轮对使车辆运行。

2. 转向架的组成

转向架如图 3－5 所示。

转向架一般由构架、轮对、轴箱装置、弹簧减振装置和制动装置、中央牵引装置等组成。动车转向架还装设有牵引电机及变速传动装置。

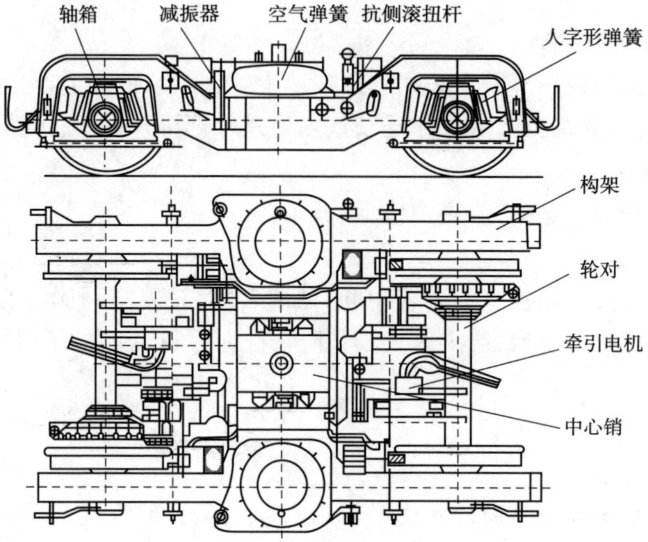

图 3-5　转向架

构架是转向架的基础，将车体与行走部件连成一体，它把转向架的各个零部件组成一个整体。构架支撑车体，实现列车的平移，传递列车的牵引力和制动力。它是车体减振与悬挂件的基础，满足各零、部件组装的要求。

轮对轴箱装置是连接构架和轮对的活动关节，使轮对的滚动转化为车体沿轨道的平动。

弹簧减振装置在轮对与构架或构架与车体之间，可减少线路不平顺和轮对运动对车体的各种动态影响（如垂向振动、横向振动和通过曲线等）。

（基础）制动装置的作用是传递制动闸缸产生的制动力或单元制动机产生的制动力，使转向架内摩擦力转换为轮轨之间的外摩擦力（即制动力），产生制动效果，使运行中的车辆在规定的距离范围内停车。

中央牵引装置是车体与转向架的连接部分，其结构应能满足安全可靠地架承车体，并传递各种载荷和作用力，车体与转向架之间能绕不变的旋转中心进行相对转动，以使车辆顺利通过曲线。

动车的转向架上还装有牵引电机和变速传动装置（包括联轴器、齿轮箱、齿轮箱悬挂装置等），使牵引电机的扭矩转化为轮对上的转矩，提供牵引力，利用轮轨之间的黏着作用，驱动车辆运行。也提供制动力（电制动力）。

3. 转向架的分类

各种转向架主要的区别在于：有无牵引电机、所用车轴的类型、轴箱定位的方式、弹簧装置的类型、载荷传递的方式等。

（1）按有无牵引电机分类。有动车转向架和拖车转向架两种。为了检修方便，满足相同部件的互换性，动车转向架和拖车转向架基本结构相同，主要区别在于驱动系统。动车的转向架上装有两台牵引电机和变速传动装置。拖车转向架为非动力转向架，没有牵引电机和变速传动装置。

（2）按轴箱定位方式分类。约束轮对与轴箱之间相对运动的机构称为轴箱定位装置，它对转向架的横向动力性能、抑制蛇行运动具有决定性作用。

常见的定位装置的结构形式有：拉板式定位、拉杆式定位、转臂式定位、层叠式橡胶弹簧定位、干摩擦式导柱定位。其中前4种均为无磨耗的轴箱弹性定位装置，可达到较为理想的定位性能。

拉板式定位用特种弹簧钢材制成的薄片形定位拉板，其一端与轴箱连接，另一端通过橡胶节点与构架相连。

拉杆式定位，拉杆的两端分别与构架和轴箱销接，实现弹性定位。

转臂式定位，定位转臂的一端与圆桶形轴箱体固接，另一端以橡胶弹性节点与构架上的安装座相连接。

层叠式橡胶弹簧定位，在构架与轴箱之间装设压剪型层叠式橡胶弹簧，以实现良好的弹性定位。

干摩擦式导柱定位，安装在构架上的导柱及坐落在轴箱弹簧托盘上的支持环均装有磨耗套，导柱插入支持环，当构架与轴箱之间发生上下运动时，两磨耗套产生干摩擦，通过导柱与支持环传递纵向力和横向力，再通过轴箱橡胶垫产生不同方向的剪切变形，实现弹性定位。

（3）按弹簧装置的型式分类。根据转向架所装设弹簧系统的多少可分为一系弹簧悬挂和二系弹簧悬挂两类。

一系弹簧悬挂在转向架与轮对之间，设有一系弹簧减振装置。

二系弹簧悬挂在车体与转向架之间，设有二系弹簧减振装置。

两者相互串联，使车体的振动经历两次弹簧减振的衰减。

（4）按弹簧的横向跨距分类。根据悬挂装置中弹簧横向跨距的不同可分为外侧悬挂、内侧悬挂和中心悬挂三类。

外侧悬挂，弹簧横向跨距大于构架两侧梁纵向中心线距离。

内侧悬挂，弹簧横向跨距小于构架两侧梁纵向中心线距离。

中心悬挂，弹簧横向跨距与构架两侧梁中心线距离相等。

（5）按车体与转向架之间的载荷传递方式分类。按车体与转向架之间的载荷传递方式可分为心盘集中承载、非心盘承载和心盘部分承载三类。

心盘集中承载，车体上的全部重量通过前后两个上心盘分别传递给前后两个转向架的下心盘。

非心盘承载，车体上的全部重量通过中央弹簧直接传递给转向架构架，或者通过中央弹簧悬挂装置与构架之间装设的旁承装置传递。

心盘部分承载，车体上的重量按一定比例分配，分别传递给心盘和旁承，使之共同承载。

转向架类型按轴数分，一般分为单轴转向架、两轴转向架和多轴转向架。城市轨道交通车辆多采用两轴转向架。

4. 轮对

轮对的作用是沿着钢轨滚动，将轮对的滚动转化为车体的平移；除了传递车辆重量外，还传递轮轨之间的各种作用力，包括牵引力和制动力。轮对是由一根车轴和两个相同的车轮采用过盈配合使之牢固地结合在一起，如图 3 – 6 所示。轮对是组成转向架的重要部件之一。

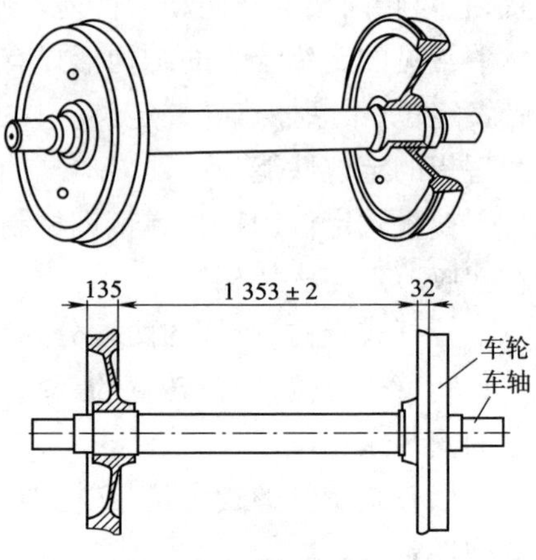

图 3 – 6　轮对（单位：mm）

（1）对轮对的要求。轮对承担车辆全部载荷，引导车辆沿着轨道运行，同时还承受着从车体、钢轨传来的各种力的作用。因此，轮对应具有足够的强度，以保证在允许的最高速度和最大载荷下安全运行。在保证足够的强度和一定使用寿命前提下，使其重量最小，并具有一定的弹性，以减少轮轨之间的作用力和磨耗。

两轮缘的内侧距是影响运行安全的重要因素，轮缘内侧距应保证车辆在任何线路上运行时轮缘与钢轨之间有一定的游间，以减少轮缘与钢轨的磨耗；应保证在最不利情况下，轮对踏面在钢轨上仍有足够的安全搭接量，不致造成脱轨；应保证安全通过道岔。所以，必须有严格的规定，我国城市轨道交通车辆轮对的内侧距为 1 353 mm ± 2 mm。

（2）车轴。车轴绝大多数为圆截面实心轴，采用优质碳素钢加热锻压成型，再经热处理和机械加工制成。车轴为转向架的簧下部分，降其质量对改善车辆运行性能和减少对轮轨动力作用有很大影响。由于车轴主要承受横向弯矩作用，截面中心部分应力很小，制成空心结构后，对车轴的强度影响很小，可减轻 20% ~ 40% 的质量。

（3）车轮

①车轮结构。车轮按结构分为整体车轮和带箍车轮两种。整体车轮按其材质可分为辗钢轮和铸钢轮。轮箍轮又可分为铸钢辐板轮心、辗钢辐板轮心以及铸钢辐条轮心的车轮。我国目前车辆上大部分采用整体辗钢车轮。整体辗钢车轮由踏面、轮缘、辐板和轮毂组成，如图 3 – 7 所示。

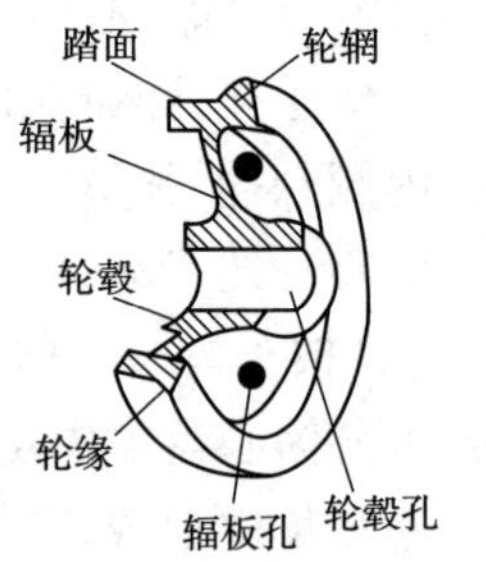

图 3 – 7　整体辗钢车轮

②车轮踏面。车轮与钢轨的接触面称为踏面。踏面一侧沿着圆周凸起的圆弧部分称为轮缘,其作用是保持车辆沿轨道运行,防止脱轨。踏面沿径向的厚度部分称为轮辋。轮毂是轮与轴互相配合的部分。轮辋与轮毂连接的部分称辐板。

车轮踏面一般做成一定的斜度,称为锥形踏面。

踏面锥形的作用是:在直线运行时,使轮对能自动调中;在曲线上运行时,由于离心力,轮对偏向外轨,踏面锥形可使外轨上滚动的车轮以较大的滚动圆滚动,在内轨上以较小的滚动圆滚动,减少了车轮在钢轨上滑动,使轮对顺利通过曲线;车轮踏面有斜度,运行时车轮与钢轨接触的滚动直径在不断地变化,使轮轨的接触点也在不停地变换位置,踏面磨耗更为均匀。

5. 轴箱装置

轴箱是轮对与一系悬挂的连接纽带。它的作用是支撑构架,将轮对和构架(或侧架)联系在一起,使轮对沿钢轨的滚动转化为车体沿线路的平动,并把车体的重量以及牵引力、制动力传递给轮对,保证良好的润滑性能,减少磨耗,减低运行阻力,防止燃轴。

轨道交通车辆的允许轴重比较大,在运用中承受着变化的静、动载荷的作用。因此,要求轴承的承载能力大、强度高、耐振、耐冲击、寿命长。

轴箱由轴箱体、轴箱轴承、轴箱盖、迷宫环、密封圈、层叠环、各类传感器(速度传感器、防滑传感等)、紧固件等组成。

轴箱装置分为滚动轴承轴箱和滑动轴承轴箱装置。采用滚动轴承,可显著地降低车辆的起动阻力和运行阻力,改善车辆走行部分的工作条件,减少燃轴的惯性事故,减轻维护和检修工作,降低运用成本。按滚动体形状可分为圆柱滚动轴承、圆锥滚动轴承和球面滚动轴承。我国轨道交通已实现滚动轴承化。

6. 弹簧减振装置

车辆在轨道上运行时,由于线路的不平顺、轨隙、道岔、轨面的缺陷和磨耗及车轮踏面的斜度、擦伤和轮轴的偏心等原因,必将产生复杂的振动和冲击。为了提高车辆运行的平稳性,保证乘客的舒适度,须设弹簧减振装置。弹簧与减振器一起构成弹簧减振装置。弹簧主要起缓冲作用,缓和来自轨道的冲击和振动,减振器的作用是减小振动。

弹簧减振装置按其作用的不同可分为三类:中央弹簧和轴箱弹簧,主要起缓和冲动的作用;垂向、横向减振器,主要起衰减振动作用;轴箱定位装置,摇枕与构架之间的纵、横向缓冲装置,主要起弹性约束作用。

(1)弹簧

①钢弹簧。通常采用簧条截面为圆形的圆柱压缩螺旋弹簧,故又称圆簧。转向架的弹簧装置中,常采用双卷弹簧,个别情况还采用三卷弹簧。在承载与弹性特性相同的条件下,多卷弹簧可以明显减小弹簧所占空间位置,使结构紧凑。为避免弹簧卷与卷发生卡住或簧组转动,多卷弹簧中紧挨着的两层弹簧的螺旋方向应相反,一个左旋,另一个右旋。

②空气弹簧。空气弹簧有较低的纵向、横向、垂向刚度，能较好提高列车的舒适性。空气弹簧一般与高度阀同时使用，在不同载荷作用下，保持列车地板面一定的高度。空气弹簧能显著地改善车辆的动力性能，所以在城市轨道交通车辆上获得广泛的应用。

空气弹簧装置主要由空气弹簧本体、附加空气室、高度控制阀、差压阀及滤尘器等组成。空气弹簧所需的压力空气，由列车总风管进入空气弹簧储风缸，再经纵贯车底的空气弹簧主管向两端转向架供气。转向架上的空气弹簧管路与其主要连接软管接通，压力空气再经高度控制阀进入附加空气室和空气弹簧本体。

空气弹簧分为囊式和膜式两类。目前应用较普遍的为膜式空气弹簧，它有两种结构形式，即约束膜式、自由膜式空气弹簧。空气弹簧的密封要求高，以保证弹簧性能稳定和节省压缩空气。一般采用压力自封式和螺钉紧封式两种密封形式。

③一系悬挂和二系悬挂所用弹簧。一系悬挂指轮轴与转向架之间的减震弹簧，它与转向架的轴箱定位方式有关：采用人字弹簧定位时，其一系悬挂为人字弹簧；采用转臂式轴箱定位时，其一系悬挂为内、外圈钢弹簧，附加垂向减振器；采用锥形橡胶套定位时，一系为锥形橡胶套。二系悬挂指转向架与车体结构之间的减震弹簧，它基本都是空气弹簧，各型转向架所用空气弹簧结构上主要区别是应急弹簧的形式不同。

(2)抗侧滚扭杆。抗侧滚扭杆虽然形式多样，但其结构基本相同，一般由扭杆、支撑座、扭臂、连杆组成，如图 3－8 所示。抗侧滚扭杆的作用是抑制车体相对于转向架的侧滚，提高列车稳定性和舒适性。

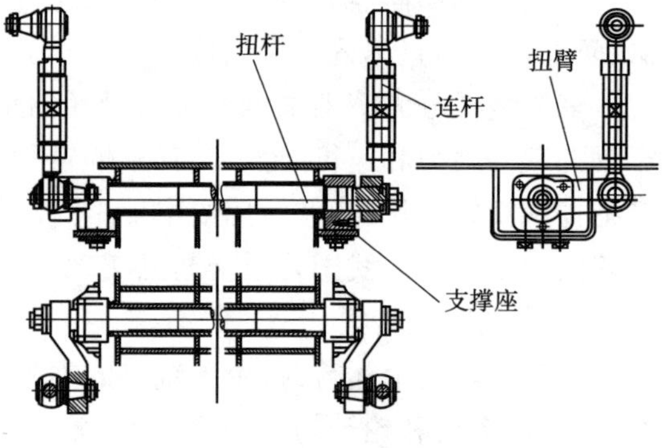

图 3－8　抗侧滚扭杆

(3)减振器。减振器的作用力总是与运动的方向相反，起着阻止振动能量的作用。通常减振器有变机械能为热能的功能。

减振器按阻力特性可分为常阻力和变阻力两种减振器；按安装位置可分为轴箱减振器和中央减振器；按减振方向可分为垂直和横向减振器；按结构特点又可分为摩擦减振器和液压减振器。

城市轨道交通车辆多采用液压减振器，主要是利用液体黏滞阻力所做的负功来吸收振动能量，振幅的衰减与幅值大小有关，振幅大时衰减量也大，形成“自动调节”减振的性能。

液压减振器主要由活塞、进油阀、缸端密封、上下联结、油缸、贮油筒及防尘罩等部分组成，减振器内部还充有油液。活塞部分是产生减振阻力的主要部分，它由活塞杆、心阀、弹簧和阀座组成，在心阀侧面下部开有节流孔。进油阀装在油缸的下端，它的作用是补充或排出油液，在进油阀体上装有阀瓣和锁环。缸端密封，一方面起着活塞杆上下运动时的导向作用,使活塞杆中心和油缸中心线保持一致,另一方面防止油液流出和灰尘进入减振器,影响减振器的正常工作。

液压减振器所用的油液对减振器的性能和可靠性起着重要的作用。要求油液物理、化学性能稳定,具有防冻性、无腐蚀性等。

液压减振器的工作原理可用图3-9来说明。活塞把油缸分成上下两个部分,摇枕振动时,活塞杆随摇枕运动,与油缸之间产生上下方向的相对位移。当活塞杆向上运动时(减振器为拉伸状态),油缸上部油液的压力增大,这样,上下两部分油液的压差迫使上部部分油液经过心阀的节流孔流入下部,油液通过节流孔时产生阻力。当活塞杆向下运动时(减振器为压缩状态),受到活塞压力的下部油液通过心阀的节流孔流入油缸上部,也产生阻力。因此,液压减振器可在车辆振动时起减振作用。

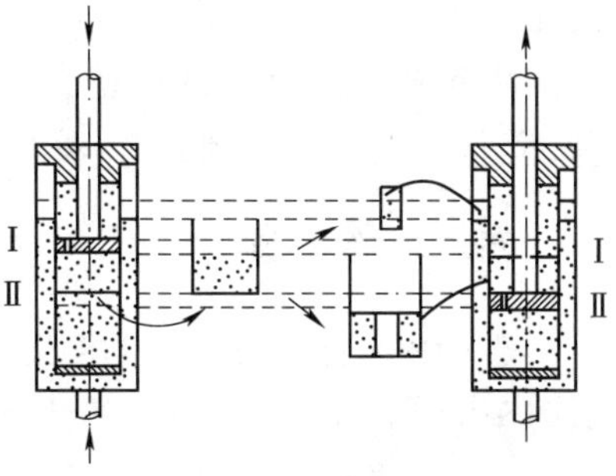

图3-9　液压减振器工作原理

7. 中央牵引装置

第一类型转向架中央牵引装置由中心销、中心销座、复合弹簧、下心盘座、牵引拉杆、橡胶套、横向止挡等组成,非心盘承载方式中央牵引装置如图3-10所示。

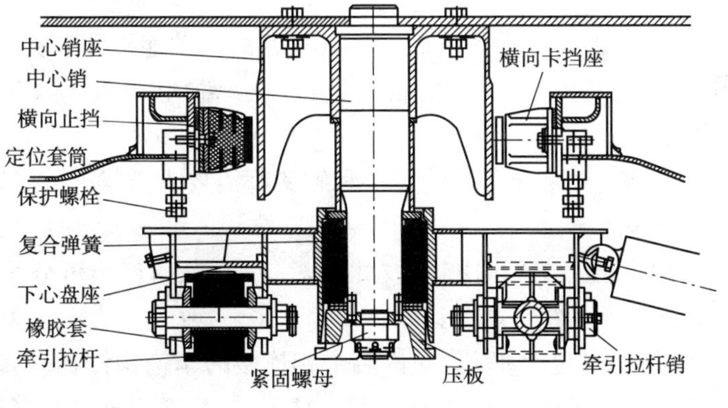

图3-10　中央牵引装置

中心销架承车体,并传递各种载荷和作用力;同时完成车体与转向架之间绕旋转中心相对转动,以使车辆顺利通过曲线;架车时悬吊转向架。

牵引拉杆传递列车运行时的牵引力和制动力。

横向缓冲装置主要是指横向止挡和横向止挡座。

8. 驱动系统

驱动系统是动车转向架所特有的,主要由牵引电机、联轴器、齿轮箱、齿轮箱悬挂装置以及动力轮对等组成。

联轴器的作用是传递扭矩，产生牵引力和制动力，同时还具有调整电机与齿轮轴的同轴度的作用。常用的联轴器是机械联轴器，但也有采用橡胶联轴器的。

齿轮箱是电机与轮对间的减速装置，并传递牵引力和制动力。齿轮箱及悬挂包括齿轮箱体、大齿轮、小齿轮、轴承、密封件、紧固件等，有的还有中齿轮。

齿轮箱吊杆有多种类型如可调式吊杆、固定式吊杆、C 形支座等。虽然结构有多种，但基本上都是由橡胶件（橡胶结点或橡胶堆）和结构件（吊杆或支座）组成。

四、车钩缓冲装置

车钩用来保证各车辆的连接，并且传递牵引力、制动力和其他纵向冲击力。缓冲装置缓解车辆之间的互相冲击，并且使车辆间保持一定的距离。还要连接车辆间的电路和气路。如果这些作用由同一装置来承担，则该装置称为车钩缓冲装置。因此，车钩缓冲装置包括车钩、缓冲器、电路连接器和气路连接器。车钩缓冲装置是车辆最重要的部件之一。

车钩缓冲装置固定在车体底架上，车辆运行牵引、制动时发生的纵向拉力、压缩力经车钩、缓冲器，最后传递给车体底架的牵引梁。

1. 车钩的分类

（1）按照牵引连挂装置的连接方法，可分为自动车钩、半自动车钩、半永久车钩三种。

自动车钩在低速时也可以实现机械、电路、气路的自动连挂和解钩。

半自动车钩可以实现机械、气路的自动连接与分离，电路需要人工进行连接与分离，以方便检修作业。

半永久车钩的机械、气路和电路的连接和解钩都需要人工操作，一般只有在架修以上的作业时才进行分解。

（2）按照两车钩连接后在垂向能否彼此相对移动，自动车钩可分为非刚性车钩和刚性车钩。此外，还有半刚性自动车钩。

非刚性车钩如图 3 – 11（a）所示，允许两个相连接的车钩钩体在垂直方向上有相对位移。当两个车钩在连挂前的纵向中心线存在高度差时，发生连挂的车钩呈阶梯形状，并且各自保持水平位置。由于钩体的尾端相当于销接，就保证了车钩在水平面内的角位移。非刚性车钩简化了两车钩纵向中心线高度偏差较大的车辆相互连挂的条件，不需要复杂的钩尾销连接结构和复杂的对心装置，车钩钩体的结构和铸造工艺较简单。

刚性车钩如图 3 – 11（b）所示，不允许两连挂车钩在垂直方向存在有相对位移，如果在连挂之前两车钩的纵向中心线高度已有偏差，那么在连挂后两车钩的轴线处在同一条直线上并呈倾斜状态。两车钩钩体的尾端具有完全的铰接，能保证两连挂车钩之间可以具有相对的水平位移和垂向角位移，由于线路的水平面及纵断面是变化的，以及车体在悬挂系统上的振动，所以必须保证具有这些位移。

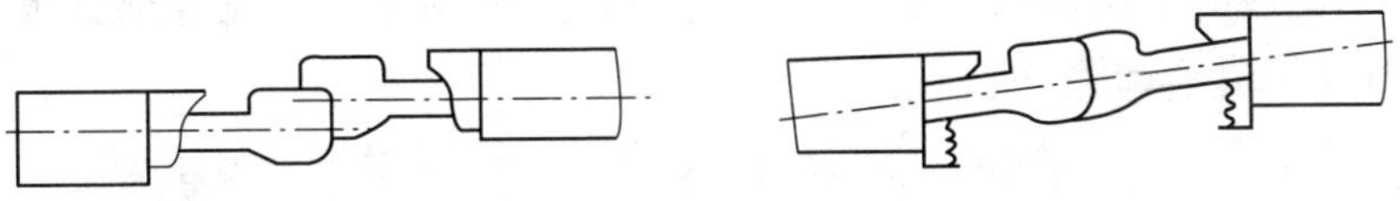

图 3－11 非刚性车钩与刚体车钩

刚性车钩与非刚性车钩相比有如下优点：大大简化了空气管路、电气线路等自动连挂的条件，便于列车实现编组自动化，并且也改善了工作人员的劳动条件；减小了两个车钩连接表面之间的间隙，降低了车辆之间的纵向力，提高了列车运行的平稳性；减小了车钩零件的位移和所受的作用力，改善了车钩内连挂机构的工作条件；减小了车钩连接表面的磨耗；减小了由于两连挂车钩相互冲击而产生的噪声；降低了在意外撞车事故时发生一车辆爬到另一车辆上的危险概率。因此，城市轨道交通车辆上主要采用刚性车钩。

2. 密接式车钩

为了改善城市轨道交通车辆的运行质量，满足其在连挂时实现电路、气路和机械机构的自动连挂，开发了密接式车钩。密接式车钩是通过车辆之间以一定的相对速度相向运行并相互碰撞，使钩头的连接器动作，实现两车辆的机械、电气线路和空气管路的自动连接的一种刚性车钩。密接式车钩在两连挂车钩高度有偏差，以及在有坡度线路和曲线上都能安全地连挂；两车钩连挂后，钩头接触面之间不允许在水平和垂向的相对移动，且钩头接触面的纵向间隙应限制在很小的范围之内。

密接式车钩与一般车钩在构造和作用上完全不同，它要求两钩连接后，其间没有上下和左右的移动，而且对前后的间隙要求限制在很小的范围之内。

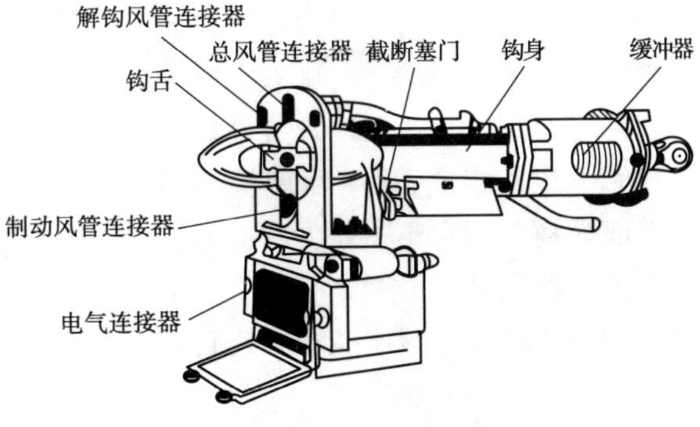

图 3－12 密接式车钩缓冲装置

图 3－12 为我国城市轨道交通电动车组所采用的密接式车钩缓冲装置，它由密接式车钩（钩头凸锥、钩舌）、橡胶缓冲器、风管连接器、电气连接器和风动解钩系统（解钩风缸、解钩杆、异型管）等部分组成。车辆连挂时，依靠两车钩相邻钩头上的凸锥和凹锥孔相互插入，起到紧密连接作用；同时自动将两车辆之间的电路、空气通路接通，并起到缓和连挂中车辆间的冲击作用。在两车辆分解时，亦可自动解钩，并自动切断两车辆间的电路和空气通路。

3. 车钩缓冲装置

车钩缓冲装置由车钩钩头、缓冲装置、对中装置和钩尾冲击座等部分组成。现以全自动车钩为例,介绍车钩缓冲装置。

(1)车钩钩头。由机械钩头、电气连接箱和气路连接器等部分组成。

①机械钩头。全自动车钩机械钩头由壳体、中心轴、钩舌、钩舌连杆、钩舌弹簧、钩舌定位杆(或称棘爪)及弹簧、撞(顶)块及弹簧和解钩气缸组成,如图3－13所示。

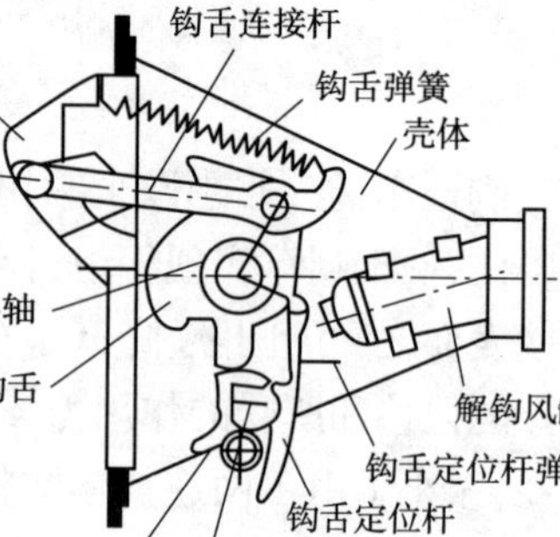

图3－13 全自动车钩的机械钩头

②电气连接箱:全自动车钩的电气连接箱设于机械钩头的上、下或两侧。设在两侧时,其中一侧连接低压电缆,另一侧连接信号和通信电缆。电气连接箱通过机械操纵机构实现自动连挂和解钩,当机械钩头连挂时钩头内心轴转动带动顶端的凸轮一起转动,从而推动一个二位五通阀使压缩空气作用于电气连接箱的气缸,气缸活塞杆通过杠杆机构和弹簧使电气箱迅速连挂。

半自动车钩电气连接箱不随机械车钩动作,它的连挂和解钩由人工实现,通过手动转动齿轮,使得齿轮和齿条机构动作,从而带动杠杆和弹簧使电气连接箱连挂和解钩。

③气路连接器。设在机械钩头法兰下侧的中间,分设两个风管弹簧阀,如图3－14所示。当一方弹簧阀的阀芯管压迫另一方的阀芯时则双方阀被打开,使总风管和解钩风管接通。而一旦对方风管撤离,也就是两钩头的法兰面分离时,则阀芯又在弹簧力的作用下将阀关闭。这样,可使风管的接通和断开随车钩的连挂和解钩自动进行。

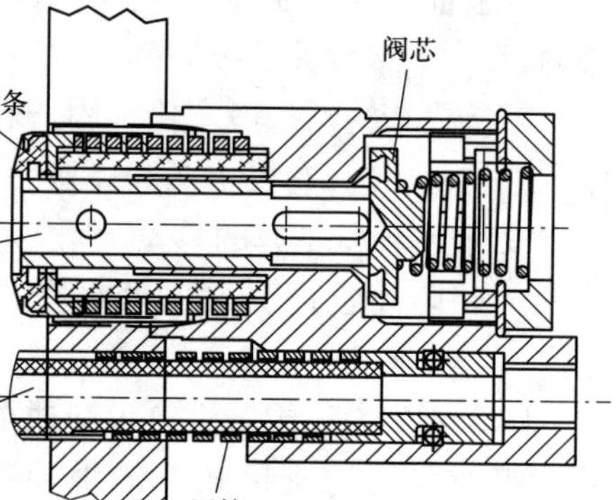

图3－14 风管弹簧阀

(2)缓冲装置。将冲击动能转化弹簧的势能和热能,来达到吸收冲击能量的目的。

缓冲装置分为可再生缓冲器和不可再生缓冲器两种。可再生缓冲器有双作用环弹簧缓冲器、橡胶缓冲器、液压缓冲器和气液缓冲器等。压溃管是不可再生缓冲器。

双作用环弹簧缓冲器由弹簧盒(筒)、弹簧前后座板、外环簧、内环簧、端盖和牵引杆等组成,如图3－15所示。该缓冲器无论是受压缩冲击,还是受拉伸冲击时,都能吸收冲击能量。

橡胶缓冲器在列车正常的牵引和制动时，通过橡胶变形来吸收冲击能量。

液压缓冲器是一种可恢复的能量吸收装置，车钩在发生撞击时，缓冲器内部的活塞杆作用于活塞，使压力油通过活塞和缸体内壁的间隙流动，从而吸收能量，其相对速度越快吸收能量越大。

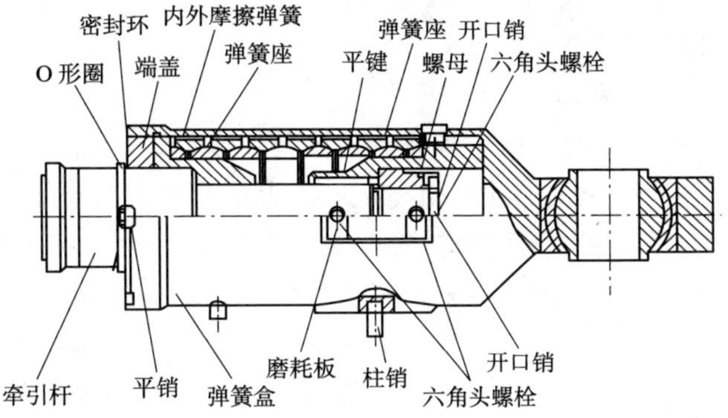

图 3 – 15　双作用环弹簧缓冲器

压溃管在列车相撞时，通过它的变形来吸收冲击能量。压溃管为免维修部件，当压溃管的变形部位超过规定的标准时必须进行更换。

(3)对中装置。车钩对中装置分为水平对中装置和垂向对中装置，如图 3 – 16 所示。水平对中装置一般简称为对中装置，可分为气动对中装置和机械对中装置。垂向对中装置一般称为垂向支承，通过调整该处的调节螺栓可以实现调节车钩端面中心线到轨道上表面的距离。

(4)钩尾冲击座。缓冲器的尾部通过一个球铰与车体底架相连，该球铰部分简称钩尾冲击座。这样的结构可使整个车钩缓冲装置在水平面内摆动 ±4°，而在垂直面内摆动 ±5°，满足车辆在水平曲线和竖曲线上运行的要求。

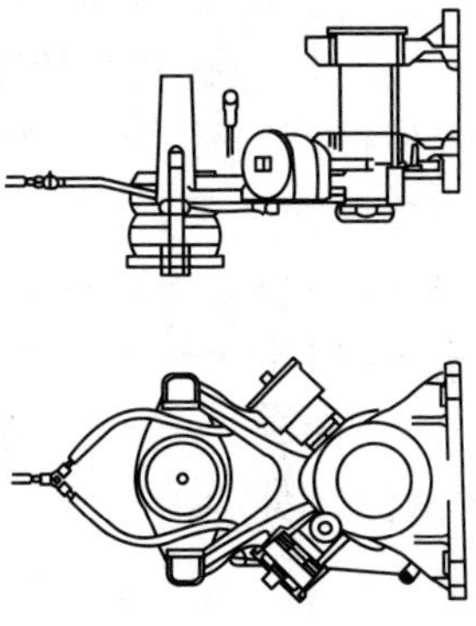

图 3 – 16　对中装置

通过钩尾冲击座将车钩缓冲装置安装在车体的底架牵引梁上，而钩尾冲击座与牵引梁之间安装过载保护螺栓。过载保护螺栓采用鼓形结构，当冲击载荷大于 800 kN 时鼓形结构被破坏，车钩与车体分离并沿着导轨向后移动，从而避免超过许用载荷的冲击力加载到车体底架上。

五、制动装置

制动装置是使车辆减速、停车，保证列车安全运行所必不可少的装置。车辆上都设置有制动装置，使运行中的列车按需要减速或在规定的距离内停车。制动装置除机械制动装置外，还要求具有电制动功能，并且应充分发挥电制动能力。

由于城市轨道交通列车是由电力牵引的，这就为采用电制动提供了基本条件。当列车速度降低到某一速度时，电制动力也随之降低，这时制动力已达不到要求值，必须及时补上机械制动继续制动以达到要求值。在整个速度范围内，要充分发挥各种制动方式的作用，适应城市轨道交通列车的自动控制，并且还需协调配合以获得最佳的制动性能。

1. 制动

人为地使列车减速或阻止其加速称为制动。为使运行着的电动车组能迅速地减速或停车，防止电动车组在下坡道上运行时重力作用导致加速，避免停放的车辆因重力作用或风力吹动而溜逸，都需要对它施行制动。制动的实质就是将电动车组所具有的动能从它上面转移出去。制动系统转移动能的能力称为制动功率。此外，电动车组的最高运行速度不仅与其牵引功率有关，也受其制动能力的限制。

列车的制动能力是它的制动系统能使其在规定的制动距离内安全停车的能力。要求电动车组的紧急制动距离（在非常情况下的制动距离）不超过规定值，一般为 180 m。这个距离要比启动加速距离短得多，所以，电动车组的制动功率要比驱动功率大 5 ~ 10 倍。

2. 制动方式

制动方式按制动时列车动能转移方式、制动力获取方式或制动源动力的不同进行分类。

(1)按列车动能转移方式可分成机械制动和电制动两类。

①机械制动。又称为摩擦制动，即动能通过摩擦副的摩擦变为热能，然后消散于大气中。摩擦制动除了常见的闸瓦制动外，还有盘形制动、涨闸制动等。机械制动主要以压缩空气为动力，压缩空气由车辆的供气系统供给。供气系统由空气压缩机、干燥过滤器、压力控制装置和管路组成，还向空气弹簧等设施供气。机械制动的动力也有利用弹簧力的。

a. 闸瓦制动。又称为踏面制动，是最常用的一种制动方式。如图 3 – 17 所示。

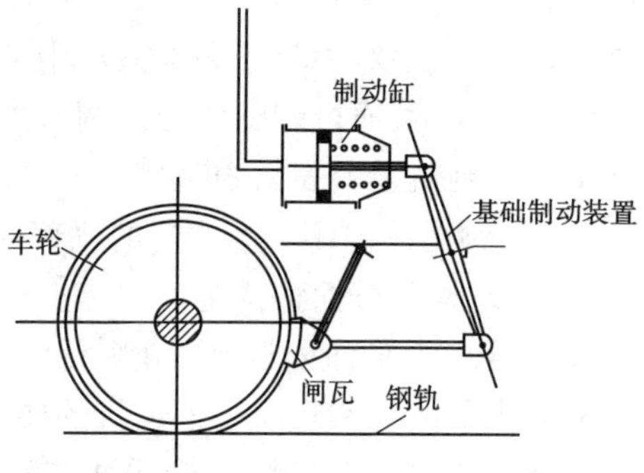

图 3 – 17　闸瓦制动

制动时，制动控制装置根据制动指令使制动缸内产生相应的制动缸压力，该压力通过制动缸使制动缸活塞杆产生推力，经一系列杆件的传递、分配，使每块闸瓦都贴靠车轮踏面，并产生闸瓦压力。车轮与闸瓦之间相对滑动，产生摩擦力，最后转化为轮轨之间的制动力。缓解时，制动控制装置将制动缸压力空气排出，制动缸活塞在制动缸缓解弹簧的作用下退回，通过各杆件带动闸瓦离开车轮踏面。

为了改善摩擦性能和增加耐磨性，目前大多采用合成闸瓦，但其导热性较差。因此也采用导热性能良好、且具有较好的摩擦性能和耐磨性的粉末冶金闸瓦。

闸瓦制动方式，动能转化为热能的能力大，但散热能力相对较小。当制动功率较大时，可能来不及散热，而在闸瓦与车轮踏面积聚，使它们的温度升高，严重时甚至会导致闸瓦熔化或使车轮踏面过热剥离、热裂等。因此，在采用闸瓦制动时，对制动功率要有限制。

b. 盘形制动。盘形制动装置由单元制动缸、夹钳装置、闸片和制动盘组成。单元制动缸中包括闸调器。夹钳装置由吊杆、闸片托、杠杆和支点拉板组成。夹钳的悬挂方式为制动缸浮动三点悬挂，即两闸片托的吊杆为两悬挂点，另一悬挂点是支点拉板。

盘形制动装置按制动盘安装形式的不同，可分为轴盘式和轮盘式两大类，如图 3 – 18 所示。轴盘式是把制动盘安装在轮轴上，通过某种形式与轮轴固定，使制动盘与轮对同时转动。轮盘式的制动盘安装在车轮上。在空间位置允许的情况下，一般采用轴盘式，当轮对中间由于牵引电机等设备使制动盘安装发生困难时，可采用轮盘式。盘形制动能双向选择摩擦副，可以得到比闸瓦制动大得多的制动功率。

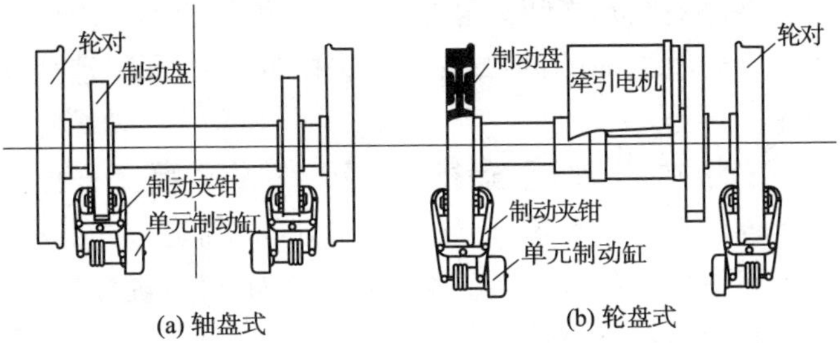

图 3 – 18　盘形制动

制动盘的材料有铸铁、铸钢和锻钢等多种。闸片的材料也有合成材料、粉末冶金材料等多种，对合成闸片材料，除满足制动摩擦性能的要求外，必须考虑其对环境污染的影响，符合有关环保要求。城市有轨交通由于车速较低，一般采用铸铁盘和合成闸片。

盘形制动机的特点：不存在对车轮的热影响，同时也减少了车轮的磨耗，延长了车轮的使用寿命和改善了运行性能；散热性能比较好，摩擦系数稳定，能得到较恒定的制动力，允许有较高的制动功率；可自由地选择制动盘和闸片的材料，获得较高的摩擦系数，可减小闸瓦压力，缩小制动缸及杠杆的尺寸，减轻制动装置的重量；运用经济；使轮轨间的黏着系数有所减小。

②电制动。又叫动力制动，是在车辆制动时将牵引电机变成发电机将列车动能变为电能，然后将电能转移出去。动力制动有电阻制动和再生制动两种。电制动有许多优点：能回收能源、无机械磨损、无空气污染等，这些对于空气制动是无法实现的。

电阻制动是将发电机发出的电能加于电阻器中，使电阻器发热，将电能转变为热能，再靠风扇强迫通风而散于大气中。电阻制动一般能提供较稳定的制动力，但车辆底架下需要安装体积较大的电阻箱。

再生制动是把发电机转化的电能反馈回电网提供给别的列车使用。这种方式既能节约能源，又减少制动时对环境的污染，并且基本上无磨耗。是一种较为理想的制动方式。

（2）按制动力形成方式可分为黏着制动与非黏着制动两类。

①黏着制动。制动时，车轮与钢轨之间有三种可能的状态，分别为纯滚动状态、滑行状态和黏着状态。

纯滚动状态，靠滚动着的车轮与钢轨接触点在接触瞬间的静摩擦（不发生相对滑动)阻力作为制动力,车轮沿钢轨边滚动边减速。在制动过程中,车轮与钢轨之间是静摩擦;车轮与闸瓦之间是动摩擦。纯滚动状态是一种难以实现的理想状态。

滑行状态,由车轮滑行(车轮在车辆未停止前即被闸瓦抱死,在钢轨上滑行)减速。此时在车轮闸瓦之间为静摩擦,车轮钢轨之间为动摩擦,该动摩擦力即为制动力,且大大小于轮轨之间的静摩擦力。这样的摩擦可能造成车轮的擦伤,是必须杜绝的事故状态。

实际上,电动车组运行时,因曲线、钢轨接缝及道岔等原因,使制动时车轮在钢轨上处于连滚带滑的状态,即轮轨接触处既非静止,亦非滑动,而是以滚动为主,略带滑动,这种状态称为黏着状态。这主要是车轮和钢轨都是弹性体,因此它们之间的接触不是线接触,而是一个椭圆形的接触面。

依靠黏着滚动的车轮与钢轨黏着点来实现车辆的制动,叫作黏着制动。黏着制动时,可实现的最大制动力,不会超过黏着力。在上述制动方式中,闸瓦制动、踏面制动、电阻制动和再生制动均属于黏着制动,它们的制动力的大小都受黏着力的限制。

②非黏着制动。制动时,制动力大小不受黏着力限制的制动方式称为非黏着制动。非黏着制动的制动力不从轮轨之间获取,可以得到较大的制动力。轨道电磁制动就属于非黏着制动。

(3)按制动源动力可分为空气制动和电气制动两类。

在各种制动方式中,制动的源动力主要有压缩空气和电。以压缩空气为原动力的制动方式称为空气制动方式,如闸瓦制动、盘形制动。以电为原动力的制动方式称为电气制动方式,如动力制动及轨道电磁制动等均为电气制动方式。

(4)程序制动。城市轨道交通车辆制动方式一般有再生制动、电阻制动和空气制动三种,它们分别为第一、第二和第三优先级制动,在程序制动措施下进行。

程序制动的含义是:充分利用电制动,尽量减少空气制动,即在制动力未达到其指令的75%(交流传动车为78%)时,同时在黏着力允许的条件下用足电制动,也就是说电制动不仅供动车制动使用而且还要承担拖住拖车的任务,当两节动车的电制动力能满足一组车的制动要求时,则这一组车就不再使用空气制动,反之,则要使用空气制动以补足电制动的不足。随着列车的速度下降其电制动力也将不断地减弱,当列车速度降低至一定的速度时,电制动力已不能再满足制动所需的要求,这时电制动力将逐渐被切除,所有的制动力则由空气制动来承担。同时列车还进入了一个停站制动的程序。所谓停站制动程序是,当列车减速进入车站时,在接近停止前略将闸缸内的压力空气放去一些,然后再充气将列车刹停。这样可减小列车的冲动,提高列车停站过程的舒适性。

3. 制动控制方式

制动系统在司机或其他控制装置(如 ATP/ATO 等)的控制下,产生、传递制动信号,并进行制动力分配、协调。

制动控制系统主要有空气制动系统和电控制动系统两大类。以压缩空气作为制动信号传递和制动力控制的介质的制动系统称为空气制动控制系统,又称为空气制动机。以电气信号来传递制动信号的制动控制系统称为电气指令式制动系统。

制动控制方式有:气控制气、电控制气、电—空控制等多种控制方式。目前城市轨道交通车辆绝大部分采用电—空控制。

气控制气是利用一根贯通全列车的管道(称为列车管)内压缩空气的变化通过一些阀的动作来控制执行元件的动作。

电控制气是利用列车线来控制执行元件的电磁阀,从而控制执行元件的动作。

电—空控制是用一条列车控制线贯通整列车,形成连续回路。利用电信号来控制气信号,再用气信号控制执行元件的动作。制动的电指令是利用脉冲宽度调制,能进行无级控制制动。先进的电—空控制则是应用计算机对各种数据进行处理后发出电信号,进行控制。

4. 制动系统

为了能施行制动,要在车辆上设计一套完整的制动系统。它包括制动控制系统和制动执行系统两部分。制动控制系统由制动信号发生与传输装置和制动控制装置组成。制动执行系统通常称为基础制动装置。

(1)对制动系统的要求。列车的制动系统能保持各车辆的减速度一致,以减少车辆制动的纵向冲动;具有根据载客量变化的制动力自动调整功能;还有紧急制动能力,除在遇到紧急情况可由司机施加紧急制动以外,在车辆运行中发生车辆分离等危及列车运行安全事故时列车可自动进行紧急制动。城市轨道交通的站距短,电动车组的调速及停车非常频繁,乘客量波动较大,要求其启动快,制动距离短。为此,城市轨道交通车辆的制动系统应具备以下性能:

①具有足够的制动能力,保证车组在规定的制动距离内停车。

②操作灵活,制动可靠,减速快,停车平稳、准确。

③车组各车辆的制动能力应尽可能一致,使它们的制动、缓解作用一致。

④在制动过程中,应尽量发挥动力制动能力,以减少对城市环境的污染和降低运行成本,同时应具有动力制动与摩擦制动的联合制动能力。

⑤应保证车组在长大下坡道上运行时,制动力不衰减。

⑥应根据乘客量的变化,具有空重车调整能力,以减少制动时的纵向冲击。

⑦具有紧急制动性能,遇有紧急情况时,能使车组在规定距离内安全停车。

⑧车组在运行中发生诸如列车分离、制动系统故障等危急情况时,应能自动进行紧急制动。

(2)制动系统的组成。列车制动系统由供气设备、制动控制单元(BCU)、基础制动装置、微机控制单元(EBCU)和防滑装置组成。供气设备还向车辆的空气悬挂设备、车门控制装置以及气动喇叭、刮雨器、受电弓气动控制设备、车钩操作气动控制设备等进行供气。

①供气设备。列车大多以三辆车为一个单元,所以其供气也是以单元来设计的,每一单元设置一套空气压缩机组,包括驱动电机、压缩机、干燥器、压力控制开关等。

②制动控制单元(BCU)。是气制动的核心,它接受制动系统计算机(EBCU)的指令,然后再指示制动执行部件动作。其组成部分主要有:模拟转换阀、紧急阀、称重阀、均衡阀等组成。这些部件都安装在一块铝合金的气路板上,实现了集成化。这样可避免用管道连接而造成容易泄漏和所占空间大等问题。而且在气路板上还装设了一些测试接口,可测得各个控制压力和闸缸压力,方便了检修保养。

③基础制动装置。空气制动系统中的制动执行装置,称为基础制动装置。在电动车组上常用的基础制动装置有闸瓦制动与盘形制动两种形式。

④制动微机控制单元(EBCU)。电控制气,气再控制气的二级控制方式,即为制动微机控制单元(EBCU)控制制动控制单元(BCU),制动控制单元再控制制动执行装置的方式。

制动微机控制单元的主要指令有:制动指令、电制动关闭指令、紧急制动指令、停站制动指令。

⑤防滑系统。用于车轮与钢轨黏着不良时,对制动力进行控制。它的作用是:防止车轮抱死;避免滑动;最佳地利用黏着力,以获得最短的制动距离。

5. 单元制动机

由于城市轨道交通车辆的车体底架下方与转向架之间没有很大的空间来安装基础制动装置,因此采用单元制动机。单元制动机和基础制动装置各有其特点,基础制动装置由于采用杠杆联运机械所以其同步性良好,制动力均匀。而单元制动机是单个供气动作,轻便灵活,占空间体积小,灵敏度高,使用了电气控制后,也可具有良好的同步性。PC7Y 单元制动机如图 3 – 19 所示,PC7YF 单元制动机如图 3 – 20 所示。

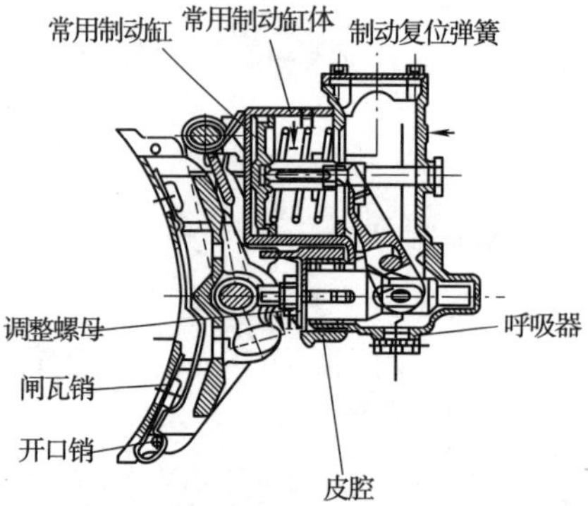

图 3 – 19　PC7Y 单元制动机

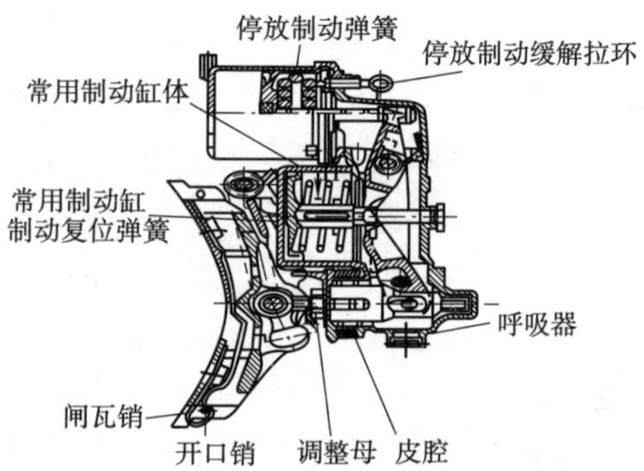

图 3 – 20　PC7YF 单元制动机

单元制动机是制动系统的执行部件，它由闸缸、活塞、杆杠、活塞弹簧、间隙调整器、吊杆、扭簧、闸瓦托、闸瓦、壳体等组成。其中，间隙自动调整器用于当闸瓦与车轮在制动时磨损后间隙增大时，自动调整这个间隙使闸瓦与车轮踏面始终保持规定的距离，从而使制动机保持良好的制动性能。

压缩空气从气管进入闸缸后推动活塞向缸底行进，同时活塞弹簧也受到压缩，活塞的导向管带动杠杆围绕安装在壳体上的销轴转动，而杠杆的另一端则带动间隙调整器向车轮方向推动闸瓦托及闸瓦行进，最终使闸瓦紧贴在车轮踏面上。缓解时，通过 BCU 中的均衡阀将闸缸中的压力空气排到大气中，这时闸瓦及闸瓦托上所受到的推力被撤除，由于活塞弹簧及闸瓦托吊杆上端头的扭簧的反弹作用，使闸瓦与活塞复位。

一般来说，每个转向架上装有两种型号的单元制动机，两者的区别在于是否带停车制动器。弹簧制动器利用释放弹簧储存的弹力来推动活塞，从而带动二级杆杠使闸瓦紧贴车轮踏面达到制动的目的。它用于车辆停放时，进行停放制动。特别是当车辆停放在坡道上，可防止它溜动。而它的缓解则需要向弹簧制动缸充气，使活塞压缩弹簧，从而使制动缓解。弹簧制动器也可用人工拔出其顶部的缓解销来实施机械缓解。弹簧制动器也用电磁阀来控制其气缸充、排气，并且在驾驶室内控制。弹簧制动器在转向架上是对角布置的，另两对角侧为普通单元制动机。

六、空调通风系统

1. 列车空调通风系统的作用

城市轨道交通车辆由于客流密度大，为改善客室的空气质量必须设有通风装置。目前，主要采用空调通风系统。空调通风系统主要由压缩机、蒸发器、冷凝器、冷凝风机等组成。客室内部分空气和客室外新风混合，经空调机组处理后送入客室。根据城市的自然条件和列车的运行环境，一些车辆还设置采暖装置，一般采用电热器采暖，安装在客室的座椅或侧墙下方。

客室空气调节装置主要由通风系统、空气冷却系统、空气加热系统及自动控制系统等组成。其通风系统包括离心式通风机、送风风道、回风风道、排风口。空气经过制冷机组的蒸发器降温除湿后由离心式通风机送入送风风道。空气加热系统包括吸入空气预热器和车内空气加热器，其热能来自列车供电系统的电能。

目前，城市轨道交通的列车空调系统一般是在每节客室的顶部安装一台或一台以上的空调（制冷或热泵）机组，分散地向车厢内客室各部位送风。夏季，通过制冷机组和送风风道向车厢内送冷风；冬季，通风机仅向车厢内送风（新风与回风混合后的混合风）或是经空气预热器预热后的混合风，另由安装在车厢内的辅助电热设备（空气加热器）对车厢内加热。

2. 列车空调系统的组成

每节车辆上都设有 1 ~ 2 台集中式单元空调机组，如图 3 – 21 所示，分别位于车辆车顶的中部或两端。单元式空调机组安装位置，如图 3 – 22 所示。为了使车辆的外形轮廓不超过车辆静态界限，在车顶设计了专门用于安装空调机组的凹坑，并在安装空调机组的机座上安装减振橡胶以减小与车体间相互的振动。空调系统的启动、工作与监控都是由设在每节车辆电器柜中的空调控制单元实现的，自动调节及本单元制冷压缩机的顺序启动也是由空调控制单元实现控制，以免多台压缩机同时启动，启动电流过大，导致辅助逆变器负载过大而损坏。

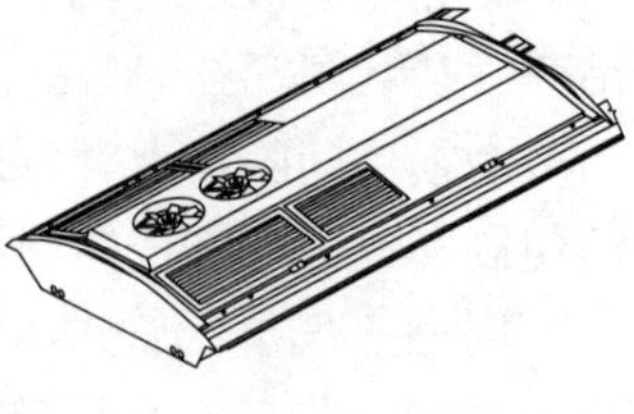

图 3 – 21　单元式空调机组

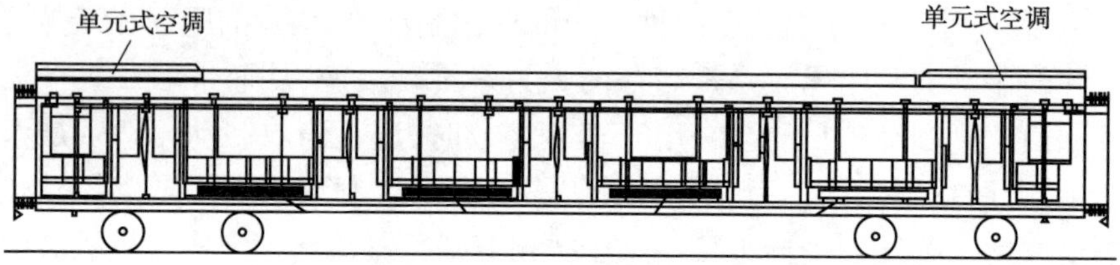

图 3 – 22　单元式空调机组安装位置示意图

空调系统正常工作时的电能由辅助逆变器提供。一车的辅助逆变器负责一个单元的一台空调机组供电，另一台空调机组则由另一车的辅助逆变器负责供电。另外，每节车还设有一台应急逆变器，用于在辅助逆变器停止工作时，将列车蓄电池输出的直流电源逆变成三相交流电，供应急通风使用。

散发到客室内的冷空气带走客室内的热量后通过座椅底下的回风口经过车体侧墙的夹缝流至车顶的回风风道，其中的一部分热空气通过排风口排出车外，另一部分通过回风管回到空调机组与吸入的新风混合后，经过空气过滤器过滤、蒸发器冷却后由离心式通风机将其送到车顶风道，这样就在客室内形成空气循环，达到调节空气温度的目的。空调系统通风气流的流向如图 3 – 23 所示。

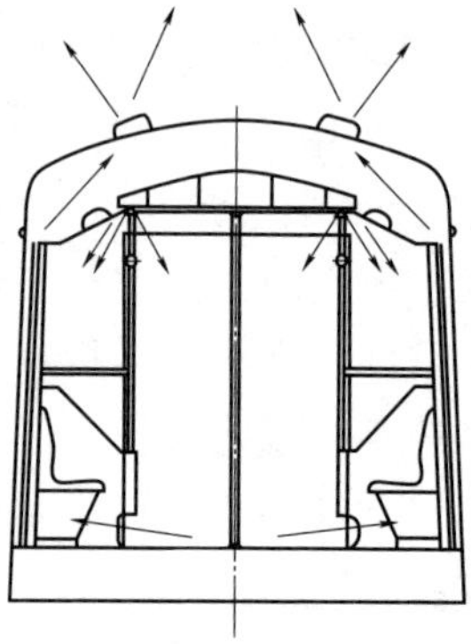

图 3 – 23　空调系统通风气流的流向

3. 空调机组及其控制

空调机组主要由全封闭活塞式压缩机、冷凝器、蒸发器、储液筒、热力膨胀阀等组成。这些部件通过管道、阀门等依次连接，形成一个封闭的制冷循环系统。另外辅以冷凝轴流风机、离心式通风风机、恒压器箱等辅助部件，构成一个完整的集中式空调机组。

恒压器箱内设有用于对制冷系统安全保护的高、低压压力继电器及制冷系统停机前回收低压段制冷剂的抽空继电器。

空调系统的启动、工作与监控是由其自身的自动控制系统来实现自动控制、自动调节的。

每节车厢的空调系统都设有温度传感器（包括冷凝温度传感器、新风温度传感器、回风温度传感器、送风温度传感器），它是空调系统能够实现自动控制的基础。控制单元通过采集温度传感器的数值来确定空调机组的启动或关闭。另外控制系统还可根据温度传感器的当前值与机组的当前工作状态来判断空调系统的工作是否正常。

控制单元是一个微型计算机处理系统，它是将各种功能模块板组合在 1 个标准的 19 号机箱中，通过专门设计的软件形成一个集控制、监控、诊断、故障存储与显示为一体的空调控制单元，并能通过标准的 RS-232C 的串行接口与计算机连接，实现人机对话、人工调试和控制空调机组的运行。

第三节　车辆电气

车辆电气牵引传动包括受流设备和各种电气牵引设备及其控制电路。

车辆电气牵引系统有直流电气牵引系统和交流电气牵引系统两种。车辆电气牵引系统采用直流牵引电机，虽然它有重量重、体积大、维修量大的缺点，但由于具有调速容易的优点，曾得到广泛的应用。随着电力电子技术和微电子技术的高速发展，交流调频调压（VVVF）技术应运而生，其效率高、性能好，目前几乎所有车辆都采用交流牵引电机和 VVVF 控制的交流电气牵引系统。

一、车辆电气牵引传动系统的特点

车辆电气牵引传动系统具有以下特点：

（1）在调控系统的变流器及逆变器中，广泛采用大功率可关断晶闸管及绝缘栅双极晶体管。

（2）新型城市轨道交通车辆均采用静止逆变器辅助单元，通风机、空压机、制动电阻通风机、油冷却器等都采用三相异步电动机驱动，故需要交流电，因此逆变器的容量需增大。

（3）微电子技术在城市轨道交通车辆的牵引、制动、辅助控制，信息显示和储存，防滑与防空转控制及行车安全等方面得到了广泛的应用。

二、传动控制技术

目前电动车组的传动控制方式有变阻控制、斩波调压控制和调压调频控制三种。

1. 变阻控制

变阻控制是一种应用广泛的直流电动机传动控制方式，控制简单方便。但由于城市轨道交通的电动车组频繁起动和制动，采用这种控制方式使20%的电能消耗在电阻上，变为热能散逸到空气中，很不经济，特别是在隧道中将会导致升温，而产生不良后果。这种传动方式已趋于淘汰。

2. 斩波调压控制

直流电动机的斩波调压控制使用先进的大功率可关断晶闸管，利用晶闸管的导通和关断把直流电压转换成方波，用以调整直流电机的端电压。系统取消了换流装置，体积和重量均有减少，并可实现无级调整，可使车辆平稳起动和制动，实现再生制动，达到节电的效果。直流电机电动车组普遍采用这种传动控制方式。

3. 调压调频控制

调压调频控制是目前最先进的交流电动机传动控制方式。它使用逆变器将直流电变为交流电，以电压和频率的变化控制交流电动机，在调速性能和节能上均优于上述两种传动控制方式。它与交流电动机配合，无换向部分，运行可靠，过载能力强，结构简单，几乎无须保养和维修。

三、受流设备

受流设备是列车将外部电源引入车辆电源系统的重要设备。根据线路供电方式的不同，列车受流设备分为集电靴及受电弓两种形式。

集电靴装置（简称受流器）应用于第三轨方式供电的线路，而受电弓装置主要应用于以接触网方式供电的线路。由于接触网方式可以实现长距离供电，受线路变化的影响较小，并且能适应列车高速行驶的需要，所以较多的线路采用接触网与受电弓受流方式。

1. 受电弓

受电弓从结构上可分为单臂型和双臂型两种形式，在驱动上可分为气动型及电动型。

(1)受电弓的结构。由底部框架、绝缘子、下部框架、上部框架、集电头、主张力弹簧和驱动气缸等部分组成，如图3－24所示。

底部框架由方形管或型钢焊接而成，用于支撑整个框架，并通过轴承与下部撑杆相连。底部框架上还安装有铜接线排与连接列车主电源电缆。

绝缘子安装在底部框架上，用于支撑底部框架，并将车体与受电弓隔离。绝缘子要求具有良好的电气绝缘性能和机械性能，常采用瓷或玻璃纤维聚酯压制而成。

下部框架由下部撑杆和下部导向杆组成。下部撑杆由无缝冷拉钢管焊接成。在下部撑杆上安装有接线板、主张力弹簧连杆、缓冲器冲击块、上部导向杆的轴承支座及驱动气缸的安装支座。下部导向杆由钢管制成，其长度可改变。通过改变下部导向杆的长度来调节受电弓最低位置。下部导向杆上还安装有受电弓高度止挡，止挡决定了受

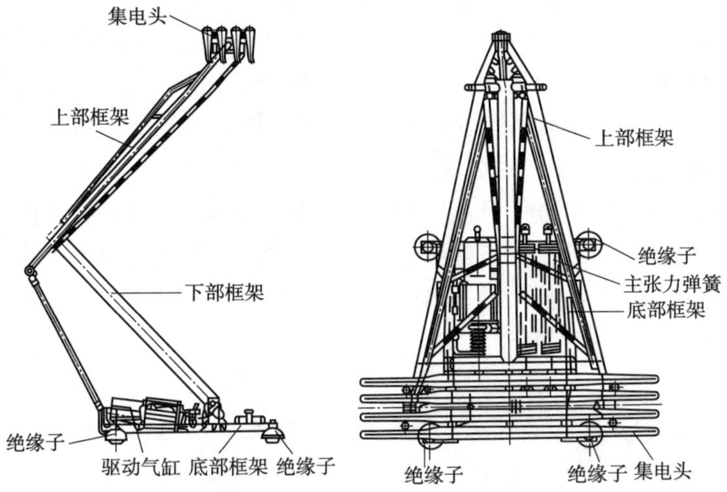

图 3－24 受电弓

电弓最大升起高度。

上部框架由上部撑杆和上部导向杆组成。上部撑杆由锥形角钢管焊接成，包括铰链及斜支撑杆。斜支撑杆使上部撑杆具有侧向稳定性。上部导向杆上安装了集电头，上部导向杆的长度可改变。

集电头是受电弓与接触网接触部分。主要由滑板、转轴、弓角、弹簧盒组成。由轻金属制成的弓角可以防止在接触网分叉处接触导线进入滑板底下，避免刮弓事故的发生。滑板由电石磨碳制成的接触部件及由轻金属制成的支撑物组成。弹簧盒中装有螺旋压缩弹簧，可为集电头在垂直方向提供一定的自由度。

主张力弹簧安装在下部撑杆上，按轴向布置。通过调节螺栓可改变弹簧连杆的有效长度，使受电弓在整个工作范围内有一个恒定的接触力。

驱动气缸安装在受电弓底部框架上，通过活塞杆和在下部撑轴上的杆来使受电弓动作。升弓和落弓速度可通过节流阀采调节。

(2)受电弓工作原理。升弓时，压缩空气经过缓冲阀进入驱动气缸后，气缸活塞克服气缸内复位弹簧压力向左移动，通过下部导向杆将下部撑杆以顺时针方向向上起动，然后下部撑杆在升弓弹簧的作用下，做顺时针转动。同时，在上部导向杆的作用下，上部撑杆升起。受电弓升起后，集电头与接触网导线接触，接触网上的电流通过集电头、上部撑杆、下部撑杆被引到底部框架，然后通过安装在底部框架上的列车电源电缆引入车辆内。在受电状态下，电流流经整个受电弓框架，为了防止电流流入轴承，在受电弓所有的铰链处都装有电桥连线，避免轴承遭受损坏。降弓时，压缩空气从驱动气缸经缓冲阀排除，气缸内复位弹簧压力释放将活塞推向右方，带动下部导向杆向右移动，强制下部撑杆作逆时针转动而迫使上部撑杆落下。

列车运行时，滑板沿架空线滑动。受电弓的受电性能在很大程度上取决接触压力：若接触压力太小，则接触电阻增大且易跳动，导致接触不良产生电弧；但压力太大，则摩擦加大，增加滑板和导线磨损，因此要求受电弓的机械结构能保证滑板在工作高度范围内具有相同的接触压力。受电弓各关节的摩擦力对接触压力也有影响，当受电弓降低时摩擦力使压力增加，当受电弓升高时摩擦力又使压力减小。因此，为使上升压力同下降压力之差尽可能小，必须采取措施减小摩擦力。此外，传动装置还应使升降弓过程中初始运动迅速，运动终了比较缓慢，即在降弓时可使受电弓很快断弧，升弓时可防止受电弓对接触网和受电弓底架有过大的机械冲击。

2. 受流器

受流器有一套由两个弹簧和两个弹性铰键轴承组成的机构，用于保证滑块磨损后，其与第三轨的压力不受影响，仍然保持恒定压力。一般每列车有 8 个动车受流器和 4 个拖车受流器。受流器可以回位和锁定，每个受流器安装有两个 600 A 的熔断器。

正常工作时，12 个受流器供电。受流器由一个主体和一个机构组成，该机构是使滑块与第三轨相接触。该机构由两个弹簧和两个弹性轴承控制，使得正常的工作位置接触压力为 120 N。两条 95 mm^2 的电缆连接在滑块和熔断器之间，用于供电。

一套锁定和解除锁定的机构用于保证有缺陷的受流器用手动锁定，不投入使用。

四、牵引电动机

目前城市轨道交通车辆采用的牵引电动机有两大类，即旋转电动机和直线电动机。旋转电动机又可分为直流电动机和交流电动机。

1. 牵引电动机的特点

电动车组的动力来自牵引电动机。牵引电动机的基本结构和普通电动机相似，但由于其工作条件特殊，因此具有以下一些特点：

(1)牵引电动机悬挂在车辆转向架构架上或车轴上，并借传动装置驱动车辆前进，牵引电动机在结构上必须考虑传动和悬挂两方面的问题。

(2)牵引电动机的安装尺寸受到很大的限制，径向尺寸受到轮径直径限制，轴向尺寸受到轨距限制，故其结构必须紧凑。为此，牵引电动机都采用较高等级的绝缘材料和性能较好的导磁材料。

(3)车辆运行时，钢轨对车辆的一切动力影响都会传给牵引电动机，使牵引电动机承受很大的冲击和振动。因此，要求牵引电动机的零部件必须具备较高的机械强度。

(4)牵引电动机的使用环境恶劣，它挂在车体下面，很容易受潮、受污，还经常受到温度、湿度的影响。因此牵引电动机的绝缘材料和绝缘结构应具有较好的防尘、防潮能力并要求有良好的通风条件。

2. 直流电动机

直流电动机主要由静止的定子和旋转的电枢(转子)两大部分组成。定子由主磁极、换向极、电刷装置、机座、端盖和轴承等组成。定子产生磁场,提供磁路和作为电机的机械支撑。电枢由电枢铁芯、电枢绕组、换向器和转轴等组成,用来产生感应电势和电磁转矩。直流电动机有一套电刷装置,电刷和换向器接触,使电枢电路和外电路相连。

直流电动机励磁方式是指对主磁极励磁绕组的供电方式。按励磁绕组与电枢绕组连接方式的不同,可分为他励、串励、并励和复励等。一般采用串励电动机,它的励磁绕组与电枢绕组串联。

电动车组在运行中,经常需要根据线路或其他情况选择合适的运行速度,这就要求牵引电动机能够在宽广的范围内均匀而经济地调速,且要求调速设备简单,操作方便。改变直流电动机的转速主要有以下方法:改变牵引电动机的端电压;改变或削弱牵引电动机的励磁磁通;改变主回路中的电阻。

长期以来直流串励电动机一直作为城市轨道交通车辆的主要牵引动力。因为它具有启动性能好、调速范围大、过载能力强、功率利用充分、运行较可靠且控制简单等优点。但由于直流电动机必须通过换向器才能工作,这就造成了直流电动机在高压大功率时换向困难,工作可靠性差,结构复杂,制造成本高和维修量大的弊病。因此直流电动机的发展受到了很大限制。

3. 交流电动机

20 世纪 80 年代以来,电力电子技术和计算机技术迅猛发展,特别是采用了大功率自关断电力电子器件和微机模块化控制后,使交流电机调频调压(VVVF)控制得以实现,这就为三相异步电动机在轨道交通车辆上的发展拓展了广阔的运用前景。三相异步牵引电动机具有明显的优点:构造简单、运行可靠、效率较高、价格低廉;其机械特性较硬,具有较好的防空转性能,使黏着利用率提高。随着微电子技术的发展,使异步电动机的调压调频调速得以顺利实现,有逐渐替代直流牵引电动机的趋势。

三相笼式异步电动机的结构主要由定子和转子两大部分组成。定子、转子间是气隙。用于电力传动系统中的异步电动机,其机座结构有较大的改变,例如机座上开有通风口,并有适用悬挂的吊耳等。

异步电动机运行时,定子绕组接到交流电源上,则在定子绕组中产生一个旋转磁场。转子导体与磁场相互切割,在转子导体上产生感应电势,由于转子导体由短路环构成一个闭合回路,故此时产生转子电流,在磁场中的载流导体受力,产生电磁转矩,使牵引电动机转动。

异步电动机的调速只能从定子方面采取措施。这些措施有:变更加到定子上的电压;改变定子绕组磁极对数;改变电源频率。

异步电动机的制动有能耗制动、再生制动、反接制动三种方法。

城市轨道交通车辆的供电电源一般采用网压为 1 500 V 或 750 V 的直流电，通过高压装置及逆变器单元，向三相异步电动机提供调压调频的电能。逆变器在逆变的过程中，根据调节指令还可以改变输出电能的频率及其相电压的有效值，为三相异步电动机提供调压调频控制，以满足牵引电动机调速的需要。

4. 直线电动机

直线电动机，突破了轨道车辆长期以来依靠轮轨黏着作用传递牵引力的传统。目前采用线性电机的车辆已在我国广州地铁 4、5 号线、北京地铁机场线运用。

(1)直线电动机工作原理。直线电动机是线性异步感应电动机的简称，它将电动机的运动方式由传统的旋转改为直线运动方式。其工作原理与一般的旋转式感应电动机相类似。可看成是将旋转电机沿半径方向转子(安装在轨道上)剖开展平，如图 3 - 25 所示，定子部分在用硅钢片叠压成扁平形状的铁芯上，放入两层叠绕的三相线圈构成，沿纵向固定安装于车辆底架下部或转向架构架下部。而转子部分亦展平变为一条感应轨，铺设在两走行轨之间，一般由铝板或铝合金制成的外壳和铁芯组成。定子与转子感应轨之间应保持 8 ~ 10 mm 间隙。当通过交流电时，由于磁场的相互作用产生推力，驱动车辆运行或制动车辆。

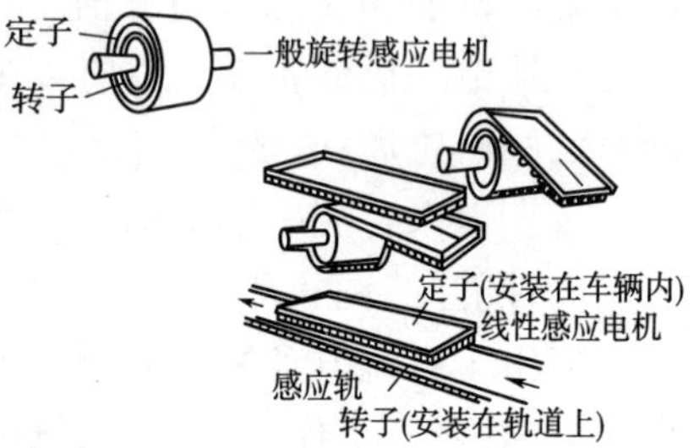

图 3 - 25 直线电动机

线性电机车辆利用直线电机和轨道中间安装的感应板之间的电磁效应产生的推力作为列车的牵引力或电制动力，采用交流调频调压控制，取消了传统的旋转电机从旋转运动转换成直线运动所必不可少的一系列机械减速传动机构，既减轻了重量又使结构十分简单；特别是转向架变得很简单，可以采用小轮径的径向转向架。

(2)线性电机车辆的结构。线性感应电动机是在导轨上安装反应板(以铝板当转子)，而在列车上装设靠三相交流电力励磁的移动用电磁铁(作为定子)，分左右两排夹装在铝板两旁(但不接触)，磁力线与铝板垂直相交，铝板即感应而生电流，因而产生驱动力。由于线性感应电动机的定子装在列车上，较导轨短，因此线性感应电动机又称为“短定子线性马达”。

线性电机车辆，其电机实际上已经仅仅是“初级绕组”，它通过特殊的悬挂装置吊装于转向架上，在日常运用过程中，可以很容易地通过调整悬吊装置中的螺栓达到调整电机和感应板之间的气隙，以满足技术要求中规定的气隙值。由于车辆轮对只起支撑和导向作用，因此方便采用径向自导向转向架，更有利于通过曲线，同时也使得转向架的设计自由度增大，结构上相对简单。

车辆的支撑和导向与传统的轨道交通车辆一样有赖于轮对和轨道。

系统供电制式为 DC 1 500 V,正线采用受电弓受电的方式;为了车辆段内作业和管理的安全,车辆段内采用第三轨受电的方式。

(3)线性电机车辆的特点。线性电机车辆与传统轨道交通车辆在原理上的区别在于:将线性电机的初级绕组(即定子)安装在转向架上,次级绕组(即转子,也叫"感应板")安装于线路中央的轨枕上。原理上,线性电机车辆的运行不再依赖于和受制于轮轨间的"黏着",也不再需要齿轮箱、联轴节等机械传动部件,减小轴重,也较大幅度降低对车下安装空间的需求;由于设计上不受传动比的限制,不再需要考虑电机的选型以及轮径、最高运行速度、动力性能之间的关系,因此,可以采用小轮径轮对,以降低车辆高度和断面尺寸,降低车辆重心,从而降低区间的土建投资。电机和感应板之间存在间隙(称"气隙"),从改善电机性能和节约能耗角度,气隙越小越好;但是,从轨道、路基的施工工艺技术水平以及所需的投资角度,气隙越大越好,在实际应用中常视不同情况采用 6 ~ 14 mm。

(4)线性电机车辆的优点。运营不受天气条件影响;土建工程投资降低;电机基本免维护,运用维护成本降低;高架与地下线路间容易过渡,尤其对车辆段出入段线跨越正线等复杂情况更容易处理等。由于省去了传统的机械减速传动机构,轴重降低,轮轨间不传递牵引力,从而减轻了轮轨间的磨耗。减少了许多噪声源,比一般车辆可降低约 10 dB。线性电机车辆的爬坡能力是普通列车的 3 倍,可达到 70‰以上。

由于装设线性电机,在转向架上不再悬挂牵引电机与机械传动装置,可采用小轮径的径向转向架,提高了车辆过小半径曲线的能力,最小半径 60 m,同时降低了过曲线时的尖啸声和轮轨磨耗。

在损失 1/4 动力,且列车搭载额定定员状态下可以保证运行一个往返;在损失 1/2 动力且搭载额定定员时,可在 60‰的坡道上起动,并能使列车行驶到最近车站;一列空载列车牵引一列在超员状态(无动力)的故障列车能在 60‰的坡道上起动。

由于省去了一系列的传动机构,降低了车辆的自重,简化了结构。可采用小轮径,从而使车辆的轮廓尺寸减小,由此可使隧道的土建造价降低。

由于车辆依靠线性电机直接驱动和制动,车轮仅起导向和支承作用,牵引力直接由轨道上的感应轨作用于装在车辆上的定子,不受轮轨间的黏着力影响,可产生较高的加减速度,不会出现车轮打滑现象。

(5)线性电机车辆的缺点。线性电机的效率约为旋转电机的 70% ,这是由于线圈与感应轨间的工作气隙较大,导致磁损耗大,耗电量大;需铺设一条与线路等长的感应轨,工艺要求高,工程投资大,控制技术也复杂,车辆的制造成本高。

五、牵引控制系统

牵引控制系统用于控制列车电机工作,为列车提供所需动力及制动力。牵引系统由高速开关、主电路、变流设备及其控制单元、制动电阻等部件组成。

1. 高速开关

高速开关用来接通和分断电动列车的高压电路，是电动车辆的主要保护装置。当主电路发生短路、过载等故障时，高速开关快速切断主电源。为了防止事故的扩大，要求高速开关动作迅速、可靠，并具有足够的断流容量。由于电动车组的车下安装空间有限，要求高速开关必须结构紧凑。高速开关装置由基架、短路快速跳闸装置、过载跳闸装置、合闸装置、灭弧栅、辅助触点等组成。

基架用于安装过载跳闸装置、合闸装置以及灭弧罩等部件，要求有较高的机械强度和抗震性能。

短路快速跳闸装置带有固定脱钩整定机构，其跳闸值是固定的。

过载跳闸装置用于过载保护。每个电路上都有一过载跳闸装置，其跳闸值可通过刻度盘来调整。跳闸值应按允许通过短路峰值电流采设定，以防止高速开关发生误跳。

合闸装置用于高速开关正常吸合及分断，由螺管线圈及机械锁位装置组成。

灭弧栅可将触头分断产生的电弧吸入电磁系统内进行分割、冷却。

辅助触点安装在高速开关基架外侧，通过机械杠杆与高速开关转动装置相连。由于辅助触点的状态直接反映了高速开关的状态，所以列车控制系统可以通过采集辅助触点上应答信号来监控高速开关的工作状态。

按下高速开关“合”按钮后，通过列车控制线路动作，使螺管线圈得电工作并带动机械锁位装置动作置高速开关于“合”位置，这时高速开关通过机械联锁装置保持“合”状态而无须电源维持。分断时，欠压脱扣装置动作，使高速开关分断。

当高速开关“合”上以后，过载跳闸装置通过检测磁场来监控电流。一旦电流值超过过载跳闸装置的整定值时，该装置动作，通过拉杆、释放锁件、转换机构机械装置的动作，将动触头与静触头分断。在短路故障情况下，短路快速跳闸装置动作，通过撞击螺钉直接撞击定触头臂，迫使动、静触头分断。其快速分断由转换杆和滚轴之间的专用压紧装置完成。

在吸合、分断两种转换方式中触点间将形成电弧，电弧被磁吹系统强制吹到灭弧栅的灭弧触点中。电弧在灭弧栅之间被分裂，强烈冷却。在短路条件下，触点开、断与机构的跳闸时间无关，灭弧栅快速灭弧，使电弧电压急速上升，对短路电流有很好的限流作用。

2. 变流设备

按牵引电机种类的不同，变流设备可分为直流—直流变流设备和直流—交流变流设备两种。直流—直流变流设备是最早应用于列车电传动的一种传动装置，具有调速方便、结构简单等特点。但由于直流—直流变流技术中存在电源电压与牵引电动机电压间相互制约的问题，所以在提升列车功率方面受到了限制。由于交流牵引电动机具有结构简单、运行可靠、体积小、重量轻等优点，通过晶闸管变流技术及电子技术，较易地将直流电源变为三相交流电，并能较精确地控制交流电的频率及幅值，为交流电动机驱动提供了良好的条件。

3. 主接触器

直流电磁接触器是一种用来频繁地接通和切断主电路的自动切换电器，它能进行远距离自动控制，操作频率较高，通断电流较大。接触器按通、断电路电流种类可分为直流接触器和交流接触器两种；按主触点数目可分为单级接触器（只有一对主触点）和多级接触器（有两对以上主触点）；按传动方式可分为电空接触器、电磁接触器等。

电磁接触器由电磁机构、传动装置、主触点、灭弧装置、辅助开关及支架和固定装置等组成。电磁机构由铁芯、带驱动杆的线圈、盖板组成。在线圈未通电时，衔铁在反力弹簧作用下保持在释放位置。通电后，电磁力带动驱动杆克服反力弹簧阻力运动主触点来通断电路。反力主要由弹簧力产生。驱动杆在带动动触点的同时，还通过连杆带动凸轮装置，使辅助开关工作，供控制电路或牵引工作系统应答信号检测使用。接触器触点分断时产生电弧通过灭弧罩上的引弧装置被引入灭弧罩，在灭弧栅之间被分裂、冷却。直流接触器为模块结构，外壳材料阻燃、无毒、无环境污染。

4. 牵引控制单元

牵引控制单元处理由司机发出的指令，通过参考值设置、牵引（制动）控制电路的数据和应答信号，并根据相应程序对牵引电路进行控制。同时还具有故障检测及故障存贮功能。牵引控制单元是一个微型计算机实时测控系统，实时采集现场设备的运行工况和过程参数的大小变化，对采集数据进行实时处理，以保证被控对象能安全、可靠合理地运行。牵引控制单元采用模块化设计，分为电源模块、输入/输出转换模块、中央处理器模块。电源模块为自身部件提供工作电源，也为一些控制系统内的传感器提供低压电源。输入/输出转换模块是微机系统与外界信号之间的重要接口。外界信号可能是模拟信号也可能是数字信号，只有通过输入模块转换后才能供系统使用。系统输入的指令只有通过输出模块才能驱动继电器、接触器或模拟控制电路使用。

5. 制动电阻

制动电阻，用于车辆的电阻制动，以发热的方式将电机中的能量传递出去。

制动电阻采用模块化设计，通常由框架、带状电阻、绝缘子等部件组成。带状电阻通过绝缘子安装在框架内。一个制动电阻单元可能由几个制动电阻模块组成。

制动电阻要求有良好的热容量，耐振动，防腐蚀，在高温下不生成氧化层。

六、辅助供电系统

车辆上的辅助设施如车厢通风、空调及牵引等系统的电机、照明，以及乘客信息系统、列车控制系统、车辆及其子系统控制系统、电动车门驱动装置、蓄电池充电器，都是由辅助供电系统供给电源。也就是说辅助供电系统为除牵引系统之外的所有用电系统供电。辅助供电系统由辅助逆变器、充电器、蓄电池及相应的部件组成，它的工作状态正常与否直接影响整列车的功能。特别是当数辆车发生辅助供电系统故障时，将导致整个运行线路的中断。

1. 辅助逆变器

辅助逆变器将DC 1 500 V（DC 750 V）输入逆变成AC 380 V供给车辆辅助交流负载，一路交流输出再转换成DC 110 V输出，供给车辆辅助直流负载。还有一类DC 110 V输出与辅助逆变器分开设置，单独直接将DC 1 500 V（DC 750 V）输入转换成DC 110 V输出供给车辆辅助直流负载。列车主要通过辅助逆变器来输出三相交流电供辅助电机工作，同时再经过整流输出直流电供蓄电池及应急电池充电使用。对于采用交流供电的照明系统，逆变器还负责向照明系统供电。辅助逆变器的供电的频率及幅值是固定的，其控制较主逆变器简单。辅助逆变器的控制单元采用模块化设计，分电源、输入/输出模块及中央处理器模块等部分。

2. 蓄电池

蓄电池主要供列车启动使用，也是辅助供电系统的低压直流备用电源。蓄电池在辅助逆变器正常工作时处于浮充电状态；在网压供电或辅助逆变器发生故障不能正常工作时，作为紧急电源向车辆部分辅助直流紧急负载（如车厢紧急通风、紧急照明、各控制系统、通信）进行供电，所以蓄电池是列车上的重要电气部件。

七、主控制器

主控制器设在司机室驾驶台上。通过操纵主控制器手柄，使列车按司机意图控制运行。主控制器控制主电路实际上是一组转换开关，通过扳动两根不同的轴，控制凸轮及与之相应组合开关的触点分合，然后通过控制电路控制列车的运行方向，实现列车牵引、制动和惰行工况的转换。

主控制器主要由主控制手柄、方式/方向手柄、组合开关、凸轮、转动轴、电位器电阻等部件组成，图3－26是列车用主控制器主视图。为了保证列车的安全，在主控制手柄上安装有警惕按钮，司机按下该按钮后方能向列车发出牵引指令。在列车运行过程中，如果司机放开警惕按钮后不能及时再次按下，列车将实施紧急制动。主控制器还与司机钥匙开关相互联锁，保证

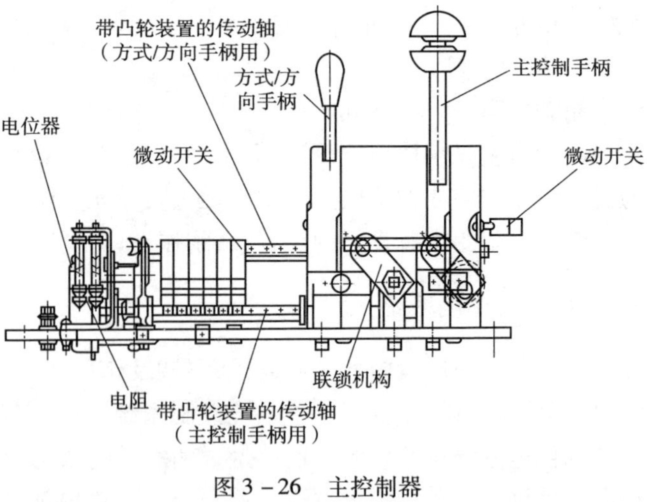

图3－26　主控制器

在钥匙未打开前，主控制器处于锁定状态；而主控制器处于工作状态时，钥匙不能被拔出。主控制手柄与方式/方向手柄也联锁，在主控制手柄处于牵引或制动位置时，方式/方向手柄无法改变状态；方式/方向手柄不工作时，主控制手柄被锁定，无法放在牵引或制动位上。

八、其他部件

1. 熔断器

熔断器串联在电路中，当该电路产生过载或短路故障时，熔断器先熔断，切断故障电路，保护电路和电气设备。熔断器按结构分为：开启式熔断器、半封闭式熔断器、封闭式熔断器。车辆上多采用的封闭式熔断器。封闭式熔断器完全封闭在壳内，不会造成电弧火焰喷出而危及人身安全及损坏电气设备，且可提高分断能力。

熔断器主要由熔体、熔管和插刀等组成。熔体是熔断器的主要部分，它受过载或短路电流的热作用而熔化，以断开故障电路。熔管用以控制电弧火焰和熔化金属粒子向两端喷出。插刀用以和外电路接通。

要求熔体材料熔点低，易于熔断，导电性能好，不易氧化，容易加工和价格低廉。

2. 继电器

继电器是一种自动控制电器，一般不直接控制主电路，负载较小。继电器结构简单，接触容量小，动作的准确性要求高。继电器由测量机构和执行机构两部分组成。测量机构接收输入量，并将其转变为继电器工作所必需的物理量，如电压、电流、压力等。执行机构用以改变原来所处状况，给被其控制的电器一定的输入量。

继电器的触点通常接在控制电路中，它通过电流较小（一般在 20 A 以下）。其结构多采用板式和桥式的点接触银质触点。触点是继电器的执行机构，必须工作可靠，耐振动和冲击，不产生误动作；接触电阻小，以便接触可靠；耐机械磨损和电磨损，抗熔焊；使用寿命长。

3. 各类传感器

在列车各控制系统中，使用了大量的传感器为系统控制单元提供反馈信号。例如：牵引控制系统使用非接触式传感器测轴速，用于电子防滑和车轮自转控制；用电流传感器、电压传感器检测主电路电流、电压情况；制动电阻箱内使用温度传感器监控制动电阻温度；空调系统在客室中安装有温度传感器用于控制空调工作。

九、列车控制和诊断系统

城市轨道交通车辆及车辆主要系统都采用计算机进行自动控制。计算机控制系统还有自我监控和诊断功能，能对列车主要设备的运行状态和故障自动进行信息采集、记录和显示。计算机控制设备的监控和诊断系统，还能用手提数据收集器通过列车上的维修接口来收集所有的各种有关数据。同时也能在各系统微处理器的本地维修接口收集到相关数据。所收集的数据的种类和精确度能满足维修和分析故障的需要。

十、车辆乘客信息系统

城市轨道交通车辆乘客信息系统向乘客提供列车运行信息、安全信息和其他公共信息,如列车的终点站、停车车站、换乘信息等;在列车发生故障或事故时,向乘客提供回避危险的指挥、指导信息等。乘客信息系统包括广播、列车运行线路电子显示图、LED 显示器、VCD 显示器,以及各种文字、图示固定信息。向乘客播报和显示的各种形式的信息应简洁、明了,还要正确并同步,避免对乘客产生误导。

第四节　车辆检修设备

车辆检修设备分为通用设备和专用设备两种。通用设备有:起重运输设备、机械加工设备、探伤设备、焊接设备、动力设备和计量化验设备。专用设备是针对列车检修用的,有:拆装设备、检测试验设备、专用切削设备、清洗设备、起重提升设备、救援设备、非标设备和专用工装。不同的修程,涉及的设备不同。

一、车辆维修设备的配置

车辆维修设备的配置摒弃了大而全、小而全的形式,向着车辆维修资源共享的方向发展。利用社会化、专业化服务资源进行互补,避免出现重复配置造成投资成本高、维修成本大(设备的闲置和损坏)、维修能力浪费的情况。

1. 配置原则

设备配置的基本要求是:具有先进性、专业性,必须安全、可靠、高效。

(1)按基本需求配置。以各段/场的功能为依据,配备生产运营的基本设备;满足列车维修等级的需求,分停车场、车辆段两种需求配置。

(2)按专业需求配置。根据各段的车型、部件专业维修的布点,配备相应的专用(共享)设备。

(3)按特殊要求配置。以安全为依据,配备专业性较强的特种设备;对特殊设备(如起复救援设备)应考虑多线合用、品种齐全、功能完善,对磨轨车等投资大的特殊设备应在多线运行的基础上配置。

2. 一般修理(定修以下)的设备配置

列车检修设备的配置数量、种类主要取决于列车的配属数量和检修能力、配属车辆数和运营线路的长度、行车间隔时间及执行的检修修程标准。

目前执行的列车修程为列检(日检)、周检、月检、双(三)月检、临修,均以互换修为主,进行车辆各种零部件的定期检查和更换。一般修程(包括临修),必须完成对列车在运行时发生的车轮踏面擦伤、剥离、磨耗进行修正复原,完成列车车载设备、车下悬挂部件、牵引电机、电气箱、单元制动机故障修复和更换,完成车顶设备(空调机组、受电弓)的修复,以及完成列车的日常清洗等工作。

配置的大型专用设备有:不落轮镟床、地面(移动式)架车机、地下(固定式)架车机、列车自动清洗机等。小型专用设备有:列车蓄电池充放电设备、空调机组专用检测设备、空调机组抽真空充液设备、蓄电池运输车、蓄电池(柴油)叉车、列车车顶吊装设备(行车、悬臂吊)、场内调机(轨道车和内燃机车)、列车运行在线检测装置(测量轴温、车体下悬挂物检测等功能)、电气部件检修设备、专用仪器仪表、试验台等。通用设备为常用的车、钳、刨、铣等金属切削设备、动力设备等。

3. 维修(架、大修)的设备配置

列车检修等级分为:大修、架修、定修、部件修,检修周期的确定为列车运行公里数或使用年限,以先到为准。

按大修规程,应对列车进行架车、解体;转向架构架探伤、整形;轮对分解、检查;牵引电机分解、检查、更换零部件、性能测试;车门门页整形、气缸更换;车体重新油漆以及静调、动调;最终恢复列车的出厂标准(或大修标准)。架修规程规定只对车体进行架车、基本解体,对走行部分及牵引电机等主要部件进行检查、测试和修理。定修是只进行局部解体,对大型部件进行检查、测试和修理,对轮对踏面进行不落轮镟削,恢复形状。根据架、大修修程,检修设备的配套数量也因检修项目的增加而增加。维修设备的配置随检修台位量、检修规模、工艺流程而定。

根据检修工艺的流程,专用设备配置为:架车、车体分解工艺的设备;转向架拆装工艺流程的设备;轮对装拆工艺流程的设备和工装配置;牵引电机检修工艺流程的设备和工装配置;制动系统检修工艺流程的设备;空调检修设备;蓄电池检修设备;其他部件检修设备;静态、动态调试设备;油漆工艺的设备;其他加工设备;动力设备。

在一般修理中,只需配备少量的金属切削设备即可。如折弯机、剪板机、冲剪机、弯管机、锻造设备等,可采用社会化委外加工方式,以不配为佳,以压缩投资规模,减少用地面积,降低维修成本。

4. 列车安全运营的特殊设备配置

由于列车部件的突然损坏、系统控制失常、运行线路信号故障、道岔故障、隧道故障、线路突发情况及一些人为的操作指挥失误,均会造成列车出轨、相撞、追尾等事故。为了及时抢救生命、尽快恢复现场、确保交通畅通,将损失减小到最低,就要迅速进行救援工作。城市轨道交通由于空间相对狭小,发生事故无法用大型机械进行起复救援,只能使用特殊设计的起复救援设备进行救援。主要有:列车出轨起复设备、列车倾覆复位设备、横向平移设备、橡胶充气抬升设备、剪切设备、扩张设备、动力控制操作设备、切割设备、应急照明设备、转向架运载小车、通信设备、高压验电设备、接地设备及专用工具等。配备的动力装置有:发电机组、汽油发动机、液压泵、空压机组。

救援配套设备有动力牵引设备(调机)和救援设备运输车辆。为提高救援速度,迅速将救援设备送至事故现场,一般情况下所有救援设备应集中存放于专业救援车辆内,一旦接到救援命令,立即将救援设备送至事故现场。

二、车辆维修设备

1. 不落轮镟床

不落轮镟床用于列车不解体(包括各类内燃调机、轨道车以及单个带轴箱轮对)的情况下对车轮轮缘和踏面的擦伤、剥离、磨耗进行修理加工和各种数据的测量,恢复车轮的形状。不落轮镟床配套列车牵引设备和供电触网联锁装置。

2. 列车自动清洗机

列车自动清洗机用于对运行后的列车车体进行清洗。通过自动清洗机端部和两侧不同形式的清洗毛刷组,将水和清洗剂喷射在车体上,用清洗毛刷对列车的前后端部、两侧车体侧面、车门、窗玻璃进行滚刷。清洗方式有清水洗和化学洗两种。整个清洗过程是自动的,设备配有水处理循环回用系统、软水系统、牵引系统(选配项目)等。

3. 架车机

架车机有地面式架车机和地下式架车机组两种。

地面式架车机能同步提升 n 节不解钩的列车单元组,以便对列车车体下部的机械、电气部件进行维修、保养和更换,设备具有使用方便、操作灵活等特点。

地下式架车机组由两个独立的车体架车机和转向架架车机组成一套架车系统,能架起 n 节列车单元。

4. 公铁两用蓄电池牵引车

公铁两用蓄电池牵引车是一种既能在轨道上牵引,又能在平地上运行的两用牵引车。采用高性能蓄电池供电,自动车钩,特别适用于检修车间、车辆段站场的牵引调车作业。

5. 空调悬臂吊

空调悬臂吊是起吊、安装、拆卸、运输列车顶部空调总成和受电弓等部件的专用设备。吊车动臂在使用时能深入到供电触网下(与触网的垂直绝对距离不小于 200 mm)直接吊起车顶部件,并送到地面。悬臂吊电源与接触网供电之间有联锁关系。

6. 室内移车台

室内移车台用来横向一次运送整节列车至检修轨道(台位)。设备纵向端头各有一块带导轨的活动连接板,通过液压系统的控制与移车台两头的检修轨道(工作台位)相连,活动轨与固定轨呈水平,可方便地将需移动的车辆牵引进/出移车台。两头分设互锁驾驶室,可双向操作,受电采用滑触线。

7. 轮对压装机

轮对压装机用于压轮(将车轮和车轴在设定压力下装配成轮对)和退轮(将轮对分解成车轮和车轴)。压装时轮对内测距自动定位,可对不同直径的车轴进行加工,自动记录压力曲线。压装形式有一次压(退)一个轮子和一次两端同时能压(退)轮子。

8. 转向架清洗机

转向架清洗机用于列车走行部件——转向架的清洗。该设备采用全封闭形式,内部设有封闭的清洗房、喷淋系统、污水处理系统、控制系统、蒸汽加热系统等。

9. 转向架升降台

转向架升降台用于提升转向架于不同的高度,便于对其进行维修和更换附件。该设备采用变速箱带动提升丝杆机构,安全可靠。通常该设备安装于转向架检修线上,复原时,提升托架与地面轨道同一水平,转向架可方便地推入提升托架定位并进行检修。

10. 试验台

转向架试验台用于车辆转向架的静态变形测试。

金属橡胶弹簧试验台适合采用一系弹簧减振的金属橡胶弹簧的试验。

交流牵引电机试验台对交流牵引电机主要参数进行的测试。

车体称重试验台为车辆大修设备,在静态情况下对架修、大修后的单节车辆进行称重。

减振器试验台对转向架上横向和垂向两种形式的液压减振器进行综合性能的测试。

阀类试验台主要用于列车的各类空气阀、气动元件在检修后的动作试验和气密性试验。

辅助逆变器试验台用于车辆辅助逆变器的整体性能试验。

空压机总成试验台用于对维修后的空气压缩机进行磨合,检测排气量、工作温升、压缩机启动性能等综合测试。

电器综合试验台用于试验和整定所有有触点电器开关元件的电气特性。

单元制动机试验台可对列车单元制动机进行各项性能指标的试验。

受电弓测试台用于列车受电弓弓体试验,能试验升弓情况下受电弓的静态特性。

空调负载试验台用于列车车顶式空调机组的名义制冷量测试。

自动车钩试验台对列车的自动车钩进行车钩连挂和解钩、气密性等性能测试。

11. 列车车下走行部在线检测设备

列车运行中,车下走行部故障是最大的安全隐患之一,可引起列车脱轨、颠覆等事故。在线检测设备具有对运营中的列车进行监控,能进行车号识别,车轴温度探测,轮对踏面擦伤检测和车速测量等功能,极大地提高了行车安全,提高了列车检修效率和自动化水平。

12. 救援复轨组合设备

救援复轨组合设备对脱轨的故障车辆进行现场恢复,保障线路畅通。救援复轨组合设备有各种功能的单台、单套设备组合而成,配套使用能完成救援工作,是城市轨道交通必须配备的关键设备。

(1)列车横向位移设备。救援设备中主要的、常用的设备。操作液压控制器使横向位移设备中的垂直千斤顶升起脱轨列车,操作液压控制器使横向位移设备中的横向千斤顶(滚轴活动座)可在复轨桥上左右移动,让脱轨列车在轨道上精确复轨。

(2)液压牵引器。在列车失去动力牵引或现场无法实施其他牵引手段时(如调机牵引),可以采用液压牵引器来进行短距离大牵引力的救援。液压牵引器有两个轨道固定夹固定在轨道上,用来作为牵引器的固定端,液压油缸通过单向阀来锁定牵引方向。该牵引装置应用范围极为广泛,能在极其困难的环境下使用。

(3)切割扩张设备。操作液压控制器对切割机械和剪切机械进行操作,对受损变形的车辆外壳和内部材料实施切割,实施救援。操作液压控制器对扩张设备进行操作,对受损变形的车辆外壳(主要是活动部件,如门、窗等)进行扩张,从而产生救援通道,实施救援。

(4)气垫复轨装置。为充气式气囊,用特种橡胶制成,未充气时厚度只有 20 mm,是对体积相对较大千斤顶的一种补充,在要实施救援处的位置间距较小时相当有效(如采用千斤顶位置不够),如列车在隧道中倾覆救援,就能快速扶正倾斜的列车。气源为小型高压钢瓶,由一个两路控制气阀控制充气动作。

(5)应急电源。提供救援现场电力供应(照明、小型电动工具),一般采用发电机供电的形式。照明则采用蓄电池,蓄电池电源有轻便、安全、无噪声等优点,但容量比较小,无法长时间使用。发电机的优点是电源功率大,能长时间提供照明和其他动力电源,缺点是噪声大。应急电源一般需要配齐蓄电池照明及发电机供电两种设备。

(6)气割设备。由小型气割设备,有气割枪、氧气钢瓶等组成,用于救援现场实施气割作业。

(7)转向架救援轮对运载小车。列车运营中如走行部分(转向架轮对)发生轴承烧损、齿轮咬死、齿轮箱悬挂装置失效等故障,致使某个轮对不能转动而无法实施牵引,使用转向架救援轮对运载小车,将故障轮对托起,由救援轮对运载小车替代车轮转动,使故障列车尽快撤离现场,迅速恢复线路运行。

第四章

城市轨道交通供电

供电系统是城市轨道交通中最重要的能源设施，为各种用电设备提供电源，确保车辆和各系统的正常运行。城市轨道交通供电系统由城市电网与轨道交通主变电站之间的输电线路、轨道交通供电系统内部牵引降压输配电网络、牵引供电网和车站低压配电网、电力监控系统、防雷设施和接地系统等组成。

第一节　概　　述

城市轨道交通供电系统不仅为车辆提供牵引用电，而且还为城市轨道交通运营服务的其他设施供电，如照明、通风、空调、给排水、通信、信号、防灾报警、自动扶梯等。供电一旦中断，不仅会造成城市轨道交通运输的瘫痪，而且还会危及乘客安全和造成财产损失。因此，安全、可靠而又经济合理的供电是城市轨道交通正常运营的重要保证和前提。

一、城市轨道交通供电系统的功能

供电系统的功能是向车辆及各机电设备安全、可靠、优质地供电，满足它们的用电要求。

1. 接受并分配电能

通过主变电所从城市电力网引入 110 kV 高压交流电源并降压成城市轨道交通供电系统使用的 35 kV 交流电，再通过城市轨道交通供电系统网络将电能分配到各车站和车辆段内的牵引变电所和降压变电所。

2. 输送直流牵引电能

通过牵引变电所对主变电所引来的 35 kV 交流电进行降压、整流，使之变成 1 500 V（或 750 V）直流电，再将 1 500 V（或 750 V）直流电通过牵引网不间断地供给运行中的车辆。图 4－1 所示为城市轨道交通牵引供电系统示意图。

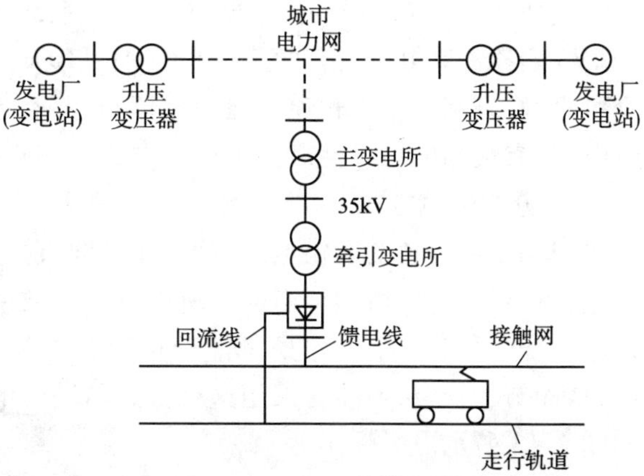

图 4－1　城市轨道交通牵引供电系统示意图

3. 降压及动力配电

通过牵引变电所将35 kV交流电降压成380 V/220 V交流电，向车站和区间的各种动力、照明设备供电，保证各种设备的正常运行。

4. 自动监控

具有在正常、事故、灾害运行情况下对各级供电力网络控制、测量、监视、计量、调整的功能，以及安全操作联锁功能和故障保护功能。

二、城市轨道交通供电系统对电源的基本要求

城市轨道交通用电在沿线几十公里的范围内，这与其他用户不同。城市轨道交通作为城市电网的重要用户，属于一级负荷。城市轨道交通供电系统的主变电所、牵引变电所、降压变电所，都要求获得两路电源。城市轨道交通供电系统对电源的基本要求是：

（1）两路电源来自不同的变电所或同一变电所的不同母线。

（2）每个进线电源的容量应满足变电所全部一、二级负荷的要求。

（3）两路电源应分列运行，互为备用，当一路电源发生故障时，由另一路电源供电。

（4）为便于运营管理和减少损耗，要求集中式供电的主变电所的位置和分散式供电的电源点，尽量靠近线路，减少引入的电缆长度。

三、城市电力网对城市轨道交通的供电方式

1. 集中供电方式

沿着线路，根据用电容量和线路长短，建设城市轨道交通专用的主变电所。由发电厂或区域变电站（属于城市电力网）对主变电所供电，进线电源电压为AC 110 kV，再由主变电所降压为城市轨道交通内部供电系统所需的电压级（AC 35 kV或33 kV及10 kV）。各主变电所具有两路独立的AC 110 kV电源。集中供电方式提高了供电的安全可靠性，有利于城市轨道交通的运营和管理，各牵引变电所和降压变电所由环网电缆供电，具有很高的可靠性。集中供电方式如图4－2所示。

2. 分散供电方式

根据城市轨道交通供电的需要，在沿线直接从城市电力网引入多路电源，由区域变电站直接对主变电所和牵引变电所供电。分散供电方式多为AC 10 kV电压级，要保证每座主变电所和牵引变电所都能获得双路电源。采用分散供电方式可以取消主变电所，从而节省投资，但能否采用这种方式与城市电力网的情况密切相关。分散供电方式如图4－3所示。

3. 混合供电方式

混合供电方式是前两种供电方式的结合，以集中供电方式为主，个别地段引入城市电力网电源作为集中供电方式的补充，使供电系统更加完善和可靠。

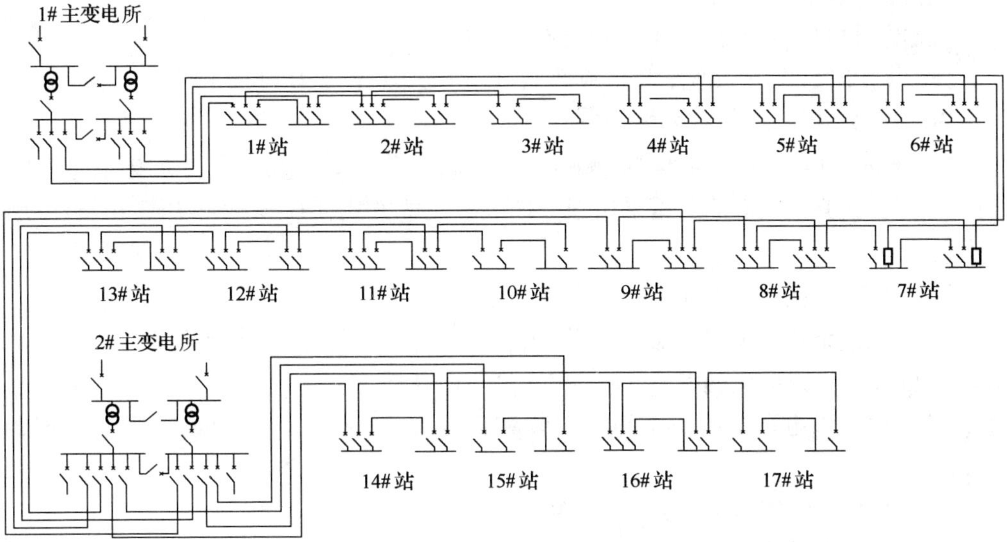

图4－2　集中供电方式示意图

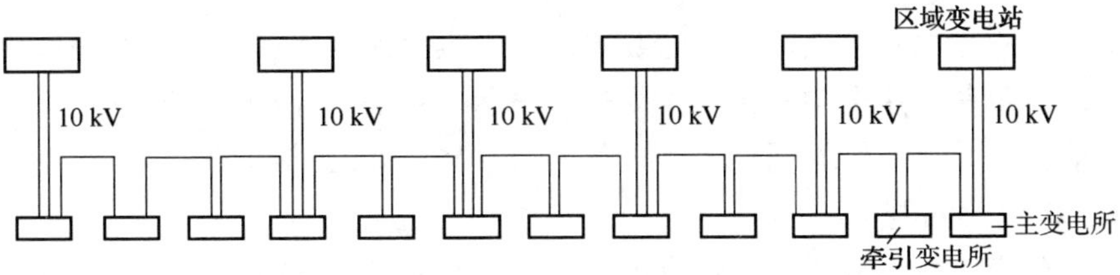

图4－3　分散供电方式示意图

四、城市轨道交通供电系统的供电制式

1. 供电制式

供电制式主要指电流制式、电压等级和馈电方式。

(1)电流制式

城市轨道交通接触网(轨)供电一般采用直流制式,其他供电采用交流制式。

(2)电压等级

主变电所的电源电压AC 110 kV、AC 63 kV。AC 63 kV电压级为东北电力网所特有。

牵引供电系统电源电压AC 35 kV。

动力照明供电系统和电力监控系统电源电压AC 10 kV。

动力照明等低压负荷用电的电源电压AC 380/220 V。

安全照明电源电压 AC 36 V。

接触网(轨)电源电压 DC 1 500 V 或 DC 750 V。

变电所直流操作电源电压和事故照明电压 DC 220 V 或 DC 110 V。

(3)馈电方式

牵引网的馈电方式分为架空接触网和接触轨两种基本类型。电压等级与馈电方式密不可分:一般 DC 1 500 V 电压采用架空接触网馈电方式;DC 750 V 电压采用接触轨馈电方式。

2. 供电制式选择的原则

(1)必须保证供电安全可靠。因为一旦供电系统发生故障,造成列车停运,就会影响市民出行,引起城市交通混乱。

(2)选用的供电系统应便于施工安装和日常维修,一旦发生故障,应便于抢修,尽快恢复运营。

(3)牵引网使用寿命长,维修工作量小。

(4)应注重环境和景观效果。

3. 用电负荷

(1)用电负荷的分级

用电负荷应根据对供电可靠性的要求及中断供电所造成损失或影响的程度进行分级。牵引用电负荷的用电中断将直接影响列车运行和安全,故为一级负荷。动力、照明等用电负荷根据其重要性不同分成一级负荷、二级负荷和三级负荷。

(2)各级负荷供电

一级负荷应由双电源双四线路供电。当一个电源发生故障时,另一个电源不应同时受到损坏。同一降压变电所的两个非并列运行变压器的两段低压母线,可以作为动力照明一级负荷的双电源。一级负荷中的特别重要的负荷,除由双电源供电外,尚应增设应急电源。独立于正常电源的发电机组、供电网络中独立于正常电源的专用馈电线路、蓄电池可作为应急电源。

二级负荷因其停电影响比较大,宜由双回线路供电;对电梯及其他距变电所不超过半个站台有效长度的负荷,考虑到供电线路的故障概率相对较低,可采用双电源单回线路专线供电。

三级负荷可为单电源单回线路供电。当系统中只有一个电源工作时,允许自动切除该负荷。

五、城市轨道交通供电系统的组成

城市轨道交通作为城市电力网的用户,直接从城市电力网取得电能。城市轨道交通供电系统由电源系统(城市电网、主变电所)、牵引供电系统、动力照明供电系统和电力监控系统组成。其中牵引供电系统包括牵引变电所和牵引网两部分，动力照明供电系统包括降压变电所与动力照明配电系统。图 4－4 所示为城市轨道交通供电系统组成示意图。

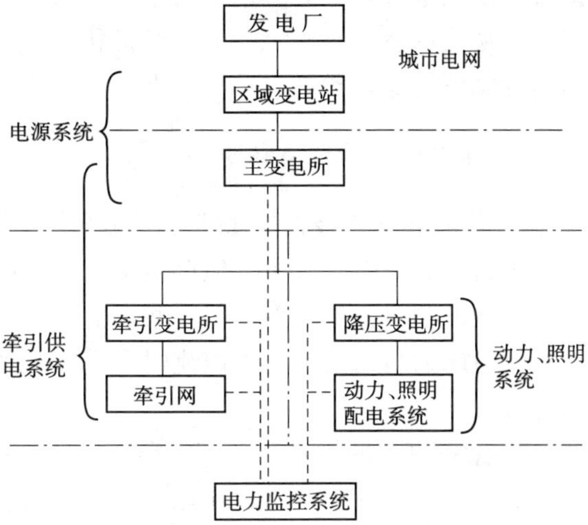

图 4－4　城市轨道交通供电系统组成示意图

1. 电源系统

我国的电力系统由国家经营管理，用电由国家电网供给。国家电网把在同一个区域的许多发电厂通过高压输电线和变电站(所)连接起来成为一个统一的供电系统，向该区域的负荷供电。

通常高压输电线到了各城市后通过区域变电站将电能转配或降低一个等级，如10～35 kV向附近各用电中心送电。城市轨道交通用电可从区域变电站高压线路得到，也可以从城市电网得到，这取决于城市电网的具体情况以及城市轨道交通用电容量的大小。

对于直接从高压电网获得电力的城市轨道交通系统，往往需要再设置一级主变电所，将输电电压如 110～220 kV 降低到 10～35 kV，以适应直流牵引变电的需要。主变电所可以由电力部门直接管理，也可以由所属城市轨道交通部门管理。

从发电厂经高压输电网、区域变电站至主变电所部分通常被称为牵引供电系统的"外部(或一次)供电系统"。

2. 牵引供电系统

从主变电所以后部分统称为"牵引供电系统"，包括：主变电所、牵引变电所或牵引降压混合变电所、牵引网(由馈电线、接触网、走行轨及回流线等组成的供电网络)，完成向列车输送电能的任务。

3. 动力照明系统

动力照明系统为列车以外的其他所有用电负荷提供电能，包括通信、信号、照明和计算机系统等许多一级负荷。这些负荷均与城市轨道交通正常运营密不可分。降压变电所将 10 kV 变为 380 V/220 V 电源供动力照明负荷用电。在引入电源方面，每座降压变电所均从中压环网引入两路电源，有条件时还应从相邻变电所或市电引一路备用电源。对于特别重要的负荷，如控制系统的计算机等负荷，还应设 UPS。

4. 电力监控系统

电力监控系统是贯穿于整个供电系统的监视控制部分。电力监控系统由控制中心、通信通道和被控站系统组成，对全线变电所及沿线供电设备实行集中监视、控制和测量。控制中心完成对所采集数据的分析、计算、存储、设备状态监视以及控制命令的发送等功能。被控站系统完成对设备状态、信号等数据的采集、整理、简单分析计算及所内控制等功能。

六、杂散电流的危害和防护

1. 杂散电流的形成。在理想情况下,牵引电流由牵引变电所出发,经由接触网、列车和钢轨返回牵引变电所。但钢轨与道床之间的绝缘电阻不是无限大,这样势必造成流经钢轨的牵引电流不能全部流回牵引变电所,有一部分牵引电流会泄漏到道床上,然后经过道床的结构钢筋和大地流回牵引变电所。这部分泄漏电流就是杂散电流,也称为迷流。

2. 杂散电流的影响和危害。杂散电流是一种有害的电流,会对电气设备的正常运行造成不同程度的影响,以及对道床的结构钢筋和附近的金属管线造成危害。杂散电流腐蚀的特点是腐蚀激烈、集中于局部位置。当有防腐层时,又往往集中于防腐层的缺陷部位。

3. 杂散电流腐蚀的防护。杂散电流腐蚀防护应采取“以堵为主,以排为辅,防排结合,加强监测”的原则。堵就是隔离和控制所有可能的杂散电流泄漏途径,减少杂散电流进入主体结构、设备及可能与其相关的设施。排就是通过杂散电流的收集及排流系统,提供杂散电流返回至牵引变电所负母线的通路,防止杂散电流继续向本系统外泄漏,以减少腐蚀。加强监测就是设计完备的杂散电流监测系统,监视、测量杂散电流的大小,为运营维护提供依据。

杂散电流防护的措施:

(1)确保牵引回流系统的畅通,使牵引电流通过回流系统流回牵引变电所,从根本上减少杂散电流的产生。

(2)为保护整体道床结构钢筋不受杂散电流腐蚀及减少杂散电流扩散,利用整体道床内结构钢筋的可靠电气连接,建立主要的杂散电流收集网,收集由钢轨泄漏出来的杂散电流,使之在阴极区经钢轨流回牵引变电所。

(3)在条件允许情况下,尽可能增强整体道床结构与隧道、车站间的绝缘。

(4)为保护地下隧道、车站结构钢筋不受杂散电流腐蚀及减少杂散电流向外部的扩散,利用结构钢筋的可靠电气连接,建立辅助杂散电流收集网,收集由整体道床泄漏出来的杂散电流,使之在阴极区经整体道床和钢轨流回牵引变电所。

(5)在盾构区间隧道,采用隔离法对盾构管片结构钢筋进行保护。在盾构区间相邻的车站,两站的结构钢筋用电缆连接起来,使全线的杂散电流辅助收集网在电气上连续。

(6)在高架区段,桥梁与桥墩之间加橡胶绝缘垫,实现桥梁内部结构钢筋与桥墩结构钢筋绝缘,防止杂散电流对桥墩结构钢筋的腐蚀。为保护高架桥梁的结构钢筋及减少杂散电流的扩散,利用桥梁顶层结构钢筋和轨道梁内结构钢筋的可靠电气连接,建立杂散电流收集网,收集由钢轨泄漏出来的杂散电流,使之在阴极区经钢轨流回牵引变电所。

(7)在高架车站内,车站结构钢筋和车站内高架结构钢筋要求在电气上绝缘,防止杂散电流对车站结构钢筋的腐蚀。

(8)牵引变电所设置杂散电流排流装置,以便在轨道绝缘能力降低致使杂散电流增大时,及时安装排流装置使收集网中杂散电流有畅通的电气回路。

(9)直流供电设备、回流轨采用绝缘法安装。

(10)各类管线设备应尽量从材质或其他方面采取措施,减少杂散电流对其腐蚀及通过其向轨道外部泄漏。

4. 杂散电流的监测。杂散电流监测系统有分散式和集中式两种。

分散式杂散电流监测系统由参考电极、道床收集网测试端子、高架桥梁收集网测试端子、隧道收集网测试端子、测试盒、测试电缆、杂散电流综合测试端子箱及杂散电流综合测试装置构成。在每个车站变电所的控制室或检修室内安装一台杂散电流测试端子箱,将该车站区段内的参考电极端子和测试端子接至接线盒,由统一的测量电缆引至变电所测试端子箱内的连接端子,再用移动式综合测试装置分别对每个变电所进行杂散电流测试及数据处理。

集中式杂散电流监测系统由参考电极、道床收集网测试端子、高架桥梁收集网测试端子、隧道收集网测试端子、传感器、数据转接器、测试电缆及杂散电流综合测试装置构成。在每个测试点,将参考电极端子和测试端子接至传感器。将该车站区段内的上下行传感器通过测量电缆,分别连接到车站变电所的控制室或检修室内的数据转接器。车站的数据转接器通过测量电缆接至固定式杂散电流综合测试装置。

第二节　变 电 所

变电所是供电系统最重要的组成部分,它完成电力的变压、配电、整流,供给牵引车辆的直流电,以及各种机电设备所需的电源。

一、变电所分类

城市轨道交通变电所可分为主变电所、牵引变电所、降压变电所。当中压网络采用牵引动力照明混合网络时,牵引变电所与降压变电所合建成牵引降压混合变电所。

1. 主变电所

主变电所从城市电网的区域变电站引入两路110 kV 电源,降压为35 kV 电源向各牵引变电所、降压变电所供电。

主变电所设置两台主变压器,共同承担本供电区的负荷。其容量按一台主变压器退出运行时,由另一台主变压器承担本供电区的一、二级负荷考虑,若条件许可还应考虑当一个主变电所一台主变压器退出运行时,通过负荷的再分配,与相邻主变电所共同承担全部供电。

主变电所内主要设置110 kV/35 kV 主变压器室、110 kV 高压室、35 kV 高压室、控制室、所用变压器室、接地变压器室、电缆夹层及预留滤波器室等生产房屋,油泵室、检修室、储藏室、变压器油坑、贮油池等辅助房屋。

主变电所按无人值班设计,采用综合自动化系统完成所内的控制、保护、测量和信号显示、传输功能。主变电所应对各电气量进行测量,并通过电力监控系统进行控制中心遥测。

2. 牵引变电所

牵引变电所是牵引供电系统的核心。其主要功能是将中压环网的 AC 35 kV 或 AC 10 kV电源转换为列车所需的电能并分配到上、下行区间供列车牵引用。地下土建工程造价较高,有条件时最好建于地面。每隔 2 ~4 km 设 1 座牵引变电所,牵引变电所设在车站站台层。每个牵引变电所由两路 35 kV 电源供电。变电所采用单母线分段接线,每段母线均有一路进线电源,当一路电源故障时,可通过母联自投方式保证供电。每个牵引变电所内设置两台整流机组,整流机组输出直流 1 500 V(或 750 V)电源向牵引网供电。

全线牵引变电所采用无人值班方式。开关控制方式分为综合监控中心远方控制、所内控制信号盘上集中控制、开关本体控制三级。所有信号既能在开关柜当地显示,也能在控制信号盘上显示,并能通过变电所综合自动化系统将数据送往综合监控中心。牵引变电所应对各电量进行测量,并通过电力监控系统进行控制中心遥测。

3. 降压变电所

每个车站设置一至两个降压变电所。当为两座降压变电所时,其中一座为跟随式变电所。车辆段设置两座降压变电所,其中一座为跟随式变电所。在车站规模较大的情况下,降压变电所供电距离长或容量不够时,在车站另一端设跟随变电所,用以补充供电。跟随式变电所供电来自降压变电所。降压变电所设在车站的负荷中心处,每座降压变电所由两路 35 kV 电源供电,采用单母线分段接线,内设两台动力变压器输出直流 380 V/220 V 电源向车站和区间的动力、照明负荷供电。正常运行时,降压变电所的 2 台动力变压器分列运行,分别负担其供电范围的一、二、三级负荷,当一台动力变压器退出时,0. 4 kV 母联断路器投入,自动切除三级负荷,由另一台动力变压器负担全所供电范围动力照明一、二级负荷的供电。

牵引变电所与降压变电所可合建成牵引降压混合变电所。

二、变电所的一次设备

变电所的一次设备指变压器、整流机组、断路器、隔离开关、互感器、避雷器等高压设备,用来降压、整流、构成电路及防雷。

1. 变压器

供电系统多采用干式变压器。干式变压器是铁芯和线圈不浸在绝缘液体中的变压器。

(1)干式变压器的特点。干式变压器的铁芯和绕组一般为外露结构,不采用液体绝缘,不存在液体泄漏和污染环境的问题。干式变压器结构简单,维护和检修较方便。干式变压器都采用阻燃性绝缘材料,广泛应用在对安全运行要求较高的场合。

(2)干式变压器的分类。按绝缘介质和制造工艺可分为浸渍式、Nomex 纸型、环氧树脂型(分为浇注型和绕包型两类)和六氟化硫(SF_6)气体绝缘型。按包封与否可分为包封线圈和非包封线圈两大类。包封线圈分为纯树脂浇注式、带填料树脂浇注式和缠绕式。非包封线圈的分为普通浸渍式和包封浸渍式。

(3)干式电力变压器的性能

①环氧浇注干式电力变压器。整体机械强度好,耐受短路能力强;耐受冲击过电压的性能好;防潮耐腐性能好,适合恶劣环境下工作;可制造大容量的干式变压器;局部放电小,运行寿命长;可从备用状态立即投入运行,无须预热去潮处理;损耗低,过负荷能力强;制造经验丰富,运行管理规范。

②真空浇注工艺类干式电力变压器。绝缘薄;质量稳定;绝缘性能好。

③SF_6 气体绝缘干式变压器:SF_6 气体的特性是无色、无毒、无味,在 600 ℃温度下稳定的惰性气体。同时,它不易燃烧,不爆炸,绝缘性能好,热容量比变压器油稍差,但在 0.14 MPa 以上散热性能好,完全满足变压器的散热要求。

2. 整流机组

整流机组由变压器和整流器组成。整流机组是牵引变电所最重要的设备,其作用是将环网电缆 35 kV(或 10 kV)电压降压、整流,输出直流 1 500 V(或 750 V),经网上电动隔离开关给接触网供电。

(1)整流变压器的连接组别。整流机组是大功率整流设备,为非线性负荷,从电网吸收非正弦电流,引起电网电压畸变,是重要的谐波源。为了抑制整流机组谐波对电网的影响,通常将变压器的一次或二次绕组接成三角形,使励磁电流的三次谐波或零序分量能够流通,使三次谐波或三的整流倍次谐波电流不注入电网。同时增加变压器二次侧的相数,波形更平滑,以有效减少谐波。

(2)整流机组的输出波形。两台变压器分别接入整流器整流,构成两台整流机组。两台整流机组并联运行后输出的直流波形在一个周期内为 24 个脉冲。

3. 高压电器

（1）高压电器。在高压系统中，用来对电路进行开、合操作，切除和隔离事故区域，对电路进行运行情况监视、保护及数值测量的设备，统称为高压电器。

①高压电器的分类。按用途，高压电器分为开关电器（包括断路器、隔离开关、熔断器、负荷开关），限制电器（包括电抗器、避雷器），变换电器（包括电流互感器、电压互感器），组合电器（将上述某几种电器按一定的线路配装成一个整体的电器组合）。按安装地点，高压电器可以分为户内式和户外式。按电流制式，高压电器可以分为交流电器和直流电器。

②对高压电器的要求。按照工作条件及所起作用的不同，高压电器结构和工作性能不同。高压电器应可靠地在规定的工作电压及电流下工作，具有足够的绝缘强度和载流能力。用于切断载流电路的开关设备，应具有足够的熄弧能力。对电路运行状态进行监视、测量的电器元件应满足测量精度的要求。对电路运行状态进行保护的电器元件，除了能满足测量精度的要求外，还应在高电压或大电流作用下不饱和。所有高压电器都应满足运行可靠、工作灵活的要求，还必须经济适用。

（2）高压断路器。电力系统中控制和保护电路的关键设备。高压断路器的作用，一是控制，即根据电力系统的运行要求，接通或断开工作电路；二是保护，当系统中发生故障时，在继电保护装置的作用下，自动断开故障部分，以保证系统中无故障部分的正常运行。

①对高压断路器的基本要求。工作可靠；具有足够的开断能力；具有尽可能短的切断时间；具有自动重合闸性能；具有足够的机械强度和良好的稳定性能；结构简单，价格低廉。

②高压断路器的类型。按安装地点高压断路器分为户内式和户外式两种。根据断路器采用灭弧介质的不同，断路器有油断路器、SF_6 气体断路器、真空断路器。

油断路器采用变压器油作为灭弧介质和绝缘介质。变压器油只作为灭弧介质和触头开断后弧隙绝缘介质，而带电部分与地之间的绝缘采用瓷介质。由于油量较少，称为少油断路器。它可用于各级电压的户内、户外变电所。

SF_6 气体断路器采用规定压力的、具有优良灭弧性能和绝缘性能的 SF_6 气体作为灭弧介质和弧隙绝缘介质。主要用于 110 kV 及以上大容量变电所及频繁操作的场所。SF_6 气体断路器如图 4－5 所示。

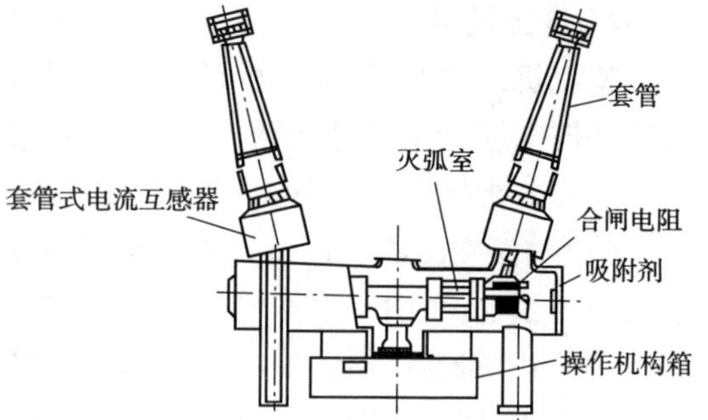

图 4－5　SF_6 气体断路器

真空断路器是指触点在 $133.3\times10^{-4}\sim133.3\times10^{-8}$ Pa 的真空中开闭电路的断路器。它主要用于 35 kV 及以下用户中要求频繁操作的场所。

③高压断路器的结构。高压断路器的核心是开断元件,开关的控制、保护及安全隔离都需它来完成。其他组成部分都是配合开断元件为完成上述任务而设置的。

(3)隔离开关。又称隔离刀闸,是一种高压开关电器。它没有专门的灭弧装置,不能用来切断负荷电流和短路电流。使用时应与断路器配合,只有在断路器断开时才能进行操作。隔离开关在分闸时,动静触头间形成明显可见的断口,绝缘可靠。

在供电系统中,隔离开关的主要作用有:隔离电源、与断路器配合进行倒闸操作、通断小电流电路、在某些终端变电所中快分隔离开关与接地开关相配合代替断路器的工作。

按装设地点的不同分为户内式和户外式两种。

按绝缘支柱数目分为柱式、双柱式和三柱式三种。

按动触点运动方式分为水平旋转式、垂直旋转式、摆动式和插入式等。

按有无接地闸刀分为无接地闸刀、一侧有接地闸刀、两侧有接地闸刀三种。

按操动机构的不同分为手动式、电动式、气动式和液压式等。

按极数分为单极、双极、三极三种。

按安装方式分为平装式和套管式等。

(4)高压负荷开关。一种结构简单,具有一定开断和关合能力的开关电器。它具有灭弧装置和一定的分合闸速度,能开断正常的负荷电流和过负荷电流,也能关合一定的短路电流,但不能开断短路电流。因此,高压负荷开关可用于控制供电线路的负荷电流,也可用来控制空载线路、空载变压器及电容器等。

高压负荷开关在分闸时有明显的断口,可起到隔离开关的作用,与高压熔断器串联使用,前者作为操作电器投切电路的正常负荷电流,而后者作为保护电器开断电路的短路电流及过负荷电流。

按使用地点分为户内型和户外型。

按灭弧方式的不同,分为产气式、压气式、压缩空气式、油浸式、真空式、SF_6 式等,

按是否带熔断器可分为带熔断器和不带熔断器两种。

(5)互感器。分为电压互感器和电流互感器,用在各种电压等级的交流回路中。电流互感器的原绕组串联于一次电路内,副绕组与测量仪表或继电器的电流线圈串联。电压互感器的原绕组并联于一次电路内,副绕组与测量仪表或继电器的电压线圈并联。

互感器将电信号变成规定范围内小信号,使测量仪表和继电器标准化和小型化,将二次设备与一次系统高压设备实行电气隔离,且互感器二次绕组接地,保证了二次设备和人身安全。另外二次系统不受一次系统的限制,接线灵活、维护、调试、检修方便,便于实现远距离集中控制、保护、测量。

电流互感器的原边匝数很少，只有一匝或几匝。而副绕组内的匝数较多。这样，二次电路和一次电路的变流比是匝数比的倒数。电流互感器多为电磁式。电磁式电流互感器由绕组、铁芯、绝缘物和外壳组成。常用的电流互感器有：套管式电流互感器、充油式电流互感器、SF_6 气体电流互感器等。

电压互感器相当于降压变压器。电压互感器的变压比即匝数比。电压互感器有电磁式、光电式和电容分压式。

4. 操动机构

操动机构是用来驱使高压开关进行分合闸，并使高压开关合闸后维持在合闸状态的电气设备。

(1)操动机构的结构。操动机构一般由能量转换装置、传动机构、保持与脱扣机构、控制系统、缓冲装置和闭锁装置组成。

能量转换装置把其他形式的能量转换成机械能，使操动机构按规定目的发生机械运动。

传动机构是操动机构的执行元件，用以改变操作功的大小、方向、位置，使断路器改变工作状态。

保持与脱扣机构既可使断路器可靠地保持在合闸位置，又可迅速解除合闸位置，使断路器进入自由分闸状态。

控制系统用于实现对断路器的远距离控制、保持或释放操作。

缓冲装置，如弹簧缓冲器、橡皮缓冲器和油气缓冲器等，用于吸收做功元件完成分、合闸操作后剩余的操作功，使机构免受机械冲击。

闭锁装置用于防止断路器的误操作和误动作。

(2)弹簧操动机构。弹簧操动机构利用弹簧储能，通过电磁铁动作，完成储能、合闸、分闸的过程。

(3)液压操动机构。液压操动机构利用高压压缩气体(氮气)作为能源、液压油作为传递能量的介质，经特定的油路和阀门注入带有活塞的工作缸中，推动活塞往复运动，驱使断路器分闸或合闸。

(4)弹簧液压操动机构。一种以弹簧储能，液压传递的操动机构。具有机构、紧凑、重量轻、与断路器组装简单方便、部件少、噪声低、免维修等优点。

(5)电动操动机构。与高压隔离开关配套用的操动机构。采用交直流两用电动机驱动，通过机械变速传动系统，将动力传递给机构输出轴。该机构主要由电动机、机械减变传递系统、电气控制系统和箱壳组成。

三、变电所的二次设备

变电所的一次设备一般都是大容量、高电压的设备，为了实现对一次设备进行监控，就必须配置与一次设备保持电气隔离的低电压、小容量的相应设备，这些设备统称为二次设备。二次设备对一次设备的工作状态进行控制、保护、监视和测量，是辅助设备。二次设备包括测量仪表、控制和信号器具、继电保护装置、自动远动装置、操作电源、控制电缆及熔断器。

1. 二次接线

变电所中的二次设备按一定顺序相互连接而成的电路称为二次电路，也称为二次接线。

二次接线是供电系统电气接线的重要组成部分，它附属于一定的一次接线，是对一次设备进行控制操作、测量、监视和保护的有效手段，是电力系统安全生产、经济运行、可靠供电的重要保障。二次接线的基本任务是：反映一次设备的工作状况，控制一次设备；当一次设备发生故障时，将故障部分迅速退出工作，以保证电力系统处在最佳运行状态。

二次接线按电流制分为直流回路和交流回路。按工作性质分为监视测量回路、控制回路、信号回路、调节回路、继电保护和自动装置、自动和远动化装置以及操作电源系统等部分。

(1)监视、测量回路。监视、测量回路由各种显示仪表、测量元件及其相关回路组成，其作用是监视、测量一次设备的工作状态，以便掌握一次设备运行情况，为运行管理、事故分析提供参数。

(2)控制回路。控制回路由控制开关和相应的控制继电器组成，其作用是对一次高压开关设备进行合、分闸操作。控制回路按自动化程度分为手动控制和自动控制；按控制距离分为就地控制和距离控制；按控制方式分为分散控制和集中控制，分散控制均为“一对一”控制，集中控制有“一对一”控制和“一对 N”的选线控制；按操作电源性质可分为直流操作和交流操作；按操作电源电压和电流的大小可分为强电控制和弱电控制。强电控制采用较高电压（直流 110 V 或 220 V）和较大电流（交流 5 A），弱电控制采用较低电压（直流 60 V 以下，交流 50 V 以下）和较小电流（交流 0.5 ~ 1 A）。

(3)信号回路。变电所信号包括由开关设备的位置信号、继电保护和自动装置的动作信号和中央信号。其主要作用是反映一次设备和二次设备的工作状态。

(4)调节回路。调节回路指调节型自动装置，主要由测量机构、传送机构、调节器和执行机构组成。其作用是根据一次设备运行参数的变化，实时在线调节一次设备的工作状态，以满足运行要求。

(5)继电保护与自动装置。继电保护与自动装置由继电保护、自动装置和相应的辅助元件组成。作用是：自动判别一次设备的工作状态；在事故和不正常运行状态时自动跳开断路器（切除故障）和消除不良状态并发出报警信号；当事故或不正常运行状态消失后，快速投入断路器，恢复系统正常运行。

(6)自动、远动装置电路。为了完成变电所与控制中心之间远距离信息的实时自动传输，必须应用远动技术，实现控制中心与各被控端（包括变电所等）之间的遥控、遥测、遥信和遥调。远动装置的主要任务:集中监视,提高安全经济运行水平,正常状态下实现合理的系统运行方式,事故时及时了解事故的发生和范围,加快事故处理;集中控制,调度人员可以借助远动装置进行遥控或遥调,实现无人化或少人化,提高运行操作质量,改善运行人员的劳动条件,提高劳动生产率。

(7)操作电源系统。主要由电源设备和供电网络组成,它包括直流电源和交流电源系统。其作用是供给上述各回路工作电源。变电所的操作电源多采用直流电源系统,简称为直流系统,部分小型变电所也可采用交流电源或整流电源。

2. 高压开关的控制信号电路

(1)控制电路的基本构成。变电所的断路器、隔离开关的控制电路一般是由指令单元、闭锁单元、联锁单元、中间传送放大单元、执行单元和连接它们的导线等二次电气设备组成。

(2)控制电路的类型。按指令电器与操作机构之间距离的远近,电气控制的方式可分为:远动控制、距离控制、就地控制。

①远动控制是由电力调度通过微机集中控制操纵高压断路器和隔离开关分合闸,改变各变电所的运行方式,也称为遥控。

②距离控制是在变电所主控室中,通过监控主机或控制开关对电器进行控制。故距离控制又称所内控制。断路器距离控制的操作方法有手动控制(如操纵鼠标、键盘、按钮、控制开关等)和自动控制(如继电器或自动装置自动发出分、合闸命令脉冲)。

③就地控制是操作人员在断路器及隔离开关操动机构箱内通过按钮或转换开关,或者用手直接操作手动机构控制断路器和隔离开关分、合闸。

按对断路器工作状态、控制电路完整性监视方式不同,控制电路又分为:灯光监视控制回路和音响监视控制回路。变电所综合采用了音响和灯光监视控制电路。

(3)控制电路的基本性能

①能进行正常的人工分闸与合闸,又能进行故障时的自动分闸或自动重合闸。

②能指示断路器的分、合闸位置状态,自动分、合闸时应有明显的信号显示。

③能监视控制电源及下一次操作电路的完整性。

④设防止跳跃的电气闭锁装置。

⑤对于采用气动、弹簧、液压操动机构的断路器,其控制电路中应设相应的气压、弹簧(压力)、液压闭锁装置。

⑥当隔离开关采用电动操作时,断路器与隔离开关控制电路中设置相应的联锁措施,保证其联动操作顺序的正确性。

3. 变电所信号装置

在变电所中,为了及时发现与分析故障,迅速消除和处理事故,统一调度和协调生产,除了依靠测量仪表或监视设备外,还必须借助灯光和音响信号装置反映设备正常和非正常的运行状态。

(1)信号装置的分类。按其用途不同,一般有位置信号、继电保护和自动装置动作信号、中央信号。

①位置信号。主要指示开关电器的位置状态,一般由亮稳定灯光的红、绿信号灯组成,安装在相应的控制盘上。

②继电保护和自动装置动作信号。主要指示故障对象和故障性质,一般由信号继电器和光字牌组成,安装在相应的保护盘或控制盘上。

③中央信号。事故音响信号、预告单响信号、全所共用的光字牌信号等合称为中央信号。变电所运行过程中,除了正常运行状态外,还有故障状态和不正常运行状态。故障状态指电路发生短路故障,导致断路器自动跳闸而中断供电的情况,此时应发出事故音响信号和说明事故性质的光字牌信号。不正常运行状态是指主电路、二次电路发生故障,但未引起断路器自动跳闸的运行状况,此时应发出预告音响信号,同时相应的光字牌有灯光显示,表明其性质和不正常运行设备的所在。

(2)信号装置的功能

①事故信号装置功能。当断路器事故跳闸时,无延时发出事故音响信号,并使相应断路器的位置信号灯闪光或亮白灯。事故时应立即启动远动装置,发出遥信。事故音响信号应能手动复归或自动复归。事故时应有指明继电保护和自动装置动作情况的光信号和其他形式信号,能自动记录发生事故的时间,能启动计算机监控系统。事故音响、灯光信号装置应能进行完好性检查试验。

②预告信号装置的功能。预告信号出现时,能瞬时或延时发出与事故信号有区别的音响信号,同时有灯光信号指出不正常运行内容;能手动复归或自动复归音响信号,显示故障性质的灯光信号应保留,直至故障排除;应具有重复动作的功能,主要是对音响信号而言,指当第一个故障出现时的音响信号解除之后,灯光信号未复归之前,也就是第一个故障未排除前,如果又出现不正常工作状态,中央信号装置仍能按要求发出音响及灯光信号;预告音响、灯光信号装置应能进行完好性检查试验。

(3)中央信号装置的发展。变电所中央信号装置按照电路结构不同,经历了从电磁式、晶体管式、微机模块式到计算机综合式的发展阶段。

随着综合自动化系统对变电所传统二次系统的替代,中央信号装置的功能也被监控单元所替代,其功能远远超过常规信号系统功能。作为当地监控单元的备用和补充,在某些实现综合自动化的变电所中,传统的中央信号装置简化接线给以保留,而在无人值守变电所中,中央信号系统被完全取消。

4. 继电保护装置

电力系统在运行中最常见同时也是最危险的故障是各种类型的短路,最常见的不正常运行情况是过负荷。发生短路和过负荷时可能损坏设备或线路,并影响系统供电。

电力系统中发生故障和出现不正常运行情况时，必须借助于装设在每个电气设备或线路上的自动装置，即继电保护装置切除故障设备或线路。

（1）继电保护及其任务。继电保护装置是指能反应电力系统中电气元件发生故障或不正常的运行状态，并动作于断路器跳闸或发出信号的一种自动装置。这种装置到目前为止，仍有一部分由单个继电器或继电器与其附属设备的组合电力系统构成，故称为继电保护装置。在电子式静态保护装置和数字式保护装置出现以后，虽然继电器多已为电子元件或计算机取代，但仍沿用此名称。

继电保护的基本任务是：自动、迅速和有选择地将故障元件从电力系统中切除，使故障元件免于继续遭到破坏，保证其他无故障部分迅速恢复正常运行；反应电气元件的不正常运行状态，并根据运行维护的条件（如有无经常值班人员）而发出信号，以便值班人员及时处理，或由装置自动进行调整，或将那些继续运行就会引起损坏或发展成为事故的电气设备切除。

继电保护在电力系统中的主要作用是通过预防事故或缩小事故范围来提高系统运行的可靠性，最大限度地保证向用户安全连续供电。因此，继电保护是电力系统的重要组成部分，是保证电力系统安全可靠运行的必不可少的技术措施。

（2）继电保护装置的基本要求。在技术上应该满足选择性、速动性、灵敏性、可靠性等方面的基本要求。选择性是指电力系统中某电器设备产生短路故障时，应该有选择地使继电保护装置动作并切除故障设备，使停电范围最小；速动性是指当电力系统中的电器设备发生短路故障时，继电保护装置应当尽快地动作，及时将故障设备切除；灵敏性是指在继电保护装置的保护范围内的电器设备发生短路或不正常状态时，继电保护装置应该具有足够灵敏的反应能力；可靠性是指继电保护装置自身要求处于良好的工作状态，工作可靠，不应该出现拒动或误动现象。

（3）继电保护装置的构成。基本构成包括变换电路、测量比较元件和执行操作电路。变换电路将电流互感器、电压互感器二次侧的电流、电压变换为测量比较元件所需要的输入量；测量比较元件完成电器设备运行参数的检测与比较判定；执行操作电路完成继电保护装置动作命令的执行，是一种实现一定控制要求的直流电路，经过该电路接通所需要的跳闸电路和信号。

（4）继电保护装置的分类。一般按照保护装置反应的电参数、保护装置的构成元件、保护的设备对象、保护的主备位置等进行分类。

按保护装置反应的参数分为电流保护、低电压保护、距离保护、差动保护等。

按保护装置的构成元件分为电磁型保护、感应型保护、整流型保护、晶体管型保护、集成电路型保护、微型计算机保护等。

按被保护的设备对象分为线路保护、母线保护、变压器保护、牵引网保护等。

按保护装置的主备位置分为主保护、后备保护、辅助保护等。

(5)整流机组继电保护。整流器本体设置内部过电压保护;外部过电压限制;内部短路保护;电流保护;温度保护。

为避免内部过电压将二极管反向击穿,可在每个二极管上并联安装 RC 过电压限制回路。

为限制直流侧或整流器交流进线侧可能出现的过电压,例如开关操作过电压或大气过电压,在整流器直流输出端并联安装 RC 和压敏电阻过电压限制回路。

针对整流器内部短路故障,在整流器设置快速熔断器和逆流监视。

整流机组电流保护设过载保护;过流保护;电流速断保护。

整流机组温度保护有变压器温度保护和整流器温度保护。

(6)牵引供电系统继电保护。直流牵引供电保护系统包括:直接装在断路器操作机构中的保护元件(如各种脱扣器)和继电保护装置(属于间接保护)。

大电流脱扣保护是一种基于电流幅值的保护,主要用于近端短路保护。电流变化率和电流增量保护(DDL 保护)逐渐成为直流牵引网末端短路的主保护。定时限过流保护(DTM 保护)也是一种基于电流幅值的保护,是靠过流保护装置的延时来区分故障电流和启动电流。

电压类保护包括:低电压保护、电压降保护、过电压保护、正极接地保护。低电压保护作为电流上升率保护的后备保护,一般与其他保护形式互相配合,不作为单独的保护。电压降保护是通过连续测量馈线的电压和电流,计算出阻抗值,通过阻抗值及馈线电流、电压值综合判别是否该跳闸,从而对远距离故障造成的低阻抗状态进行断闸保护。过电压保护装置由电压探测装置来读取轨道和大地之间的电压值,当电压值大于等于 120 V 时,要求装置速动,由装置的控制单元给出触发指令,晶闸管“快”启动,把轨道和大地连接在一起,确保轨道的“零”电位。如果发生正极接地,对乘客来说有严重的人身威胁。这就需要在直流牵引供电系统的变电所内设置正极接地保护装置,一旦检测到正极接地,正极接地保护动作,快速地切断向故障地段供电的所有馈线,断路器跳闸,车辆停止运行。

(7)接触网热保护。接触网热保护作为电流上升率保护的辅助保护,对断路器、供电线路(电缆、接触网)等提供热过载保护。当直流线路处于过负荷状态时,接触线或进线电缆的温度也会上升,时间长了可能导致供电导体,尤其是接触网变软。

(8)直流馈线的控制。直流保护装置的控制系统通常仅用于开关设备的电气分合闸,保护装置有专门的数字控制单元,用于对各种开关信号、保护信号进行一系列复杂的逻辑运算,最后输出分合闸信号。整个控制系统包括了分合闸操作、联跳、自动重合闸、防跳、线路测试等。其中,分合闸是对断路器的操作;联跳是针对双边供电,保护设备间的相互动作;重合闸与防跳、线路测试间相互关联,共同形成对断路器的控制。

5. 自用电系统

在变电所中,为了保证供电装置的正常操作和安全运行,需要对所内低压交、直流用电给以切实保证,包括:开关电器的距离控制、信号、继电保护、自动装置以及事故照明等二次设备的直流用电;变压器冷却风扇、设备加热、蓄电池室内通风、室内外照明、设备检修、蓄电池组的充电等设备的交流用电。为此,设专用供电系统,称为自用电系统。该系统中的交流和直流部分各自独立,自成体系,故可分为交流自用电、直流自用电两个子系统。

(1)交流自用电系统。为了可靠地向交流自用电设备供电,变电所通常设有两台容量为50~100 kV的自用电变压器,一台工作,一台备用。每台都应能单独承担变电所的自用电负荷,并且还应装有备用电源自投装置,运行的自用电源一旦发生故障时,备用电源能够自动投入运行。自用电变压器一般从牵引侧母线取电,若有独立于变电所交流系统的地方10 kV三相交流电源时,则自用电变压器中的一台由该电源供电。

(2)直流自用电系统。在变电所内,开关电器的距离控制、信号、继电保护、自动装置以及事故时照明等负荷要求有专门的电源供电,专门向二次接线装置供电的电源称为操作电源。直流操作电源采用直流22 V或11 V作为操作电源时,它与直流自用电负荷馈线连接构成直流系统。按获得直流电能方式的不同,一般有整流式直流系统、蓄电池组直流系统两种。变电所直流电源是非常重要的,它为继电保护、开关合分及控制提供可靠的直流操作电源,其性能和质量的好坏直接关系到牵引供电系统的稳定运行和设备安全。

四、配电装置

配电装置是按电气主接线的要求,把一、二次电气设备如开关设备、保护电器、检测仪表、母线和必要的辅助设备组装在一起而构成的,在供配电系统中进行接受、分配和控制电能的总体装置。

1. 配电装置的分类

按安装的地点,配电装置可分为户内配电装置和户外配电装置。为了节约用地,一般35 kV及以下配电装置宜采用户内式。配电装置还可分为装配式配电装置和成套配电装置。装配式配电装置在现场组装;成套配电装置在制造厂预先组装。

2. 高压成套配电装置

一般中、小型变配电所中常用的成套配电装置按电压高低可分为高压成套配电装置(也称高压开关柜)和低压成套配电装置(低压配电屏和配电箱)。低压成套配电装置通常只有户内式一种,高压开关柜则有户内式和户外式。

高压成套配电装置,又称高压开关柜,是将断路器、负荷开关、熔断器、隔离开关、接地开关、避雷器、互感器以及控制、测量、保护等装置和内部连接件、绝缘支持件和辅助件固定连接后安装在一个或几个接地的金属封闭外壳内的成套配电装置。

高压成套配电装置按主要设备的安装方式分为固定式和移开式(手车式);按开关柜

隔室的构成形式分为铠装式、间隔式、箱型、半封闭型等；按其母线系统分有单母线型、单母线带旁路母线型和双母线型；根据一次电路安装的主要元器件和用途分有断路器柜、负荷开关柜、高压电容器柜、电能计量柜、高压环网柜、熔断器柜、电压互感器柜、隔离开关柜、避雷器柜等。按照绝缘介质划分，包括 AIS 和 GIS 两种。AIS 是以大气绝缘（包括大气与固体绝缘组成的复合绝缘）的开关柜，GIS 是以 SF_6 气体为绝缘介质的开关柜。

3. GIS 组合电器

GIS 是由断路器、隔离开关、接地开关、互感器、避雷器、母线、连接件等单元，封闭在接地的金属体内组成。其内部充有一定压力并有优异灭弧和绝缘能力的 SF_6 气体。由于 GIS 既封闭又组合，故占地面积小，占用空间少，基本不受外界环境影响，不产生噪声和无线电干扰，运行安全可靠，且维护工作量少，得到广泛的应用。它的突出优点是：最大限度地缩小整套配电装置的占地面积和空间体积，结构十分紧凑；全封闭的电器结构，不受污染、雨雷、尘沙及盐雾等各种恶劣自然环境条件的影响，减少了设备事故的可能性，特别适合工业污染和气候恶劣以及高海拔地区；安装方便。

4. AIS 组合电器

AIS 组合电器是指以空气绝缘的 3 ~ 35 kV 的成套配电装置（或高压开关柜）。常用的高压开关柜有固定式和移开式两种。

固定式高压开关柜的柜内所有电器部件（包括其主要设备如断路器、互感器和避雷器等）都固定安装在不能移动的台架上。固定式开关柜具有构造简单，制造成本低，安装方便等优点；但内部主要设备发生故障或需要检修时，必须中断供电，直到故障消失或检修结束后才能恢复供电，因此一般用在中小型变配电所和负荷不是很重要的场所。

移开式（手车式）高压开关柜是将成套高压配电装置中的某些主要电器设备（如高压断路器、电压互感器和避雷器等）固定在可移动的手车上，另一部分电器设备则装置在固定的台架上。当手车上安装的电器部件发生故障或需检修、更换时，可以随同手车一起移出柜外，再把同类备用手车（与原来的手车同设备、同型号）推入，就可以立即恢复供电，相对于固定式开关柜，手车式高压开关柜的停电时间大大缩短。因为可以把手车从柜内移开，又称为移开式高压开关柜。这种开关柜检修方便安全，恢复供电快，供电可靠性高，但价格较高，主要用于大中型变配电所和负荷较重要、供电可靠性要求较高的场所。

五、接地装置

接地的作用主要是防止人身遭受电击、设备和线路遭受损坏、预防火灾和防止雷击、防止静电损害和保障电力系统正常运行。

1. 电气设备的接地

为了保证安全，必须将正常时不带电而故障时可能带电的电气设备的外露导电部分采用保护接地或保护接零的措施。

电动机、变压器、电机、手携式及移动式用电器具等设备的金属底座和外壳，电气设备传动装置；互感器的二次绕组，配电、控制、保护用的屏（柜、箱）及操作台等的金属框架和底座，全封闭组合电器的金属外壳等，应予接地。

2. 接地装置的安装

接地装置的安装分接地体的安装和接地线的安装。

（1）接地体的安装。接地体的安装又分自然接地体的利用和人工接地体的装设。

在设计和安装接地装置时，首先应充分利用自然接地体，以节约投资，节约钢材。对于变配电所来说，可利用其建筑物钢筋混凝土基础作为自然接地体。如果实地测量所利用的自然接地体电阻已能满足要求，而且这些自然接地体又满足热稳定条件，就不必再装设人工接地装置，否则应装设人工接地装置。对于大接地电流系统的变电所，不论自然接地体的情况如何，仍应装设人工接地体。自然接地体至少应由两根导体在不同地点与接地网相连（线路杆塔除外）。

用来作为人工接地体的一般有钢管、角钢、扁钢和圆钢等钢材。如有化学腐蚀性的土壤中，则应采用镀锌钢材或铜质的接地体。人工接地体有垂直埋设和水平埋设两种基本结构型式，接地体宜垂直埋设；多岩石地区接地体可水平埋设。变电所常采用以水平接地体为主的复合接地体，即人工接地网。对面积较大的接地网，降低接地电阻靠大面积水平接地体。它既有均压、减小接触电压和跨步电压的作用，又有散流作用。复合接地体的外缘应闭合，并做成圆弧形。

（2）接地线的安装。在设计接地线时，为节约有色金属、减少施工费用，应尽量选择自然导体作为接地线，但要求它具有良好的电气连接特性。只有当自然导体在运行中电气连续性不可靠或有发生危险的可能，以及阻抗较大不能满足接地要求时，才考虑采用人工接地线或增设辅助接地线。在选择人工接地线时，除了其阻值要达到设计要求外，还应检验其热稳定及机械强度。

用来作为自然接地线的有：数量为两根的电缆的金属外皮，若只有一根，则应敷设辅助接地线；各种金属构件、金属管道、钢筋混凝土等，其全长应为完好电气通路。若金属构件、金属管道串联后作接地线时，应在其串接部位焊接金属跨接线。

为连接可靠并有一定的机械强度，人工接地线一般采用钢质扁钢或圆钢接地线。只有当采用钢质线施工安装困难时，或移动式电气设备和三相四线制照明电缆的接地芯线，才可采用有色金属作人工接地线，但铝线不能作为地下的接地线。

第三节 牵引供电系统

城市轨道交通的车辆采用电力牵引，由于车辆本身无原动力装置，因此必须设置一套完善的、不间断地向车辆供电的设备，即必须设置牵引供电系统。

一、牵引供电系统的组成

牵引供电系统主要由牵引变电所和牵引网两大部分组成。牵引变电所的主要设备是变压器和整流器，牵引网主要由接触网、馈电线、轨道和回流线组成。接触网为正极，回流线为负极。牵引供电系统示意图如图 4－6 所示。

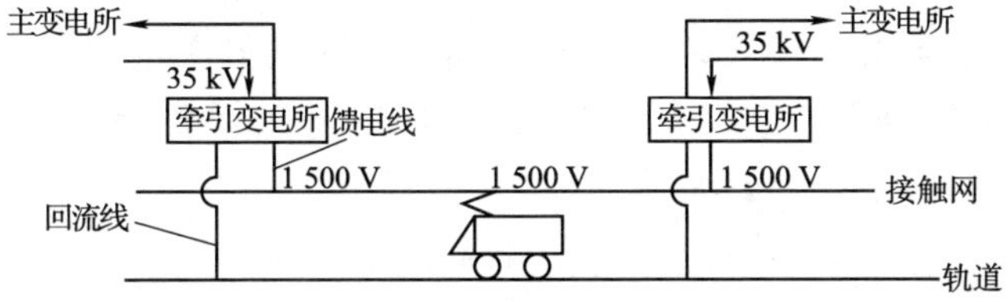

图 4－6　牵引供电系统示意图

主变电所将供电部门送来的三相高压交流电降压为牵引供电系统所需的电压等级（如 35 kV），通过三相线路送到牵引变电所，再降压并整流变换为适应于电动车组工作的1 500 V或 750 V 直流电，通过车辆受流装置与接触网或接触轨滑动接触，将直流电引入车辆，工作后的电流经车体、轮对、轨道，又经由回流线流回到牵引变电所。

二、牵引变电所

1. 牵引变电所的任务

牵引变电所将三相高压交流电变成适合列车牵引用的低压直流电。牵引变电所从主变电所获取中压电压等级电能，经降压与整流变换为牵引用直流电（1 500 V 或 750 V），并以直流电的形式把电能经馈电线送至接触网。

城市轨道交通的牵引负荷是一级负荷，要求有最大的供电可靠性。牵引变电所设置两台变压器及两条回路输电线向牵引网供电，以保证当一路输电线故障或检修时，另一回路输电线担当输电任务，不会引起牵引变电所中断供电。

牵引变电所的容量与设置距离根据牵引供电计算结果，并作经济技术分析比较后确定。牵引变电所沿线路布置，每一个牵引变电所有一定供电范围。供电距离过长，会使末端电压过低及电能损耗过大；供电距离过短，又使变电所数目太多而不经济。一般设置在车站和车辆段附近，相邻牵引变电所之间距离在 2 ~ 4 km。

2. 牵引变电所的工作原理

牵引变电所的关键设备是整流器，其中的整流元件由于较长时间流过超出允许值的电流而导致元件温度过高时，容易引起元件损坏和整流器停止工作，为此须采取有效的过电流保护和降温冷却保护。过电流保护采用高速空气开关，是一种断开速度极快的直流开关，其跳闸信号采用电流变化率，即在最大电流值出现前，根据电流量增加的速率提前给出跳闸信号。

3. 牵引变电所的供电方式

牵引变电所向牵引网的供电方式，主要按牵引变电所的分布情况、供电臂的长短、线路状态的供电可靠性而定。通常有单边供电和双边供电两种。

在相邻两个牵引变电所之间的接触网，为了能安全、可靠地供电，通常在其中央处断开，将两牵引变电所之间两供电臂的接触网分成相互绝缘的两部分。每一部分称为供电分区，在供电分区的末端设置有断路器和隔离开关的分区亭，以便对接触网起到分断与保护作用，同时还可以通过分区亭内的开关设备，将供电分区连接起来，如图 4 –7 所示。

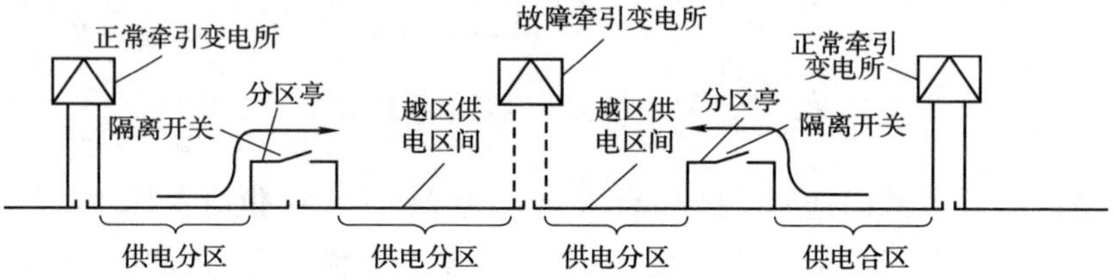

图 4 –7　牵引变电所向牵引网的供电原理图

每个供电分区的接触网，只从一端的牵引变电所获取电流，这种供电方式为单边供电。如将分区亭隔离开关闭合，则相邻牵引变电所间的两个同相接触网供电分区可同时从两个牵引变电所获取电流，这种供电方式称为双边供电。单边供电时，一旦接触网发生故障只影响本供电分区，故障范围较小。双边供电时，虽然可提高供电电压水平，但一旦发生故障，影响范围较大，因此目前较少应用。当某个牵引变电所发生故障或停电检修时，该变电所承担的供电任务，通过分区亭隔离开关闭合，由两侧相邻的牵引变电所负责越区供电。由于越区供电，供电质量受影响较大，属于非正常供电。

三、牵引网概述

牵引网包括接触网、钢轨回路（包括大地）、馈电线和回流线。牵引网是轨道交通供电系统中向车辆供电的直接环节。

接触网是悬挂在轨道上方或沿着轨道一侧敷设的和钢轨保持一定距离的输电网。通过车辆的受电弓或受电靴和接触网的滑动接触，牵引电能就由接触网进入车辆，驱动牵引电动机使列车运行。

馈电线是连接牵引变电所和接触网的导线，它把经牵引变电所变换成符合牵引制式用的直流电能馈送给接触网。

轨道除仍具有导轨功能外，还要完成导通回流的任务。

回流线是连接轨道和牵引变电所的导线，通过它把轨道中的回路电流导入牵引变电所。

四、接触网概述

1. 接触网的工作特点

(1)没有备用。接触网由于与列车在空间上的关系,和轨道一样无法采取备用措施。一旦接触网故障,整个供电区间即全部停电,在其间运行的车辆失去供电,列车停运。

(2)经常处在动态运行状态中。和一般的电力线路不同,在接触网上有许多列车高速运动取流。车辆受电弓以对接触网一定的压力和速度与接触网接触摩擦运行,通过接触网的电流很大。运行中不可避免地会产生受电弓离线而引起电弧,再加上在露天区段还要承受风、雨、雪及大气污染的作用,使接触网经常地处在振动、摩擦、电弧、污染、伸缩的动态运行状态之中。这些都对接触网各种线索、零件产生恶劣影响,使其发生故障的可能性较一般电力线路的概率要大得多。

(3)结构复杂,技术要求高。接触网的运行环境和运行特点决定了接触网的结构较一般电力线路有很大的不同,为了保证列车安全、可靠、质量良好地从接触网取流,接触网的结构比较复杂,技术要求也较高,如对接触网导线的高度、拉力值、定位器的坡度和接触网的弹性、均匀度等都有定量的要求。

2. 对接触网的基本要求

(1)接触网应能可靠地向列车馈电,并应满足列车的最高行驶速度要求。

(2)接触网应适当分段,并应满足行车和检修的要求。

(3)接触网应设置过电压保护装置。所有与大地不绝缘的裸露导体应接至接地极,不应直接接至或通过电压限制装置接至回流回路。

(4)架空接触网应具备防止由于接触线断线而扩大事故的措施。

(5)接触轨应设防护罩。

其他要求:接触网敷设应弹性均匀、高度一致,在高速行车和恶劣的气候条件下,能保证正常取流;接触网结构应力求简单,并保证在施工和检修方面具有充分的可靠性和灵活性;接触网的寿命应尽量长,具有足够的耐磨性和抗腐蚀能力;接触网的建设应节约采用有色金属及其他贵重材料,以降低成本。

3. 接触网的分类

接触网分为架空式接触网和接触轨式接触网。架空式接触网用于城市地面、高架或地下线路。接触轨式接触网一般仅用于净空受限的地下电力牵引。架空式和接触轨式的接触网在我国城市轨道交通中均有采用。一般来说,牵引网电压等级较高时,为了安全和保证一定的绝缘距离,宜采用架空式接触网;在净空受限的线路和电压等级较低时,多采用接触轨式接触网。架空式接触网按接触悬挂的不同,分为柔性接触网和刚性接触网。接触轨与柔性架空接触网可应用于地下线、地面线及高架线。刚性架空接触网适用于地下线。

4. 接触网的电分段

电分段是在纵向或横向将接触网从电气连接上互相分开的装置。为了使接触网的供电具有安全、可靠和灵活性，接触网在有牵引变电所车站的车辆惰行处、辅助线与正线的衔接处、车辆段/停车场出入线与正线的衔接处、车辆段检修库入口处设电分段。

电分段根据设置位置分为纵向电分段和横向电分段两种方式。纵向电分段指的是沿线路方向进行分段。横向电分段是在线路之间的分段，如在车辆段/停车场的各线路之间进行的分段等。

在电分段处设隔离开关。需要分段时，将隔离开关打开；不需要分段时，将隔离开关闭合。电分段通常用分段绝缘器来实现。分段绝缘器是用以实现电分段的专用绝缘装置。目前，广泛采用环氧树脂分段绝缘器，其结构主要由环氧树脂绝缘板、铝合金导流滑板等部件组成。

五、柔性架空接触网

柔性架空接触网由接触悬挂、支持固定装置、支柱与基础组成。

1. 接触悬挂

接触悬挂是将电能传导给列车的供电设备。接触悬挂包括承力索、接触线、吊弦、定位器、补偿装置、悬挂零件及中心锚结等。接触悬挂通过支持装置架设在支柱上，将电能输送给车辆。列车运行时，受电弓顶部的滑板紧贴接触线摩擦滑行得到电能（简称“取流”）。

（1）接触悬挂的类型。接触悬挂的类型很多，可分为简单悬挂和链形悬挂两类。

①简单悬挂。由一根或几根相互平行的直接固定到支持装置上的接触线所组成的悬挂，如图 4 – 8 所示。

简单悬挂比较简单，支持装置和支柱所承受的负荷较轻，支柱高度要求较低，因而建造费用比较低，施工方便和维修简单。其缺点是弛度大，弹性不均匀，不利于列车高速运行时对取流的要求。为了改善上述状况，可采用带弹性吊索的简单悬挂，称为弹性简单接触悬挂。弹性简单接触悬挂在悬挂点处加了一个弹性吊索。弹性简单接触悬挂，相应地改善了悬挂点处的弹性和运行状态。它具有结构简单、支柱高度低、支柱负荷小、建造费用低及施工维修方便等优点，对列车的运行速度要求不超过 90 km/h。

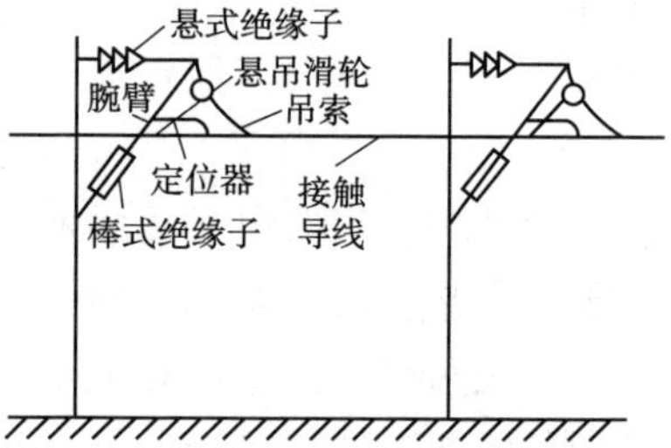

图 4 – 8　简单悬挂接触网

②链形悬挂。接触线通过吊弦悬挂到承力索上的悬挂，如图4－9所示。链形悬挂可以在某一温度下，使接触线处于无弛度状态。链形悬挂承力索悬挂于支柱的支持装置上，接触通过吊弦悬挂在承力索上，使接触线在不增加支柱情况下，增加了悬挂点，调节吊弦可以使跨距内各吊弦处接触线尽量与支柱悬挂点处接触线对钢轨面高度保持一致。这样在整个跨距内，可使接触线至轨面保持相等的高度。这种悬挂由于接触线是悬挂到承力索上的，因而基本上消除了悬挂点处的硬点，使接触悬挂的弹性在整个跨距内都比较均匀。链形悬挂比简单悬挂的性能好，但也带来了结构复杂、投资大、施工和维修调整较为困难等问题。

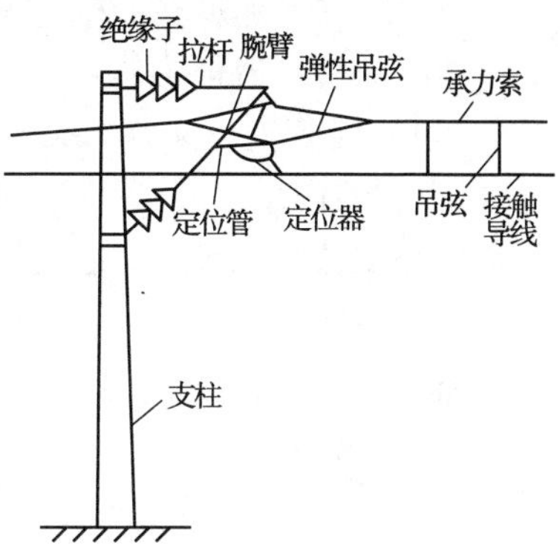

图4－9　链形悬挂接触网

(2)接触悬挂的导线。指承力索和接触线。

①承力索。承力索不与车辆接触，但要承受接触线的重力。对承力索的要求是材质柔软，能承受较大的张力，并且在温度变化时弛度变化要小。承力索一般是单芯式的多层绞线，在一根金属线外面绕若干层金属线制成。为了使绞线结构紧密，每一层绕的方向都和前一层绕的方向相反。这样，在受外力特别是扭力时，各层不致松开。承力索按材质分主要有铜和钢两大类。铜承力索导电性能好，可以降低接触网压损和能耗，抗腐蚀性能高，适合于环境潮湿、污染及腐蚀严重的地区使用。但其机械强度不高，不能承受较大的张力，温度变化时弛度变化也大。由于城市轨道交通供电在压损、能耗和抗腐蚀等方面的要求较高，铜承力索采用较多。

②接触线。接触线与车辆直接接触，担负着导流的作用。它向沿线行驶的列车输送电能，在运行中直接受列车受电弓的高速摩擦，要承受结构所需的张力。因此，要求接触线具有良好的导电性能、耐磨性能、抗腐蚀性能及足够的机械强度。根据上述要求，铜接触线应为最佳选择。但考虑到经济等其他原因，接触线还有钢铝接触线、铝合金接触线等其他类型。钢铝接触线，以铝作为导电部分，工作面为钢，也可达到耐磨和强度的要求。

接触线的形状制成两侧带沟状，上半部可用线夹夹紧而将接触线悬吊起来，下半部与受电弓的滑板接触而称为工作面。

接触线截面的选择应满足供电计算所确定的需要通过的电流值，即通过此电流时导线发热温度不超过其允许值。

(3)接触悬挂的跨距、弛度和张力。架空式接触网的接触悬挂是通过沿线路布置的支柱或固定装置悬挂于线路上空，支柱与支柱（或固定装置与固定装置）之间的水平距离称为跨距。由于接触线本身的重量影响，在跨距内接触线不能保持在悬挂点水平连线上而形成悬弧形状，接触线在跨距中央位置与悬挂点水平连线的距离称为弛度。接触线所受的拉力称为张力。

(4)补偿装置。又称张力自动补偿器，它安装在锚段的两端，并且串接在接触线承力索内，它的作用是补偿线索内的张力变化，使张力保持恒定。接触网补偿装置有许多种类，如滑轮式、棘轮式、鼓轮式、液压式及弹簧式等。常用的是带断线止动功能的棘轮补偿下锚装置。

(5)接触悬挂的下锚方式。接触悬挂线索在终端支柱上的固定方式称为下锚方式，分为硬锚和张力补偿两种。

硬锚方式，是将承力索或接触网两端通过绝缘子串死固定在锚柱上。在气温变化时，因为承力索和接触线的热胀冷缩，承力索和接触线的张力、弛度变化较大，造成受流状态恶化，故一般不采用此方式。

张力补偿是在下锚处通过加设补偿装置进行下锚。在气温变化时由于补偿装置的作用，承力索和接触线的张力基本不发生变化，弹性比较均匀，承力索和接触线均产生同方向纵向位移，因而吊弦偏斜大大减小，有利于列车高速取流。

(6)线岔。线路有一组道岔，接触网就必须设一个线岔(也称架空转辙器)。线岔的作用是保证车辆受电弓安全平滑地由一条接触线过渡至另一条接触线，达到转换线路的目的。接触网线岔是由两相交接触线，一根限制管和固定限制管的定位线夹、螺栓组成。限制管两端，用定位线夹固定在下面的接触线上，通过限制管将两相交接触线互相贴近，当上面接触线升高时，可利用限制管带动下面的接触线同时升高，以消除始触点两导线的高差。线岔如图 4－10 所示。

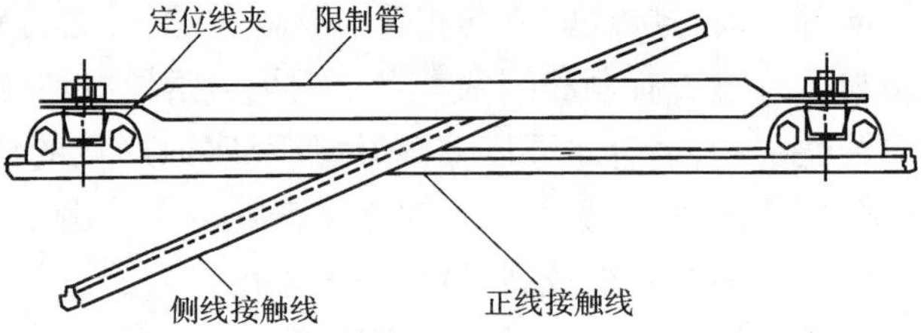

图 4－10　线岔

(7)电连接。电连接将接触悬挂各分段供电间的电路连接起来，保证电路的畅通，通过电连接可实现并联供电，减少电能损耗提高供电质量。电连接线采用导电性能好的铜绞线制成。

按使用位置不同，电连接分为横向电连接和纵向电连接。横向电连接能实现并联供电，比如并联馈线、承力索和接触线间。纵向电连接使供电分段或机械分段处、线岔处两侧接触悬挂实现电的连通，在检修和事故处理时，可通过隔离开关达到电分段的目的，如绝缘锚段关节和非绝缘锚段关节，转换柱靠锚柱侧安装的电连接线。

(8)分段绝缘器。又称分区绝缘器，是接触网电气分段的常用设备。在正常情况下，受电弓带电滑行通过。当某一侧接触网发生故障或因检修需要停电时，可打开分段绝缘器处的隔离开关，将该部分接触网断电，而其他部分接触网仍能正常供电，从而提高了接触网运行的可靠性和灵活性。

2. 支持与固定装置

支持装置与固定装置用来支持悬挂，并将悬挂的负载传递给支柱。支持与固定装置根据接触网的具体环境和要求而有所不同。地面所用的支持装置包括腕臂、拉杆、定位装置和绝缘子等组成的腕臂结构。

(1)隧道内的支持与固定装置。隧道内的支持与固定装置主要要考虑隧道内的断面尺寸限制。为了减小隧道的净空，在隧道内采用一些特殊的支持与固定装置。常用的有人字形、T 字形以及弹性支架的支持与固定装置等。采用弹性支架的接触网如图 4－11 所示。弹性支架由底板、钻孔螺栓、距离座（垫座）、橡皮扭转部件、树脂填充绝缘子、支架臂、转体夹钳、端帽等组成。底板固定在隧道顶部，橡皮扭转部件悬挂有水平枢轴的支架臂。支架臂端有接触线夹子（转体夹钳），用来夹紧接触线。

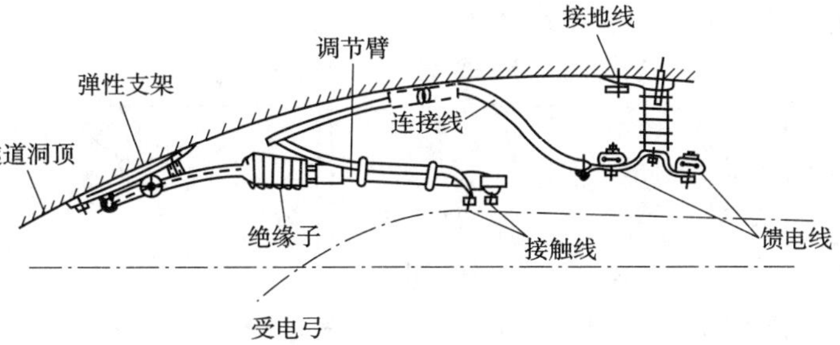

图 4－11　采用弹性支架的接触网

这种结构的接触线可以作垂直和水平双向运动。垂直向上的范围被带电的接触线对地的最小净空所限，垂直向下的范围被接触线最低的高度所限制。当受电弓从下面通过时可在此范围内运动，橡皮扭转部件使支架臂回转到其正确的位置。接触线的水平方向的移动由张力装置调整。弹性支架结构具有高度的柔韧性，这是由支架臂枢轴和橡皮扭转部件来实现的。弹性支架和其他支架相比具有更好的弹性性能，可以减少接触线的磨耗，增加接触线的寿命。

(2)腕臂支持装置。在地面段及空间较大时，接触网的支持与固定装置通常采用腕臂结构。腕臂支持装置将接触网悬挂到一根支柱上，对接触线进行水平定位，保证接触悬挂高度并将悬挂的负荷传递给支柱的装置。腕臂装置有一个较为简单但方便实用的形式。每一根腕臂都是由伸梁（伸臂）和拉杆（或斜撑）组成。

(3)定位装置。对接触线的定位是通过定位装置来实现的。定位装置安装在支持装置上，一般每一根支柱上均有定位点。定位装置由定位管和定位器组成。定位器通过定位线夹把接触线按要求固定在一定的位置上，并承受接触线的水平力（风力和曲线力）。定位器是通过定位管连接在绝缘腕臂上的。定位装置除定位器和定位管以外,还需要一些辅助配件,如定位钩、定位环、定位环夹等。

(4)横跨。在多线路的车辆段/停车场,由于线路间距离小而不能立柱,或者虽能立柱,但支柱多,影响行车和作业人员瞭望信号,既浪费又不美观,因而采用横跨支持装置。

一般采用软横跨,也有采用硬横跨的,如图4－12所示。

软横跨由横跨多股线路的两个支柱、横向承力索、上部定位绳、下部定位绳组成。上部定位绳的作用是固定线路上方承力索,并将纵向承力索的水平负荷(如风力、曲线拉力等)传给支柱。下部定位绳的作用是固定定位器以便对接触线进行定位,并将接触线水平负荷传给支柱。软横跨跨越的线路数量有一定限制,数量过多势必造成支柱很高及容量要求很大,并且会扩大事故范围。

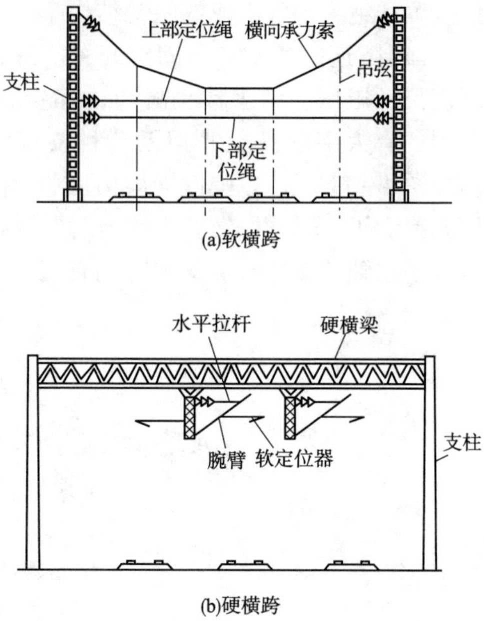

图4－12 横跨

硬横跨以金属桁架(钢梁)架设在线路两侧支柱顶上(钢柱或钢筋混凝土柱),其下用悬式绝缘子串以悬挂承力索,以下部定位绳来连接定位器。除悬挂承力索部分改为硬横梁之外,下部定位绳及软横跨相同。硬横跨一般只适用于3～4条线路的场合。因为其结构要求支柱高度较低,容量要求小,支柱小、较经济。硬横跨的悬挂部分距接地部分(硬横梁)比较近,不利于在接触悬挂上进行带电作业,一般较少采用。但在某些特殊地段,如采用腕臂支柱或软横跨都不方便时,可以考虑采用硬横跨。

3. 支柱和基础

支柱和基础用以承受接触悬挂和支持、定位装置所传递的负荷(包括自身重量),并将接触悬挂固定在规定的位置和高度上。

(1)支柱。支柱可按其材料、支持装置的形式、用途以及负载条件进行分类。

按支柱的材质有钢柱和钢筋混凝土柱两种。钢柱又有普通桁架结构式钢柱、整体型材“H”型钢柱和圆形钢柱。钢柱具有质量轻、强度高、抗碰撞、运输方便等优点。钢筋混凝土支柱由于造价低,节省钢材、维修简易和便于安装等优点,而得到广泛应用。钢筋混凝土支柱中,以方型支柱为主,个别线路上采用了圆形支柱。区间接触网一般采用钢筋混凝土支柱,在特殊需要的地方采用钢柱。软横跨、车库线等处一般采用钢柱。

按支柱的作用分,在区间有中间支柱、锚柱、转换支柱及中心支柱几种;在车辆段等处有软横跨柱、硬横跨柱和定位柱等。

根据支柱上的支持装置不同，支柱可以分为腕臂支柱、软横跨支柱、硬横跨支柱和定位支柱。

（2）基础。基础承受支柱所传递的力矩并传给土体，起支持作用。金属支柱才有基础，由混凝土浇筑预制而成。钢筋混凝土支柱则是它的地下部分代替了基础的作用。

接触网支柱的基础直接埋置于土体中。接触网悬挂及支柱的重力都是经过基础传递到土体中，因此，除了保证基础本身有足够的强度外，还应保证基础有足够的承载力稳定性。

对于城市轨道交通的高架和地下区段线路，因线路结构不同，其形式可以完全不同。

4. 机械分段

架空式接触网在机械结构上需要进行分段，这就是接触网的机械分段。架空式接触网的机械分段是以锚段进行划分的。

（1）锚段。接触网的架设，经过多个跨距以后必须在两个终端加以固定，称为下锚。下锚的支柱称为锚柱。锚段是将接触网沿线分成一定长度，并在结构上有独立机械稳定性的分段。采用锚段可以缩小发生事故时的范围并便于检修。

（2）锚段关节。两个相邻锚段相衔接的接触网悬挂结构称为锚段关节。在锚段关节，两个锚段的接触导线有一段是平行的，且有一段（或一点）等高，要求当电动车组运行时，能使受电弓从一个锚段平滑地过渡到另一个锚段。

虽然从机械受力和供电分段的要求上，需要设置锚段关节，但毕竟在关节处接触悬挂的弹性较差，结构复杂，调整维修麻烦，所以在接触网平面布置中应尽量多用大锚段，减少锚段关节数目，以利于电动车组运行。

（3）中心锚结。为防止锚段两端负荷失去平衡而向一端滑动和缩小事故范围，在锚段中心对接触线进行固定，这种悬挂结构称为中心锚结。中心锚结一般设在锚段中部，是用钢绞线及线夹将接触线（全补偿链形悬挂时包括承力索）固定于锚段中部的结构。中心锚结有两个的作用：当半个锚段发生故障（如断线）时，不会涉及另半个锚段，缩小了事故范围，便于迅速抢修；防止接触悬挂因摩擦力不均匀等因素影响，而在坠砣的作用下线索向一边移动，导致吊弦和定位器过分偏斜。中心锚结由两个跨距组成，接触线中心锚结绳分别在两个跨距中，呈人字形布置。在采用弹性链型悬挂时，接触线中心锚结绳在跨中布置，称为 Z 形固定绳。

（4）工作支和非工作支。在锚段关节的转换支柱处，同时有两组接触悬挂互相转换，其中由下锚转为工作状态的接触悬挂称为工作支，由工作状态转为下锚的接触悬挂称为非工作支。也就是说，在锚段关节内，接触线和承力索有重叠的两支，与车辆受电弓工作接触的称为工作支，脱离工作接触以升高下锚的称为非工作支。

六、刚性架空接触网

采用刚性悬挂的接触网称为刚性接触网。刚性悬挂要考虑整个悬挂导体的刚度，一般采用具有相应刚度的导电轨或汇流排与接触线组成，有别于上述柔性接触悬挂。

1. 刚性接触网的结构

(1)接触悬挂。刚性悬挂有Π形结构和T形结构，这两种结构均可分为单接触线式和双接触线式。刚性悬挂主要由汇流排、接触导线、伸缩部件、中心锚结等组成。接触悬挂通过支持与定位装置安装于隧道顶或隧道壁上，如图4－13所示。

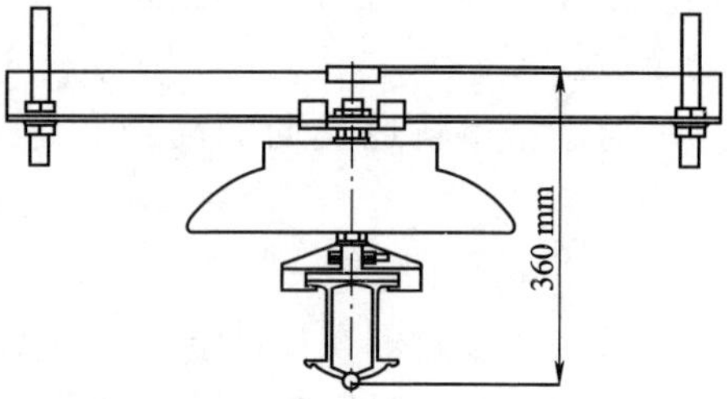

图4－13　Π形刚性悬挂安装图

汇流排一般用铝合金材料制成，其形状一般做成T和Π。Π形结构汇流排包括标准型汇流排、汇流排终端及刚柔过渡元件。标准型汇流排是刚性接触悬挂的主要组成部分，其长度一般被制成10 m或12 m；汇流排终端用于锚段关节、线岔及刚柔过渡处，其作用是保证关节、线岔和刚柔过渡的平滑、顺畅过渡，其长度一般做成7.5 m。刚柔过渡元件用于刚性悬挂与柔性悬挂过渡处，其作用是保证两种悬挂方式的平滑、顺畅过渡。

接触导线与柔性接触悬挂所采用的接触导线相同或相似，其截面积一般采用120 mm^2或150 mm^2。接触导线通过特殊的机械镶嵌于Π形汇流排上，或通过专用线夹固定于T形汇流排上，与汇流排一起组成接触悬挂。

伸缩部件能在一定范围内自由伸缩，同时又能满足电气性能的要求，既能保证电气上的良好接触和导电的需要，又能保证机械上的良好伸缩性。

汇流排接头主要由汇流排接头连接板和螺栓组成，用于连接两根汇流排。其要求是既要保证被连接的两根汇流排机械上良好对接，又要有足够大的接触面积，确保导电性能良好。

中心锚结的结构主要由中心锚结线夹、绝缘线索、调节螺栓及固定底座组成。其作用是防止接触悬挂窜动。

(2)支持和定位装置。有腕臂结构和门形结构。

腕臂结构由可调节式绝缘腕臂、汇流排线夹、腕臂底座、倒立柱或支柱等组成，其特点是调节灵活、外形美观，但结构复杂，成本高。此种结构主要用于隧道净空较高或地面线路。

门形结构由悬吊螺栓、横担槽钢、绝缘子及汇流排线夹等组成。其特点是结构简单、可靠，但调节较困难。此种结构大量用于隧道内。

2. 刚性接触网的特点

刚性悬挂和柔性悬挂都能满足最大离线时间、传输功率、电压电流、受电弓单弓受流电流以及最大行车速度的要求。但刚性接触网与柔性接触网有明显的差别。在受电弓运行的安全性以及对弓网故障的适应性方面，刚性悬挂受电弓要明显好于柔性悬挂。

(1) 刚性汇流排和接触线无轴向力，不存在断排或断线的可能，从而避免了钻弓、烧融、不均匀磨耗、高温软化、线材缺陷以及受电弓故障造成的断线故障。刚性悬挂的故障范围小，是点故障，而柔性悬挂的故障范围为一个锚段。

(2) 刚性悬挂的锚段关节简单，锚段长度是柔性悬挂的 1/7 ~ 1/6，因此固定器具窜动回转范围小，相应地提高了运行中的安全性和适应性。

(3) 无论是日常维护，还是事故抢修、导线更换，刚性悬挂的工作量要少于柔性悬挂。

七、接触轨式接触网

接触轨是沿电力牵引线路敷设的与走行轨道平行的附加轨，又称第三轨。其功能与架空式接触网一样，通过它将电能输送给车辆。接触轨是用具有高导电率的特殊软钢制成的钢轨。车辆伸出的受流器与其接触而取得电能。接触轨式接触网用电电压一般在 600 ~ 825 V，提高电压可相应减少电能损耗，减少变电所数量，降低电力设备费用。对于地下线路，采用接触轨法比较经济，因为不需要像架空线那样增大隧道的尺寸，可降低隧道上方净空，节省投资。

1. 接触轨系统的组成

在接触轨系统中，除作为导电轨的接触轨外，还包括端部弯头、接头、防爬器、安装底座、防护罩等设备。

接触轨多采用 50 kg/m（或 60 kg/m）高导电率低碳钢导电轨和钢铝复合轨。轨头宽度为 90 mm。接触轨单位制造长度一般为 15 m。

(1) 端部弯头。主要是为了保证集电靴顺利平滑通过接触轨断轨处而设置的。在行车速度较高区段，端部弯头一般采用约 5.2 m 长，坡度为 1:50。

(2) 接头。一般分为正常接头和温度伸缩接头两种。正常接头采用铝制接头夹板进行各段导电轨的固定而不预留温度伸缩缝，但要求接头与支持点的距离不小于 600 mm。温度伸缩接头主要是为了克服接触轨随环境温度变化而引起的伸缩，在隧道内，接触轨自由伸缩段长度约按 100 m 左右考虑；地面及高架桥上接触轨自由伸缩段长度约按 80 m 左右考虑。

(3) 防爬器。即中心锚结。设置防爬器主要是为了限制接触轨自由伸缩段的膨胀伸缩量。在一般区段，在两膨胀接头的中部设置一处防爬器，并在整体绝缘支架两侧安装；在高架桥的上坡起始端、坡顶、下坡终端等处安装防爬器。

(4) 安装底座。下磨式接触轨的安装底座一般采用绝缘式整体安装底座，且一般安装在轨道整体道床或者轨枕上。

(5)防护罩。用于尽可能地避免人员无意中触碰到带电的设备。一般采用玻璃纤维增强树脂材质的防护罩,在工作支撑条件下可承受100 kg垂直荷载,并应在高温下具有自熄、无毒、无烟和耐火的性能。

2. 接触轨材质

接触轨按材质可分为高导电率低碳钢导电轨和钢铝复合轨。低碳钢导电轨主要的特点是磨耗小、制作工艺成熟、价格较低。钢铝复合轨由钢和铝组合而成,其工作面是钢,而其他部分是铝。它的主要特点是导电率高、重量轻、磨耗小、电能损耗低。

3. 接触轨的布置方式

接触轨可以有三种布置方式,即上接触式、下接触式和侧接触式。

(1)上接触式。上接触式接触轨如图4-14所示。接触轨装在专用绝缘子上,底朝下。取流时,接触靴自上压向接触轨。上接触式的接触力不由受流器(集电靴)的重量和磨耗情况决定,而只受弹簧支座特性的控制,受流平稳,并能减少在间隙和道岔等处的电流冲击。上接触式接触轨固定方便,但不易加防护罩。

(2)下接触式。下接触式接触轨如图4-15所示。下接触式的接触轨底朝上,紧固在绝缘子上,并且由固定在轨枕上的弓形肩架予以支持。下接触式的优点是可以加防护罩,对工作人员较为安全。但安装结构较为复杂,费用较高,在经常冰冻和下雪而造成集电困难的地区使用较为普遍。

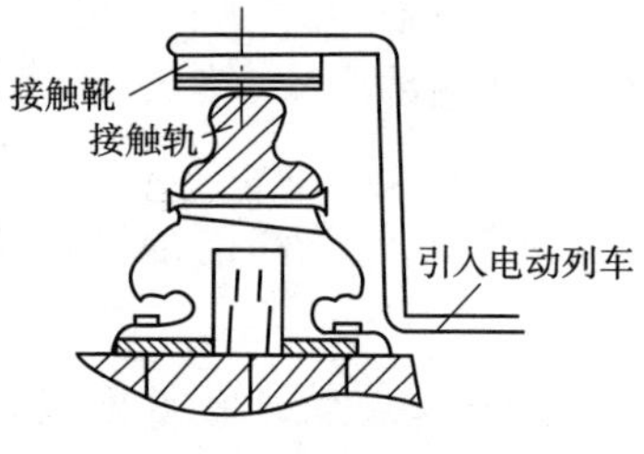

图4-14 上接触式接触轨

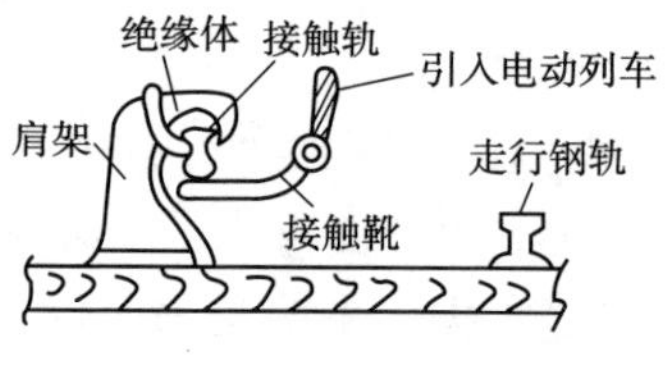

图4-15 下接触式接触轨

(3)侧接触式。侧接触式在工作上与上接触式相似,如图4-16所示。接触轨为高导电率钢制成的特殊断面的钢轨。接触轨通过的地方要设置工作人员使用的人行道,在其余地点,必须考虑设置保护木板或其他合适材料的保护板,以防触电。在车站,接触轨总是设在远离站台轨道的一边,以减少乘客可能摔落在轨道上触电。在线路露天地段,沿线要用木板保护起来,以减少散落物引起电路故障。

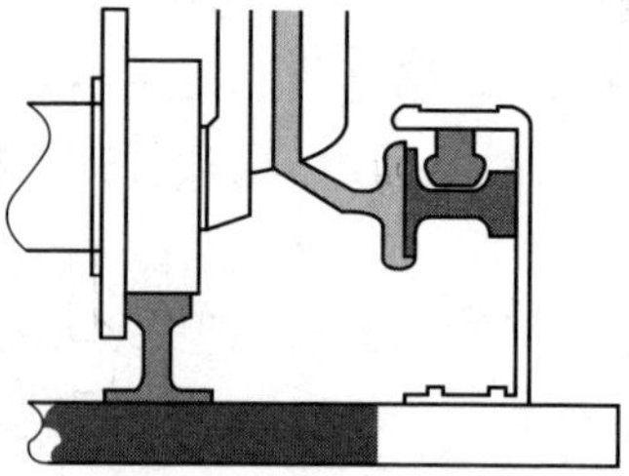
图4-16 侧接触式接触轨

4. 轨节的连接形式

在结构上,由于考虑到接触轨的热胀冷缩和电气分段,需设轨节。轨节的连接有正常接头、温度接头和绝缘接头三种形式。

(1)正常接头在正常接头处,两轨端紧密接合,并用接头夹板连接。

(2)在温度接头处,轨端留一空隙,其大小视温差不同而定。轨头上的接头夹板用螺栓只固定在一边的钢轨上,而另一端的钢轨自由地放在接头夹板中间,当接触轨随温度发生长度变化时,它可以在钢轨连接夹板内自由移动。为了保证电气方面的良好接触,在温度接头处用软裸铜线做的连接器加以连接。温度接头在地下线路的接触轨中,每隔 100 m 设一个。

(3)在绝缘接头处,用木接头夹板紧扣轨端,轨端的空隙留 50 mm。

5. 与架空接触网的比较

(1)土建费用比较。用明挖法施工的区间隧道,架空线系统与接触轨系统净空高度相差 0. 3 m,每公里隧道可节约投资 46 万元。用矿山法施工的直墙拱形隧道,两者净空高度相差 0. 25 m,每公里隧道可节约投资约 70 万元。

(2)设备施工安装比较。架空接触网悬挂在钢轨轨面上方,结构较复杂,零部件多,施工安装不方便,安调整较困难,需要使用专用的架线车和大型机具,施工费用较高。接触轨安装在车辆走行轨外侧,结构较简单,零部件较少,安装高度较低,施工安装方便,施工机具简单,施工费用较低。

(3)设备投资比较。架空接触网方案和低碳钢接触轨方案基本持平,钢铝复合接触轨方案造价最低。

(4)供电可靠性比较。架空接触网结构复杂,零部件多,薄弱环节也多,一旦某个零部件发生问题,会引起滑触线脱落,甚至发生刮弓等恶性事故。架空接触网靠导线张力维持其工作状态,经过多年磨损及电弧烧伤,导线的截面会逐渐减小,强度也随之降低。加上导线材料的缺陷,在拉锚装置及故障电流作用下,极易发生接触线断线事故。一旦发生断线事故,也不便于抢修。接触轨系统结构较简单,坚固耐用,不存在断轨和刮碰受流器等事故隐患,供电可靠性较高。一旦发生事故,抢修也方便。

(5)使用寿命比较。架空接触导线的设计使用寿命为 15 ~20 年,每隔 15 ~20 年就需要更换一次接触导线。接触轨坚固耐磨,使用寿命长。北京地铁经过 30 多年的运营,其磨耗量不到 5% 。按此推算接触轨使用 100 年其磨耗量也不到 25% 。

(6)维修费用比较。架空接触网在运营中维修调整工作量较大,需要组建接触网维修工区,一个工区定员需 25 人,配备专用的接触网检查车,承担 10 km 左右线路接触网的维修任务,要付出一笔很大的维修费用及管理费用。接触轨几乎不用维修,不设专职的维修人员,由线路维修人员兼顾。维修工作简单,不需要大型机具设备,维修费用较少。

(7)城市景观效果比较。架空接触网对城市景观有负面影响,从城市景观效果考虑,接触轨系统有较大的优势。

(8)人身安全比较。架空接触网系统滑触线悬挂在线路上方 4 m 处,不会对轨道维修人员及发生事故时人员快速疏散带来影响,安全性较好。

接触轨系统的接触轨安装在走行轨旁边,高度较低,在接触轨带电情况下,人员进入隧道,或发生事故时人员快速疏散有一定的危险性。由于在接触轨上安装了绝缘防护罩,北京地铁运营 40 多年来未发生工作人员和乘客被电击伤的事故。

(9)牵引网能量损耗比较。在列车功率相同的条件下,牵引网电压和列车电流成反比,架空接触网系统比接触轨系统的列车电流小。架空接触网上的线路电阻为 23 ~ 27 MΩ/km,而钢铝复合三轨的线路电阻为 8 MΩ/km,仅为架空接触网电阻的 1/3,能耗要比架空接触网的能耗小。

(10)杂散电流腐蚀防护比较。架空接触网系统的钢轨电位,比接触轨系统的钢轨电位高,架空接触网系统的杂散电流值较大。

第四节 低压配电及照明

低压配电及照明系统分为车站低压配电和照明两个子系统。

一、车站低压配电系统

1. 系统组成

车站低压配电系统采用 380 V 三相五线制、220 V 单相三线制方式供电。它为站台、站厅和设备及管理用房的环控、排水、消防、电梯、自动扶梯、自动售检票及通信、信号等设备供配电和车站环控室内供配电设备的供电。

(1)负荷分级:根据用电设备的不同用途和重要性,车站用电负荷分为三级。

①应急照明、变电所操作电源、信号系统、通信系统、电力监控系统、火灾报警系统、消防系统、消防电梯、环境与设备监控系统、地下站厅站台照明、地下区间照明、排烟系统用风机及电动阀门、自动售检票系统、门禁系统、兼作疏散用的自动扶梯、安全门、防护门、防淹门、消防泵、排雨泵、车站排水泵为一级负荷。其中,应急照明、变电所操作电源、火灾报警系统、信号系统、通信系统为特别重要负荷。一级负荷平时从降压变电所两段母线上分别馈出一路专用供电线路向负荷末端电源切换箱供电,两路电源在切换箱内自动切换,以实现不间断供电。

②地上站厅站台照明、附属房间照明、出入口通道照明、普通风机、排污泵、电梯、自动扶梯为二级负荷。二级负荷平时从降压变电所、环控电控室、照明配电室馈出单回供电线路至末端配电箱,当一台变压器退出运行时,降压变电所的 0.4 kV 母线分段开关

自动闭合，退出运行变压器带的二级负荷将由另一台变压器供电。

③空调制冷及水系统设备、锅炉设备、广告照明、清洁设备、电热设备为三级负荷。三级负荷平时由一路电源供电，当一台变压器退出运行时，应将其从电网中切除。

(2)配电方式。根据客量的大小或负荷的重要性等的不同采用不同的配电方式。

大容量设备或负荷性质重要的用电设备宜采用放射式配电。

中小容量设备，宜采用树干式配电。链接的配电箱不应超过3个。

环控电控室和照明配电室对各类负荷的供电，根据负荷性质按照集中分片的原则进行。车站站厅、站台公共区的照明采用分块控制、交叉供电的配线方式。

车辆段按车间和分区域供应，采用放射式与树干式相结合的方式。

(3)供配电系统。可分为由车站降压变电所直接供配电和由环控电控室供配电。

①车站降压变电所直接供配电。对降压变电所直接供配电的一级负荷，由降压变电所低压柜两段母线各馈出一路电源至设备附近的电源切换箱，经电源切换箱实现双电源末端切换后再馈出给设备，两路电源正常时一路工作，一路备用，并可互作备用。

对降压变电所直接供配电的二级负荷，由降压变电所低压柜的一段母线馈出一路电源至设备附近的电源配电箱后再馈出给设备，当该段母线失压后，母线分段断路器(母联断路器)自动合闸，可由另一段母线继续供电。

对降压变电所直接供配电的三级负荷，由降压变电所低压柜的一段母线馈出一路电源至设备附近的电源配电箱后再馈出给设备，当任一段母线失压或故障时，均联跳中断对所有三级负荷设备的供电。

②环控电控室供配电。对环控电控室直接供配电的一、二级负荷，采用单母线断路器分段接线形式供电，并设有电源自动切换装置，通过母联断路器(连接两段母线)的备用电源自动投切装置，实现两路电源互备供电。

对环控电控室供配电(直接或间接)的三级负荷，采用单母线接线形式供电，当该母线失压或故障时，中断供电；当电网只有一路电源供电时，也联跳中断供电。

2. 供电控制方式

(1)对由降压变电所直接供配电的各种设备，低压配电系统提供电源至各设备附近的配电箱或电源切换箱，工作人员可在降压变电所或配电箱或电源切换箱上对各设备作电源通断或切换操作。

(2)对由环控电控室直接供配电的冷水机组、与FAS相关的设备(如风阀、防火阀、防火卷帘门、挡烟垂幕、消防系统等)及BAS、AFC系统等设备，低压配电系统提供电源至各设备附近的配电箱或电源切换箱，工作人员可在环控电控室或配电箱或电源切换箱上对该设备作电源通断或切换操作。

(3)对环控电控室直接控制的环控设备(如空调机、风机等)，采用三地控制方式，即就地控制(设备附近)、环控电控室控制及站控室控制(通过BAS系统控制)。

(4)自动扶梯正常运行时由现场控制,事故状态下可在站控室内按动应急停机按钮停止所有自动扶梯运行。

3. 供配电主要设备

(1)电源配电箱、电源切换箱。安装于车站各动力用电设备(如自动扶梯、水泵、信号设备、通信设备、自动售检票设备)附近,提供设备所需电源。

(2)环控电控柜。环控电控柜(开关柜、控制柜、继电器柜)安装于车站环控电控室内,提供环控电控室直接供配电设备所需的电源,实现环控设备的电气控制及距离操作控制。

(3)区间隧道维修电源箱。安装于正线区间隧道内,约 80 m 设一台,提供隧道内设备维修作业时所需的电源。

(4)防火阀电源配电箱。安装于车站防火阀相对集中处附近,将 AC 220 V 整流为 DC 24 V 电源,提供给防火阀关闭电磁阀动作所需电源。

(5)照明配电箱。安装于各车站照明配电室、站控室和部分设备房,用于相应场所一般照明、节电照明、事故照明及广告照明的供配电。

(6)事故照明电源装置。包括充电柜、交直流电源切换柜和蓄电池,安装于车站站台蓄电池室,实现蓄电池充电和事故照明电源交直流切换,为车站提供事故状态下的应急照明电源。

4. 无功补偿

采用并联电力电容器作为无功补偿装置。容量较大、负荷平稳且经常使用的用电设备的无功功率单独就地补偿。补偿无功功率的电容器组在变电所内集中设置。

二、照明系统

1. 系统组成

车站照明系统采用 380 V 三相五线制、220 V 单相三线制方式供电。系统范围为车站照明设备,包括站台、站厅公共区的一般照明,节电照明(包括站名牌标示照明),应急照明(包括疏散诱导指示照明),广告照明和设备及管理用房的一般照明、事故照明,车站出入口的疏散诱导指示照明、一般照明与事故照明,电缆廊道的一般照明,区间隧道的一般照明、应急照明,变电所、配电室、信号机械室、消防泵房的一般照明和应急照明。

照明设备配电采用放射式和树干式相结合的方式。

(1)负荷分级。根据各场所照明负荷的重要性,照明负荷可分为三个等级:节电照明、应急照明、疏散诱导指示照明为一级负荷;一般照明及各类指示牌为二级负荷;广告照明为三级负荷。

(2)配电设置。在地下站站台、站厅的两端各设置一照明配电室,高架站、地面站可按层或端各设一个照明配电室。室内集中安装各类照明配电控制箱。在站台两端各设置一事故照明装置室,室内安装一套事故照明装置。

一般照明、节电照明、设备及管理用房照明的电源,分别在降压变电所的低压柜两段母线上各馈出一路电源,与照明配电室的两个配电箱连接,以交叉供电方式,向站台、站厅、设备及管理用房供电。

应急照明电源是由低压变电所的低压柜两段母线上各馈出一路电源,经应急照明装置再馈出至各照明配电室的事故照明配电箱后配出。应急照明装置带有蓄电池,当进线电源交流失压后,装置电源切换柜自动切换为蓄电池 220 V 直流电源向外供电,当进线恢复供电后,又自动切换为交流向外供电。

站台、站厅及人行通道的疏散诱导指示照明由事故照明配电箱配出单独回路供电。

广告照明及其他各类照明(区间隧道一般照明除外)由照明配电室配电箱配出。

区间隧道一般照明由设在站台两端隧道入口处区间隧道一般照明箱配出。

2. 控制方式

车站照明系统应分组控制,并分为三级控制。

(1)就地级控制。各设备及管理用房进门处设有就地开关箱或开关盒,可控制相应设备及管理用房的一般照明。区间隧道一般照明受设于隧道两端入口处的区间隧道一般照明配电箱控制。

(2)照明配电室集中控制。照明配电室内设有相应照明场所的照明配电箱,可在室内集中控制相应场所的一般照明、节电照明、应急照明及广告照明。正常情况下,配电箱所有开关均应全部合上,以便通过就地级控制和站控室集中控制相应场所照明。

(3)站控室集中控制。站控室内设有一照明控制柜,通过柜面上的转换开关和按钮,可实现对站台、站厅公共区的一般照明、节电照明、广告照明的手动/自动控制转换和人工控制(手动控制是通过照明控制柜上按钮或照明配电室照明配电箱上按钮开/关控制,自动控制是通过 BAS 实现)及区间隧道一般照明的手动控制。在 BAS 上可监控站台、站厅公共区一般照明、节电照明、广告照明的工作状态(手动/停/自动)。此外,根据需要应急照明也可在蓄电池室交直流切换柜上进行控制。

3. 照明设备

(1)灯具。灯具(白炽灯、荧光灯,包括灯架)是照明电光源,安装于车站各照明场所,用于车站各照明场所照明、疏散指示。车站的站厅、站台照明光源宜采用荧光灯;地上区间照明和高大隧道区间宜采用显色性较好的高光强气体放电灯。

(2)灯塔。安装于车辆段内,用于车辆段内空旷区域照明。

(3)照明控制盘。用于集中控制相应场所的一般照明、节电照明、事故照明及广告照明,实现照明配电室集中控制和站控室集中控制操作。

(4)一般照明控制就地开关(翘板开关)盒。安装于各设备及管理用房门口处,用于各设备及管理用房一般照明就地控制。

第五节 电力监控系统

电力监控系统又称电力 SCADA 系统,对城市轨道交通供电系统的变电所、牵引网进行实时控制监视和数据采集。其有着信息完整、提高效率、正确掌握系统运行状态、加快决策、能帮助快速诊断出系统故障状态等优势,已经成为电力调度不可缺少的工具。调度人员通过电力监控系统实时地监视供电系统的运行情况,及时掌握和处理供电系统的各种事故、报警事件,准确实施调度指挥、事故抢修和事故处理,以保证供电系统的可靠性、安全性。它对提高电网运行的可靠性、安全性与经济效益,减轻调度员的劳动强度,实现电力调度自动化,提高调度的效率和水平等有着不可替代的作用,并为推行变电所无人值班提供了强大的技术支持。

一、电力监控系统的组成

电力监控系统是一个分层分布式自动化系统,包括控制中心系统(主站)和变电所自动化系统(子站)、通信通道三大部分。电力监控系统的结构宜采用“1 对 n”的集中监控方式,即 1 个主站监控 n 个子站的方式。

1. 控制中心电力监控系统

控制中心的电力监控系统由计算机系统和局域网两大部分组成,其设备的配置根据用户的需求可有多种形式。一个具备基本 SCADA 功能的控制中心硬件系统由实时服务器、历史服务器、操作员工作站、系统维护工作站及打印机等外围设备、模拟显示设备(含马赛克模拟屏和背投影设备)、网络通信系统等构成。配置 UPS 及配电柜。

(1)实时服务器。两台实时数据服务器互为备份。在正常运行时,两服务器均接收数据和服务请求,但只有工作服务器响应请求,向客户端提供服务。两服务器之间通过网络数据交换验证双方数据的一致性。由于处于备份状态的服务器存有所有的实时和短时历史数据,同时了解客户的服务请求,因此系统能保证在很短时间内自动接替所有服务。在一台服务器下线,经维修处理恢复后,会自动恢复所缺少的短时历史趋势数据和事件记录,保证双服务器数据的一致性。

(2)历史服务器。系统的历史数据库设在历史服务器中,按照1 min、5 min、10 min或更长周期,保存系统重要数据的统计结果。一般在历史服务器硬盘内保存 5 年的数据,也可以采用磁带或可读写光盘保存查询 10 年以上的历史数据。

(3)调度操作员工作站。配备多套功能完全等价、并行工作的调度操作员工作站,用于操作人员的日常控制、监视和调度管理工作。工作站的人机接口软件满足系统对底层设备直接操作的要求，能方便地实现遥控、遥信、遥测、遥调功能，能总揽全局数据点并以生动丰富的画面表示出来，还可进行数据的处理、趋势显示、报警、归档、文件、报表和打印。

(4)系统维护工作站。配置一台维护工作站，用于对软件的在线维护系统软件、定义系统运行参数、定义系统数据库及编辑、修改、增扩人机界面画面等工作，且实时库、历史库及画面的修改均采用无须编程的人机对话方式。同时提供系统维护用打印机。

维护工作站兼网管工作站，监控系统配置了网络管理软件，目的在于加快网络故障定位速度，提高网络维护效率，同时保证网络安全。其主要功能和应用包括设备故障自动探测和网络配置管理。

维护工作站还兼有数据备份工作站的功能。通过维护工作站或磁带记录装置，将历史服务器中的数据导出和转存。

(5)局域网。调度中心局域网系统通常为10/100 Mbit/s以太网，网上接有服务器、调度员工作站、维护工作站、打印机、大屏幕(模拟屏)驱动计算机等设备。当采用点对点作为通信方式时，通信终端设备以上的局域网是独立的CIS结构；当采用全网络化的通信方式时，通过中心的以太网交换机，将中心服务器、计算机划分在同一个VLAN中，确保在逻辑上中心与各被控站系统的设备分离，防止网络广播风暴的发生。

控制中心网络访问方式采用客户/服务器访问方式，局域网络采用双以太网结构，所有的网络设备均双冗余配置。

局域网交换机采用质量稳定的24～48口交换机，如果需要在不同楼层接入计算机设备，则每楼层应分设交换机，楼层间的交换机采用光纤连接。

(6)大屏幕显示系统及控制机。设置一套由马赛克模拟屏和大屏幕背投显示系统相结合的显示系统。模拟屏和大屏幕背投系统均有自己的控制器，这些控制器与控制中心的局域网相连接。

(7)打印机。打印机用作实时打印、报表打印、屏幕拷贝。实时打印机作为各种信息的召唤。报表打印机用于数据和图表的打印。屏幕拷贝机用于用户画面的打印。

(8)UPS及配电柜。配置UPS及配电柜一套，当交流电源停电后，UPS能维持系统供电的时间不少于60 min。配套的配电柜馈线回路数及容量应满足系统设备用电要求并预留一定的馈线回路。

2. 变电所自动化系统

变电所自动化系统是按无人值班设计的分布式系统。变电所自动化系统采用集中管理、分散分布式结构，包括间隔层(保护、测控装置)、网络层和站级管理层，完成继电保护、监视控制、自动控制装置远动及数据通信等功能。变电所自动化系统的结构如图4－17所示。

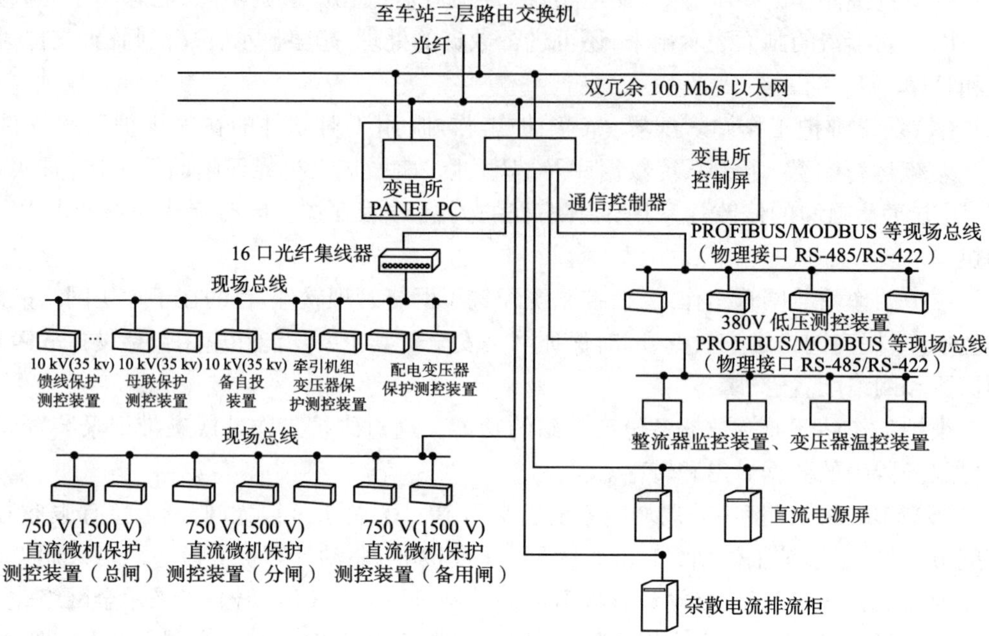

图 4－17　变电所自动化系统的结构

(1)间隔层。间隔层按照设备性质不同分为交流系统(10 kV 或 35 kV 保护测控装置)、牵引系统(750 V 或 1 500 V 保护测控装置)、低压交流系统(0. 4 kV 保护测控装置)和其他系统(如电源屏控制机、变压器保护测控装置等)。牵引降压混合变电所自动化系统最为典型。降压变电所自动化系统与其基本相同,但不含直流牵引系统的测控。跟随所自动化系统的所内部分与降压变电所自动化系统基本相同。

间隔层设备主要是指微机监控装置以及其他带有智能通信接口的设备(例如变压器温度测控装置、直流屏充电测控装置等),最大的特点是具有智能化的自律性能的微机化单元,其基本功能的运作不依赖通信网络。例如单条回路的微机保护测控单元,其保护功能的实现是通过对该线路的电压、电流、开关状态等参数的采集并经过保护装置内部电路的运算后输出信号控制开关的过程实现的。

间隔层设备包括分散安装在各交流 10 kV(或 35 kV)开关柜、直流 750 V(或 1 500 V)开关柜内的间隔层保护测控设备以及控制信号盘上集中安装的接触网/轨电动隔离开关测控单元。10 kV(或 35 kV)交流系统的间隔层装置通常由进线、母联、变压器间隔的测控保护装置构成,为独立的单元。750 V(或 1 500 V)直流牵引系统是变电站的核心系统,因其联锁、联动关系复杂,通常采用保护测控装置 + PLC(或继电器)来构成完善的保护测控系统。0. 4 kV 低压交流系统为轨道交通系统提供动力照明电源,其保护测控系统一般由开关和成套的装置提供。变压器温控装置是专为干式变压器安全运行设计的智能控制器,能够提供高温报警及超温跳闸的继电器输出接点。整流器外部设置测控装置。变电所内的直流屏以及事故直流屏内部一般设有智能通信模块,通过 RS-485 或 RS-232 通信接口与自动化系统进行数据交换。交/直流屏充电测控装置的工作也是由该测控装置对充电机组的工作状态进行智能控制。

将各种间隔层智能装置通过现场通信网络进行连接组成变电所综合自动化系统。间隔层装置通信网络一般分为点对点型通信和总线型通信,其中总线型的通信方式因其传输距离长、节省连接电缆的特点而得到广泛应用。

(2)网络层。变电所自动化系统的通信网络一般采用以太网或以太网与现场总线并存模式。

(3)站级管理层。站级管理层作为变电所自动化系统的通信控制和后台机,承担着系统的通信管理、人机界面交互以及运行管理的任务。站级管理层的规模是可变的:有人值班方式下,可设人机界面工作站,运行相应的管理程序。对系统进行运行状态监视、遥控(遥调)操作,也可以进行设置。在无人值班方式下,变电所管理层的设备保留通信控制器即可,通信控制器上预留接口(串口或以太网口),以便于便携式计算机接入,对系统进行调试。

站级管理层一般由控制信号屏以及设置在其内的通信控制器、显示设备、音响报警装置、机架式 UPS 等设备组成。屏上设置一台液晶显示器或一体化工作站,用于变电所当地人机界面的显示、当地设备的控制。音响报警装置具有事故、预告两种音响。音响采用自动复归方式,音响时间可调,盘上设置音响投入/撤除转换开关。

变电所自动化系统的控制方式有远动控制、所内集中控制、设备本体控制三级方式。正常运行时采用远动控制,设备检修时采用所内集中控制或设备本体控制。一般在开关柜上设当地/远方选择开关,对于接触网/轨电动隔离开关在控制信号盘上设置当地/远方转换开关和相应的合分闸开关。三种控制方式相互锁闭,以达到安全控制的目的。

3. 通信通道

通信通道采用点对点串行通信或网络方式,根据不同的场合需求可选用不同的通道方式。城市轨道交通的变电所分布在沿线,沿线敷设有骨干通信网,骨干网终端设备可给电力监控系统提供带宽高达2 Mbit/s的通道或 10 Mbit/s 的以太网通道。

(1)串行通信通道。系统通信主干网通道采用星型点对点主、备冗余配置,每个被控站到控制中心配置一主一备两路通道。该两路通道间实现自动或手动切换功能,通信接口方式为双 RS-422,通信传输速率为 300 ~ 9 600 b/s。这种低速串行通信方式在电力监控系统中已不多见。

(2)E1 信道连接。骨干网采用 SDH 的 E1 信道连接,由于骨干网提供的网络接口是各个车站对中心的点对点线路,是一种星状结构,控制中心是网络的中心节点,控制中心需要接收各车站/车辆段的各两路E1信号，控制中心采用两台路由交换机和El/以太网转换器，可以同时接入多路E1信号，如图4－18所示。这种方式传输速率高(2 Mbit/s)，每个通道独立，互不影响，支持单站调试，站与站之间基本没有影响。因此，采用El通道是电力监控系统通信通道的首选。

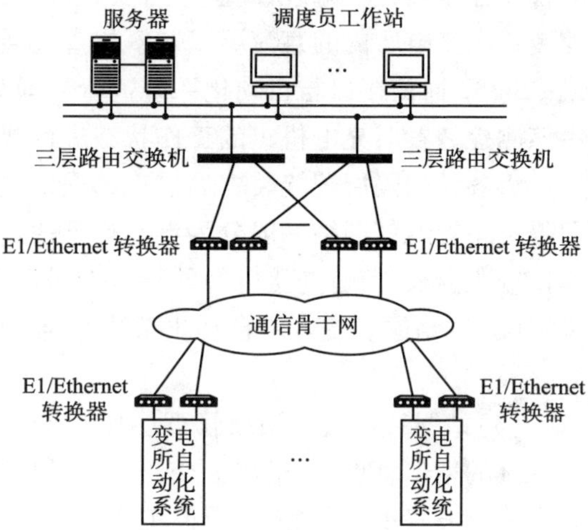

图4－18　E1信道连接

(3)10 Mbit/s共享以太网连接：10 Mbit/s共享以太网连接方案，由于骨干网提供的控制中心网络接口是以太网口，是总线型结构。控制中心的网络设备只需提供两个以太网接口，中心采用两台三层路由交换机，如图4－19所示。这种方式为电力监控系统提供透明的以太网通信信道，不需要提供骨干网接口设备，可以节约投资，但是由于所有的通信节点位于一个共享通道上，节点之间的相互影响较大。系统带宽受限制时，共享以太网也是一种合理的选择。

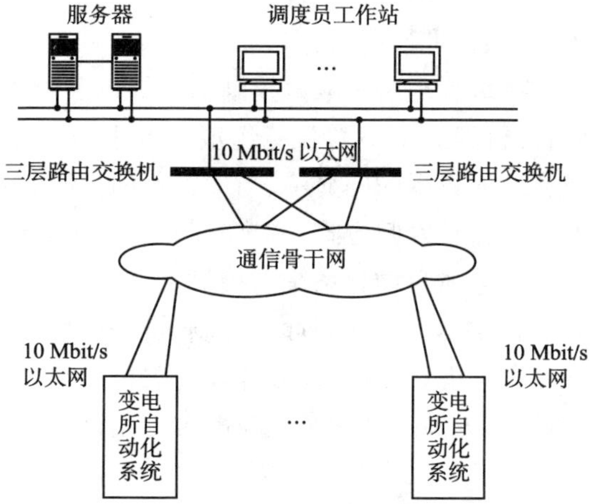

图4－19　以太网连接

二、电力监控系统与其他系统接口

1. 与通信系统的接口

控制中心电力监控系统与通信系统的接口分界点在控制中心通信机房，对于10 Mbit/s共享型的通道，由电力监控系统控制中心局域网交换机引出RJ-45接头双绞线(交换机与通信机房距离大于100 m时采用光纤连接)，对端接入骨干网交换机接口板。变电所端的连接与控制中心的连接方式一致。

2. 与综合监控系统接口

电力监控与综合监控系统分界点设在车站综控室内通信控制器的通信接口处。

3. 变电所自动化系统内部的接口

变电所内部有比较复杂的接口系统。

硬线接口用信号电缆传递开关信号或模拟信号，包括开关量输入、开关量输出、直流模拟量输入、交流采样输入。

串行数据接口用数字通信的方式传递数据，使用 RS-232、RS-422 或 RS-485 标准接口。通信速率由设备情况确定。

现场工业总线接口采用一对双绞线连接多个设备，大大节约了电缆，降了低成本。

三、系统监控对象

监控对象包括遥控对象、遥信对象和遥测对象。

1. 遥控对象

遥控对象包括：主变电所、牵引变电所、降压变电所内10 kV及以上电压等级的断路器、负荷开关及系统用电动隔离开关；牵引变电所的直流快速断路器、直流电源总隔离开关；降压变电所的低压进线断路器、低压母联断路器、三级负荷低压总开关；接触网电动隔离开关；有载调压变压器的调压开关。遥控对象包括遥调对象。

2. 遥信对象

遥信对象包括：遥控对象的位置信号；高中压断路器、直流快速断路器的各种故障跳闸信号；变压器、整流器的故障信号；交直流电源系统故障信号；降压变电所低压进线断路器、母联断路器的故障跳闸信号；钢轨电位限制装置的动作信号；预告信号；断路器手车位置信号；无人值班变电所的大门开启信号；控制方式。

3. 遥测对象

遥测对象包括：主变电所进线电压、电流、功率、电能；变电所中压母线电压、电流、功率、电能；牵引变电所直流母线电压；牵引整流机组电流与电能、牵引馈线电流、负极柜回流电流；变电所交直流操作电源的母线电压。

四、电力监控系统的功能

电力监控系统实现对遥控对象的遥控，对供电系统设备运行状态的实时监视和故障报警，对供电系统中主要运行参数的遥测；实现屏幕画面显示、模拟盘显示或其他方式显示，以及运行和故障记录信息打印；实现电能统计等内容的日报、月报制表打印；实现系统自检功能；以友好的人机界面实现系统维护功能；实现主/备通道的切换功能。根据工程情况，在满足上述要求的基础上可以选配其他功能。

1. 控制中心的功能

(1)控制。实现对变电所高压断路器和电动隔离开关(含接触网隔离开关)及主要0. 4 kV 断路器的单独控制和程序控制。断路器和电动隔离开关的操作具有安全联锁功能。只有具有控制权的计算机才能完成遥控操作。为了控制输出的安全性，在同一时间内，只允许一台操作员工作站具有控制权，其他工作站控制权自动取消。

(2)信息处理与显示

①各被控站上位监控单元将各种不同类型的信息实时地传递到控制中心,对各被控站供电设备运行状态的监视,实现遥信、遥测、报警处理和数据处理等功能。

②对被监控对象的位置信号、事故信号、预告信号进行实时采集。位置遥信包括:各种开关、刀闸、接触器的合分状态,手车的工作、实验位置状态等。保护遥信为单位置遥信,状态包括:事故遥信的正常、故障状态,预告遥信的正常、预告状态。若变电所采用门禁系统,则监控系统应能监视变电所大门的开启情况和人员进入时间及编号等。

③实现对变电所电流、电压、功率、电度的实时采集,在显示器上显示对极限值进行统计和报警显示。模拟量遥测:将各变电所内测量对象的交流相/线电压、交流电流,零序电压,零序电流,直流电压,直流电流,有功、无功功率,关口变电所频率,牵变谐波、功率因数,蓄电池电压等电量,变压器温度等非电量送至控制中心。数字量遥测:对交流电度、直流电度进行采集。遥测信号的采集和处理:变量的工程单位变换、超量程检查、零点嵌位(近零死区的处理)、硬件故障处理、操作员强制和禁止处理、遥测信号的传送死区处理。

④在现场或监控系统本身故障时,在监视器及模拟屏上给出声光报警,并自动打印。报警包含声音报警、语音报警、文字报警、打印报警、画面报警、灯光报警、模拟盘报警等方式,可单独使用,也可组合使用;报警可在调度工作站实现,也可在其他工作站实现,并可根据工作站的职责范围有选择性地报警。

⑤无故障时进行正常信息处理,系统接收由被控站上位监控单元经通信通道传送上来的数据信息,经过各种算术及逻辑处理后,将数据显示、打印出来,并能将数据存储到系统的实时数据库和历史数据库中。

(3)供电系统运行情况的数据归档和统计报表。分门别类地保存操作、报警(事故、预告)信息的历史记录,以进行查询和故障分析;实现测量数据的日报、月报的统计报表。系统可根据调度人员的要求,建立各种档案报表,采用自动或手动方式录入数据。可进行定时和随时打印。可保留:日志信息事件;模拟量遥测数据记录;事故追忆记录;事件记录;故障数据记录;设备报告事件记录。

(4)用户画面。配置动态显示的供电系统图、监控系统图、变电所主接线、记录、报警、接触网供电分段示意图、程控等用户画面,以及变电所盘面动态显示图。

(5)打印。设画面拷贝机、事件打印机、报表打印机,可进行图形、报表及事项打印。可根据需要打印所有操作、报警、报表信息。不需要打印,或打印机关机或故障时,各种信息自动保存在硬盘的指定目录下。

(6)趋势显示。提供全部模拟量由用户自定义趋势显示功能,有曲线趋势和数字趋势两种显示方式。可以在线定义趋势组。一幅曲线画面上最多显示 5 条曲线,每条曲线以不同颜色区分。

(7)人机界面调阅显示。操作员可以通过键盘在显示器上调阅全部系统配置画面及用户组态定义画面。画面可设密码。

(8)信息查询。用户可设定时间和项目,查询各种实时、历史信息。

(9)口令。系统设口令字用以对每一位进入系统的人员进行严格的登录,清楚地分辨、记录进入系统和进行操作的人员,以确定管理人员的管理范围。管理人员在岗位交接班时用口令替换形式完成。

(10)在线维护、修改、扩展。系统具有在线对应用软件维护、修改功能。当数据库或用户画面由于某些原因发生数据变化或显示有误时,维护人员能调出数据库定义程序或画面编辑程序,对有关内容进行在线修改。当系统需增扩一些对象时,可根据数据库及画面编辑原则,对系统进行在线扩容。

(11)容错、自诊断、自恢复

①系统具有远方诊断功能,所有工作站均具有故障自诊断功能,自检标志达到模块级。②系统对整个系统的运行状况实施监视,并能以图表来直观反映,并能报警提示维护人员,能自动记录运行设备的故障发生时间、恢复时间。③系统定时诊断网络的情况,出现故障时实现向备份网络切换。④所有冗余的服务器均以热备方式运行,一台服务器出现故障后,后备服务器自动切换投入运行,完成故障服务器的全部功能。

2. 变电所自动化系统的功能

变电所自动化系统要完成远动控制输出,现场数据采集(包括数字量、模拟量、脉冲量等),远动数据传输,可脱离主站独立运行。系统总体功能:①实现变电所各种设备的控制、监视、联动操作,以及电流、电压、功率、电度测量、保护等。②接受综合监控系统或当地维护计算机的控制命令;向综合监控系统或当地维护计算机传送变电所操作、事故、预告信息。③直接控制监视不宜装设监控单元的开关设备(如接触网上电动隔离开关)。④事故、预告信息液晶显示和音响。⑤变电所维护计算机功能,实现对变电所监控网络和监控单元编程,对各监控单元软件的日常维护,对变电所内各种设备的控制、监视、测量数据显示和统计。⑥系统故障诊断,任何监控单元发生故障,均应报警,单个监控单元的故障,不影响整个网络的运行,故障标志达到板级。

(1)站级管理层功能。通信控制器功能包括:通过所内通信网络,完成对各间隔单元的数据采集与控制输出;适应并实现与控制中心系统的远程通信,完成通信规约的处理;适应并实现与所内间隔单元的网络通信,实现所内对设备的集中监控管理;通过软件对控制中心时钟系统保持同步,并且同步各间隔单元;当系统发生故障时启动报警音响;具有看门狗、自诊断、自恢复功能。

(2)间隔设备层功能。①10 kV(或 35 kV)交流系统的间隔层装置可完成继电保护、遥信、遥测等功能。具有硬接线的开入、开出点,以便与直流系统等组成联动、联锁关系。②750 V(或 1 500 V)直流牵引系统的电量保护系统通常完成过电流保护、电流速断保护、电流增量保护、di/dt 保护等。③ 0.4 kV 系统的成套装置除了完成继电保护功能,还能够完成电流、电压信号的采集,并对功率、电度、功率因数、频率进行统计和计算。④变压器温控装置能提供高温报警及超温跳闸,还能提供通信接口进行通信,通信内容包括各相温度、超温跳闸及高温报警信息、冷却风机启停信息等。⑤整流器测控装置采集整流二极管工作状态和温度值,并可根据这些数据启动报警或跳闸回路,也可以通过通信接口上传数据。⑥直流屏对合闸母线电压(电池组端电压)、控制母线电压、控制母线电流、电池充电电流等模拟量进行遥测;对充电机工作状态、充电机故障报警、交流电源失压报警、直流母线过压报警、直流绝缘监察报警、电池回路空开(熔断器)状态、馈线回路空开状态进行遥信。

五、综合监控系统下的电力监控系统

电力监控系统作为综合监控系统的子系统,主站设在控制中心,由综合监控系统统一管理,各子站在车站接入站级综合监控系统以太网,通过综合监控系统通信通道送至控制中心。在车辆段设置电力监控复示系统,以监视全线供电设备的运行情况。

第五章

城市轨道交通信号

城市轨道交通信号系统担负着指挥列车运行，保证行车安全，提高运输效率的重要任务。现代化的城市轨道交通要求城市轨道交通信号设备具有较高的现代化水平。

第一节 概 述

城市轨道交通系统的安全、输送能力和效率与信号系统密切相关，以速度控制为基础的列车自动控制系统已成为城市轨道交通信号系统的必然选择。信号系统实际上已成为城市轨道交通调度指挥和运营管理的中枢神经，选择合适的信号系统可以产生巨大的经济效益和社会效益。

一、对信号系统的要求

城市轨道交通对其信号系统提出与铁路不尽相同的要求：

(1)安全性等级要求更高。因城市轨道交通尤其是地下部分隧道空间小，行车密度大，故障排除难度大，若发生事故难以救援，损失将非常严重，所以对行车安全的保证——信号系统提出更高等级的安全要求。

(2)通过能力大。城市轨道交通一般不设站线，进站列车均停在正线上，先行列车停站时间直接影响后续列车接近车站，所以要求信号设备满足通过能力的要求。另一方面，不设站线使列车正常运行的顺序是固定的，有利于实现行车调度自动化。

(3)保证信号显示。城市轨道交通虽然地面信号机少，地下部分背景暗，且不受天气影响，直线地段瞭望条件好，但曲线地段受隧道壁的遮挡，信号显示距离受到限制，所以保证信号显示也是一个重要的问题。

(4)抗干扰能力强。城市轨道交通均为直流电力牵引，要求信号设备对其有较强的抗电气化干扰能力。

(5)可靠性等级要求更高。由于城市轨道交通隧道净空小，且装有带电的牵引接触网或接触轨，行车时不便下洞维修和排除设备故障，所以对信号设备的可靠性等级要求更高，应尽量做到平时不维修或少维修。

(6)自动化程度高。城市轨道交通站间距短，列车密度大，行车工作十分频繁，而且地下部分环境潮湿,空气不佳,没有阳光,工作条件差,所以要求尽量采用自动化程度高的先进技术设备,以减少工作人员数量,并减轻其劳动强度。

二、信号系统的特点

城市轨道交通的信号系统沿袭铁路的制式,但由于其自身的特点,与铁路的信号系统有一定的区别。城市轨道交通信号系统的特点是:

(1)具有完善的列车速度监控功能。城市轨道交通所承担的客运量巨大,对行车间隔的要求远高于铁路,最小行车间隔达到 90 s,甚至更小,因此对列车速度监控功能的要求极高。

(2)联锁关系较简单。城市轨道交通的大多数车站没有配线,不设道岔,仅在少数有岔联锁站及车辆段才设置道岔,故联锁设备的监控对象远少于铁路车站的监控对象,联锁关系远没有铁路复杂。除折返站外,全部作业仅乘客乘降,非常简单。

(3)车辆段独立采用联锁设备。城市轨道交通的车辆段类似于铁路区段站的功能,包括列车编解、接发列车和频繁的调车作业,线路较多,道岔较多,信号设备较多,一般独立采用一套联锁设备。

(4)自动化水平高。由于城市轨道交通的线路长度短,站间距离短,列车种类单一,行车规律性很强,因此它的信号系统中通常包含自动排列进路和运行自动调整的功能,自动化强度高,人工介入极少。

三、信号系统的组成

城市轨道交通信号系统通常由正线列车运行自动控制(ATC)系统和车辆段/停车场联锁系统两大部分组成,用于列车进路控制、列车间隔控制、调度指挥、信息管理、设备工况监测及维护管理,由此构成一个高效的综合自动化系统,如图 5－1 所示。

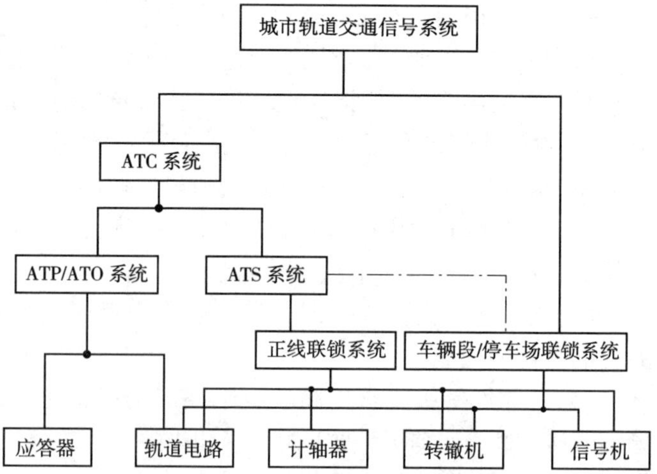

图 5－1　城市轨道交通信号系统框图

1. 正线 ATC 系统

列车运行自动控制(ATC)系统包括列车自动防护(ATP)、列车自动运行(ATO)及列车自动监控(ATS)三个子系统,简称“3A”。

系统需设置控制中心,沿

线各车站设计为区域性联锁，其设备放在集中站（一般为有岔站），列车上安装有车载控制设备。控制中心与集中站通过有线数据通信网连接。ATC 系统直接与列车运行有关，因此 ATC 系统中的数据传输要求比一般通信系统的安全性、可靠性、实时性更高。

（1）ATP 子系统。对列车运行进行超速防护，对与安全有关的设备实行监控，实现列车位置检测，保证列车间的安全间隔，使列车在安全速度下运行，完成信号显示、故障报警、降级提示、列车参数和线路参数的输入，与 ATS、ATO 及车辆系统接口并进行信息交换。

ATP 子系统不断将来自联锁设备和操作层面上的信息、线路信息、前方目标点的距离和允许速度等信息从地面等传至车上，由车载设备计算得到当前所允许的速度，测得实际运行速度，以此来对列车速度实行监督，使列车始终在安全速度下运行，以缩短列车运行间隔，保证行车安全。

（2）ATO 子系统。主要实现“地对车控制”，即用地面信息实现对列车驱动、制动的控制，包括列车自动折返，根据控制中心的指令使列车按最佳工况正点、安全、平稳地运行，自动完成对列车的启动、牵引、惰行和制动，输出车门和安全门同步的开关信号。

使用 ATO 子系统后，可使列车经常处于最佳运行状态和高质量地自动驾驶，提高了列车运行效率，避免了不必要的过于剧烈的加速和减速，因此明显提高了乘客的舒适度和提高列车正点率，降低了能量消耗并减少了轮轨磨损。

（3）ATS 子系统。主要实现对列车运行的监督和控制，辅助调度人员对全线列车进行管理，其功能包括：调度区段内列车运行情况的集中监视与控制；监测进路控制、列车间隔控制设备的工作，按行车计划自动控制轨旁信号设备；具有接发列车，列车运行实迹的自动记录，时刻表自动生成、显示、修改和优化，运行数据统计及报表自动生成，设备运行状态监测，设备状态及调度员操作记录，运输计划管理以及列车车次号自动传递等功能。ATS 工作方式为集中管理、分散控制。

2. 车辆段/停车场联锁系统

车辆段/停车场设一套联锁系统，用以实现车辆段/停车场的进路控制，并通过 ATS 车辆段/停车场分机与行车控制中心交换信息。车辆段/停车场联锁系统均采用计算机联锁。

为了对车载 ATC 设备进行静、动态试验，车辆段内试车线设有若干段与正线相同的 ATP 和 ATO 地面设备。

四、信号系统的地域分布

城市轨道交通信号系统按地域设置可分成四部分：控制中心设备、车站及轨旁设备、车辆段设备（含试车线设备）、车载 ATC 设备。

1. 控制中心设备

控制中心设备属于 ATS 子系统，是 ATC 系统的核心设备。其设备组成如图5－2所示。

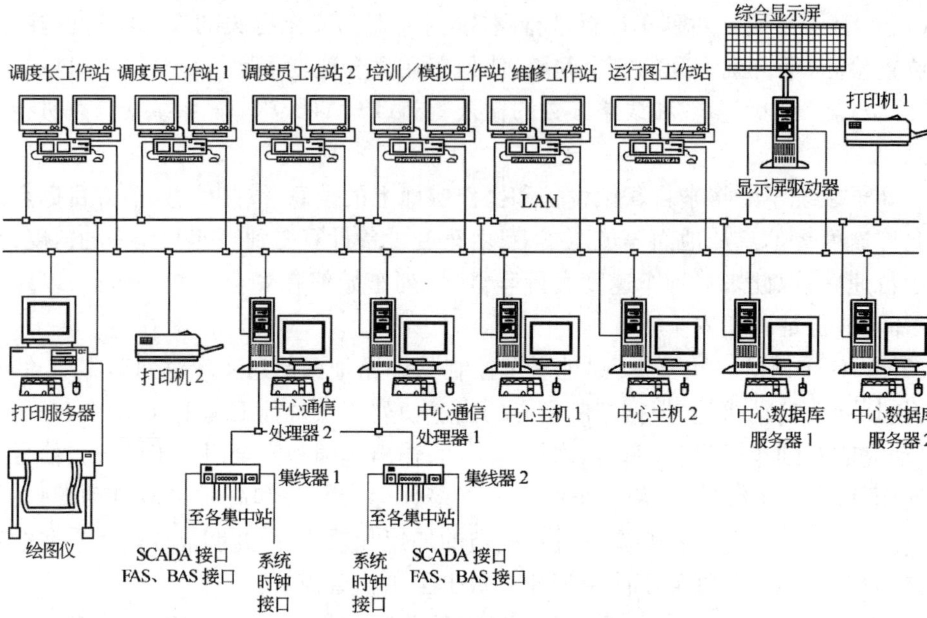

图 5－2　控制中心设备

控制中心设备主要包括中心计算机系统、综合显示屏、调度员及调度长工作站、运行图工作站、培训/模拟工作站、绘图仪和打印机、维修工作站、UPS 及蓄电池。其中，综合显示屏、调度员及调度长工作站设于主控制室；控制主机、通信处理器、数据库服务器、维修工作站设于设备室；运行图工作站设于运行图室；绘图仪和打印机设于打印室；培训/模拟工作站设于培训室；UPS 设于电源室，蓄电池设于蓄电池室。控制中心配备在线式 UPS 及可提供 30 min 后备电源的蓄电池。

2. 车站及轨旁设备

车站分集中站和非集中站。集中站一般为有道岔车站，也可能是无道岔的车站。非集中站一般为无道岔的车站。有道岔车站根据需要也可以由邻近车站控制，而成为非集中站。采用轨道电路的车站信号设备组成如图 5－3 所示。

(1)集中站设备。集中站设有 ATS 车站分机、联锁设备、ATP/ATO 系统地面设备、电源设备、维修终端、紧急关闭按钮以及信号机及发车指示器、转辙机。

ATP 地面设备包括：轨道电路或轨旁无线单元及计轴器，ATP 地面编码发码设备，与 ATS、ATO、联锁设备的接口，用于实现列车占用的检测和发送 ATP 信息，实现列车运

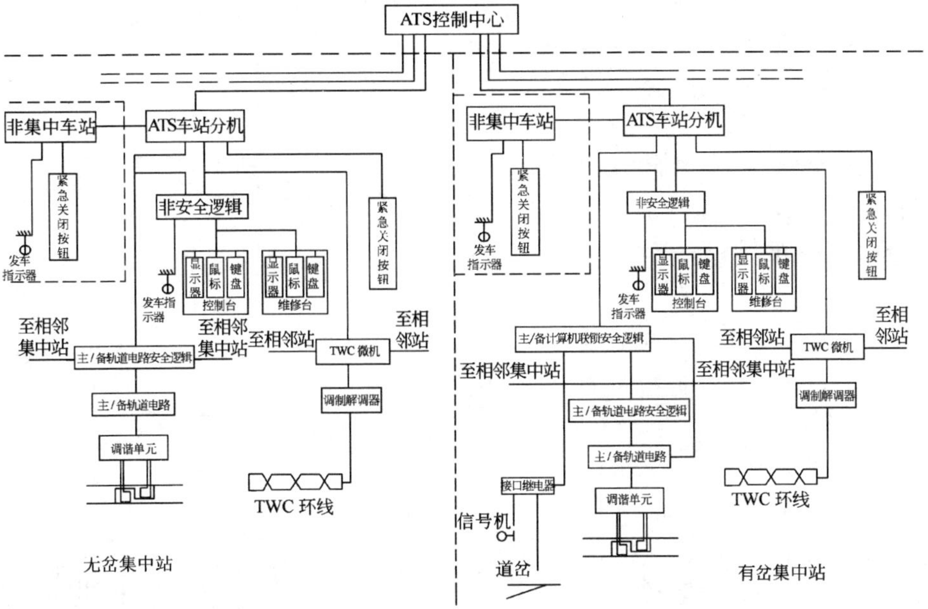

图 5－3　车站信号设备组成示意图

行超速防护。

ATO 地面设备包括:车—地通信设备,以及与 ATP、联锁设备的接口设备,以发送 ATO 命令实现列车最佳控制或列车自动驾驶。

集中站配备一套适用于联锁设备、ATS、ATP、ATO 设备的在线式 UPS 及可提供 15 min后备电源的蓄电池组。

设备维修用彩色显示器、键盘及鼠标,显示与控制用显示器相同的内容及必要的维修信息,并能对信号设备进行自动、手动测试,但不能进行控制操作。

紧急关闭按钮用于在遇到紧急情况危及行车安全时,关闭信号,使列车停车。

正线上的防护信号机设于道岔区段,线路尽头设阻挡信号机,用于指示列车运行,防护列车进路。

在正向出站方向的站台侧,列车停车位置前方设置出站信号机和发车指示器,指示列车出站。

转辙机用以转换道岔。

(2)非集中站设备。不设联锁设备的车站叫非集中站,由集中站控制。非集中站的设备只有发车指示器、紧急关闭按钮。无道岔的非集中站轨旁仅有轨道电路的耦合单元或轨旁无线单元等。有道岔的非集中站除了轨旁的耦合单元外,还设有防护信号机和转辙机。

3. 车辆段/停车场设备

车辆段/停车场信号设备包括:ATS 分机、车辆段/停车场终端、联锁设备、维修终端、信号机、转辙机、轨道电路、电源设备,其构成如图 5 – 4 所示。

车辆段/停车场设一台 ATS 分机。

车辆段/停车场派班室和信号楼控制台室各设一台终端,与车辆段 ATS 分机相连。

车辆段/停车场设一套联锁设备,实现车辆段的进路控制,并通过 ATS 分机与控制中心交换信息。联锁设备只受车辆段/停车场值班员人工控制。

设备室内设维修用彩色显示器、键盘及鼠标,显示与控制室相同的内容及维修、监测有关信息,并能对信号设备进行自动或手动测试,但不能控制进路。

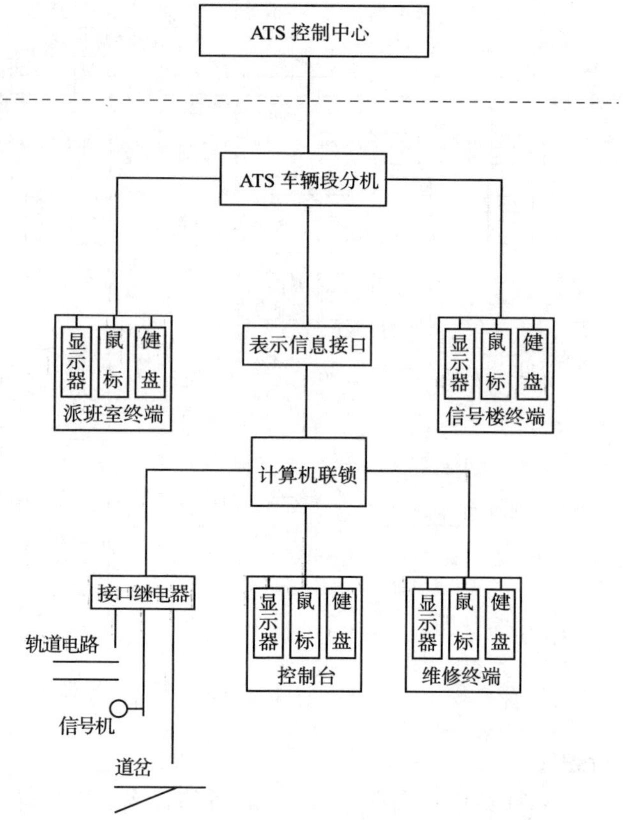

图 5 – 4 车辆段/停车场设备示意图

车辆段/停车场入口处设进段/场信号机,出口处设出段/场信号机。存车库线中间进段方向设列车阻挡信号机,段/场内其他地点根据需要设调车信号机。

车辆段/停车场内每组道岔设一台转辙机。

车辆段/停车场内轨道电路采用 50 Hz 相敏轨道电路或计轴器,检查列车的占用和空闲。

车辆段/停车场信号楼内设置适合于联锁设备、ATS 设备的 UPS 及蓄电池。

试车线上设若干段与正线相同的 ATP/ATO 地面设备,用于对车载 ATC 设备的试验。试车线设备室内设用于改变试车线运行方向和速度的控制台。试车线设备室配备一套适合于 ATP/ATO 设备的 UPS,不设蓄电池。

4. 车载 ATC 设备

车载 ATC 设备包括 ATP 和 ATO 两部分,用来接收轨旁设备传送的 ATP 信息,计算列车运行曲线,测量列车运行速度和走行距离,实现列车运行超速防护以及列车自动运行,来保证行车安全和为列车提供最佳运行方式。

第二节　信号基础设备

城市轨道交通信号基础设备主要包括信号机、转辙机、轨道电路、计轴器、应答器等,它们是城市轨道交通信号系统的重要基础设备。

一、信　号　机

城市轨道交通目前多采用LED信号机。在城市轨道交通中,列车的运行速度不取决于信号显示,即信号为非速差信号。允许信号的绿灯、黄灯并不表示列车的运行速度,而是代表列车的运行进路是走道岔直股还是弯股。

1. 信号机的设置

(1)信号机的设置原则

①设于列车运行方向右侧。城市轨道交通的地面信号机设于列车运行方向右侧,在地下线路部分一般安装在隧道壁上。特殊情况可设于列车运行方向的左侧或其他位置。

②信号机柱的选择。高柱信号机具有显示距离远,观察位置明确等优点,因此车辆段的进段、出段信号机(以及停车场的进场、出场信号机)均采用高柱信号机。而其他信号机由于对显示距离要求不远,以及隧道内安装空间有限,一般采用矮型信号机。

③信号机限界。信号机不得侵入设备限界。

(2)正线上的信号机设置。在ATC控制区域正线上的道岔区设防护信号机。防护信号机设于道岔岔前和岔后的适当地点,如图5-5所示。

站间距离较大时,才根据情况设区间通过信号机。

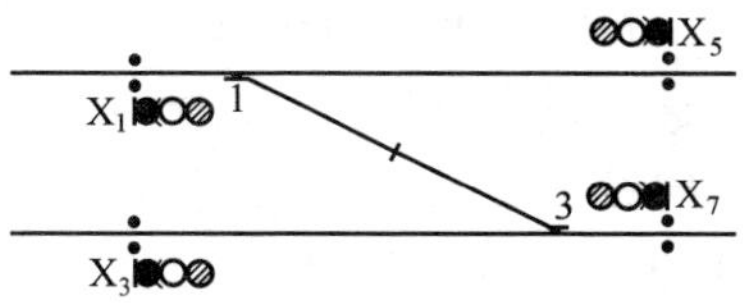

图5-5　防护信号机

车站一般不设进站信号机。在正向出站方向的站台侧,列车停车位置前方适当地点设置出站信号机发车指示器。线路尽头设阻挡信号机。

(3)车辆段/停车场的信号机设置。在车辆段/停车场入口处设进段/场信号机,在车辆段/停车场出口处设出段/场信号机。在同时能存放两列及以上列车的停车线中间进段方向,设列车阻挡信号机(可兼作调车信号机)。车辆段/停车场内其他地点根据需要设调车信号机。

2. 信号显示

色灯信号机的机构有二显示、三显示。二显示和三显示可以单独使用,也可以组合构成各种信号显示。

(1)信号显示意义。GB 50157—2013《地铁设计规范》对信号显示未做统一规定。一般除预告信号机外,正线信号机的主体信号均为绿、红两显示,绿灯表示进行,红灯表示停车。预告信号机为黄、绿、红三显示。防护信号机为黄、绿、红三显示，黄灯表示开通道岔侧向，绿灯表示开通道岔直向。站台还设有发车表示器，发车前 5 s 闪白光，发车时间到亮白色稳定光，列车出清后灭灯。

(2)信号机灯光配列。防护信号机采用三显示机构，灯位自上而下为黄(或月白)、绿、红。若设正线出站信号机，灯光配列同防护信号机。

阻挡信号机采用二显示机构，为一个红灯，另一灯位封闭。

进段/场信号机灯光配列同防护信号机，亦可采用双机构(两个二显示)带引导机构，灯位自上而下为黄、绿、红、黄、月白。

出段/场信号机灯光配列可同防护信号机。

列车阻挡信号机采用三显示机构，绿灯封闭，红灯及调车白灯。

调车信号机采用二显示机构，灯位自上而下为白、蓝(或红)。

3. 信号显示距离

各种地面信号机及表示器的显示距离应符合下列规定：

行车信号和道岔防护信号应不小于 400 m；

调车信号和道岔状态表示器应不小于 200 m；

引导和道岔状态表示器以外的各种表示器应不小于 100 m。

二、转辙机

转辙机实现道岔的转换和锁闭，并提供道岔位置信息，是直接关系行车安全的关键设备。转辙机分为直流转辙机和交流转辙机。ZD6 系列直流转辙机采用直流电动机，为内锁闭方式。交流转辙机采用外锁闭方式，由三相交流电动机驱动，有 S700K 型、ZDJ9 型电动转辙机和 ZYJ7 型电动液压转辙机。

城市轨道交通的正线上一般采用 9#道岔，车辆段/停车场一般采用 7 号道岔，通常一组道岔由一台转辙机牵引。如果正线上采用的是 9 号 AT 道岔，其为弹性可弯道岔，需要两点牵引，即一组道岔需两台转辙机牵引，称为双机牵引。

正线为外锁闭道岔，采用 S700K 型电动转辙机或 ZDJ9 型电动转辙机或 ZYJ7 型电液转辙机。车辆段/停车场采用 ZD6-D 型电动转辙机。

城市轨道交通的列车运行速度不高，可采用普通的直流转辙机，但采用三相交流转辙机优点十分明显：由于采用三相交流电动机，线路上的电能损失大大减少；又由于采用摩擦力非常小的滚珠丝杠传动装置，因此机械效率高。这样，在同样的控制电流下，可增大控制距离，或减小电缆芯线的截面。采用三相电动转辙机后，由于没有直流电动机的整流子，维修工作量大为减少。

三、轨道电路

对于城市轨道交通，轨道电路不仅用来检测列车是否占用，更重要的是传输 ATP

信息。所以除车辆段内可采用 50 Hz 相敏轨道电路外，正线需要采用音频轨道电路。但采用 CBTC 后，正线不再需要轨道电路。

1. 轨道电路的作用

轨道电路的第一个作用，是监督列车的占用。由轨道电路反映该段线路是否空闲，为开放信号、建立进路或构成闭塞提供依据。还利用轨道电路的占用关闭信号，把信号显示与轨道电路是否被占用结合起来。

轨道电路的第二个作用是传递行车信息。例如音频数字编码轨道电路中传送的行车信息，为 ATC 系统直接提供控制列车运行所需要的前行列车位置、运行前方信号机状态和线路条件等有关信息，以决定列车运行的目标速度，控制列车在当前运行速度下是否停车或减速。对于 ATC 系统来说，带有编码信息的轨道电路是其车—地之间传输信息的通道之一。

2. 轨道电路的分类

(1)按所传送的电流特性分类，轨道电路可分为工频连续式轨道电路和音频轨道电路。音频轨道电路又分为模拟式和数字编码式。

工频连续式轨道电路中传送连续的交流电流。这种轨道电路的唯一功能是监督轨道是否占用，不能传送更多的信息。

模拟音频轨道电路用低频调制载频，除监督轨道是否占用外，可以传输较多信息，主要是运行前方三个或四个闭塞分区是否占用。

数字编码式轨道电路采用调频方式，但它采用的不是单一低频调制频率，而是一个若干比特的一群调制频率，根据编码去调制载频，编码包含速度码、线路坡度码、闭塞分区长度码、纠错码等，可以传输更多的信息。

(2)按使用处所分类，轨道电路分为正线区间轨道电路和车辆段内轨道电路。

区间轨道电路主要用于正线，不仅要监督各闭塞分区是否空闲，而且要传输有关行车信息。一般来说，区间要求轨道电路传输距离较长，要满足闭塞分区长度的要求，轨道电路的结构也比较复杂。

车辆段内轨道电路，用于段内各区段，一般只有监督本区段是否空闲的功能，不能发送其他信息。

(3)按分割方式，轨道电路可分为有绝缘轨道电路和无绝缘轨道电路。

车辆段内轨道电路为有绝缘轨道电路，采用基于轨道电路的 ATC 系统时，正线区间轨道电路为无绝缘轨道电路。

(4)按轨道电路内有无道岔分类，车辆段内轨道电路分为无岔区段轨道电路和道岔区段轨道电路。

无岔区段轨道电路内钢轨线路无分支，构成较简单，一般用于检车线、停车线等以及尽头调车信号机前方的接近区段、两差置调车信号机之间的区段。

在道岔区段，钢轨线路有分支，道岔区段的轨道电路就称为分支轨道电路或分歧轨道电路。在道岔区段，道岔处钢轨和杆件要增加绝缘，还要增加道岔连接线和跳线。当分支超过一定长度时，还必须设多个受电端。

3. 交流工频轨道电路

用于城市轨道交通的交流工频轨道电路为 50 Hz 相敏轨道电路。它只有监督列车占用的功能，不能发送 ATP 信息。城市轨道交通一般采用直流牵引，所以轨道电路可以采用 50 Hz 电源。

(1)50 Hz 相敏轨道电路。用于车辆段内，因其不需要发送 ATP 信息。50 Hz 相敏轨道电路包括继电式和微电子式，继电式可不注明。

50 Hz 继电式相敏轨道电路的组成。由送电端、受电端、钢轨绝缘、钢轨引接线、钢轨接续线、回流线以及钢轨组成，如图 5 - 6 所示。

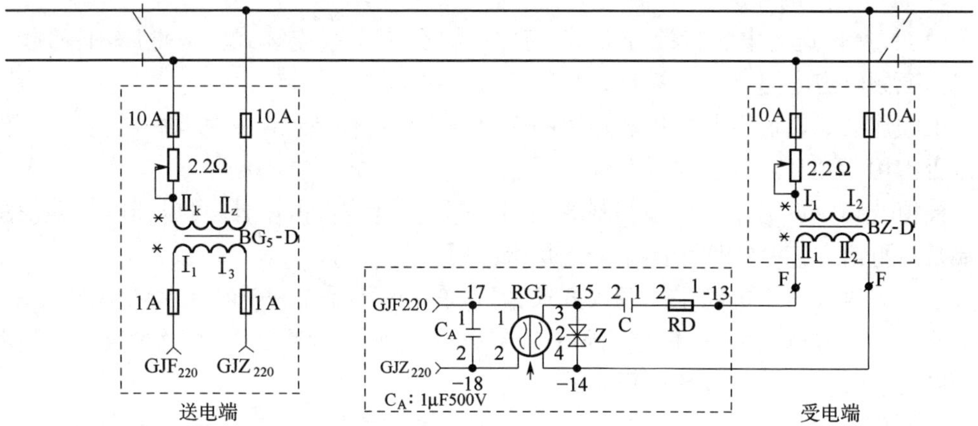

图 5 - 6　50 Hz 相敏轨道电路

送电端包括轨道变压器、变阻器以及断路器，安装在室外的变压器箱内。轨道电源从室内通过电缆送至送电端。

受电端包括中继变压器、变阻器、断路器、轨道继电器、电容器、防雷元件等。其中中继变压器、变阻器及断路器安装在室外的变压器箱或电缆盒内，其他安装在室内的组合架上。

送、受电端视相邻轨道电路的不同组合，有双送、一送一受、双受以及单送、单受等不同情况，除双受、单受可采用电缆盒外，其他情况必须采用变压器箱。

变压器箱或电缆盒用钢轨引接线接向钢轨。

钢轨接续线用来连接相邻钢轨，以减小钢轨接头处的接触电阻。

钢轨绝缘设于轨道电路分界处，用以隔离相邻的轨道电路。

回流线连接相邻的不同侧钢轨，为牵引回流提供越过钢轨绝缘节的通路。

②50 Hz 相敏轨道电路的工作原理。50 Hz 相敏轨道电路为有绝缘双轨条轨道电路,牵引回流为单轨条流通。电源屏分别供出 50 Hz 轨道电源和局部电源。送电端轨道电源经轨道变压器降压后送至钢轨。受电端由钢轨来的电压经中继变压器升压后送至轨道继电器 RGJ 的轨道线圈。RGJ 的局部线圈接局部电源。当轨道线圈和局部线圈电源满足规定的相位和频率要求时,RGJ 吸起,轨道电路处于调整状态,表示轨道电路空闲。列车占用时,轨道电源被分路,RGJ 落下。若频率、相位不符合要求时,RGJ 也落下。这样,50 Hz 相敏轨道电路就具有相位鉴别能力,即相敏特性,抗干扰性能较高。

(2) 50 Hz 微电子相敏轨道电路。是专门为城市轨道交通研制的设备。由于 50 Hz 继电式相敏轨道电路接收设备为交流二元继电器,存在较多问题,所以 50 Hz 微电子相敏轨道电路接收器采用微电子技术构成相敏轨道电路接收器,代替交流二元继电器,保留了原相敏轨道电路的优点,克服了缺点,使其成为一种具有高可靠、高抗干扰能力的新型相敏轨道电路。

50 Hz 微电子相敏轨道电路如图 5－7 所示,局部电源和轨道电源分别由电源屏提供,并且局部电源超前轨道电源 90°。送电端轨道电源经节能器、轨道变压器降压后送至钢轨。受电端经中继变压器升压后送至调相防雷器,再送至两台微电子相敏接收器。两台接收器双机并用,只要一台接收器有输出,轨道继电器 GJ 即吸起,以提高轨道电路

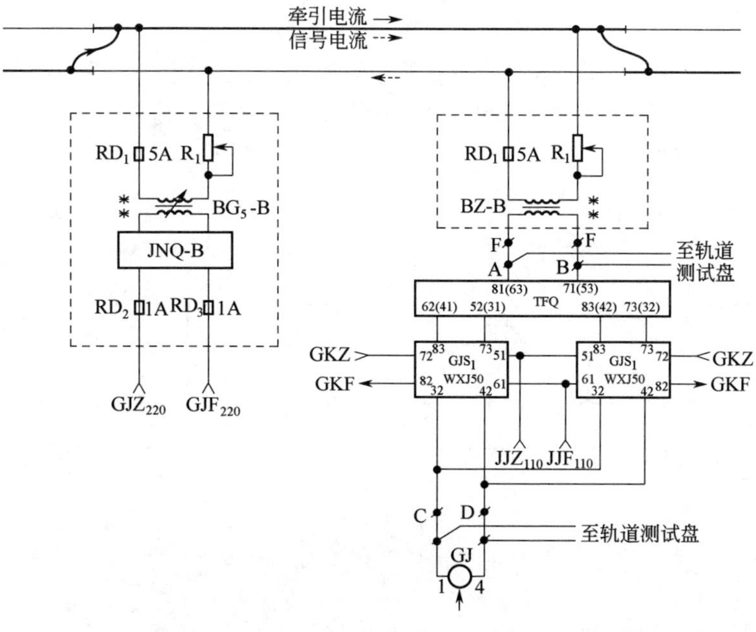

图 5－7 50 Hz 微电子相敏轨道电路

的可靠性。当 50 Hz 微电子相敏轨道电路接收器接收到 50 Hz 轨道信号，且局部电压超前轨道电压一定范围的角度时，微电子接收器使轨道继电器吸起。在 $\theta = 90°$时，处于最佳接收状态。当收到的信号不能完全满足以上条件时，轨道继电器落下。

其中，轨道电源、局部电源、调相防雷器（TFQ）、微电子相敏接收器（GJS）、轨道继电器（GJ）设在室内。节能器（JNQ）、轨道变压器、送电端防护电阻及断路器设在室外送电端变压器箱内。中继变压器、受电端防护电阻及断路器设在室外受电端变压器箱内。室内、外设备用电缆相连。

调相防雷器内设电容器和防雷元件，用于调整轨道电路的相位和防雷。

R_1、R_2 为送、受电端防护电阻，R_1 同时是限流电阻。

在一送多受时，每个分支用一个接收器和轨道继电器，在主接收器的轨道继电器电路中串接其他分支轨道继电器的前接点。

4. 音频轨道电路

音频轨道电路具有检测列车占用和传递 ATP/ATO 信息两个功能。为便于牵引电流流通，提高线路性能，方便维修，音频轨道电路是无绝缘的。音频轨道电路多采用数字编码式。

（1）概述

①无绝缘轨道电路。多采用谐振式。早期的无绝缘音频轨道电路采用短路连接式，如图 5－8 所示。各相邻轨道区段采用不同的信号频率。在发送端，电容器及两段钢轨组成并联谐振电路；在接收端，也由电容器及两段钢轨组成并联谐振电路，从而使该轨道电路中只有其固定频率的信号被接收。轨道区段两侧的短路钢条用来确保相邻轨道电路区段互不干扰，并使两条钢轨中的牵引电流平衡。该轨道电路在接收端存在“死区”，具有一定的危险性。

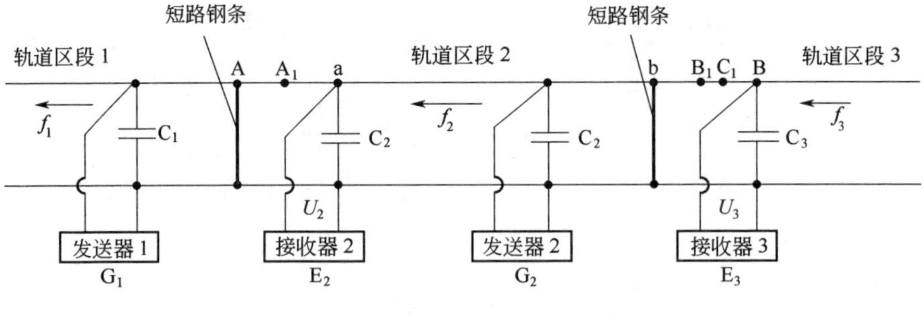

图 5－8　短路连接式音频轨道电路

为了克服上述缺陷，目前一般采用 S 形连接音频轨道电路，其原理图如图 5－9 所示。它把短路钢条连成 S 形。发送器和接收器的一个输出、输出端接在 S 形导线的中间。电容器 C_1 与钢轨 L_1 组成谐振于区段 1 音频频率 f_1 的并联谐振电路；C_2 与 L_2 组成谐振于区段 2 音频频率 f_2 的并联谐振电路；C_3 与 L_3 组成谐振于区段 3 音频频率 f_3 的并联谐振电路。

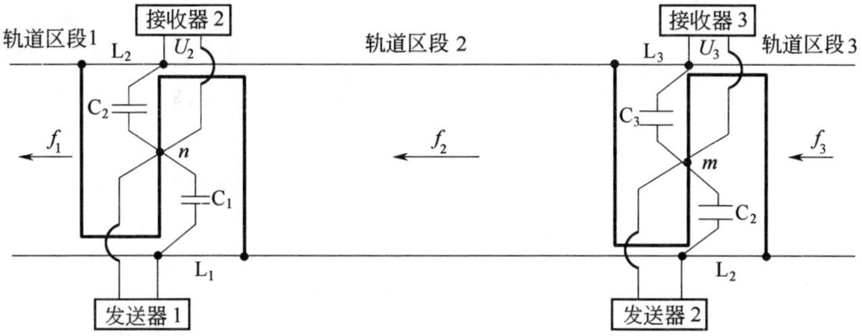

图 5－9 S 型连接音频轨道电路

②电气绝缘节。音频轨道电路一般由电气绝缘节分隔，它由钢轨间的“棒”和调谐单元组成，调谐单元位于轨旁连接箱内。

“棒”有 S 棒、O 棒、I 棒等几种。

一般情况下（主要是正线区间的轨道电路）相邻的轨道电路通过 S 棒隔离，如图 5－10(a)所示。它是镜像对称的，以 S 棒的中心线作为轨道区段的物理划分。S 棒长 7.8 m 左右，模糊区段长小于或等于 3.9 m（指车压在 S 棒的 1/4 至 3/4 范围内，两边的区段都显示“轨道占用”）。S 棒还起平衡两个走行轨牵引电流的作用。

在两个轨道电路区段之间需清晰分离或由于缺少空间（道岔处）无法安装 S 棒时，使用机械绝缘节。此时电气绝缘节由终端短路棒（O 棒）和一个机械绝缘节共同组成，来划分两个轨道电路，它主要应用在双轨条牵引回流区段。终端棒长约 3.5 m，距机械绝缘节 0.3～0.6 m。如图 5－10(b)所示。

短路棒（I 棒）用于一端为轨道电路区段，另一端为非轨道电路区段的情况。棒长约 4.2 m。如图 5－10(c)所示。

调整短路棒主要用于车站站台区段两端，如图 5－10(d)所示。

(2)举例

FTGS 轨道电路，是报文式数字编码轨道电路。

FTGS 轨道电路用于检测轨道电路的占用状态，并发送 ATP 报文。当区段空闲时，由室内发送设备传来移频键控信号，通过轨旁单元在轨道电路始端进入轨道，并由轨道电路终端接收传至室内接收设备，经过信号鉴别判断（幅值计算、调制检验、编码检验），完成轨道区段的空闲检测。当接收器计算出接收的轨道电压的幅值足

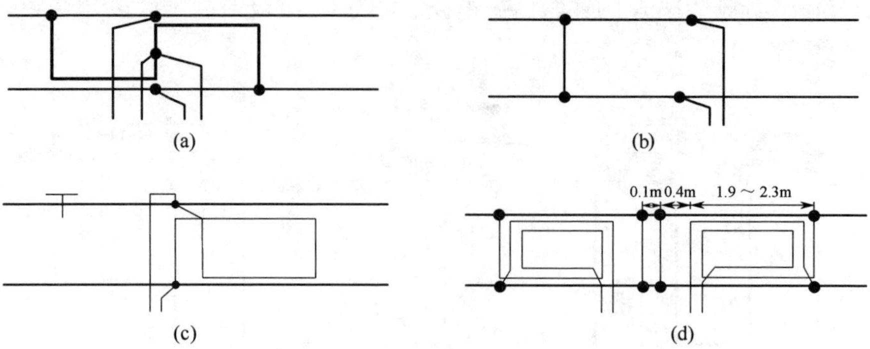

图 5 – 10 “棒”

够高，并且解调器鉴别到发送的编码调制是正确时，接收器产生一个“轨道空闲”状态信息，这时轨道继电器吸起，表示“轨道空闲”。列车占用时，由于列车车轮分路，降低了终端接收电压，以致接收器不再响应，轨道继电器达不到相应的响应值而落下，发出一个“轨道占用”状态信息。当轨道区段被占用时，发送器将 ATP 报文送入轨道，供车载设备接收。

为提高对牵引回流的谐波干扰，FTGS 采用移频键控方式。载频频率有 12 个，分别分配给两种型号的 FTGS，即 FTGS46 和 FTGS917。

FTGS46 的载频频率为 4. 75 kHz、5. 25 kHz、5. 75 kHz、6. 25 kHz；

FTGS917 的载频频率为 9. 5 kHz、10. 5 kHz、11. 5 kHz、12. 5 kHz、13. 5 kHz、14. 5 kHz、15. 5 kHz、16. 5 kHz。

轨道电路由 15 个不同的位模式进行频率调制，偏频 ±64 Hz。位模式是数码组合，以 15 ms 为一位，用 +64 Hz 为“1”，–64 Hz 为“0”，构成不同的数码组合，即带有位模式。接收器把 +64 Hz 作为一个位，而 –64 Hz 不作为一个位。

报文式数字编码从 ATP 轨旁设备向 ATP 车载设备传输，传输速率为 200 波特。电码有效长度为 136 位，包括车站停车点、下一个轨道电路的制动曲线、运行方向、开门、入口速度、允许速度、紧急停车、限速区段速度、目标速度、目标距离、当前轨道电路识别、下一个轨道电路识别、轨道电路长度、下一个轨道电路的坡度和下一个轨道电路的频率等信息。

FTGS 轨道电路由室内设备和室外设备两部分组成，如图5 – 11所示。每段轨道电路之间由 S 棒隔开。

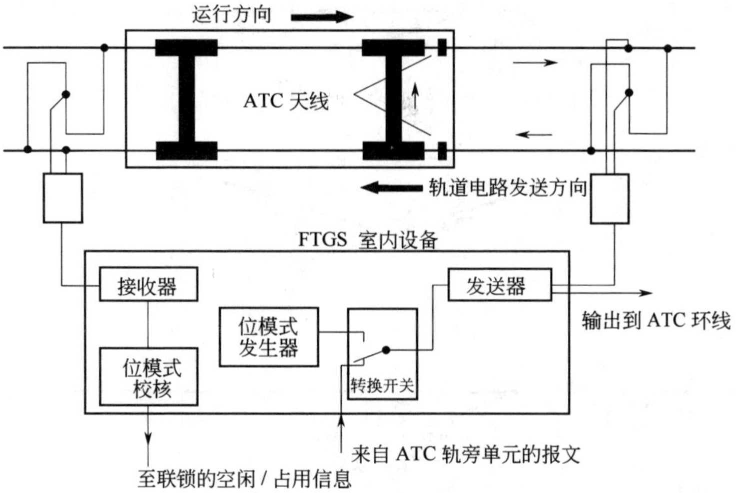

图 5 - 11　FTGS 轨道电路组成

室内设备主要是发送器和接收器，室外设备为耦合单元和 S 棒。发送器和接收器集中安装在控制室内，从控制室到轨道区段的最大距离可达6 km。室外设备有电气绝缘节和轨旁盒。室内、外设备通过电缆连接。发送电缆和接收电缆分开使用，排除了由于芯线的接触而引起的电气干扰。

四、计 轴 器

计轴器由室外的轮轴传感器（磁头）、电子连接箱及室内的主机系统组成，用于完成计算车辆进出区段的轮轴数。

计轴器作为检查区段状态的安全设备，其作用和轨道电路等效。在采用 CBTC 的线路，当无线传输设备发生故障，可用计轴器检查列车的位置，构成“降级”信号。

计轴器用于完成计算车辆进入区段的轮轴数，分析区段是否有车占用。它由轨道传感器、电子单元和计数器等组成。

对于无岔区段，在其两端各设一个测轴点，如图 5 - 12(a)所示。对于数个无岔区段构成的带形区段，其测轴点的设置如图 5 - 12(b)所示。

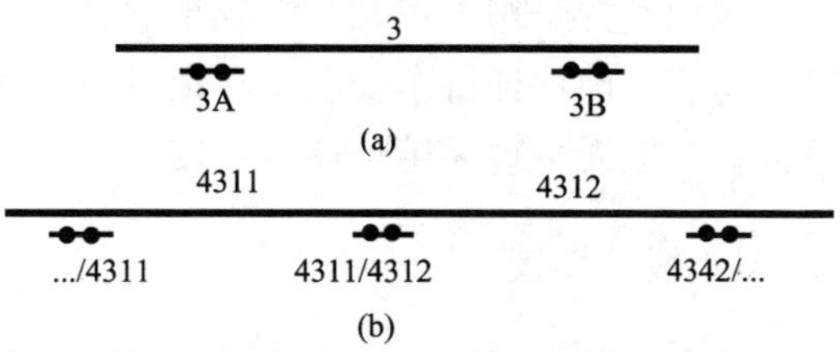

图 5 - 12　无岔计轴区段

对于道岔区段，在其岔前、岔后直向和岔后侧向各设一个测轴点，如图 5 - 13(a)所示。对于交叉点，其测轴点的设置如图 5 - 13(b)所示。对于交叉渡线，其测轴点的设置如图 5 - 13(c)所示。

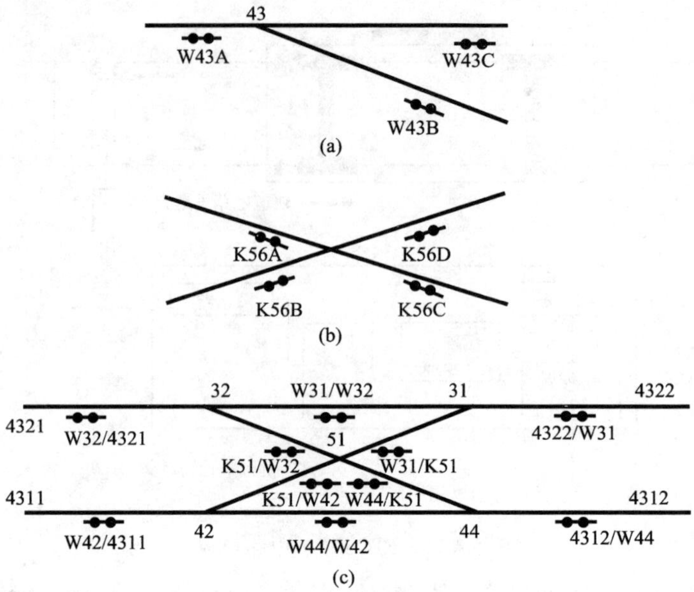

图 5-13　道岔计轴区段

五、应 答 器

应答器是采用电磁感应原理的点式数据传输设备,用于特定地点,实现车—地通信:点式 ATP 系统中传输 ATP 信息;在连续式 ATP 系统中作为后备模式;在车站定位停车中,提供到停车站的距离信息,以实现精确停车,此时,应答器也称为信标。

第三节　联锁系统

联锁系统是用于控制车站或车辆段/停车场的信号设备实现联锁关系的系统,完成联锁功能从而保证行车安全。联锁设备分为正线车站联锁设备和车辆段/停车场联锁设备。联锁设备现采用计算机联锁。

一、联　　锁

城市轨道交通正线终点站、折返站有折返线或渡线、存车线,车辆段/停车场内有许多线路,它们用道岔联结着。列车和调车车列在站内运行所经过的径路,称为进路。按各道岔的不同开通方向可以构成不同的进路。列车和调车车列必须依据信号的开放而通过进路,即每条进路必须由相应的信号机来防护。如进路上的道岔位置不正确,或已有车占用,有关的信号机就不能开放;信号开放后,其所防护的进路不能变动,即此时该进路上的道岔不能再转换。信号、道岔、进路之间的这种相互制约的关系，称为联锁关系，简称联锁。

二、联锁的基本内容

联锁的基本内容包括：防止建立会导致机车车辆相冲突的进路；必须使列车或调车车列经过的所有道岔均锁闭在与进路开通方向相符合的位置；必须使信号机的显示与所建立的进路相符。

1. 进路空闲时才能开放信号

进路（正线为联锁监控区段）空闲时才能开放信号。即，向有车占用的进路（正线为联锁监控区段）排列进路时，有关列车信号机不得开放。如果进路（正线为联锁监控区段）上有车占用，却能开放信号，则会引起列车与原停留车冲突。

2. 进路上有关道岔位置正确且被锁闭才能开放信号

进路上有关道岔在规定位置才能开放信号。即，进路上有关道岔位置不正确，道岔的尖轨与基本轨不密贴，防护该进路的信号机不得开放。如果进路上有关道岔开通位置不对却能开放信号，则会引起列车、调车车列进入异线或挤坏道岔。信号开放后，其防护的进路上的有关道岔必须被锁闭在规定位置，而不能转换。

3. 敌对信号未开放且被锁闭在关闭状态才能开放信号

敌对信号未关闭时，防护该进路的信号机不能开放。即，敌对进路未解锁或照查条件不符合时，防护该进路的信号机不得开放。否则列车或调车车列可能造成正面冲突。信号开放后，与其敌对的信号也必须被锁闭在关闭状态，不能开放。

三、基本联锁功能

联锁设备必须在规定的联锁条件和规定的时序下对进路、信号和道岔实行控制，应保证车站（车辆段/停车场）值班人员，对接车、发车、调车进路及信号机开放与关闭的控制。对于来自操作设备的错误操作，应具备有效的防护能力。

基本联锁功能主要包括：道岔的控制，进路的锁闭和解锁，信号的开放和关闭。

四、计算机联锁系统的组成

就控制的层次而论，计算机联锁系统可分为人机对话层、联锁层和执行层，相应地可由人机对话计算机、联锁计算机以及控制器（也称集中器）来承担各层的任务。这样，整个系统可以分为上下两层，即上层为人机会话层，下层为联锁层，其结构如图 5－14 所示。

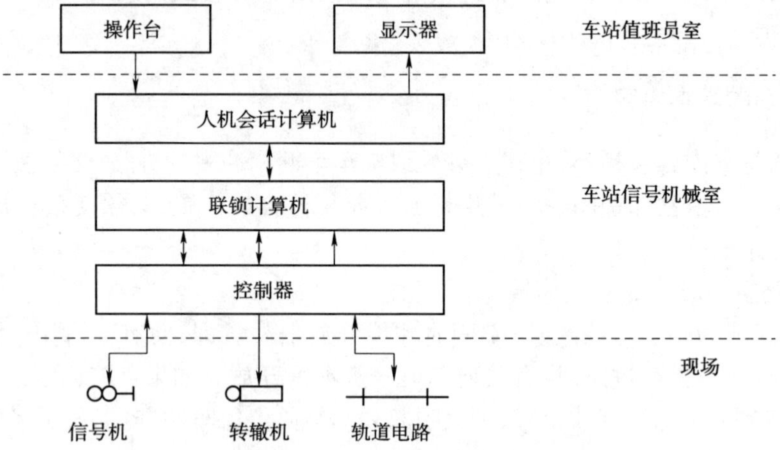

图 5 – 14　计算机联锁系统的组成

1. 人机对话计算机

人机对话计算机的主要任务是接收操作输入，判明操作输入能否构成有效的操作命令，并将操作命令转换成约定的格式，由串行口输送给联锁计算机。另外，接收来自联锁计算机的表示信息，将它们转换成显示器或控制台能够接受的格式。

2. 联锁计算机

联锁计算机是联锁系统的核心部分，实现高可靠性与高安全性的联锁功能。联锁计算机接收来自人机对话计算机的操作命令，接收来自控制器的室外监控对象的状态信息，进行联锁逻辑运算，发出控制道岔转换和开放信号的控制命令。

3. 输入输出接口

现多采用输入输出接口继电器，用以与现场设备联结，完成信息采集和控制命令输出的任务。现也开始用电子模块来代替继电器。

另有维修机，可自动储存长达一个月的站场信息、车站值班员操作信息、联锁系统提供的提示信息、故障诊断信息的全部记录，并可在线以图像方式再现，便于维修。

五、计算机联锁应用于城市轨道交通

城市轨道交通对计算机联锁有特殊的要求，如列车运行的三级控制、多列车进路、追踪进路、折返进路、联锁监控区、保护区段和侧面防护。

(1)列车运行控制。列车运行进路控制采用三级控制，即控制中心控制、远程控制终端控制和车站工作站控制。

控制中心控制为全自动的列车监控模式，在该模式下，列车进路设置命令由自动进路设定系统发出，其信息来源于时刻表和列车运行自动调整系统。控制中心列车调度员也可以人工干预,对列车进行调整,操作非安全相关命令、排列和取消进路。

在控制中心设备故障或控制中心与下级设备的通信线路故障时,自动转入远程控制终端控制模式。此时,由司机在车上输入目的地码,通过列车上的车次号发送系统发出的带有列车去向的车次号信息,远程控制终端自动产生进路控制命令,联锁系统根据来自远程控制终端传递的进路号排列进路。

在站级控制模式下,列车运行的进路在车站工作站控制。

(2)多列车进路。城市轨道交通运行间隔小,车流密度大,在一条进路中可能出现多列车在运行。对于多列车进路,当第 1 列车离开进路始端信号机后方的监控区后,可以排列第 2 条相同终端的进路。第 2 条进路排出,第 1 列车通过后进路中的轨道区段直到第 2 列车通过后才解锁。

(3)追踪进路。追踪进路为联锁系统本身的一种自动排列进路功能。列车接近信号机,占用其前方第 1 个接近区段(也可能是 2 个接近区段)时,列车运行所要通过的进路自动排出。

(4)折返进路。列车需折返时通过列车自动选路、追踪进路或人工排列的进路,从指定的折返线出发。

(5)联锁监控区段。在装备准移动闭塞的城市轨道交通中,开放信号机前联锁设备不需要检查全部区段,只要检查部分区段,这些被检查的区段叫作联锁监控区段。只要监控区段空闲,进路防护信号机便可正常开放。

(6)保护区段。为了保证列车的运行安全,避免列车由于某种原因不能在信号机前方停住而导致事故的发生,充分考虑了列车的制动距离及线路等因素,在停车点后方设置了保护区段,即终端信号机后方的一至两个区段为保护区段。

(7)侧面防护。城市轨道交通的道岔控制全部采用单动,不设双动道岔,所有的渡线道岔均按单动处理。也不设带动道岔。这些都靠采取侧面防护来防止列车的侧面冲突。侧面防护是指为了避免其他列车从侧面进入进路,与列车发生侧向冲突。

六、与现场主要设备的结合

1. 与 ATS 系统的结合。联锁系统与 ATS 设备互联,以便于向 ATS 中央系统提供的进路状态、信号机状态、道岔位置、轨道电路状态、股道状态等信息。

计算机联锁系统接收 ATS 的指令。

2. 与试车线设备的结合。试车线的联锁受车辆段计算机联锁设备统一控制,当需要对列车进行动态试验时,计算机联锁设备按非进路调车方式下放对试车线的控制权;试车完毕后,经试车线控制室交权,信号楼控制室重新收回对试车线的控制权,有关信号机关闭,道岔延时 30 s 解锁。

3. 联锁设备间的结合。正线车站与车辆段/停车场之间的出、入段按列车方式办理;车辆段与正线车站间的接口电路考虑出段和利用转换轨调车时的联锁敌对照查条件以及对方防护信号机的状态显示;进、出段作业(转换轨至段内停车库)按列车方式或调车方式办理。

第四节　ATC 系统

列车自动控制(ATC)系统是城市轨道交通信号系统的最重要的组成部分,它实现行车指挥和列车运行自动化,能最大限度地保证列车运行安全,提高运输效率,减轻运营人员的劳动强度,提高城市轨道交通的通过能力。

一、ATC 系统综述

1. 功能

ATC 系统具有:ATS 功能、列车检测功能、ATP/ATO 功能和 PTI 功能。

ATS 功能:可自动控制或人工控制进路,及向行车调度员和外部系统提供信息。ATS 功能由完全位于控制中心内的设备实现。

列车检测功能:由轨道电路或计轴器完成。

ATP/ATO 功能:根据 ATS 的要求实现列车运行的控制。ATP/ATO 功能有三个子功能:ATP/ATO 轨旁功能、ATP/ATO 传输功能和 ATP/ATO 车载功能。ATP/ATO 轨旁功能负责列车间隔控制和报文生成。ATP/ATO 传输功能负责传输信号,包括报文和车载设备所需的其他数据。ATP/ATO 车载功能负责列车的安全运营、列车自动驾驶,且给司机提供接口。

PTI 功能:通过多种渠道传输和接收各种数据,在特定的位置传给 ATS,向 ATS 报告列车的识别信息、目的号码和乘务组号和列车位置数据,以优化列车运行。

2. 闭塞

对于城市轨道交通,列车间隔控制(即闭塞)均由列车运行自动完成,故为自动闭塞。城市轨道交通没有铁路专用的闭塞设备的概念,闭塞功能由 ATP 系统完成。

按照闭塞实现的方式,城市轨道交通的闭塞可分为固定闭塞、准移动闭塞、移动闭塞。

准移动闭塞式和移动闭塞式 ATC 系统可以实现较大的通过能力,对于客运量变化具有较强的适应性,可以提高线路利用率,具有高效运行、节能等作用,并且其控制模式与列车运行特性相近,能较好地适应不同列车的技术状态,其技术水平较高,具有较大的发展前景。根据实际情况,因地制宜选择不同制式的 ATC 系统是完全必要的。

(1)固定闭塞。将线路划分为固定的区段,不论前、后列车的位置,还是前、后列车的间距,都是用固定的地面设备(如轨道电路等)检测和表示的。线路条件和列车参数等均需在闭塞设计过程中加以考虑,并体现在地面固定区段的划分中。

由于列车定位是以固定区段为单位的（系统只知道列车在哪个区段中，而不知道在区段中的具体位置），所以固定闭塞的速度控制模式必然是分级的，即台阶式的。在这种制式中，需要向被控列车安全传送的只是代表少数几个速度级的速度码。

固定闭塞方式，通过轨道电路判别闭塞分区占用情况，并传输信息码，需要大量的轨旁设备，维护工作量较大，存在较多缺点，无法满足提高系统能力、安全性和互用性的要求。

（2）准移动闭塞。介于固定闭塞和移动闭塞之间的一种闭塞方式。它对前、后列车的定位方式是不同的。前行列车的定位仍沿用固定闭塞的方式，而后续列车的定位则采用连续的或称为移动的方式。

由于准移动闭塞同时采用移动和固定两种方式，所以它的速度（曲线）控制模式，必然既具有无级（连续）的特点，又具有分级（台阶）的性质。若前行列车不动而后续列车前进时，其最大允许速度是连续变化的；而当前行列车前进，其尾部驶过固定区段的分界点时，后续列车的最大速度（曲线）将按“台阶”跳跃上升。

准移动闭塞在控制列车的安全间隔上比固定闭塞进了一步。它通过采用报文式轨道电路辅之环线或应答器来判断分区占用并传输信息，信息量大；可以告知后续列车继续前行的距离，后续列车可根据这一距离合理地采取减速或制动，列车制动的起点可延伸至保证其安全制动的地点，从而可改善列车速度控制，缩小列车安全间隔，提高线路利用效率。但准移动闭塞中后续列车的最大目标制动点仍必须在先行列车占用分区的外方，因此它并没有完全突破轨道电路的限制。

（3）移动闭塞。一种新型的闭塞制式，不设固定闭塞区段，前、后两列车都采用移动式的定位方式。它克服了固定闭塞的缺点。

移动闭塞可借助感应环线或无线通信的方式实现。早期的移动闭塞系统大部分采用基于感应环线的技术，即通过在轨间布置感应环线实现定位列车和实现车载计算机与控制中心之间的连续通信。如今，大多数先进的移动闭塞系统已采用无线通信系统实现各子系统间的通信，构成基于无线通信技术的移动闭塞。

3. 不同结构的 ATP 系统

ATP 按地面信息的传输方式分为点式和连续式两种结构。

（1）点式 ATP 系统。点式自动列车运行控制系统因其主要功能是实现列车超速防护，所以又称为点式 ATP 系统，它在固定地点传递信息，用车载计算机进行信息处理。

点式 ATP 系统的主要优点是采用高信息容量的地面应答器，结构简单，安装灵活，可靠性高，价格明显低于连续式 ATP 系统。

点式 ATP 难以胜任列车密度大的情况，如后续列车驶过地面应答器时，因前方区段有车，它算出的速度曲线是一条制动曲线。后续列车驶过后，尽管前行列车已驶离，但后续列车因得不到新的信息只能减速运行，直到抵达运行前方的地面应答器，才能加速。

图 5－15 所示为点式 ATP 系统的基本结构，由车载设备和地面设备组成，主要包括车载设备、地面应答器和轨旁电子单元。

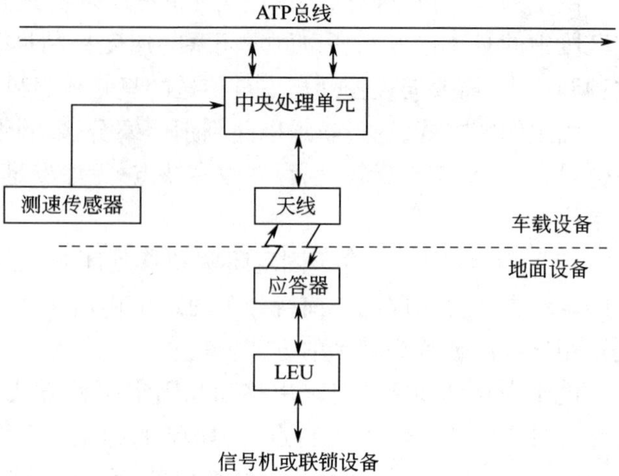

图 5－15　点式 ATP 系统的基本结构

地面应答器通常设置在信号机的旁侧或者设置在一段需要降速的缓行区间的始、终端。地面应答器接收车载设备发射的能量，供内部电路与回答发送用。其内部寄存器按协议以数码形式存放实现列车速度监控及其他行车功能所必需的数据。当列车驶过地面应答器，且车载应答器与地面应答器对准时，车载应答器首先以一定的频率，通过电磁感应方式将能量传递给地面应答器，地面应答器的内部电路在接收到来自车上的能量后即开始工作，将所存储的数据以某种调制方式通过电磁感应传送至车上。

轨旁电子单元(LEU)是地面应答器与信号机之间的接口设备，其任务是将不同的信号显示转换为约定的数码形式。

车载设备由车载应答器，测速传感器，中央处理单元，驾驶台上的显示、操作与记录装置等部分组成。

车载应答器完成车—地的耦合功能，将能量送至地面应答器，接收地面应答器所储存的数据并传送至中央处理单元。

测速传感器通常装在轮轴上，根据每分钟车轮的转数与车轮直径在中央处理单元内换算成列车目前的速度。

中央处理单元的核心是安全型计算机，它负责对所接收到的数据进行加工处理。形成列车当前允许的最大速度，将此最大允许速度值与列车的现有速度值进行比较，以决定是否给出启动常用制动甚至紧急制动的信息。当然，从车载应答器传向地面应答器的高频电磁能量也是由它产生的。

(2)连续式 ATP 系统。按地—车信息传输所用的媒体分类，连续式 ATP 系统可分为有线与无线两大类，前者又可分为利用轨间电缆与利用数字编码音频轨道电路两类。

①采用轨道电路的连续式 ATP 系统。按地车之间所传输信息的内容，ATP 系统分为速度码系统和距离码系统两种。不论是速度码系统还是距离码系统，其轨道电路都被用作双重通道：当轨道电路区段上无车时，轨道电路发送的是轨道电路检测信号或检

测码;当列车驶入轨道电路区段,立即转发速度信号或者有关数据电码。

a. 速度码系统。通常使用频分制方法,采用的是模拟音频轨道电路,即用不同的频率来代表不同的允许速度。由控制中心通过信息传输媒体将列车最大允许速度直接传至车上,这类制式在信息传递与车上信息处理方面比较简单,速度分级是阶梯式的。

速度码系统从地面传递给列车的允许速度(限速值)是阶梯分级的,在轨道电路区段分界处的限速值是跳跃式的,这对于平稳驾驶、节能运行及提高行车效率都是非常不利的。因此,速度码系统已逐渐被能实时计算限速值的距离码系统所取代。

b. 距离码系统。由于信息电码的多样性和复杂性,所以必须使用时分制数字电码方式,按协议来组成各种信息,即采用数字编码音频轨道电路,这是使用最广泛的 ATP 系统。

距离码系统从地面传至车上的是前方目标点的距离等一系列基本数据,车载计算机根据地面传至车上的各种信息(包括区间的最大限速、目标点的距离、目标点的允许速度、区间线路的坡度等)以及储存在车载单元内的列车自身的固有数据(如列车长度、常用制动及紧急制动的制动率、测速及测距信息等),实时计算出允许速度曲线,并按此曲线对列车的实际运行速度进行监控。

由于数据传输、实时计算以及列车车速监控都是连续的,所以速度监控是实时、无级的,可以有效地实现平稳驾驶与节能运行。但这种制式的信息传输比较复杂。

②采用轨间电缆的 ATP 系统。利用轨间铺设的电缆传输信息。控制中心储存线路的固定数据:区间线路坡度、弯道、缓行区段的位置及长度等。经联锁设备,将沿线的信号显示、道岔位置等信息传送至控制中心。列车将其数据,如载重量、列车长度、制动率、所在位置、实际速度等,经电缆传给控制中心。控制中心的计算机根据这些数据计算出该时刻的列车允许速度。此速度值经电缆传送给运行在线路上的相应列车。车载设备获得此速度值从而对列车速度进行监控。这种方式统一指挥全部列车运行,遇有发生行车晚点或其他障碍,可迅速地将行车命令传给列车。但若控制中心故障,则全线瘫痪,因此采用另一种控制方式,控制中心将有关信息(线路坡度、缓行区段位置、目标距离或目标速度等)通过电缆送至列车,由车载计算机计算其允许速度。

这类 ATP 系统主要由控制中心设备、轨间传输电缆及车载设备组成,如图 5 – 16 所示。

对于采用轨间电缆的 ATP 系统,室内设备与室外设备间的联系用两级控制方式来实现,即控制中心与若干个沿线设置的中继器相连,在控制中心与敷设在轨间的电缆之间的信息交换将在中继器内进行中间变换(频率变换、电平变换、功率放大等)。

在这类连续式超速防护系统中,轨间电缆是车—地之间的唯一信息通道。为了抗牵引电流的干扰以及实现列车定位,轨间电缆每隔一定距离(例如每隔 25 m)做一交叉。

中继器是控制中心与轨间电缆之间的中间环节，它的功能是把控制中心的命令通过轨间电缆传给列车，将列车信息传到控制中心。

车载设备包括接收天线、车载计算机、发送及接收电路、操作及指示盘、与制动机的接口、路程脉冲发生器等。

采用轨间电缆的 ATP 系统的信息传递的连续性是以昂贵的轨间电缆为代价的，轨间电缆维修费用高，而且给线路养护工作带来了不便。

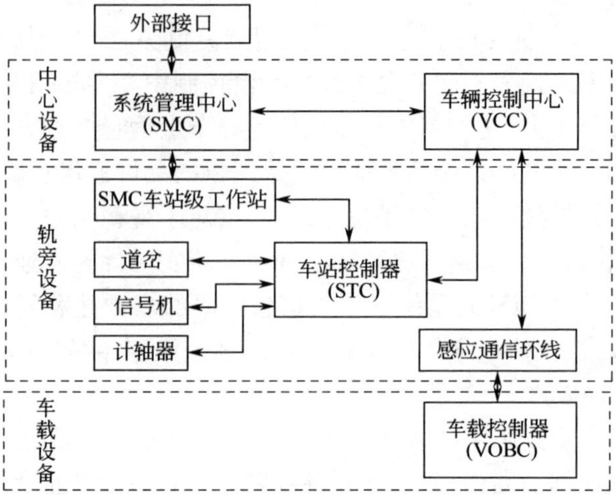

图 5－16 采用轨间电缆的 ATP 系统

③无线式 ATP 系统。利用无线通信的方式传输信息。地面编码器生成编码信息，通过天线向车载设备发送。信号显示控制接口负责检测要发送的信号显示，并从已编程的数据中选出有用数据送至编码器，同时选出与限制速度、坡度、距离等有关的轨道数据。编码器用高安全度的代码将这些数据编码，经过载波调制，馈送至无线通道向列车发送。车载接收设备接收限制速度、坡度、距离信息后，由车载计算机计算出目标速度，对列车速度进行监控。

用无线通道实现地—车间数据传输的 ATP 才是真正意义上的移动闭塞。无线通道可采用自由空间波、波导管或漏泄电缆。目前，最佳的方案是采用 LTE-M，由漏泄电缆传输。

典型无线移动闭塞系统的系统结构如图 5－17 所示。该系统以列车为中心，其主要子系统包括：区域控制器、车载控制器、列车自动监控（中央控制）、数据通信系统和司机显示等。

区域控制器即区域的本地计算机，与联锁区相对应，通过数据通信系统保持与控制区域内所有列车的安全信息通信。区域控制器根据来自列车的位置报告跟踪列车，并对区域内列车发布移动授权，实施联锁。

ATS 系统可实现与所有列车运行控制子系统的通信，用于传输命令及监督子系统状况。

车载控制器实现 ATP 和 ATO 的功能。车载应答器查询器和天线与地面的应答器进行列车定位。测速发电机用于测速和对列车定位进行校正。

司机显示提供司机与车载控制器及 ATS 设备的接口，显示的信息包括最大允许速度、当前速度、到站距离、列车运行模式及系统出错信息等。

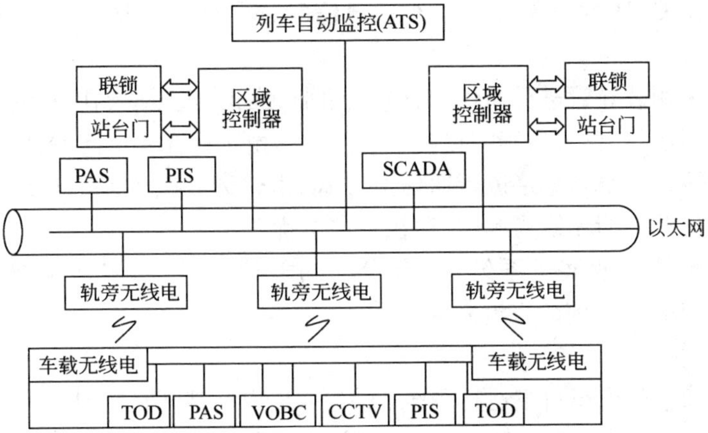

图 5 – 17　典型无线移动闭塞系统的系统结构

CCTV—视频监控系统;PAS—乘客广播系统;PIS—乘客导乘信息系统;

SCADA—电力监控系统;TOD—司机显示;VOBC—车载控制器

数据通信系统实现所有列车运行控制子系统间的通信。

4. CBTC 系统

采用轨间电缆感应通信和无线通信的列车控制系统称为基于通信技术的列车控制系统(CBTC),尤其是基于无线通信的列车控制系统是世界上列车运行控制系统的发展趋势,是近年来城市轨道交通领域积极采用的一种移动闭塞方式。CBTC 系统是一种采用先进的通信、计算机技术,连续控制、监测列车运行的移动闭塞方式的列车控制系统。它摆脱了用轨道电路判断列车对闭塞分区占用与否,突破了固定(或准移动)闭塞的局限性。

(1)CBTC 的优越性

较以往系统具有更大的优越性,具体体现如下:

①实现列车与轨旁设备实时双向通信且信息量大。

②可减少轨旁设备,便于安装维修,有利于紧急状态下利用线路作为人员疏散的通道,有利于降低系统全寿命周期内的运营成本。

③确立"信号通过通信"的新理念,使列车与地面(轨旁)设备紧密结合、整体处理,改变以往车地相互隔离、以车为主的状态。这意味着车地间通信采用统一标准协议后,就有可能实现不同线路间不同类型列车的联通联运。所谓联通联运对于信号系统而言,主要是指:某系统的地面设备可以与另一系统的地面设备互联;系统的车载设备可以与另一系统的地面设备协同工作;同一列车首尾的、不同厂家的车载设备可以在同一线路上实施列车运行控制。

(2)车地通信

车地通信是 CBTC 的重要技术。车地通信的方式有波导通信、空间自由波通信和 LTE-M。

波导通信采用波导管进行通信的方式。在地面铺设波导管,在高频条件下,形成电磁波向外界空间辐射出去,由车载接收单元接收。由于存在一定问题,已不发展。

空间自由波是在空间直接进行通信的方式,由轨旁无线单元和车载无线接收单元组成。由于采用开放的无线局域网,存在一定干扰。

LTE-M 是地铁长期演进系统,具有专用的通信频道,由漏泄电缆传输,能保证 CBTC 的车地通信,是目前的主流制式。

5. TACS 系统

基于车车通信的列车自主运行系统(TACS)是列车基于运行计划和实时位置实现自主资源管理并进行主动间隔防护的信号系统。列车之间直接进行信息交互,实行车车的协同控制,简化了地面设备。该系统正在进行实施。

6. ATC 系统控制模式

ATC 系统应包括:控制中心自动控制模式;控制中心自动控制时的人工介入控制或利用 CTC 系统的人工控制模式;车站自动控制模式;车站人工控制模式。

以上控制等级应遵循的原则是:车站人工控制优先于控制中心人工控制、控制中心人工控制优先于控制中心的自动控制或车站自动控制。

(1)控制中心自动控制模式。在控制中心自动控制模式下,列车进路命令由 ATS 进路自动设定子系统发出,其信息来源是时刻表及列车运行自动调整系统。控制中心调度员可以对列车运行自动调整系统进行人工干预,使列车运行按调度员意图进行。

(2)控制中心自动控制时的人工介入控制或利用 CTC 系统的人工控制模式。①在控制中心自动控制时,控制中心调度员也可关闭某个联锁区或某个联锁区内部分信号机或某一指定列车的自动进路设定,直接在控制中心的工作站上对列车进路进行控制。在关闭联锁区自动进路设定时,控制中心调度员可发出命令,利用联锁设备自动进路控制功能,随着前行列车的运行,自动排列一条后续列车的固定进路。在自动进路功能出现故障的情况下,调度员可以人工设置进路。②在人工控制模式中,车站的人工控制转到 ATS 系统。一旦车站工作于该模式,则由 ATS 系统启动控制而不由车站控制计算机启动控制。然而,车站控制计算机继续接收表示,更新显示和采集数据。

(3)车站自动控制模式。在控制中心设备故障或通信线路故障时,控制中心将无法对联锁车站的远程控制终端进行控制,此时将自动进入列车自动监控后备模式,由列车上的车次号发送系统发出的带列车去向的车次信息,通过远程控制终端自动产生进路命令,由联锁设备的自动功能来自动设定进路,即随着列车运行,自动排列一条进路。

(4)车站人工控制模式。当 ATS 系统因故不能设置进路(不论人工方式还是自动进路方式)，或由于某种运营上的需要而不能由中心控制时，可改为现地操纵模式。在现地操纵台上人工排列进路。在此模式下，将车站的人工控制(如进路控制)转到车站控制室的车站控制计算机。

车站自动控制和车站人工控制也可合称车站控制(LC)。当车站工作于 LC 模式时，不能由 ATS 系统启动控制。然而，ATS 系统将继续收到表示，更新显示和采集数据。对车站控制计算机而言，这是唯一可用的控制模式。

7. 列车驾驶模式

城市轨道交通列车的主要驾驶模式应包括:列车自动运行驾驶模式;列车自动防护驾驶模式;限制人工驾驶模式;非限制人工驾驶模式。此外，还有自动折返驾驶模式。

自动驾驶模式和无人驾驶模式可以提高列车行车效率，实现列车运行自动调整，维护列车运行秩序，减少驾驶人员劳动强度和人员的数量。

(1)列车自动运行驾驶模式(ATO 模式)。ATO 模式是正线上列车运行的正常模式，即用于正线上列车的正常运行。在 ATO 模式下，ATO 系统根据 ATP 系统编码和列车位置生成运行列车的行驶曲线，完全自动地驾驶列车;ATO 模式下还能根据到停车点的距离计算出列车的到站停车曲线;ATO 速度曲线可以由 ATS 系统的调整命令修改;ATP 系统控制列车的紧急制动。在这种模式下，列车在车站之间的运行是自动的，不需司机驾驶，司机只负责监视 ATO 模式下的显示，监督车站发车和车门关闭，以及列车运行所要通过的轨道、道岔和信号的状态，在必要时人工介入。

(2)列车自动防护驾驶模式(SM 模式)。SM 模式即 ATP 监督人工驾驶模式，是一种受保护的人工驾驶模式。ATO 故障时列车用 SM 模式在 ATP 的保护下降级运行。在这种模式下，司机根据驾驶室中的指示手动驾驶列车，并监督 ATP 显示，以及列车运行所要通过的轨道、道岔和信号的状态，可以在任何时候实施紧急制动。ATP 连续监督人工驾驶的列车运行，向司机提示安全速度和距离信息。在列车实际行驶速度达到最大安全速度之前，ATP 可实施常用制动，防止列车超速;由 ATP 系统来控制列车的紧急制动。

(3)限制人工驾驶模式(RM 模式)。RM 模式即 ATP 限制允许速度的人工驾驶模式，这是一种受约束的人工操作，必须“谨慎运行”。在这种模式下，列车由司机根据轨旁信号驾驶，ATP 仅监督允许的最大限速值。该运行模式在下列情况下使用:列车在车辆段范围(非 ATC 控制区域)内运行;正线运行中联锁设备、轨道电路、ATP 轨旁设备、ATP 列车天线发生故障;列车紧急制动后。RM 模式下，列车由司机驾驶，速度不大于 25 km/h，否则进行紧急制动。司机负责列车的运行安全，监督列车所要通过的轨道、道岔、信号的状态，如有必要对列车进行制动。

(4)非限制人工驾驶模式(关断模式、URM 模式)。关断模式即不受限制的人工驾驶(无 ATP 监督)模式，用于车载 ATP 设备故障以及车载设备测试情况下完全关断时的列车驾驶，使用时必须登记，列车是由司机根据轨旁信号和调度员的口头指令驾驶的,没有速度监督。ATP 的紧急制动输出被车辆控制系统切断,司机必须保证列车运行不超过限制速度(最大 25 km/h),并监督列车所要通过的轨道、道岔和信号的状态,必要时采取措施,对列车进行制动。

以上驾驶模式,满足一定条件后可互相转换。除 URM 模式外,其他模式都有一个 5 m 的退车控制,如果超过这个限制,ATP 将紧急制动。

(5)自动折返驾驶模式(AR 模式)。列车在端站(设有折返轨道的终端)调转行车方向或使用折返轨道进行折返操作时,就要求能进入自动折返驾驶模式。这时司机可不在车上,不需司机干预。

为使自动折返操作具有高度的灵活性,自动折返模式设有:ATO 自动运行折返模式;ATO 无人自动折返模式;ATP 监督人工驾驶折返模式。采用无人折返或有司机折返,取决于司机采取的不同折返模式。

折返命令由 ATS 系统的控制中心根据需要生成并传输至列车,或由设计固定的 ATP 区域(如终端站)的轨旁单元发出。ATP 车载设备通过接收轨旁报文而自动启动 AR 模式,并通过驾驶室显示设备指示给司机,ATP 车载设备的 AR 模式就自动启动了,司机必须按压“AR”按钮确认折返作业。是否折返,使用折返轨道的折返,由无人驾驶执行还是由司机执行,这些完全由司机决定。自动折返前司机负责检查所有乘客已下车、车门已关闭,并按压自动折返按钮。

二、ATP 子系统

ATP 系统是保证行车安全、防止错误进入进路、防止列车进入前方列车占用区段和防止速度码升级的设备。ATP 系统负责全部的列车运行保护,是列车安全运行的保障。ATP 系统是实现 ATC 功能的基本环节,属于故障—安全系统,必须符合故障—安全的原则。

1. ATP 功能

ATP 系统执行的安全功能包括:速度限制的接收和解码、超速防护、车门管理、自动和手动模式的运行、司机控制台接口、车辆方向保证、永久车辆标识。

ATP 功能分为 ATP 轨旁功能、ATP 传输功能、ATP 车载功能。

(1)ATP 轨旁功能。实现控制列车安全间隔和生成报文,完成对列车安全运行授权许可的发布和报文的准备,这些报文包括安全、非安全和信号信息等。ATP 轨旁功能又分为列车安全间隔功能和报文生成功能。

列车安全间隔功能负责保持列车之间的最小安全距离,还负责发出运行授权。

报文生成功能完成整理数据,准备和格式化要传送到 ATP 车载设备的报文,并决定传输方向。

(2)ATP 传输功能。负责发出报文信号,包括报文和 ATP 车载设备所需要的其他数据。

(3)ATP 车载功能。负责列车安全运行,自动驾驶,并提供信号系统和司机间的接口。车载功能由 ATP 监督功能、ATP 服务/自诊断功能、ATP 状态功能、车门释放功能、速度/距离功能以及司机人机接口(MMI)功能组成。

ATP 监督功能负责保证列车运行的安全。ATP 监督包括速度监督、方向监督、车门监督、紧急制动监督、后退监督、报文监督、设备监督等。

ATP 服务/自诊断功能负责采集、存储、记录、调用列车数据、状态信息,为 ATP 监督提供服务,完成 ATP 车载设备的自诊断。

ATP 状态功能负责根据主要情况选定正确的状态和模式。

车门释放功能保证当显示安全时容许打开车门。在所有的信号模式中可以连续使用此功能。

速度/距离功能基于测速单元的输入,负责测定列车的运行速度、运行距离和运行方向。

司机人机接口功能提供信号系统与司机的接口。

2. ATP 设备组成

采用轨道电路传送 ATP 信息时,ATP 系统由设于集中站的轨旁单元、设于线路上各轨道电路分界点的调谐单元和 ATP 车载设备组成,并包括与 ATS 系统、ATO 系统、联锁设备的接口设备。

连续式 ATP 系统利用数字音频轨道电路,向列车连续地发送数据,允许连续监督和控制列车运行。对于 ATP 系统,轨旁无须其他传输设备。当轨道电路区段空闲时,发送轨道电路检测电码。当列车占用时,向轨道电路发送 ATP 信息。轨道旁的轨道电路连接箱内(发送、接收端各一个)仅有电路调谐用的无源元件,包括轨道耦合单元及长环线。

ATP 车载设备完成命令解码、速度探测、超速下的强制执行、特征显示、车门操作等任务。ATP 车载设备由两套 ATP 模块、两个速度传感器和两个接收线圈、车辆接口、驾驶台上相关表示及控制按钮等组成。ATP 车载设备根据地面控制中心的数据(由 ATP 天线接收)与预先储存的列车数据计算出列车实时最大允许速度。将此速度与来自轮脉冲发生器测得的列车实际运行速度相比较。超过允许速度时,报警后启动制动器。在司机台上给出必要的显示,如最大允许速度、实际运行速度、目标距离、目标速度等。

ATP 系统的基本配置包括驾驶室内的操作和控制单元(MMI)。借助于 MMI,司机可以按照 ATP 系统的指示运行。MMI 具有司机显示、司机外部接口两个子功能。司机显示功能向司机显示实际速度、最大允许速度、ATP 设备的运行状态,以及列车运行时产生的重要故障信息,在某些情况下伴有声音警报。司机外部接口包括释放驾驶室的设备、允许按钮、车门释放按钮以及确认按钮。

采用无线通信传送 ATP 信息时,ATP 系统由设于集中站的区域控制器 ZC、轨旁的无线接入点 AP 及车载无线接收装置等组成。

3. ATP 工作原理

(1)列车检测。采用轨道电路、应答器等作为列车检测设备。当轨道电路区段空闲时，发送轨道检测电码，检测结果送往联锁装置。

(2)列车自动限速。ATP 轨旁单元从联锁和轨道空闲检测系统获得驾驶指令，形成计划数据后传输至 ATP 车载设备。驾驶指令主要包括目标坐标(目标速度和目标距离)、最大允许线路速度和线路坡度。ATP 车载设备通过此数据计算现有位置的列车允许速度。驾驶列车所需的数据经由司机室显示器指示给司机。

实际的列车速度和驶过的距离由测速装置连续进行测量。

ATP 车载设备将列车实际速度与列车允许速度进行比较。当列车速度超过列车允许速度时，ATP 的车载设备就发出制动命令，发出报警后控制列车进行常用全制动或实施紧急制动，使列车自动制动；当列车速度降至 ATP 所指示的速度以下时，自动缓解，而运行操作仍由司机完成。

ATP 系统不仅可用来保证列车之间的运行安全，还用于受曲线等线路条件、通过道岔、慢行区间等限制而需要限速的区段。因此限速等级是根据后续列车和先行列车之间的距离、线路条件等决定的。ATP 系统可对列车运行速度进行分级或连续监督。

(3)车门开关。当列车在站台停稳且停车点的误差在允许范围以内时，车载对位天线和地面对位天线才能很好地感应耦合并进行车门开关操作。这需要地面和车载 ATC 设备以及车辆门控电路共同配合。

地面 ATP 设备还将列车停准、停稳信息送至控制中心作为列车到站的依据。车门关闭后，车载 ATP 设备才具备安全发车条件。

(4)制动模式。列车制动控制模式分为分级制动模式和一级制动模式。各种制动模式的速度曲线如图 5－18 所示。

①分级制动。分级制动是以闭塞分区为单元，根据与前行列车的运行距离来调整列车速度，各闭塞分区采用不同的低频频率调制，指示不同的速度等级，在此基础上确定限速值。分级制动模式又分为阶梯型和曲线型。

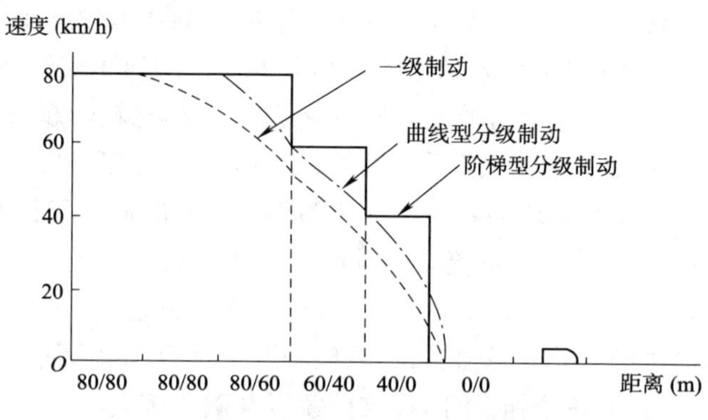

图 5－18　各种制动模式的速度曲线

阶梯型分级制动模式俗称大台阶型。它将一个列车全制动距离划分为 3～4 个闭塞分区，每一闭塞分区根据与前行列车距离确定限速值。当列车速度高于检查值时,列车自动制动,其为滞后监督方式,即在闭塞分区出口才监督是否超速,所以为确保安全,必须设有"保护区段"。固定闭塞制式的 ATC 系统通常采用阶梯型分级制动模式。

阶梯型分级速度控制方法虽然构成较为简单,但有较多缺点,不能满足高密度行车的需要,可改为速度—距离模式曲线控制方式。

模式曲线是根据该闭塞分区提供的允许速度值以及列车参数和线路参数由车载计算机计算出来的(或将各种制动模式曲线储存调用)。

准移动闭塞制式的 ATC 系统通常采用曲线型分级制动模式。

②一级制动。一级制动是按目标距离制动的。根据距前行列车的距离或距运行前方停车站的距离,由控制中心根据目标距离、列车参数和线路参数计算出列车制动模式曲线,或由车载计算机予以计算,按制动模式曲线控制列车运行。信息传输有数字编码轨道电路传输和无线传输两种方式。无论何种方式,传输的信息必须包括线路允许速度、目标速度、目标距离。一级制动方式最能合理地控制列车运行速度,是列车自动控制技术的发展方向。移动闭塞制式的 ATC 系统通常采用一级制动模式。

(5)测速与测距

①测速。列车运行速度的测量非常重要,列车实际运行速度是速度控制的依据。该速度值的准确和精度直接影响调速效果。

测速有车载设备自测和系统测量两种方法:车载设备自测有测速发电机、路程脉冲发生器、光电式传感器和霍尔式脉冲转速传感器等方法;系统测量有卫星测速和雷达测速等方法。

早期采用测速发电机测速。测速发电机安装在车轮轴头上,它发出的电压与车速成正比,该电压经处理后产生模拟量和数字量两个输出,分别用来驱动速度表和进入车上主机用于速度比较。测速发电机简单,但在低速范围内精度较差,可靠性也不高。

路程脉冲发生器的其核心部件是一个 16 极的凸轮,随着车轮的转动,发生一系列脉冲,车速越快,脉冲数越多,只要在一定时间内记录下脉冲的数目,即能换算成列车的实际速度。

光电式传感器随着车轮的转动,光线不断地通过和被阻挡,使它产生电脉冲,记录脉冲数目来测量车速。

霍尔式脉冲转速传感器在车轮转动时产生频率正比于车轮转速的信号,从此来进行测速。

需采用两路测速,以对机车车轮空转、蠕滑、死抱等引起的误差进行修正。

转速传感器无法精确补偿车轮打滑和滑行,可用一台多普勒雷达装置,向 ATP/ATO 系统输入第三个车速信息。这个信息与转速传感器输入的车速相比较,以检验车速测量系统的可靠性。

②测距。如何测量距停车点的精确距离是列车运行超速防护系统的重要任务。测距是通过测速与轮径完成的。必须不断地对轮径进行修正。

(6)设置速度限制。ATP 系统通过设置区域限速或闭塞分区限速来设置速度限制。

①区域速度限制。区域速度限制是针对轨道电路内的预定区域的。区域限速可由 ATP 轨旁设备设置,也可在需要时由控制中心控制。一旦设置了限速,集中站的 ATP 轨旁设备就将产生到速度限制区的新的"目标"距离和实际的目标限制速度,并传送给接近限速区域的列车。

②闭塞分区限速。闭塞分区限速是对单独的轨道电路设置最大的线路和目标速度。通过 ATP 轨旁设备选择最大速度,作为轨道电路的最大速度。

(7)紧急制动和常用制动。紧急制动是将压缩空气全部排入大气,使副风缸内压缩空气很快推动活塞,施行制动,使列车很快停下来。紧急制动时,列车冲击大,中途不能缓解,充风时间长,不能使列车安全平稳地运行。

常用制动是直接控制列车主管压力使列车制动与缓解,不影响原有列车制动系统的功能。它缩短了制动空走时间,大大减小了制动时的纵向冲击加速度,使列车运行更安全、舒适。

在常用制动失效后,可施行紧急制动。

三、ATO 子系统

ATO 即列车自动驾驶,它代替司机操纵列车、驱动制动设备,自动实现列车的起动、加速、匀速惰行、制动等驾驶功能。

1. ATO 系统功能

ATO 系统的功能分为基本控制功能和服务功能。基本控制功能包括:自动驾驶、自动折返、车门打开。服务功能包括:列车位置、允许速度、巡航/惰行、PTI 支持功能等。

(1)自动驾驶

①自动调整列车运行速度。ATO 车载控制器通过比较实际列车运行速度及 ATP 给出的最大允许速度及目标速度,并根据线路的情况,自动控制列车的牵引及制动,使列车在区间内的每个区段始终按控制速度(ATP 计算出来的限制速度减去 5 km/h)运行,并尽可能减少牵引、惰行和制动之间的转换。

②停车点的目标制动。以车站停车点作为目标点,采用最合适的减速度使列车准确、平稳地停在规定的停车点,与列车定位系统相配合,停车误差 0.5 m 以下。

③从车站自动发车。当发车安全条件符合时(在 ATO 模式下,车门关闭,这由 ATP 系统监视),ATO 系统给出启动显示,司机按启动按钮,ATO 系统使列车从制动停车状态转为驱动状态。停车制动被缓解,然后列车加速。

④区间内临时停车。由 ATP 系统给出目标点位置(例如运行前方有车)及制动曲线,经 ATO 启动列车制动,停于目标点前。一旦停车目标取消,ATO 使列车自动起动。

⑤限速区间。临时性限速区间的数据由轨道电路报文传输给 ATP 车载设备,再经 ATO 系统传达给列车驱动制动控制设备。对于长期限速的区间,可事前设定,ATO 会自动考虑限速。

(2)无人自动折返。无人自动折返时无须司机控制,而且列车上的全部控制台将被锁闭。从接收到无人驾驶折返运行许可时,就自动进入 AR 模式。授权经驾驶室 MMI 显示给司机,司机必须确认这个显示,按下站台的 AR 按钮以后,才实施无人驾驶列车折返运行。

(3)自动控制车门开闭。由 ATP 系统监督开门条件,当 ATP 系统给出开门命令时,可以按事前的设定由 ATO 系统自动地打开车门,也可由司机手动打开正确一侧的车门。车门的关闭只能由司机完成。

(4)列车位置检测。列车位置功能从 ATP 功能中接收到当前列车的位置和速度等详细信息。根据上一次计算后所运行的距离来调整列车的实际位置。此调整也考虑到 ATP 功能在计算列车位置时传送和接收的延迟时间,以及打滑和滑行。

(5)允许速度。允许速度功能为 ATO 速度控制器提供列车在轨道任意点的对应速度值。这个速度没有被优化,只是低于当前速度限制和制动曲线给的限制。允许列车速度调整是为了能源优化或由惰行/巡航功能完成的列车运行。

(6)巡航/惰行。巡航/惰行功能的任务是按照时刻表自动实现列车区间运行的惰行控制,同时节省能源,保证最大能量效率。由 ATS 系统确定列车运行时间,由 ATO 系统计算能源优化轨迹。

(7)PTI 支持。PTI 支持功能是通过多种渠道传输和接收各种数据,在特定的位置传给 ATS,向 ATS 报告列车的识别信息、目的号码和乘务组号、列车位置数据(例如当前轨道电路的识别和速度表的读数),以优化列车运行。

2. ATO 设备组成

ATO 设备包括地面设备和车载设备两部分。采用轨道电路传送信息时,ATO 地面设备是设在每个车站 ATC 设备室内的车站停车模块或 ATO 通信器、沿每个站台设置的一组地面标志线圈或环路,以及和 ATP、联锁系统的接口设备。ATO 车载设备包括每一端司机室内的一个由微型计算机构成的 ATO 控制器,以及车底部的标志线圈和对位天线(接收、发送天线)。

ATO 系统具有一个双向通信子系统,通过车载 ATO 天线和地面 ATO 环线允许列车直接与车站内的 ATS 连接,可以实现最佳的运营控制,完成下列 ATO 功能:程序停车、运行图调整、轨旁/列车数据交换、目的地和进路控制功能。

ATO 系统还具有定位停车子系统,为列车提供精确的位置信息。包括车底部的标志线圈和对位天线,以及每个车站 ATC 设备室内的车站停车模块和沿每个站台设置的一组地面标志线圈。

采用无线通信传送信息时,ATO 和 ATP 共用地面设备。

3. ATO 系统工作原理

ATO 系统不能脱离 ATP 系统及 ATS 系统单独工作,必须从这两个系统得到本系统工作的基础信息。三个系统共同构成 ATC 系统。

(1)列车自动运行。ATO 系统接收来自 ATP 系统的信息,包括 ATP 系统的速度命令、列车实际速度和列车走行距离,接收位置识别和定位系统的信息,接收来自 ATS 系统及联锁系统的惰行控制命令、扣车命令、下一站通过命令及运行方向及目的地等信息。根据这些信息,ATO 系统通过牵引/制动曲线控制列车,使其维持在一个参考速度上运行。

ATO 系统利用闭环反馈技术实现调速,即将列车实际速度与参考速度之差为偏差控制量,通过牵引/制动曲线对列车实施一定的牵引力或制动力,使偏差控制量为 0。ATO 系统可将列车实际运行速度调到参考速度 ±2 km/h 以内。

由 ATO 系统执行的自动驾驶过程是一个闭环反馈控制过程,其基本关系框图如图 5 – 19 所示。测速单元通过 ATP 设备向 ATO 设备发送列车的实际位置信息。反馈环路的基准输入是从 ATP 数据和运营控制数据中得出的。ATO 向牵引和制动控制提供数据输出。

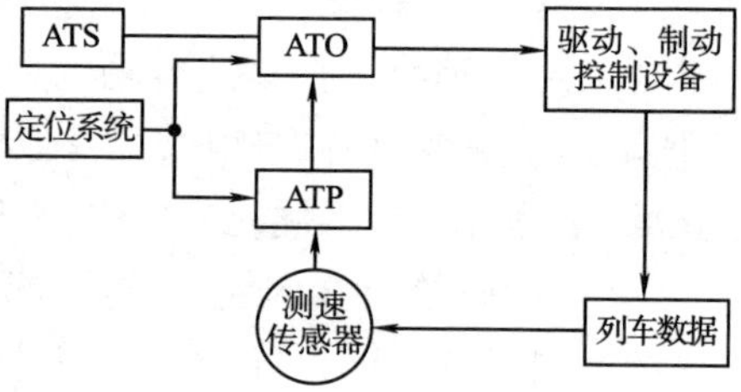

图 5 – 19 自动驾驶的闭环控制框图

(2)车站程序停车。线路上的车站都有预先确定的停站时间间隔。控制中心 ATS 设备监督列车时刻表,计算需要的停站时间,以保证列车正点到达下一个车站。由集中站 ATS 设备通过 ATO 环线传送给 ATO 车载设备。控制中心能通过集中站 ATS 设备缩短或延长车站停站时间。在控制中心要求下,列车可跳过某车站。这一命令由控制中心通过集中站 ATS 设备传给列车。

(3)车站定位控制。设置站台安全门,以方便乘客上下车。车门的开度和安全门的开度要配合良好,为此,ATO 系统的定点停车精度应为 ±0.25 m。

车站定点停车是靠一组地面应答器(或者环线)提供至停车点的距离信息,应答器布置如图 5 – 20 所示。

350 m 和 150 m 应答器成对布置,具有方向性。无源应答器具有固定的谐振频率,列车经过时与车载应答器产生谐振。有源应答器能发送特定的频率信号。

当列车正向运行经过 350 m 应答器时,启动定点停车程序,列车按定点停车曲线运

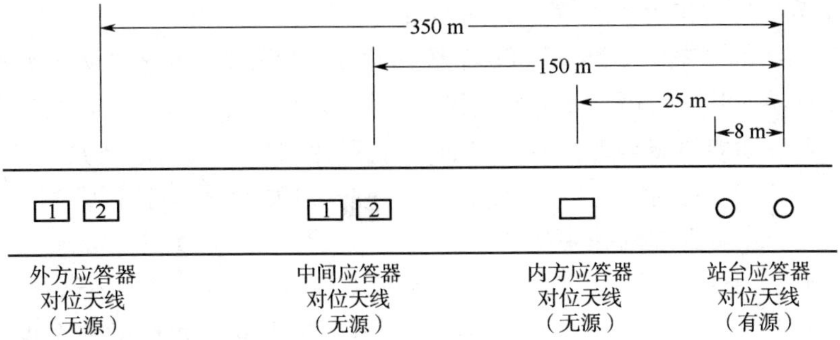

图 5－20　应答器布置

行。定点停车曲线是建立在一个固定减速率基础上的（制动率为全常用制动的 75%），其速度正比于至停车点距离的平方根。150 m、25 m 应答器的作用是根据停车曲线对实际车速进行校正。当列车通过 8 m 应答器时，收到一个频率信号，即转入停车模式，减速率进一步降低。当车载定位天线与地面定位天线对齐时，又收到一个频率信号，立即实施全常用制动，将车停住。若列车停准（误差为 ±0. 25 m 内），地面定位天线会收到车载定位天线发送的停稳信号，然后才能进行开关车门和安全门的操作。

（4）车门和安全门控制。在通常的运行中，当列车停在车站的预定停车区域以内，列车从 ATP 轨旁设备收到车门开启命令，并且确定其速度为零后，ATO 自动打开车门，不用司机操作。

有了车门开启命令后，使 ATP 轨旁设备改发打开安全门信号，当站台定位接收器收到此信号，打开与列车车门相对的安全门。

列车停站时间结束（或人工终止），地面停站控制单元启动 ATP 轨旁设备，停发开门信号，由司机关闭车门，同时关闭安全门。

车站在检查了安全门已关闭好以后，才允许 ATP 子系统向列车发送运行速度命令信息，列车收到速度命令，同时检查了车门已关闭后，可按车载 ATP 收到的速度命令出发。

（5）列车识别系统（PTI）。ATO 系统的一项重要功能是将列车数据从车上传输到控制中心，这由列车识别定位系统完成，车上的 PTI 天线负责发送列车特征数据电码，钢轨间的回路环线（在区间内每隔一定距离设一个接收环线，停车站正线设一个接收环线）用于接收车载天线发送的数据，并将其由光缆或电缆传至控制中心。

由 PTI 系统传送的列车数据包括：车次号、驶往目的地（终点站名称）、乘务员号、车门状态和列车状态（停车或运行）。

PTI 系统不另设车载设备，而集中在 ATO 系统内，但有独立的软、硬件，负责 PTI 编码、调制及发送。

4. ATO 系统与 ATP 系统的关系

在 ATP 系统的基础上安装了 ATO 系统,列车就可采用手动方式或自动方式进行驾驶。在选择自动驾驶方式时,ATO 系统代替司机操纵,诸如列车启动加速、匀速惰行、制动等基本驾驶功能均能自动进行。然而,不论是由司机手动驾驶还是由 ATO 系统自动驾驶,ATP 系统始终是执行其速度监督和超速防护功能。可以这样认为:

手动驾驶 = 司机人工驾驶 + ATP 系统

自动驾驶 = ATO 系统自动驾驶 + ATP 系统

ATP 系统主要负责“超速防护”,起保证安全的作用,是不可少的安全保障;ATO 系统主要负责正常情况下列车高质量地运行,是提高列车运行水平的质量(准点、平稳、节能)的技术措施。因此,ATP 系统是 ATO 系统的基础,ATO 系统不能脱离 ATP 系统单独工作,必须从 ATP 系统获得基础信息;而且,只有在 ATP 功能的基础上才能实现 ATO 功能,列车安全运行才有保证;ATO 功能是 ATP 功能的发展和技术延伸,ATO 功能在 ATP 功能的基础实现自动驾驶,而不仅仅停留在超速防护的功能上。

5. 全自动无人驾驶

(1)自动运行等级(GOA)

根据自动运行的程度,城市轨道交通的自动运行等级(GOA)可分为四个等级:

GOA1a,不连续监督下的人工驾驶运行,列车运行控制系统在特定的位置上监督列车速度,为点式控制方式。

GOA1b,连续监督下的人工驾驶运行,列车运行控制系统连续地监督列车速度,为 ATP 模式。

GOA2,半自动运行,装有 ATO 的人工驾驶运行,又称为 ATO 模式。

GOA3,无司机运行,列车上不再安排专职司机,司机被 ATO 的系统功能所取代,仅安排乘务人员以应对突发事件。

GOA4,无人监督运行,列车上不安排任何工作人员。

(2)自动驾驶模式

自动驾驶模式(AM)分为有人驾驶的自动化运行模式 STO、无人驾驶有人跟车的自动化运行模式 DTO、全自动无人驾驶模式 UTO。

STO 模式,列车发车由司机确认启动,列车牵引、制动、停车、开关车门由信号系统自动实现。

UTO 模式,整个运营过程都无人参与,包括在段内运行、洗车、列车运营、列车内空调、PIS、照明等都无人操作。列车不再需要司机,而只是以乘务员的角色服务乘客以及进行系统故障的应急处理。

两者的主要区别是,STO 模式,当 ATO 模块收到发车指令,HMI 上显示提示信息,通知司机按压 ATO 按钮;而 UTO 模式无须司机干预。

UTO 的特点是,原来由司机进行的操作全部通过 OCC 自动进行,这就需要信号系统高冗余、高可靠、高功能,综合监控系统高可靠、实时传输,列车网络功能、诊断性更强。

(3) 全自动无人驾驶的功能及实现

①驾驶控制功能

UTO 完全由信号系统根据运行图控制列车运行。OCC 控制车载 ATO,通过 MVB(多功能车辆总线)传输到 TCMS(列车管理系统)、ICU(逆变器控制单元)、BCU(制动控制单元)。UTO 可实现列车自动折返。此时,列车根据信号系统的移动授权自动确定运行方向,同时自动激活/关闭相应侧面驾驶台,实现驾驶室转换。不会造成数据丢失(如车门状态/控制数据,制动、牵引状态及控制数据等)和系统误判。

②唤醒功能

每天运营前或有列车插入时,信号系统根据列车运行图给每列列车自动分配识别号,两端驾驶室都选择自动模式。列车发车前 OCC 自动向列车发送唤醒指令,列车收到该指令后车载各子系统执行启动、自检和静态测试等程序。各子系统进行静态自检,TCMS 汇总各子系统的自检情况、列车唤醒工况等信息,发送给信号系统和 OCC。如唤醒成功,列车可随时投入运营,等待信号系统发送发车指令。若唤醒不成功,行车调度员根据列车的相应故障信息进行人工干预。在任何时候,行车调度员均可远程唤醒列车。

③休眠功能

列车运营结束后入段停放,列车停稳后,为节省能源,UTO 对列车自动启动休眠程序。在休眠前,ATO 给地面列车维护系统发送是否下载列车维护信息的指令。在一定时间内,列车关闭车载子系统,进入休眠状态。休眠后 ATO 系统的唤醒模块一直有电。

④车门、安全门控制功能

除车门联动、开关门控制外,还具备系统故障应对功能。若个别 PSD 故障,需人工将故障 PSD 关闭并锁定,PSD 向信号系统报告锁定 PSD 的位置(站台号和门编号)。在列车到达前,信号系统将故障 PSD 位置信息发送给列车,列车自动对对应车门进行电气隔离,使此车门不参与开关门动作,同时向乘客广播。

⑤停车控制功能

雨天或轮缘有油会导致停站距离加大或不准,此时 ATO 重新调整停车,采用缓慢跳跃式调整直到停车点。若列车越过了 PSD 区域,也可退行调整。若列车越过站台 5 m 或超过给定次数的调整后仍未停准,则列车自动启动越过本车站行驶至下一车站,并自动告警至 OCC,同时通过车载 PIS 向乘客广播。

⑥后备蠕动功能

如 ATS 发送的牵引/制动指令故障或丢失,行车调度员确认故障并远程启动以不超过 20 km/h 的速度运行。此时，ATP 监督，进入车站并停稳后，司机上车人工驾驶对位停车。

此外，还具备广播、视频、故障数据传输，火灾报警，障碍物检测等功能。

四、ATS 子系统

ATS 系统能与 ATP 系统、计算机联锁设备配套使用，并有与时钟系统、乘客向导系统和综合监控系统的接口。

1. ATS 系统功能

ATS 系统在 ATP 系统和 ATO 系统的支持下，根据运行时刻表完成对列车运行的自动监控，可自动或由人工监督和控制正线（车辆段、试车线除外），以及向调度员和外部系统提供信息。ATS 系统具有下列主要功能：

（1）列车监视和追踪。列车监视是用计算机来再现列车的运行。列车运行由轨道空闲和占用信号来驱动。列车由车次号来识别。ATS 系统给 MMI、乘客信息显示系统、模拟线路表示盘提供列车位置和车次号。

列车车次号是 ATS 功能的先决条件，必须在固定时间内确定。列车车次号包括：列车组号、服务号、旅程号等。列车车次号输入用于修改和确认列车车次号。输入方式有：在读站自动输入车次号、时刻表系统提出车次号、系统自动生成车次号、线路调度员人工输入。

列车车次号在该列车通过读站时被记录，出错时操作员可用另一车次号替代系统中的任一个车次号。车次号删除是从 ATS 系统中清除车次号记录，在被监视到离去本区段、被覆盖时删除，也可人工删除。

列车运行由轨道占用信号从“空闲”到“占用”的翻转来识别。列车运行状态被监测到，就在计算机内被再现。

（2）时刻表处理。包括安装时刻表、修改时刻表、运行图显示和打印。系统贮存适合于不同运行情况的多套时刻表；根据时刻表自动完成列车车次号的跟踪与更新；自动生成时刻表。

（3）自动建立进路。自动建立进路的功能是形成控制道岔位置的命令和在适当时间向信号系统发送这些命令。ATS 将列车车次号和位置信息、道岔位置和已选信号系统的信息提供给自动建立进路系统，命令的输出由接近列车的监测和进路计划控制。

事件的正常顺列为操作开始、进路确定、列车顺序规定、连接分段测试、验证、命令输出、确认。

如果对某一列车不能确定一条进路，可将相应信息送给调度员。

人工干预包括人工办理信号、允许和禁止列车进路、了解系统状态、储存和传送列车运行里程。

(4)列车运行调整。不断地对计划时刻表与实绩时刻表进行比较,在此基础上自动产生列车的出发时间。人工调整则是命令不停车通过车站,定义一个新的终点站。

(5)乘客信息显示系统。用来通知等待的乘客列车的下一目的地。

(6)列车确实位置识别。列车识别码由司机在开始列车运行前选定,由列车自动发送。

(7)服务操作。操作员能修改数据库、列车参数、控制与显示数据库信息。

(8)列车自动监控仿真及演示。是为训练而设置的,具有模拟时刻表,模拟列车运行的调度等,可记录、演示。

(9)遥控联锁。联锁设备由远程控制系统操作,它提供了与运营控制系统的接口界面。

(10)报告、登记、档案、统计数据。ATS 提供了大量报告、登记和 48 h 记录功能,可离线打印。能记录设备状态信息,人工操作和系统自动操作信息与执行结果;通过选择,可回放已被记录的事件;提供数据备份和恢复功能,并可回放和查询;提供运行分析报告。

(11)监测与报警。能及时记录被监测对象的状态,有预警、诊断和故障定位能力;监测列车是否处于 ATP 保护状态;监测信号设备和其他设备结合部的有关状态;具有在线监测与报警能力;监测过程应不影响被监测设备的正常工作。

2. ATS 系统组成

ATS 系统应由控制中心设备、车站设备、车辆段设备、列车识别系统及列车发车计时器等组成。因用户要求不同,ATS 系统的硬件、软件配置差别很大。

(1)控制中心设备。控制中心设备属于 ATS 子系统,是 ATC 的核心,设于控制中心。其设备组成如图 5-2 所示。控制中心的 ATS 设备主要包括中心计算机系统、综合显示屏、调度员及调度长工作站、运行图工作站、培训/模拟工作站、绘图仪和打印机、维修工作站、UPS 及蓄电池。

①中心计算机系统。中心计算机系统包括控制主机、通信处理器、数据库服务器、局域网及各自的外部设备。为保证系统的可靠性,主要硬件设备均为主/备双套热备方式,可自动或人工切换。系统能满足自动控制、调度员人工控制及车站控制的要求。

②综合显示屏。综合显示屏设于控制中心的控制室,用来监视正线列车运行情况及系统设备状态,由显示设备和相应的驱动设备组成。

③调度员及调度长工作站。调度员及调度长工作站,用于行车调度指挥,进行运行计划的编制和修改,通过人机对话可以实现对运行时刻表的编辑、修改及管理,使操作员能在控制中心监视和控制联锁设备及列车的运行,如需要可显示计划运行图和实绩运行图。典型的配置包括 32 位台式机、显示器、键盘和鼠标。

④运行图工作站。用于运行计划的编制和修改,通过人机对话可以实现对运行时刻表的编辑、修改及管理。

⑤培训/模拟工作站。配有各种系统的编辑、装配、连接和系统构成工具以及列车运行仿真的软件。它可与调度员工作站显示相同的内容,有相同的控制功能,能仿真列车在线运行及各种异常情况,而不参与实际的列车控制。实习操作员可通过它模拟实际操作,培训系统控制和各种情况下的处理能力。

⑥打印机服务器、绘图仪和打印机。打印服务器缓冲和协调所有操作员和实时事件激活的打印任务。彩色绘图仪和彩色激光打印机,用于输出运行图及各种报表。

⑦维修工作站。主要用于 ATS 系统的维护、ATC 系统故障报警处理和车站信号设备的监测。

⑧局域网。把本地和远程工作站、服务器连接在一起。以太网允许各成员间进行高速数据交换(10 Mbit/s)。

⑨UPS 及蓄电池。控制中心配备在线式 UPS 及蓄电池(可提供 30 min 后备电源)。

(2)车站设备。在集中站设有一台 ATS 分机,用于采集车站设备的信息、传送控制命令,车站联锁设备能接收 ATS 系统的控制,以实现车站进路的自动控制。为从联锁设备取得所需数据,配备了可编程控制器型远程终端单元,采用模块化设计,扩展十分容易。它还控制站台上的列车目的地显示器和下一列车到达和出发时间显示器。在非集中车站不设 ATS 分机,所需信息通过集中站的 ATS 分机与 ATS 系统联系。

(3)车辆段/停车场设备

①ATS 分机。车辆段/停车场设一台 ATS 分机,用于采集车辆段/停车场内存车线的列车占用及进/出车辆段/停车场的列车信号机的状态,以在控制中心显示屏上给出以上信息的显示。

②车辆段/停车场终端。车辆段/停车场派班室和信号楼控制台室各设一台 ATS 终端,与车辆段/停车场 ATS 分机相连,根据 dBaseⅢ软件包和来自控制中心的实际时刻表建立车辆段作业计划。

车辆段/停车场联锁设备,通过 ATS 分机与控制中心交换信息。

车辆段/停车场与控制中心间提供有效的传输通道,距离较长时用 Modem。

3. ATS 系统基本原理

(1)自动列车跟踪。列车追踪系统可监视受控区域内列车的移动。不论是自动还是人工方式,每列列车与一个列车车次号相关联。根据对来自联锁设备的信息的推断,随着列车的前进,列车车次号在列车追踪系统中从一个轨道区段单元向下一个轨道区段单元移动。列车移动在调度员工作站上的车次号窗内以列车识别号显示出来。自 ATS 系统监控的第一个轨道区段开始,所有接近该轨道区段的列车都会被指定一个车次号,与接近轨道区段的列车方向无关。车次号按先到先服务的原则显示。

如果某一列车出现在列车追踪系统所监视区域，该列车识别号必须报告给列车追踪系统。列车识别号报告给列车追踪系统的方法有：手动输入；用读点（PTI）读入；从列车时刻表中导出；在步进检测中产生。

自动列车跟踪要完成：列车号定位、列车号的删除、车次号的处理。

（2）列车自动进路排列。其功能就是将进路排列指令及时地输出到联锁设备中去。通过列车进路系统，实现了进路的自动排列。这可以节约调度员大量的操作工作量。

调度员可在任何时候都绕过列车进路系统，用手动方式办理进路。列车进路系统则在可用性检查中检测这一行为，并把该列车转到被动状态，到列车到达一个新的运行触发点为止。当列车到达下一个运行触发点时，又恢复了列车进路自动排列。列车进路系统可由调度员关闭，这是必要的，因为在当调度员人工办理进路时，要避免列车进路系统发出命令的危险。

由自动列车跟踪系统报告的列车位置、列车号，它决定了所要求的目的地；进路设置命令在被输出到联锁设备功能前要进行可行性检查，该检查将决定执行或拒绝命令。

首先要确认该列车到达该进路的始端信号机的位置，或确认是否有其他列车在此列车之前到达。这种检查称为"触发区段检查"，接着要进行"进路可用性检查"。如果检查表示进路设定无任何障碍，则给联锁设备输出一个指令。然后再进行"办理进路检查"，以查明联锁是否已设定其进路。

列车自动进路排列功能不取消进路。

（3）时刻表功能。时刻表功能要完成：时刻表数据管理，向其他 ATS 功能模块提供时刻表数据，向外部系统提供时刻表数据，为停站时间时刻表的在线装载设置界面，为时刻表的离线修改设置界面，为使用中的时刻表增加或删除一个列车行程设置界面，按自动列车追踪请求安排列车识别号。

时刻表的编制和修改在离线模式下，用给定的数据在时刻表编辑器编辑。基本数据代表一列列车在某段线路上的运行。

为了编制时刻表，操作员必须通过时刻表编辑界面输入：运行始发时间、运行始发地点、运行终到站、每一运行间隔阶段的开始时间和终止时间、每一运行间隔阶段的运行间隔。操作员通过时刻表编辑界面输入必要的信息后，时刻表编译器/模拟器从该信息中综合出所需时刻表。如果新的时刻表存在冲突就会显示相应信息。操作员可以调整时刻表的结果。如果操作员存储时刻表，时刻表就被确定。不同类型的运行阶段可存储不同的时刻表。

系统时刻表中，列车运行图或列车运行档案通过列车运行图表示器显示出来。

（4）自动列车调整。自动列车调整功能按当天时刻表调整列车运行。为了实现这个目的,自动列车调整功能的调整方式是:当列车早点或晚点到达车站时,用改变列车停站时间的方式;当列车延误或提前发车时,用改变站间行车时间的方式。

若没有重大的时刻表偏差,自动列车调整根据时刻表确定计划行车时间,包括列车出发、到达和停站时间。

当车站列车出发信息发出后,自动列车调整功能提供给 ATP 一个该列车根据时刻表应该到达下一站的有关信息。此外,每当出发、到达后,自动列车调整功能向后续各站(直至终点站)的乘客信息显示盘提供预期到站时间和目的地名。

操作员可调用或取消自动列车调整功能。在不调用自动列车调整功能模式下,操作员可调整行车时间,提前发车或让列车直接过站。

第六章 城市轨道交通通信

城市轨道交通通信系统是行车指挥、运营管理、公务联络的重要系统,可提供语音、数据和图像信息的传送和交换,并具有自身网络监控和管理功能。在正常情况下,传送各种信息;在非正常或紧急情况下,应能作为抢险救灾的通信手段。

第一节 概 述

一、对通信系统的要求

对城市轨道交通通信系统的要求是能迅速、准确、可靠地传送和交换各种信息。

(1)对于行车组织,通信系统应能保证将各站的客流情况、工作状况、线路上各列车运行状况等信息准确迅速地传送到控制中心。同时,将控制中心发布的调度指挥命令与控制信息及时可靠地传送至各个车站及运行中的列车。

(2)对于系统的组织管理,通信系统应能保证各部门之间、上下级之间保持畅通、有效、可靠的信息交流与联系。

(3)通信系统应能保证本系统与外部系统之间便捷畅通的联系。

(4)通信系统主要设备和模块应具有自检功能和降级使用功能,并采取适当的冗余,故障时自动切换并报警,控制中心可监测和采集车站设备运行和检测的结果。

二、通信系统的组成

城市轨道交通通信系统是一个既能传输语音信号,又能传输文字、数据和图像等各种信息的综合业务数字通信网。

城市轨道交通通信网由传输系统、数字电话交换系统、广播系统、视频监控系统、乘客导乘信息系统、无线通信系统、时钟系统、电源和接地系统等组成,如图 6-1 所示。上述系统通过电缆、光缆、漏泄电缆、电磁波等传输媒介,在控制中心与各车站、车辆段、各列车间构成一个互相关联、互相补充的、完整的通信系统,为城市轨道交通提供综合通信能力。

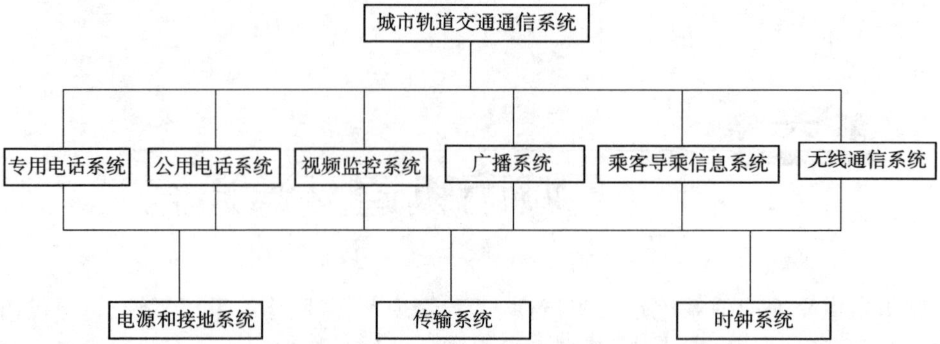

图 6－1　城市轨道交通通信网组成

构成通信网的基本要素是终端设备、传输设备和交换控制设备，将它们按照适当的方式连接起来，就可构成各种形式的通信网。城市轨道交通通信网的构成方式必须与城市轨道交通系统的构成方式相适应。根据控制中心和各车站的地理位置分布及线路的构成情况，城市轨道交通通信网有总线型、星形—总线型和环型等基本结构，如图 6－2所示。其中图 6－2(a)为总线型，控制中心设在线路的一端或中间，各车站通信设备均接在总线上；图 6－2(b)为星形—总线型，一个控制中心控制多条线路的运行；图 6－2(c)为环形，与环状线路相适应。

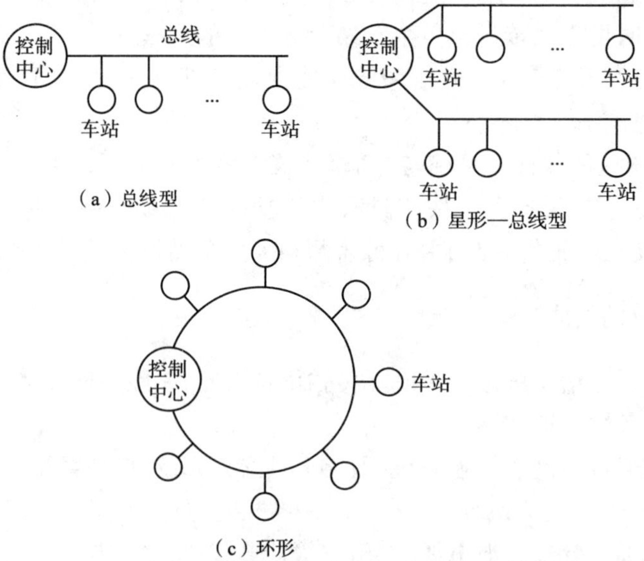

图 6－2　城市轨道交通系统通信网的基本形式

三、通信系统的分类

城市轨道交通通信系统按传输媒介分为有线通信和无线通信两大类。

有线通信系统的传输媒介是光缆和电缆,目前主要是光缆。有线通信按功能分为专用电话系统、公务电话系统、广播系统、乘客导乘信息系统、视频监控系统。有线通信的基础是传输系统,其他系统的信息都要经过传输系统进行传输。

无线通信系统的主要传输媒介是无线电磁波。无线通信系统各设备是供行车调度人员和司机进行联络的通信设备,是行车调度的重要设备,也可作为运营服务人员、维护保障人员、公安警务人员和应急抢险抢修人员的辅助通信工具。

当然,无线通信系统也要部分地借助有线通信系统进行传输。

另有为各系统提供统一标准时间信息的时钟系统,为各系统提供电源和安全接地的电源和接地系统,以及为乘客服务的公众移动通信网接入系统。

四、通信系统的作用

1. 行车调度指挥

专用调度电话和无线列调为城市轨道交通提供行车调度指挥的重要功能,是重要的运营通信系统。调度电话为行车调度员与各车站、车辆段/停车场值班员以及与办理行车业务直接有关的人员进行调度通信之用。站间行车电话、站内电话、区间电话都为行车有关的人员提供通信手段。

2. 完成城市轨道交通内、外部的联系

公务电话系统是城市轨道交通内部的公务通信网,是公务业务联系的主要通道,供一般公务联系用,以及与外界通信网的连通。

3. 运营服务管理

广播系统、乘客导乘信息系统(PIS)是城市轨道交通运营服务的辅助通信系统,为乘客提供运营服务信息。视频监控系统为运营管理和安全管理提供重要的辅助手段。

4. 提供发生事故和灾害时的应急通信

城市轨道交通在发生事故和灾害时需要迅速及时的通信联系,但在常规通信系统之外再设置一套防灾救护通信系统,势必要增加很多投资,而且长期不使用的设备难以保持良好状态,所以,通信系统在突发灾害或事故的情况下应作为应急处理、抢险救灾的手段。

5. 为其他系统提供传输通道

通信传输系统还为 FAS、BAS、PSCADA、AFC 等提供传输通道,而且为信号系统,尤其是 ATC 系统提供传输通道。

第二节 传输系统

传输系统是传输信息的通道。因为不可能为每一个业务网络单独建立传输网络，为满足城市轨道交通通信各子系统和信号、电力监控、防灾报警、环境与设备监控和自动售检票等系统各种信息传输的要求，所以必须建立以光纤通信为主的传输网，作为公共传输平台。传输网是城市轨道交通通信网的基础。

传输业务的多样性是城市轨道交通传输系统的主要特点。所传输的业务包括：电话（窄带音频）、广播（宽带音频）、信号（中/低速数据）、视频（高速数据）等业务。

一、对传输系统的要求

1. 传输系统宜采用光同步数字传输系统（SDH）或其他宽带光数字传输系统，同时应能满足各系统接口的需求。传输系统容量应根据各业务部门对通道的需求确定，并应留有余量。

2. 为保证各种行车安全信息及控制信息不间断地可靠传送，传输系统宜根据需要尽量利用不同径路的两条光缆构成自愈保护环，在光纤切断或故障时能自动进行业务切换。

3. 光缆容量应满足SDH或其他宽带光数字传输系统、无线基站中继和视频监控系统视频信号传输等需要，并应考虑远期发展需要。

4. 传输系统应配置传输网络管理系统和公务联络系统。传输网络管理中心设备应设置于控制中心。

5. 隧道内的通信主干电缆、光缆应采用低烟、阻燃、无卤、防腐蚀、防鼠咬的防护层，并应符合防护杂散电流腐蚀的要求。

二、传输线

1. 要求

（1）采用阻燃、低毒、低烟性能材料制作电缆外套（尤其是安置在地下隧道的电缆）。

（2）加强屏蔽、接地措施，保证安全接地和防止地下迷流造成侵蚀。

（3）采用易于维护保养的充油填充方式，因为电缆、光缆设置的空间有限。

（4）要求具有转换速度快、频带宽、容量大、抗干扰能力强、耐腐蚀等性能。

2. 分类

传输线可分成：有线通信系统的光缆和电缆；无线通信系统的漏泄电缆；广播系统的屏蔽对称电缆；连接各类设备的射频电缆、对称电线电缆、并行总线等。

三、电　　缆

在通信网中最常用的电缆是双绞线电缆和同轴电缆。

1. 双绞线电缆

双绞线广泛用于电话网中作为模拟用户线。多对双绞线按一定规则排列成芯线组,外层包以塑料或铅皮形成双绞线电缆。双绞线由一对相互按一定扭矩绞合在一起的铜导线组成,每根导线表面涂有绝缘层并用一定颜色来标记。成对线的扭绞使电磁辐射和外部电磁干扰减至最小。双绞线按其电气特性分为 100 Ω 非屏蔽双绞线和 150 Ω屏蔽双绞线(STP)两大类。非屏蔽双绞线经过不断的改进与提高,目前已广泛用于局域网。

2. 同轴电缆

同轴电缆由同轴的内外导体构成。内外导体之间有一层绝缘介质,绝缘介质的介电常数应越小越好,以期得到较小的衰耗与温度系数。在外导体外面包一层塑料防护套,以保护外导体免受伤害。用于室外的电缆一般采用抗紫外线的塑料作为护套;用于室内的电缆则采用阻燃的塑料作为护套。在有强烈机械损伤的场合,应采用在标准护套外缠绕一层钢带后再加一层护套的铠装电缆。同轴电缆特性阻抗主要有 50 Ω 和 75 Ω 两类。

四、光纤和光缆

光纤是光导纤维的简称。光纤是直径很细(μm 数量级)的介质光波导,能将一定波长的光信号限制在其中,并沿其轴线向前传播。光信号在光纤中不受外界干扰,低损耗、小失真地从一端传送到另一端。光纤通信是以光波为载频,以光纤为传输介质的一种通信方式。由于光纤具有传输频带宽、通信容量大、不受电磁干扰、耐腐蚀、重量轻和价格低等一系列优点,光纤通信已成为各种信息网的最主要传输方式。

1. 光纤的结构和分类

光纤是用石英玻璃(SiO_2)制成的横截面很小的双层同心圆柱体。其内层称为纤芯,由高纯度石英玻璃制成。外层为包层,其作用是将光封闭在光纤中传播,包层的折射率小于纤芯的折射率,它对光信号形成全反射,从而将光信号限制在纤芯中,并沿着轴线方向传播。由于石英玻璃质地脆、易断裂,为了保护光纤表面,提高强度便于实用,需在裸光纤外再进行两次涂覆构成光纤芯线,如图 6－3 所示。

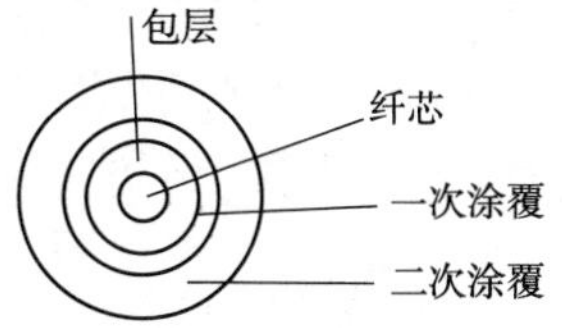

图 6－3　光纤芯线剖面图

光纤可根据构成其光材料成分、制造方法、传输模数、折射率分布及工作波长进行分类。

通信用光纤,按折射率分布可分为均匀光纤和非均匀光纤。均匀光纤是指纤芯的折射率和包层的折射率都为常数,且前者大于后者,在纤芯和包层的交界面处折射率发生突变。非均匀光纤的纤芯折射率随着半径的增加按一定规律减小,到纤芯与包层交界处为纤芯的折射率,又称渐变型光纤。

按传输模式来分,可分为单模光纤和多模光纤。传输模式是指光纤中光波的波形,实质上是电磁场的分布形式。单模光纤只传输一种模式,由于它只传送主模,从而避免了模式色散,使它的传输频带宽、传输衰耗小、传输容量大,适用于大容量、长距离传输的光纤通信。目前单模光纤已成为通信网的主导光纤。单模光纤的纤芯直径很小,大约为 4 ~ 10 μm。多模光纤在一定的工作波长下,有多个模式在光纤中传输,其传输衰耗大、带宽窄,传输性能比单模光纤差。优点是价格便宜。多模光纤的纤芯直径较大,大约为 50 ~ 75 μm,主要用于短距离通信。目前,各种通信网中普遍采用工作波长为 1. 3 μm 的单模光纤,其折射率均匀分布。

2. 光纤的导光原理

遇到两种介质交界面时,光波将产生反射和折射。当入射角增大到一定程度时折射角将大于 90°,光波不再进入另一介质,而由界面全部反射回原介质,形成全反射。均匀光纤利用全反射原理,不让光波从包层折射出去而沿光纤以锯齿形向前传播,如图 6 - 4 所示。

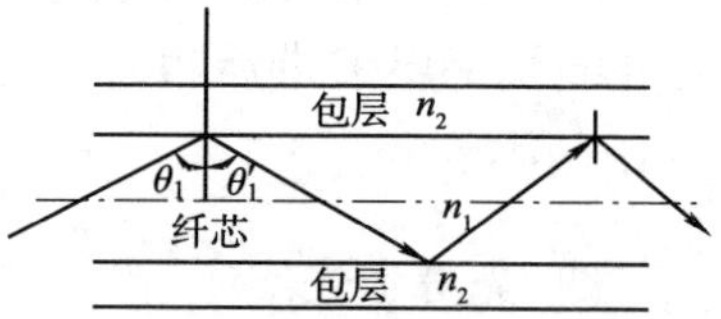

图 6 - 4 均匀光纤的导光原理

3. 光缆的结构

光纤细而脆,不能承受施工等各种外力,光纤需要成缆使用。在实际使用中将若干根光纤以适当的组合方式,配上加强构件和防护外套形成光缆,使之具有一定的机械强度,并保证传输性能的稳定可靠。光缆由缆芯、护套和加强件组成。缆芯由多根光纤芯线组成。护套起保护作用。加强件用来增加光缆的强度。

4. 光缆的敷设

(1)通信光缆(以及电缆,下同)在区间隧道内可采用沿墙架设方式,进入车站宜采用隐蔽敷设方式;高架区段光缆宜敷设在高架区间的通信管道内;地面光缆宜采用直埋式或管道式。

通信光缆应与强电电缆分开敷设。

(2)隧道内的通信主干光缆宜采用阻燃、低毒、防腐蚀的防护层。站内配线电缆应采用带有屏蔽层的塑料护套电缆。

(3)城市轨道交通敷设光缆不设屏蔽地线,但接头两侧的金属护套及金属加强件应相互绝缘,光缆引入室内应做绝缘接头。

五、光纤传输系统

1. 基本构成

光纤通信系统的基本构成如图6－5所示。光纤通信系统由光传输终端设备(光端机)、光缆、光中继器和脉冲编码调制复接设备等组成。脉冲编码调制(PCM)复用设备(又称电端机)将话音、数据、图像信号等汇集起来,通过光端机将电信号变换成光信号,经光纤将光信号传送到对方站。该站通过光端机将收到的光信号还原成电信号,再送到复用设备将各类信号进行分路,以送到本站的各类设备。光中继器的作用是将传输中衰减了的光信号进行再生放大,以利于继续向前传输。为了传输的可靠性,光端机和光缆都是双备份的,并以主—备用方式工作,两根光缆应置于轨道的两侧以免同时被切断。当主用光端机故障或光缆被切断时其两端的转换开关同时倒换至备用光端机和光缆。

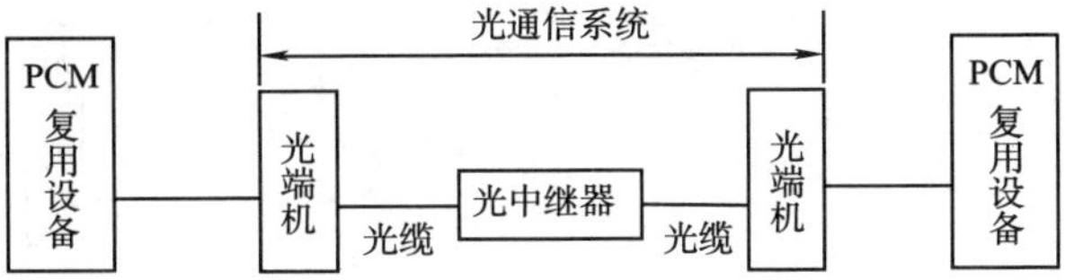

图6－5　光通信系统基本构成

2. 光端机

光端机进行光信号和电信号的转换,其方框图如图6－6所示。

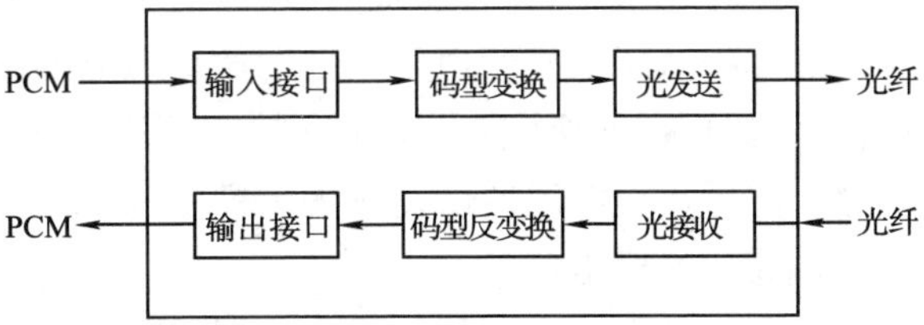

图6－6　光端机方框图

输入/输出接口实现PCM复用设备的数字信号与NRZ(不归零单极性码)之间的变换,便于用数字电路进行处理。

码型变换与反变换实现NRZ码与适合光缆传输的线路码型之间的变换,其目的是在PCM码流中插入一些监控及通信联络信息。

光发送部分将电信号变成光信号,包括驱动电路和光源(半导体激光器或发光二极管)及一些控制电路,通过驱动电路对光源进行调制,并将调制后的光信号送入光纤。

光接收部分把收到的光信号还原成电信号,由光检测器和低噪声电子放大器组成。

六、脉冲编码调制(PCM)

PCM光纤传输系统将各通信终端的语音、数据、控制信号、图像信号等汇集,将其他通信终端送来的汇总后的各种信号进行分路,便于送至本终端的各类设备。

1. 数字通信

数字通信的首要问题是模拟信号的数字化。PCM通信必须经过抽样、量化、编码、再生中继、解码、多路复用等过程,图 6－7 为数字通信系统原理示意图。

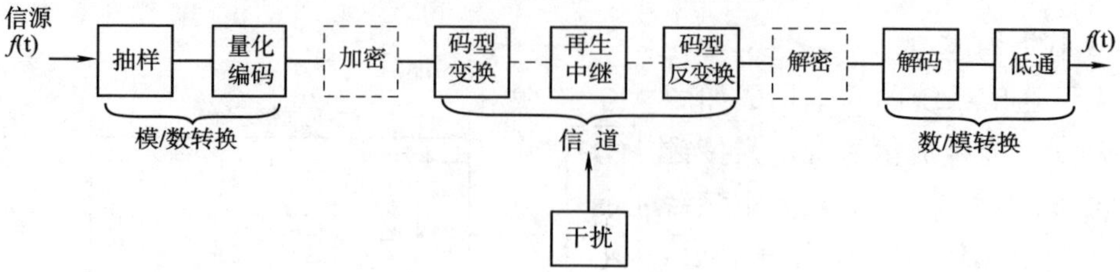

图 6－7 数字通信系统原理

抽样是将幅度和时间均连续变化的模拟信号变成幅度仍然是连续、但时间上是离散的脉冲幅度调制信号,也就是将连续信号在时间上离散化的过程。

量化是对脉冲幅度调制信号的幅度进行分级、取整,将每一个抽样瞬时值纳入某一临近的整数级。简单地说,量化是把幅度连续的样值信号将其幅度离散化,即化零取整的过程。

编码是将量化后的样值信号按幅度大小转变成相应的二进制数字码组,形成 PCM 信号。

经上述几个步骤后,模拟信号已转换成数字信号,根据需要可加入密码,然后经过码型变换将数字信号变换为适合于信道传输的码型送到对方。对方接收到传输的信号后,再经码型反变换(若发端加密的话还需解密),变成与发端编码器输出相同的数字信号。然后送至解码器恢复成表示样值的 PCM 信号,再经过低通滤波器即可重新获得与发端相似的模拟信号。

数字信号在信道中传输时会受到衰减、失真以及各种干扰,使得波形失真。随着传输距离的加长,波形失真更严重。所以在信道传输中,每隔一定的距离就要对数字信号波形进行一次“修整”,这就是再生中继。

多路复用是在一个信道中传输多路信号。

2. 时分制多路复用

在数字通信中,多路复用主要采用时分复用方式。它将时间分成一个个小段(时间间隔),称为时隙,每个用户(信源)占用一个指定的时隙,在规定的时间内依次接通信道。当所有的话路都分配一次通话机会后,再进行第二轮的依次通话,如此循环不断。

PCM 数字电话时分复用结构如图 6－8 所示。各话路的话音信号通过低通滤波器将话音信号频带限制在 3.4 kHz 以内,然后对开关 K_1 ～ K_n 分别抽样,抽样周期为 125 μs。各话路的抽样脉冲在时间上依次错开,在 125 μs 内各话路被依次抽样一次,因此各话路间互不干扰。各话路抽样后的脉冲幅度调制信号送至群路量化编码设备进行量化、编码和码形变换后送往信道。在接收端首先对收到的数字信号进行码形反变换,再经解码还原成脉冲幅度调制信号，然后通过分路开关 $K'_1 \sim K_n'$ 将各个话路分开，分路开关的动作速度必须与发送端抽样开关的速度相同，并且处于同步工作状态。在输出端恢复成与发送端相似的模拟话音。

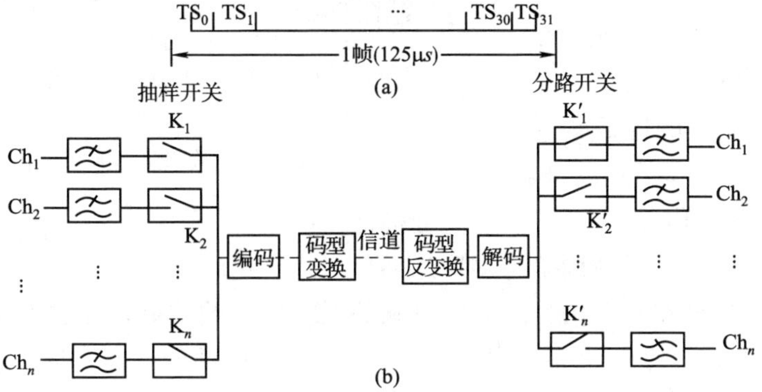

图 6-8　时分多路复用基本原理

3. 数字复接技术

数字复接技术是将若干个低速低次群合成为高速高次群的技术。在数字通信网中，为了扩大传输容量，常常需要将若干个低速数字信号（例如基群信号，又称一次群）合并成一个高速数字信号（高次群），然后通过高速信道传输。这种实现数字信号合并的工作叫数字复接。在数字通信中，PCM 高次群是通过数字多路复接方式构成的。

PCM 一次群设备将 30 个话路时分复用为一个一次群，四个一次群复用为二次群，依此类推组成更高次群。PCM 各次群速率、容量如下：

一次群（E_1）	2 Mbit/s	30 路
二次群（E_2）	8 Mbit/s	120 路
三次群（E_3）	36 Mbit/s	480 路
四次群（E_4）	144 Mbit/s	1920 路

扩大数字通信的容量，一般通过两种方法来实现。一种方法称为 PCM 复用，是基群所采用的编码方法，对各路话音信号直接编码复用。通常采用另一种称为数字复用的方法，将几个 PCM 复用后的信号进行时隙叠加合成，而形成更多路数字通信。

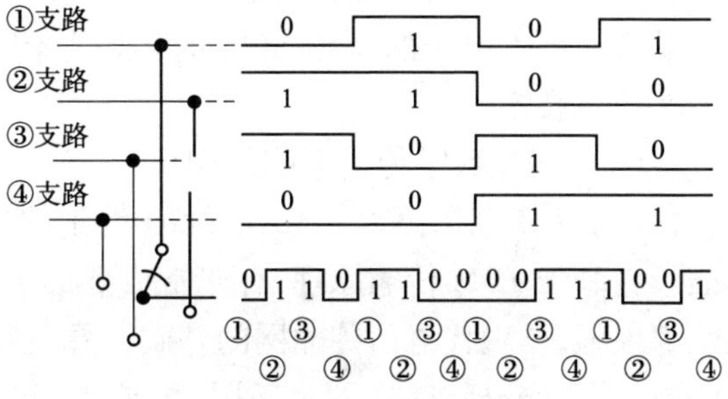

图 6-9　复接示意图

复接的基本原理可通过图 6-9 说明。各个低次群按照规定的时隙和顺序合在一起得到高次群。图中高次群的数码率是各低次群的 4 倍。复接的实质与时分复用相同,是将各支路低次群的码宽压缩为原来的 1/4,然后依次时延 1/4 码宽后再合路在一起。

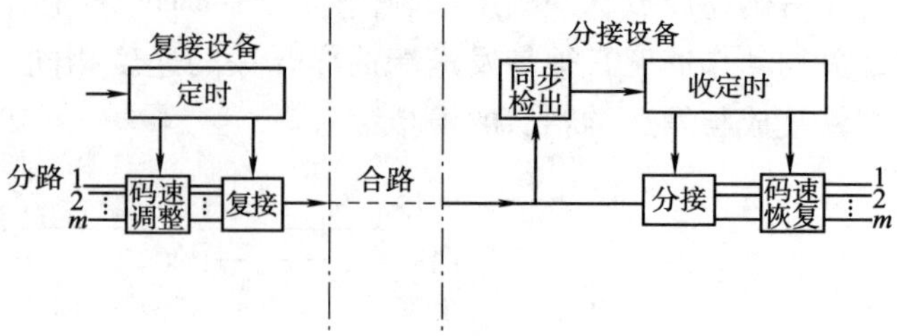

图 6－10　数字复接系统框图

数字复接设备的组成如图 6－10 所示,包括发送和接收两大部分。发送部分称复接电路,接收部分称分接电路。

复接设备由定时、码速调整与复接三部分组成。定时单元提供内部标准时钟,以确定分路数字信号、合路数字信号之间的时间关系。码速调整单元提供码速调整功能,将各分路数字信号的速率调整为同频同相的同步信号,以便使分路定时与合路复接设备定时完全一致,否则将无法复接。复接单元按时隙关系,依次将分路数字信号合并,并插入同步识别、调整识别、业务通信等辅助信号,以构成一个完整的复接帧。

分接设备,由同步检出、收定时、分接与码速恢复四部分组成。同步检出能从接收数字信号序列中提取定时同步信息,以保证收发定时完全一致,否则将无法建立通信。收定时单元产生由同步检出控制的定时信号,它既能保证与发端定时同步,又能供给分接单元所需的时钟信号。分接单元按复接帧结构,依次将各分路数字信号分出。码速恢复单元能按调整识别信号,将发端码速调整单元补充的调整数字信号消除,以恢复各分路原有信息码。

PCM 复用技术可发挥数字化传输的优点和充分利用光纤所能提供的带宽,所以现代通信网包括城市轨道交通通信网广泛采用与光纤传输系统相结合的 PCM 复用设备。

七、传输技术

目前适用于城市轨道交通的传输技术主要有以 TDM(时分复用)为基础的 SDH 技术、以统计复用为基础的 ATM 技术和开放式信息传输网(OTN)技术,以及将两种技术相融合而衍生出来的基于 SDH 的多业务传送平台(MSTP)和 MSTP 内嵌分组弹性环(RPR)等技术。

1. 光同步数字传输系统(SDH)

(1)SDH 基本原理。SDH 是 20 世纪 90 年代初走向商用的同步数字传输体系标准。它基于 TDM 传输原理,有非常成熟的 ITU-T 标准和产品,其可用性、可靠性、通用性都很强,是现代电信传输网的基础。并且技术先进,具有标准光接口、强大网络管理能力和灵活分插支路(同步复用)的能力;组网灵活,可组成点对点、链形、环形等不同拓扑结构;扩容能力强;网络可靠,具有 MSP、通道保护、自愈环等保护手段;支持 IP 业务的传输,传送效率高。由于在通信系统中的成熟应用及良好的业务支持,目前 SDH 已成为发展和建设通信网的首选方式。

SDH 是由一些具有标准接口的网络单元组成,在光纤上进行同步信息传输,复用和交叉连接的网络。SDH 特别适宜于构成线状通信网和环状通信网。在 SDH 中用单一的分插复用器(ADM)替代 PDH 系统中众多的复接/分接器和光端机,如图 6-11 所示。

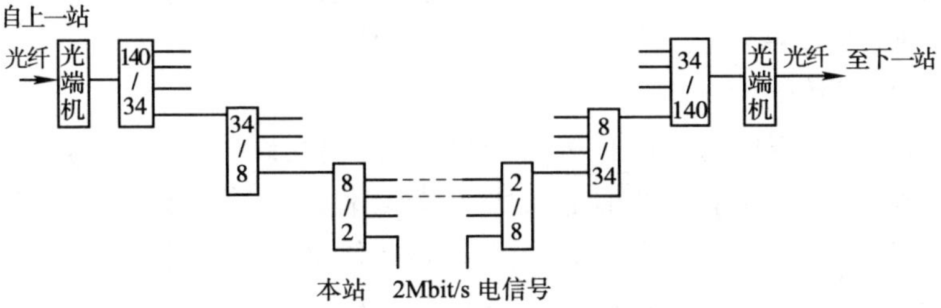

(a) PDH分接复接

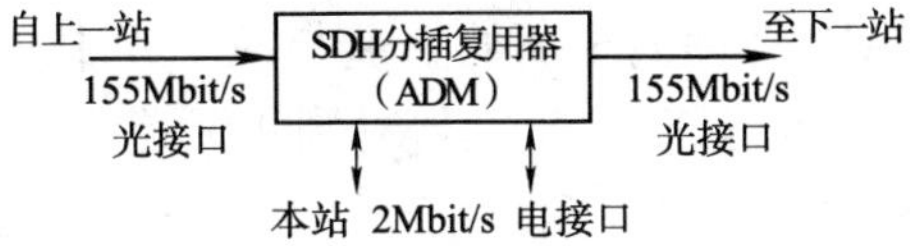

(b) SDH分插复用

图 6-11　SDH 分插复用与 PDH 的比较

(2)SDH 传输设备。SDH 传输设备(SDH 网元)包括:SDH 终端复用设备、SDH 分插复用设备、数字交叉连接设备。

SDH 终端复用设备(TM)用于 SDH 链路之终端部分,具有复用解复用功能、保护功能,并提供网管接口。

SDH 分插复用设备(ADM)串接在 SDH 链路中,可从过路的 SDH 信号中,分插沿途车站所需的支路信号。ADM 除了具有 TM 的复用解复用功能、保护功能、网管接口外,还具有数字交叉连接(DXC)功能。

数字交叉连接设备(DXC)可以看成是计算机软件(网管软件)控制的数字配线架,与人工配线架不同处在于 DXC 具有复用、解复用功能。

(3)SDH 的优点。具有全世界统一标准的网络节点接口;有一套标准化的信息结构等级,称为同步传递模块;采用页面式帧结构,便于实现集中的网络管理;网络单元都有标准的光接口,传输和复用合为一体,开放性的光接口使不同厂家的产品在光路上可以互通;采用软件技术进行网络配置和控制,组网灵活方便;用 SDH 构成的环型网还具有自愈能力,大大提高了网络的可靠性;速率高、容量大、可从高次群中直接提取低次群信号，便于组网。

(4)SDH 的缺点。接口种类单一，仅具有 PDH 系列标准接口；传输窄带业务（话音、数据、宽带音频）时需增加接入设备；无直接的视频和 LAN 接口需外部增加视频接口设备和以太网路由器，对以太网业务，一般只提供 2Mbit/s 的传输速率，存在性能瓶颈；需多个网络设备对标准 SDH 设备、接入设备、视频接口设备和以太网路由器等进行管理，给网络运营、管理和维护带来诸多不便；一般只提供点对点的通信通道，难以满足城市轨道交通通信系统中大量共线式通信信道的要求；对于视频、宽带广播以及局域网来说，还没有很好的解决办法；整体实现的代价较高。

2. 开放式信息传输网（OTN）

OTN 是面向专网应用的开放式传输网络，是使用光纤传输技术的同步专网，是专门为工厂、校园、城市交通系统等小型、封闭的局域网而开发设计的。它基于 TDM（时分复用）传输体制，采用时分复用技术，属于同步传输体系。其帧结构与传统的 SDH 不同。它和 SDH 相比，具有设备简单（一体化设备）、体积小、网络可靠、性能稳定、组网灵活等特点，可组成不同的拓扑结构，扩容方便，同时其价格也在不断下降，能完全满足轨道交通各种信息传输的要求，在国内早期的轨道交通工程中应用较多。但 OTN 采用的是生产商企业内部规范，是非标准的系统，其传输制式无统一的国际标准，存在 OTN 技术的特有性、厂商的唯一性和国产化等问题，对于系统扩展有一定的影响。

OTN 网由 OTN 节点机和光纤环路构成，如图 6－12 所示。

OTN 节点机是一种光电合一、接入和传输融为一体的综合通信设备。它可提供多种信息接口，可直接接入电话机、数据终端设备（如 PC 机）、影像设备（如摄像机、显示器），还可与交换机用户电路或 2 Mb/s 口连接。各种接口板类型和数量可根据网络组成的需要灵活配置。

OTN 节点机配置两套光收发器（OTR），用来进行光—电和电—光转换。两套光收发器分别与两个光纤环路连接。OTN 网采用了双光纤环路结构，具有自愈能力。单个节点故障或某处光缆被切断，不会影响整个系统的工作。

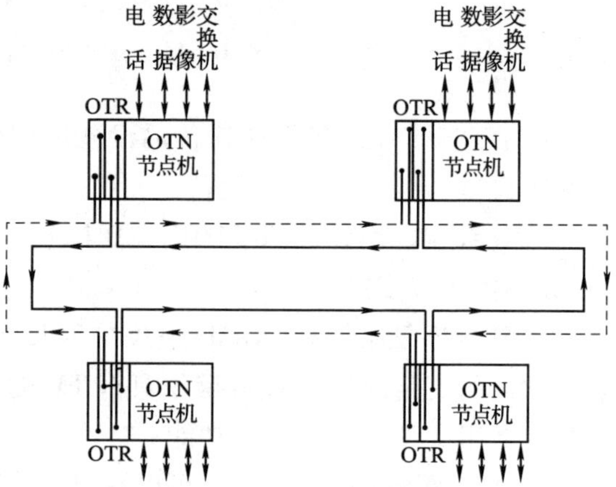

图 6－12　OTN 网示意图

OTN 节点机能提供带宽 15 kHz 的音频接口，为各车站提供高质量的广播通信创造了有利条件，不必为广播通信设置专用通道。在传输网容量足够的条件下，OTN 节点机的图像接口可将各车站的视频监控系统也纳入同一个传输网，可省去通常必须设置的电视监控专用通道。

整个 OTN 网设置一个网络监控中心,可接在网中任何一台节点机上。通过网络监控中心对网中各节点机的所有接口实现统一管理,并能监视全网的运行状态,保证网络的正常运行。

OTN 网的优越性主要体现在:采用一次复用机制,提高了设备的可靠性;可综合不同的网络传输协议,在传输节点中直接集成了音频、视频、数据等多种接口,不再需要配置其他接口设备;能够支持点到点、点到多点及总线等类型的连接;可以通过软件控制按需分配带宽,提高网络带宽资源的利用率;视频监控图像在控制中心的切换,可以通过对视频通道的建立与拆除来完成,省去了中心视频切换矩阵设备;采用分散管理与集中管理相结合的方式,无论是光纤中断还是节点故障,在将故障信息传递至网管中心的同时,各节点可自动进行主备环切换,或将自身的收发信号沟通,从而确保网络不中断,具有高度的稳定性;有丰富的数据接口,除了传递本专业的无线、广播、时钟信号外,还为信号、电力、防灾报警、自动检售票等提供数据通道;网络结构简单,自愈能力强,保护时间小于 50 ms;网络易于扩充升级,节点和接口扩充升级不会影响网络的正常工作;网络扩展带宽,只需更换光传输接口卡,其他设备可以不换;网络管理能力强,具有自我诊断能力,对网络中任何故障均能进行告警;网管终端可以在网络中的任何一个传输节点接入,对全网进行管理。

OTN 网同 SDH 相比,在网络的稳定性、网络管理和低速数据传输等方面,可以说毫不逊色,但仍存在着需要改进的地方。因为提供宽带综合业务是通信系统的发展方向,这就对网络的传输速率提出了更高的要求。目前,SDH 的最高传输速率已达到 400 Gb/s,而 OTN 网的最高速率为 600 Mb/s,因此,OTN 网还需提高速率增大信息容量。OTN 亦存在一些不足之处,如帧结构、数字比特率系列、光路不符合国际标准。

3. 异步传输模式(ATM)

ATM 是一种基于统计复用、面向连接机制的快速分组交换技术。ATM 中的“转移模式”是一种传输模式(即传递方式),是指在通信网中传输、复用和交换的方式,即“转移”包括传输、复用、交换三重概念。“异步”是指用户传送的信息不固定地占用某个信道,而是动态地占用信道,使网络资源得到最大限度的利用。

在 ATM 网络中,信息被划分成信元,并以信元为单位进行传输、复用与交换。信元就是分组,具有固定的长度,包括信头和信息段。信头主要是表示信元去向的逻辑地址。信息段载荷来自各种不同业务的用户信息。ATM 采用异步时分复用方式,来自各种不同信息源的信元汇集到一起,排队,按输出次序复用在传输线路上,信息只按信头中的标志来区分。

ATM 网的网络结构示意图如图 6－13 所示,由 ATM 交换、传输、复用/分用、ATM 业务终端等部分组成。

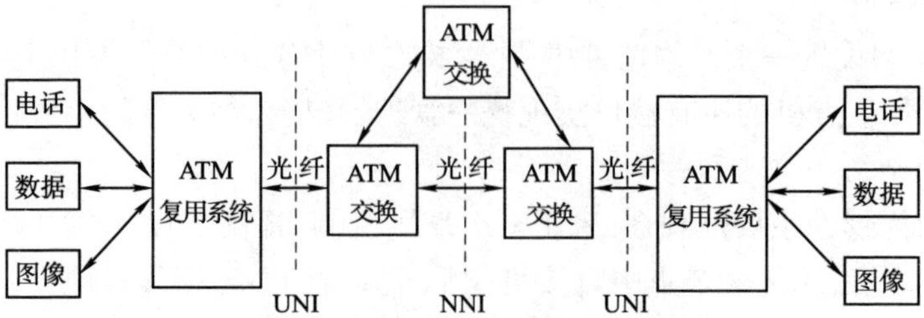

图 6－13 ATM 网的网络结构示意图

发送端 ATM 复用系统将用户终端产生的各种业务信息(电话、数据、图像等)变换成 ATM 信元,并进行统计时分复用。接收端 ATM 复用系统完成相反的变换。

ATM 网传输信道采用光纤信道。可将 ATM 信元装在 SDH 网中传输,也可采用基于信元的传输方式,连续的传输信元,不存在任何同步的问题。

ATM 网的核心是 ATM 交换机。它由传输部分和控制部分组成。传输部分将输入信元正确地输送到输出信道上去。控制部分根据输入信令控制传输部分的工作。

ATM 技术融合了面向连接、统计复用两者的优点,是话音、数据、视频、IP 等各种业务传输、复用和交换的理想传输方式,其灵活的宽带分配策略能满足当前和未来的需求。ATM 技术及其本身的一些特性正好适合城市轨道交通领域的通信系统。

作为一种宽带综合业务数字网通信系统,ATM 技术既解决了 SDH 系统的业务综合能力,又避免了 OTN 系统由于非标准而造成在系统扩展上的局限性,它以综合的方式处理话音、数据、图形和视频信息,为系统提供更大的容量和综合业务,技术非常先进,也符合将来发展趋势。但是,因 ATM 信元的净负荷字节数受限,故 IP 包在 ATM 子网中传输时需重新打包,降低了传输效率。与 IP 技术相比较,ATM 业务不能到桌面,需要配置 ATM 接入交换机。同时由于 ATM 技术复杂,其设备价格高昂,缺乏市场驱动能力,从而制约了 ATM 技术的发展。

4. 弹性分组环技术(RPR)

RPR 是一种新的 MAC 层协议,其核心是以太网技术。RPR 也是利用两根光纤连接而成的双环结构,内、外环上的信号传送的方向相反。RPR 技术有两种实现方式:嵌入式 RPR 和纯 RPR。

嵌入式 RPR 指基于 SDH 的 MSTP 内嵌 RPR 技术,即在 SDH 中使用部分带宽(VC)来传送 IP 包。嵌入式 RPR 是新一代基于 SDH 的 MSTP 的主要技术特征之一,可根据应用需要,设定 TDM 通道和传送 IP 等数据业务的 RPR 通道。嵌入式 RPR 用于以 TDM 业务为主,分组业务为辅的场合。当前城市轨道交通中所传输的业务以 TDM 业务为主,故基于 SDH 的 MSTP 内嵌 RPR 技术在城市轨道交通中得到了广泛应用。

纯 RPR 是基于以太网物理层的 RPR 技术。在纯 RPR 网中,TDM 业务所占比例不能太大，过多地使用保证带宽的传输方式就失去了统计复用的优势，另一方面 RPR 电路仿真技术有一定的局限性，网络规模较大时，无法保证 TDM 业务的电信级 QoS，故目前城市轨道交通传输网中未获得推广应用。但随着音频、视频业务承载的全 IP 化，RPR 会成为城市轨道交通传输的发展方向。

5. 基于 SDH 的多业务传送平台（MSTP）技术

SDH 的缺点是信道严格分割，不能动态分配信道带宽，难以支持总线型宽带数据业务和不能适应综合业务的传输。针对 SDH 传输技术所存在的不足之处，近年来出现了基于 SDH 的 MSTP 技术。它是一种基于 SDH 的新型传输平台，是在传统的 SDH 上增加了以太帧和 ATM 信元的承载能力和两层交换能力，也有在基于 SDH 的 MSTP 中嵌入了 RPR 技术。可以在 SDH 传输平台上将以太网数据流进行封装，再映射到 SDH 的 VC 通道中，或将 ATM 数据流承载到 SDH 的 VC 通道中。

基于 SDH 的 MSTP，所承载的多业务类型包括 TDM 业务、分组数据业务以及 IP 化的语音、视频、各种虚拟专线（网）业务等。MSTP 已经囊括 SDH、以太网、ATM、RPR 等技术于一体，它可通过多业务汇聚方式实现业务的综合传送，通过自身对多类型业务的适配性，实现业务的接入和处理，适应多业务和多种技术相融合的各种应用场合。

基于 SDH 的 MSTP 技术的本质仍是 TDM 的技术，虽然 MSTP 能提供各种 802.3 接口以及 L2 交换功能来承载、交换数据业务，但其数据传送的能力不如纯 IP 网络。

6. 传输技术的选择

目前城市轨道交通通信传输系统所承载的业务中，既包含了大量的 TDM 业务，也包含了不少宽带数据业务（含高速数据与数字化的视频信息）。RPR 及 ATM 在 TDM 业务实现方面，目前尚不能很好满足城市轨道交通的应用要求，同时以上制式在应用或价格方面也存在一定的缺陷。SDH 虽在提供 TDM 业务方面具有优势，但在宽带数据业务实现方面也同样不能完全满足应用要求。OTN 在功能实现方面很适合作为轨道交通通信的传输网络，但由于其技术的特有性、厂商的唯一性以及价格等因素的制约，使产品的竞争力不足。基于 SDH 的 MSTP 多业务的类型包括：TDM 业务、分组数据业务、IP 化语音/视频等，而且其国产化、成熟性等方面均具有优势，故目前在城市轨道交通中得到大量的应用。但从通信技术的发展趋势来看，未来的城市轨道交通通信网从业务节点设备到传输网络的全 IP 化，是发展方向。故在选择传输制式时还应考虑到所选择的传输制式如何平滑向全 IP 网过渡的问题。

八、传输业务与接口

1. 专用电话系统

（1）公务电话子系统。在公务电话子系统中，通常在控制中心和车辆段各配置一台程控电话交换机。在各车站配置车站电话交换机，车站电话交换机可以是独立的用户交换机,亦可以是控制中心程控电话交换机的远端模块。中心程控电话交换机通过传输系统所提供的 E1 中继通道,以点对点方式连接各车站的电话交换机或远端模块,组成公务电话专网。若各车站配置的是独立的用户交换机,则中心交换机与车站交换机之间采用 E1/DSS1 信令。若各车站配置的是远端模块则局端与远端均采用制造商所提供的内部信令。

(2)调度电话子系统。在调度电话子系统中,调度机与各车站调度终端之间,利用传输系统的 E1 双向通道组成有线调度用户接入网。也就是位于控制中心的调度机通过传输系统所提供的双向 E1 通道,以点对点的方式为每个车站提供从调度机到车站的 TDM 传输通道。在调度机侧(局端),调度机通过 30B + D(B 信道用于通话或传送图像,D 信道用于传送信令)接口与传输设备的 E1 接口直接相连;在车站侧(用户端),传输设备的 E1 接口连接 PCM 接口架,由 PCM 接口架分出数个由中心连接该站的 64 kbit/s 数字话音通路落地。落地的数字话路连接电话用户接口卡所对应的 POTS 接口,或连接 N-ISDNBRI 用户接口卡所对应的 2B + D 接口,这些用户接口用以连接车站内的各种有线调度用户终端设备。

2. 无线通信系统

无线通信系统主要为无线调度电话系统,无线集群终端(车台、手持机、固定台等)通过基站进入无线集群交换机。目前一般采用小区制组网,即每个车站或二、三个车站配置一个基站。控制中心的无线集群交换机通过传输系统所提供的双向 E1/专用信令中继通道,以点对点方式连接各车站的无线集群基站组成无线集群专网。

3. 视频监控系统

视频监控系统(CCTV)分为车站级与监控中心级两级。城市轨道交通视频监控网络可以采用模拟视频监控技术组网或网络视频监控技术组网,通常以模拟/网络混合组网方式为主,即车站级采用模拟方式,监控中心级采用网络方式。

4. 广播系统

广播系统可利用 E1 通道以点对点或总线(共线)方式向各站点发送宽带广播信号。各站点的 ADM 设备或 PCM 接口架通过 D/A 转换,获取来自控制中心的模拟广播信号,并采取收后重发方式转发到下一站。广播控制信号可采用 RS - 485/422 低速电路数据通道以点对点或总线方式传送。控制中心也可利用 10/100 Mbit/s 以太网总线向各站点发送宽带广播信号及其控制/网管信息,各站点通过网关获取来自控制中心的模拟广播信号。

5. 时钟系统

时钟系统的一级时钟通常配置 RS-485/422 接口,通过专用传输网的 TDM 通道,以点对点或总线方式连接各车站的二级母钟。一级母钟也可配置 10 M 以太网接口,通过专用传输网的 10 M 以太网通道,以总线方式连接各站点的二级母钟。

6. 乘客导乘信息系统

乘客导乘信息系统通过专用传输网的 100 Mbit/s 以太网通道，以总线方式连接控制中心与各车站局域网。

7. 通信各系统监控信息系统

通信各系统监控信息系统通过专用传输网的 100 Mbit/s 以太网通道，以总线方式连接控制中心、车辆段与各车站局域网。

8. 列车自动监控系统（ATS）

ATS 通过专用传输网的 100 Mbit/s 以太网通道，以总线方式连接控制中心、车辆段与各车站的局域网。

9. 自动售检票系统（AFC）

AFC 系统的清分中心局域网（LAN）、线路中央系统 LAN、车站系统 LAN，通过传输系统所提供的 100 Mbit/s 以太网总线，将清分系统、线路中央系统和车站系统的现场设备（包括自动售票机、人工售票机、进出站检票机等）构成一个完整 AFC 系统。一个城市有多条线路时，各条线路清分中心局域网通过城市轨道交通大传输网（由城市各条城市轨道交通的传输网互联形成的）互相连接，形成 AFC 系统的广域网。

10. 其他机电系统

其他机电系统包括：安全门系统、综合监控系统、电力监控系统等均通过专用传输网的 100 Mbit/s（或者其他带宽需求）以太网通道，以总线方式连接控制中心、车辆段/停车场、各车站的局域网。

第三节　公务电话系统

城市轨道交通的公务电话网相当于企业的内部电话网，采用通用的程控数字用户交换机组网，并通过中继线路接入当地市话网。一般情况下，用户交换机安装在控制中心和车辆段，而用户话机则分布在控制中心、车辆段和各车站。交换机可利用通信电缆直接连接当地用户话机，也可利用城市轨道交通专用传输网的部分带宽资源作为用户接入网连接远端用户话机。公务电话系统应满足城市轨道交通各部门间进行公务通话及业务联系，并纳入公用网。

一、数字程控交换

1. 电话交换

当某两个电话用户需要通话时，电话机之间不直接互联，而是将电话机用一对线连接到交换机。交换机就是能根据电话用户的需要建立或拆除通话线路的设备。交换机由话路部分和控制部分组成，话路部分用于接通电话用户间的通话电路，控制部分则用来控制话路的接通或断开。将计算机技术应用于交换机,就构成了程控交换机。而将PCM 技术应用于交换网,就出现了数字程控交换网。

处于电话网网络节点位置的交换机,在电话网中完成话路的选路与连接功能。选路是指交换机的处理机根据被叫用户号码选择路由(局内或局外);连接是指在交换机处理机的控制下,由接线器完成输入话路与输出话路的连接。

数字电话交换网是通信网的重要组成部分,一般用程控交换机来组网。系统交换网由专用电话网和数字程控交换网这两个独立而又相互联系的交换网组成。专用电话网是为城市轨道交通运行设置的专用业务电话网,数字程控电话网是为城市轨道交通运行与对外联络设置的公务电话网。

2. 程控交换机

程控交换机是存储程序控制交换机的简称。它是利用计算机技术,以预先编制好的程序来控制交换接续工作的自动交换机。程控交换机能提供一般自动电话、缩位拨号、直线电话、呼出限制、闹钟服务、免打扰服务、呼叫转移、呼叫等待、呼叫保持、呼叫带答、重复呼叫、快速呼叫、遇忙回叫、移机应答、缺席服务、强插、会议电话等服务项目。程控交换机根据容量(连接的用户数)和性能分为通用型和专用型两类。专用型又称为用户交换机或小交换机,专用型用户交换机除了上述各项服务功能外,还具有许多适合各用户单位需要的服务功能。

3. 数字程控交换机

数字程控交换机是一种能将输入的模拟信号先进行模/数转换后,转变成由一系列“0”和“1”组成的数字信号,再进行交换接续的程控交换机(当然也能对输入的数字信号直接进行交换)。与其他各种制式的交换机相比,数字程控交换机具有许多优点,因而它在各类通信网中得到了广泛的应用。在早期的城市轨道交通中,通常采用数字程控用户交换机。

电话交换(不包含 IP 电话)是电路交换。因此,电话交换机的接线器需要在通信前完成输入电路与输出电路的连接,通信结束后拆除这次连接。这种电路的连接,在数字交换机中指的是输入链路时隙与输出链路时隙的连接,并由数字接线器来完成这种链路时隙间的连接。

数字程控交换机的主要特征是采用数字交换网络,传送和交换的是数字信息。数字交换机由控制系统、数字交换网络和话路部分组成,如图 6 – 14 所示。话路部分包括用户集中级、远端用户集中级和各种中继接口。控制系统则由各种处理机组成。

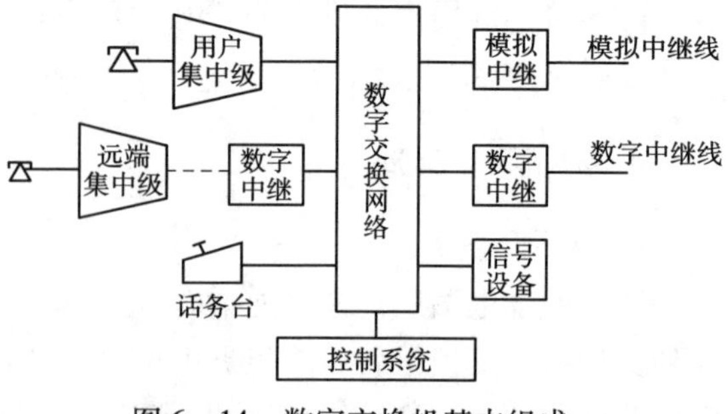

图 6 – 14　数字交换机基本组成

4. 软交换技术

传统的程控交换机采用电路交换技术,业务提供在设计时就定下来了。一旦产品定型,若想修改或增加某种业务,需要更改软件或硬件十分困难。

软交换技术将具有开放接口的独立网络部件,如软交换设备、应用服务器、媒体网关、信令网关等分布在IP网络的节点上,为所有信息媒体(话音、视频、数据等)提供基本业务与补充业务。软交换技术建立在IP网的基础上,将控制、交换、业务、接入这四个功能平面完全分离,并利用一些具有开放接口的网络部件去构建这四个功能平面。这样软交换系统为具有开放接口协议的网络部件的集合。这些网络部件可分布在IP网络中,利用标准接口协议互通互联,构成了一个开放标准、分布式的体系结构,其中最主要的网络部件为控制平面内的软交换设备和业务平面中的应用服务器。

软交换设备为网络中的核心控制设备,它的主要功能为:呼叫控制、协议适配、互通互联、业务接口提供、应用系统支持,支持认证、鉴权、计费、网管、操作维护等功能。

与TDM技术相比较,软交换的技术优势在于:①软交换网络的控制层与承载层相分离,可采用平面结构也可采用分级结构组网,提高了组网的灵活性。②软交换设备在体积、重量、耗能方面,均优于电路交换设备。③媒体流的传送交给承载网,软交换服务器只负责呼叫处理,软交换服务器的呼叫处理能力远大于电路交换机处理机的呼叫处理能力,交换设备容量可以做得更大。④控制、承载与业务的分离,有可能做到功能模块化、接口标准化,有利于选择设备与组网。⑤软交换设备支持SIP,可通过应用服务器向第三方开放业务接口,使软交换网络业务提供能力优于电路交换网络。⑥软交换网络基于分组交换技术有利于开展语音、数据与视频在内的多媒体业务。

二、公务电话系统

公务电话系统用于城市轨道交通各部门间进行公务通话及业务联系。公务电话交换设备应具备综合业务数字网络(ISDN)功能。不仅给用户提供话音及非话音业务,而且具有端到端数字连接、接入速度高等优点,也利于接入Internet。

1. 作用

公务电话系统为各管理、运营、维修提供一种固定的通信服务,包括电话业务和部分非话业务(传真、电路数据等)。系统具有交换、计费功能,具有识别非话业务、自我诊断、维护管理、新业务等功能。系统除了提供内部通话外,应与市内公众电话网互联,实现与本市用户(包括火警119、匪警110、救护120等特服用户)通话,还可实现国内、国际长途通信。系统还与无线集群通信系统互联,用以实现公务电话与无线调度电话的互联互通。

2. 功能需求

(1)呼叫接续。包括:内部用户之间的呼叫接续,与本地、国内、国外固定与移动用户的呼叫接续。用户可以直拨“119”“110”“120”等市话特种业务。

(2)用户接口。公务电话网可通过模拟用户接口、数字用户接口与用户终端或用户接入网的连接。

(3)中继接口。若采用局用交换机组网,市话交换机与城市轨道交通中心交换机之间的中继接口采用 E1/No. 7 信令中继接口。公务电话网与市话网之间,采用全自动呼入、呼出方式。若采用用户交换机组网,市话交换机与城市轨道交通中心用户交换机之间中继接口采用 E1/DSS1 信令中继接口。公务电话网与市话网之间,呼入经话务台或电脑话务员转接,呼出采用二次拨号方式。

(4)多种非话业务接续。包括电路数据业务、传真业务等,并具有识别非话业务的能力。

(5)程控新业务。为用户提供多种程控新业务服务,例如多方会议、三方通话、呼叫转接、忙时等待、遇忙回叫、呼叫前转、叫醒、缩位、免打扰、秘书电话、预先录音通告等。

(6)服务等级。用户分机可以划分为不同服务等级的组。根据不同的服务等级限制用户分机拨打外线、限制拨打国内/国际长途电话,或限制使用程控新业务功能等。

(7)弹性编号。根据用户需求,可将公务电话网内部用户的电话号码进行统一编号。

(8)联网。通常一条线路对应一个公务电话网。当一个城市建成多条线路,形成多个公务电话网时,需要将一个城市中所有的公务电话网联网运行,组成一个统一编号的大网。

3. 组成

公务电话系统由程控电话交换机、自动电话及其附属设备组成。

程控电话交换机宜设置在负荷集中、便于管理的地点,交换机间通过数字中继线相连。

在有条件的地方也可不建公务电话系统,将业务纳入城市公用电话网。

4. 连接方式

采用自建模式时,城市轨道交通公务电话交换网与公用网本地电话局的连接方式宜采用全自动呼出、呼入中继方式,并纳入公用本地网的统一编号。中继线的数量,应根据话务量大小和国家的有关规定确定。

在用户接入网方式中,各车站配置远端 PCM 用户接口架,并由该接口架的模拟用户接口和数字用户接口,接续各车站的模拟用户话机和数字用户话机。

在中继组网方式中,控制中心交换机的 ISDN BRI 接口通过城市轨道交通传输网的 E1 传输电路,以点对点方式连接各车站的小交换机(或中心交换机的远端模块)。并由远端设备提供用户接口,以接续各车站的用户话机。

为减少城市轨道交通通信设备的类型,目前,不少新建线路采用具有调度功能的交换机组成公务电话网,以使公务电话网和调度网采用相同硬件的中心交换机。

5. 管理

公务电话交换设备应具备完善的监控管理接口和功能,并设置维护终端,具备性能管理、故障管理、配置管理、安全管理和账务管理功能。

在控制中心设置一套公务电话网管系统,实现对网内各交换机(网元或节点)的集中管理。网管系统将告警、监控、话务量统计和远程维护集成在一起,对下属各交换机进行统一监控、管理和维护。网管系统必须高可靠性、灵活性、可扩展性。

网管系统由硬件和软件组成。硬件分设在网管系统中心和网内各节点,主要包括网管的数据采集、控制设备和数据传输设备。网管软件系统安装在网管服务器中。软件系统包括:管理系统、网元及设备资源库、数据接收系统、告警管理系统、话务统计系统、按标准网管协议上报系统、远端维护模块以及专家建议包等。

网管系统提供的主要功能有:权限管理、告警管理、话务统计、远端维护、数据同步、系统日志、上报接口。

6. 容量

公务电话交换机的容量应按下列原则确定:近期容量应根据机构设置、新增定员、通信业务及日益增长的电话普及率或有关的基础数据及经济技术比较等因素确定;远期容量应考虑发展的需要,当无资料可循时,可为近期容量的180%~200%。

7. 编号

一般城市的轨道交通公务电话采用5位编号,规模大的城市轨道交通公务电话可采用6位编号。城市轨道交通公务电话应采用统一用户编号,在交换网中宜采用:0或9为呼叫市内电话的号码;1为特种业务、新业务首位号码;2~8或2~9为城市轨道交通用户的首位号码。

第四节 专用电话系统

数字程控交换网除了提供一般的公务电话通信之外,还可构成专用电话网。专用电话网通信系统的作用是为控制中心的调度员、车站值班员、车辆段/停车场值班员、各车站的保安人员等提供热线电话和组呼、会议电话等功能,实现快捷而可靠的通信,以组织指挥行车、运营管理及确保行车安全,并为轨旁电话等专用电话提供自动交换功能。专用电话系统主要包括:调度电话,站间行车电话,车站、车辆段/停车场内直通电话以及区间电话。

一、调度电话

1. 构成

调度电话是专用的热线电话，供控制中心调度员（行调、电调、维调、环调、总调等）与各车站、车辆段/停车场值班员以及与办理行车业务直接有关的人员进行调度通信之用，是城市轨道交通中最主要的专用电话。根据运行组织和业务管理、调度指挥的实际需要，一般设置：行车调度电话、电力调度电话、环控（防灾）调度电话、维修调度电话、AFC 调度电话、票务调度电话、值班主任（总）调度电话。

行车调度电话用于指挥列车运行，为控制中心行车调度员与各车站、车辆段值班员等进行业务联络，通常在控制中心设置两个或多个行车调度台。

电力调度电话用于保障电力供应，为控制中心电力调度员与各主变电所、牵引（含牵引降压混合）变电所、降压变电所及其他特殊需要的地点的工作人员进行业务联络。

环控（防灾）调度电话用于保证城市轨道交通系统安全运行，为控制中心环控（防灾）调度员与各车站、车辆段、主变电所防灾值班人员之间的通信联络。

维修调度电话系统用于综合维修基地维修调度员与全线各系统维修车间值班员之间的通信联络，可在控制中心与车辆段各设置一台维修调度台。

AFC 调度电话用于 AFC 调度员与各车站现场 AFC 工作人员进行业务联络。可根据各线路的管理需求选择配置。

票务调度电话用于票务中心值班员与各车站票房工作人员的业务联络。可根据各线路的管理需求选择配置。

值班主任调度电话亦称总调度电话，用于控制中心总值班与各车站总值班、各调度员之间的业务联络，以及协调和监视各调度员的控制操作。

2. 功能

（1）调度指挥功能。调度台与调度分机可以实现无阻塞通话，调度台按下呼叫键即可叫出或应答相应的调度分机。调度台应具有选呼、组呼、群呼、强插、强拆、会议、应急处理等特定功能，下达调度命令。调度台可单键直接呼叫分机；分机只要摘机就可呼叫调度台，分为一般呼叫与紧急呼叫。各调度台之间应有台间联络功能。各调度系统的分机之间及与其他系统的分机之间不允许通话，当分机之间确有必要通话时可由调度台转接，而且分机间通话时调度员有权插入。

对具有自动交换功能的调度机，调度员可以设置或修改分机弹性编号、分机服务等级；确定直通、交换、出入中继等分机状态；能设置热线和长途计费等功能。

调度员可以进行中继调度、中继汇接（多局向时）、限止出中继和中继保留等有关调度通信事项。多个调度机组网时，可利用中继接口连接其他调度机的中继或用户接口。

(2)自动交换功能。调度机可不具备调度分机之间的自动交换功能。若具备此功能,则属于辅助功能,以下的自动交换功能可根据实际需求有所增减。自动交换功能可作为调度机的选项,不提倡使用。

①调度员与被调分机之间、调度分机之间、调度分机与外线之间均可直接拨号,可根据用户服务等级限拨外线或长途通话等。

②调度分机之间的呼叫、调度分机呼叫外线、外线呼调度分机,必要时可经调度台人工转接。

③当调度机与市话交换机的中继方式连接时,公共电话网用户可直接拨叫调度分机,调度分机亦可直接拨叫外线。

④在多台调度机联网组成的专用调度网中,调度机的外线会有多个局向(其中一个局向可能为市话局)。这种情况下调度用户先拨2位或3位局向号,再拨外线用户电话号码。

⑤在调度机增加自动交换功能后,为了充分利用调度机的机线资源需设置拨号音、振铃等时限功能。

(3)中继组网功能。调度机具有中继组网功能:具有数字、模拟兼容的组网能力;多台数字调度机可以互联,组成无级或多级的自动数字调度网;可以直接与传输系统的E1接口相连接,通过传输系统中PCM一次群链路的传输,用以实现中继线或用户线的延伸;可按用户组网需求设置中继汇接或迂回功能。通常是一条线路配置一台调度机。若需要使一个城市多条线路的调度机联网运行,则要求调度机具有联网功能。

(4)显示、终端功能。调度机可配接会议终端设备(微音器和扬声器);在噪声过大的环境中可配接抗噪声扩音终端,以组成抗噪声通信系统;调度机可配套使用扩音指令终端,实现自动扩音指令通信。

调度台显示屏可显示分机状态、中继状态、会议状态、引导操作提示、键盘自检等。按键上的发光二极管或可编程字符可显示对应分机的状态。

(5)维护、测试功能。可以通过计算机维护终端,采用人机交互进行分机、中继、业务、配置等数据的设置或修改。还可采用人工或自动方式,对各种电路板、中继接口电路、用户接口电路以及外线等进行测试、诊断,自动判定并显示故障电路板或电路。不少调度机公共部分冗余热备,设备能自动监测,故障时自动切换;为保证备用部分正常工作,可定期自动切换。配置热备份一次和二次电源系统。当市电中断时,能自动切换至直流后备电源供电以保证通信的畅通。

(6)特殊功能。包括:计算机显示,与移动通信接续,有线、无线用户连接,录音、打印、夜间或离位服务。

3. 特点

(1)通信关系明确。调度员与调度用户之间是上、下级关系,各调度用户之间是同级关系。通常情况下,由调度员发出调度指令,各调度用户之间互相不能下达调度指令。同一调度专网内有多个调度台和调度员时,它们之间是同级关系,要求各调度台之间互相透明,具有同样的呼叫状态、呼叫提示等信息显示,每个调度台可进行相同或不同的调度呼叫。

(2)双向呼叫一键到位。调度通信实时性高、操作简单,只需在键盘或触摸屏上进行"单键直呼""一键多号"的按键操作即可实现自动呼叫,无须记忆对方电话号码。必须对调度电话网内的全部电话机实行统一编码,每一个分机都有一个单独的、唯一的号码。调度员在呼叫某调度分机时,只要按一下与该分机号相对应的快速呼叫按键,就可将该分机呼出。一个快速呼叫键还可对应于一组或全部分机,调度员可用此进行组呼或全呼。利用程控交换网中的热线服务功能来建立调度分机和调度员之间的单向热线,当分机拿起话机后不需拨号就可与调度员接通通话。

(3)双向呼叫畅通无阻。调度工作非常重要,要求调度呼叫可靠、畅通,任何情况下均不发生阻塞。可以通过"呼叫排队""监听""强插"或"强拆"等功能来实现。为保证调度员和分机之间的呼叫无阻塞,可在控制中心交换机和各车站交换机间设置直接中继通道。

(4)具有简单的会议操作功能。将参加会议的成员编成会议组,且可随时对会议组成员进行编辑。需要召开某组会议时,只需按会议组号与会议键即可呼出该组会议所有成员召开会议,并进行会议录音。

(5)通信状态显示直观。调度系统具有主叫号码及相关资料的显示功能,引导操作的显示功能,会议显示功能以及用户、中继的状态显示功能等,使得调度指挥简便易行。

4. 系统组成

调度电话系统主要包括调度总机、调度台和调度分机三部分,并通过传输系统或通信电缆相连接组成调度电话网。

(1)调度总机。在控制中心安装有调度机或交换调度机作为调度总机,为调度人员提供专用的通信服务。一般设有行车调度、电力调度、维修调度、环控调度、公安调度、AFC 调度和值班主任调度等(虚拟)调度专网。调度机的基本功能除上述基本功能外,还有虚拟调度网功能、电话会议功能、组网功能、录音功能。

调度总机配有调度台接口,以连接带有操作键盘的调度台;调度机亦可配有计算机接口,以连接配有调度台软件的 PC 机(软调度台),采用鼠标或触摸屏方式实现传统或多媒体调度。

(2)调度台。调度台与设在控制中心的调度总机相连。根据工作性质设有列车调度台、电力调度台、环控调度台及总调度台等。总调度台只与其他 3 个调度台进行直线呼叫并通话,不与车站调度电话分机直接联系。其他 3 个调度台都与分机相连。

调度台有按键式调度台和基于 PC 机(屏幕)的软调度台两大类。

按键式调度台能保护调度员视力且操作方便。按键式调度台一般通过 2B + D 接口接入调度总机。与调度机的最远距离可达到 5 km，也可利用专用传输网实现异地远端调度。

基于 PC 机（屏幕）的软调度台是在 PC 机中加入调度台应用软件，外接微音器、扬声器和电话手柄组成的。软调度台有触摸屏调度台和鼠标调度台两种调度台。软调度台通过改进软件与增加摄像头可以组成多媒体调度台，提供可视调度通话。

（3）调度分机。行车调度电话分机设在各车站综控室、车辆段信号楼以及停车库的运转室内。电力调度电话分机设在各变电所的主控制室和低压配电室及其他特殊需要的地点。环控调度电话分机设置在各车站、车辆段综合控制室以及车辆段的消防控制室。

调度分机一般采用普通话机或数字话机。亦有专用的调度分机具有调度终端与会议终端的双重功能。其会议终端内置功放，配有话筒与扬声器接口，并加入防止啸叫的技术措施。

5. 调度机与一般交换机的区别

调度机与交换机在硬件上区别不大，但在功能（软件）上有着本质上的区别。

（1）服务对象。交换机的服务对象是公众用户，用户之间具有平等的地位。调度机的服务对象是一个有严格上下级关系的群体。

（2）调度台与话务台。调度台在调度系统中处于核心地位，系统的设计、配置均为调度台服务。而话务台的作用只是完成外线来话转接，亦可用电脑话务员代替。调度员具有组织、指挥生产运行、发布作业命令的权力，具有强插、强拆、监听等权力。总机话务员只是话务台的操作人员。

（3）操作简便性。因调度台无专业人员操作，加上紧急情况下（例如发生事故）要求快速接通被调电话，故调度台要求操作简单，如呼叫单一用户要求“一键通”，组呼和会议只需简单操作，而交换机则需要一方一方地拨号呼出。

6. 集中维护和网管

调度机电话系统提供远端维护及通信网网管接口，使用网管系统，可以对调度通信网进行集中维护和网络管理。调度机网管系统具有告警处理、话务分析和集中维护的功能。

调度机网管系统通过网管接口，搜集网内各调度机的告警和话务统计数据，并加以统计和处理；网管系统还可以实时地监测各级调度机发生的告警，以便于及时发现各种问题做出及时的处理和调整；网管系统具有集中维护的功能，可以在网管中心对网内调度机实行集中维护、管理。

二、站间行车电话

站间行车电话是保证安全行车的专用电话设备。为了提高运行效率，保证运行组织通信联络的可靠性与便捷性，两站设站间直线行车电话，它是供相邻两车站值班员之间联系有关行车业务联系的电话，也可通过中继线路接入公务电话网。站间行车电话应具备直线电话功能，即任一方摘机不必拨号即可建立相互间的通话关系。站间直线电话的语音信号经由电缆芯线传输。这种直通电话终端设备可独立设置，也可以利用程控交换网在相邻两站的行车电话机之间建立专用的双向热线来实现。站间行车电话设在各车站行车值班室或车站综合控制室，在其回线上不得连接其他电话。站间行车电话通过专用传输通道和 PCM 接口架所构成模拟话音通道互联。同时，利用多芯市话电缆的一对芯线作为备用通道。

三、站内电话

一个车站内有站厅、站台、售票房、值班室、车控室和各类机房等不同的工作地点和各类工作人员，这些人员之间通常有频繁的通信联系。若这些站内通信均通过公务电话网来完成，就加重了公务电话交换机和传输系统的负荷，而且通过拨号建立连接的方式并不适合于站内通信，故需要在车站内部配置相对独立的电话交换系统。

站内电话系统由用户小交换机（或公务电话交换机远端模块）、车站值班台（主机）和电话分机组成。其容量在 60 门左右。车站交换机的站内分机可用普通电话线进行连接。车站交换机与公务电话中心交换机之间通过专用传输系统提供的 E1 链路进行点对点的连接。

站内电话子系统提供各分机与主机之间的直达通信（延时热线，等待数秒，如 5 s）和分机间的拨号通信服务。车站专用直通电话供行车值班室或站长与本站内运营业务有关人员进行通话联系用。车辆段/停车场专用直通电话可根据车辆段/停车场作业性质设置行车指挥电话、乘务运转电话、段/场内调度指挥电话、车辆检修电话等。

四、区间电话

区间电话（轨旁电话）安装在线路旁，供司机和区间维修人员与邻站值班员及相关部门通话联系使用。为了满足城市轨道交通系统运营和维护以及应急的需要，以便司机及其他维修工作人员（紧急情况下）在沿线随时能和控制中心或有关部门直接取得联系，通常在信号机、道岔、接触轨（网）开关柜、通风机房、隔断门等处附近设置电话机箱。一般区段每隔 150 ~ 200 m（地面每隔 200 ~ 500 m）设一处，每 2 ~ 3 台电话机并联后通过专用的电缆直接接到邻近车站的程控交换机。区间电话通过站内电话系统连接邻站的车站值班台或接入公务电话网，程控交换网可为所有的轨旁电话机提供与其他任何分机或调度台联系的功能。

轨旁电话应有坚固的防护外罩，采用防潮的全密封式设计，使其具有良好的防尘、抗冲击、防潮、防鼠噬、防雷击（专指地面轨旁电话）等特性。轨旁电话可通过插座或开关进行站内电话与公务电话间的转换。考虑其使用的特殊性，采用同线并接3～4部相同公务/站内分机号码的轨旁电话，通常以区间中心为分界点，两边的轨旁电话分别连接左、右车站的交换机。区间常设立轨旁通话柱而不安装话机，通话柱旁标明分机号码，用户可用手持话机连接。

五、车站集中电话机

为使车站、车辆段的各职能部门与本站、本车辆段/停车场相关单位进行便捷的通信联系，各车站和车辆段/停车场均设置集中电话机。集中电话机的控制台可采用数字式多功能话机。集中电话机可通过快速呼叫键呼叫其下属分机。下属分机与集中电话机之间建立延时热线。分机呼叫集中台时，分机只需摘机不必拨号，等数秒钟(一般设为5 s)后便可与集中台接通通话。如果分机在摘机后数秒内拨了其他电话分机的号码，就可自由地和其他任何电话分机进行通话。分机间可通过拨号建立联系，分机摘机后数秒内不拨号，则直接接入集中电话机。集中电话机的控制台和分机都联向车站的程控交换机。

六、传真和数据通信

1. 传真通信

传真通信是一种在接收端能够得到发送端发出的原件的硬拷贝记录的一种图像通信形式，可以传输任意的文字、图形和图像，已成为现代企业办公自动化中不可缺少的通信手段。

传真通信具有以下优点：传输信息迅速；传输信息准确；传输信息任意。

利用程控交换网实现传真通信的方法如图6－15所示。只要将传真机(FAX)与电话机并联后接在交换机上就可进行传真。传真的建立是通过电话机拨号实现的。利用传真机的存储和自动转发功能，与交换机的交换功能配合还可将同一份原件依次传送到各站实现同报传送。

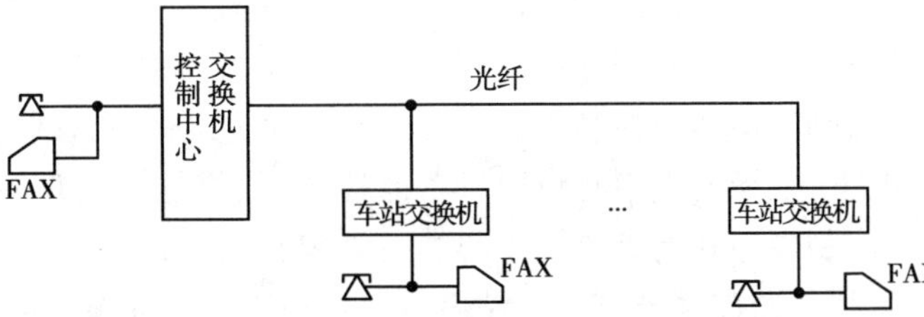

图6－15　在程控交换网上实现传真通信

2. 数据通信

数据通信是以传输数据为业务的通信方式，是计算机与计算机、计算机与数据终端以及终端与终端之间的通信。在城市轨道交通中，控制中心与各车站之间可用数据通信方式来传递文件和数据，以提高工作效率。

数据通信系统的基本构成如图6－16所示。数据通信系统由数据终端设备(DTE)、数据电路终接设备(DCE)和传输信道构成。DTE可以是一般的数据终端,也可以是一个计算机系统。DCE把终端或计算机送去的数据信息变换成适合于传输信道的信号形式。如果传输信道是模拟信道,DCE就把DTE送来的数字信号变换为模拟信号再送往信道,或者反过来把从信道送来的模拟信号变换成数字信号再送往DTE。如果信道是数字化的,DCE就进行信号码型与电平的转换、信道特性的均衡、收发时钟的形成与供给以及线路接续控制等。

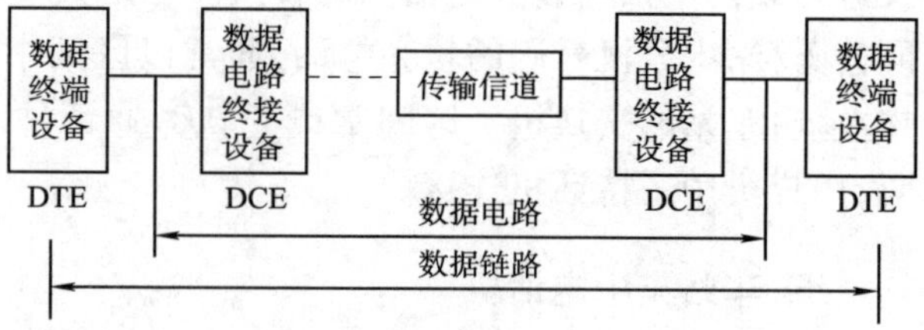

图6－16　数据通信系统的基本构成

第五节　视频监控系统

视频监控系统(CCTV)向行车管理人员及安防人员提供各个要害部位(如车站站厅、站台、出入口、机房等)的监视画面,便于管理监控与及时处理。如控制中心的行车调度员实时监视全线各站的情况,车站值班员能实时监视本站情况,司机能在站台停车位看到乘客上下车的情况,即直观的图像信息,以确保列车运行安全。

一、监视方式

采用车站、控制中心两级互相独立的监视方式,平常以车站值班员控制为主进行视频监视,控制中心调度员可任意选择上调各车站的任一摄像头的监控画面。在紧急情况下,则转换为以控制中心调度员控制为主进行视频监控。在一个城市有多条线路的情况下,上级管理中心可以设置监控中心,根据需要调看各线路监视画面,从而形成车站、控制中心和上级监控中心的三级视频监控系统。

视频监控系统可为车站值班员提供对站厅的售票亭、自动售票机、闸机出入口、自动扶梯出入口、站台、机房等主要区域的监视;为司机和站台工作人员提供对相应站台的乘客上、下车情况的监视;为控制中心的行车、环控、电力、公安等调度员提供对各站或机房的监视点画面。控制中心调度员可根据其权限选择上调各车站摄像机的监视图像,并能对该摄像机的云台和电动镜头进行控制。出于安全与事故取证要求,车站和控制中心还具有录像功能。

二、组　　成

视频监控系统分为数字视频监控系统和模拟视频监控系统。早期曾采用模拟

CCTV，现均采用数字 CCTV。视频监控系统主要由摄像机、监视器以及控制、传输、报警、网管等部分组成，其基本模型如图 6－17 所示。

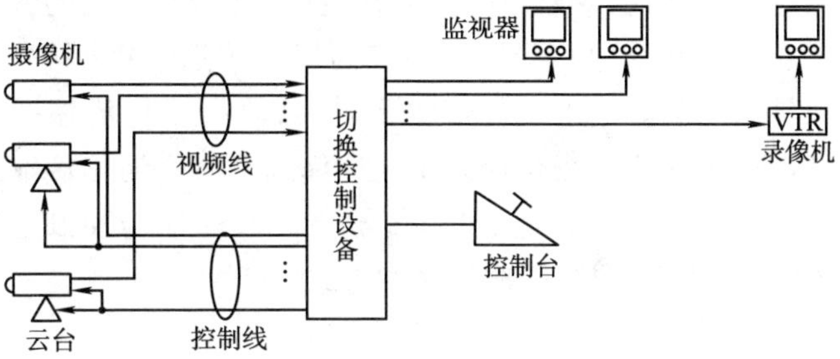

图 6－17　视频监控系统的组成

1. 摄像机

摄像机是一种视频输入设备，在视频监控系统中所采用的摄像机分为一体化摄像机和固定摄像机两大类。一体化摄像机是受控摄像机，其摄像头安装在云台上，可以上下左右四个方向受控移动，摄像头上的镜头亦能受控调节焦距与光圈。

根据摄像机取景范围的要求和取景场地的不同，有时需要配置云台来扩大取景范围，调节摄像方位及角度。云台是承载一体化摄像机进行水平和垂直方向（左/右、上/下）转动的装置。为了能清楚地从监视器上看到现场的实况图像，在监控室的控制台上可进行控制操作，如调节摄像机镜头焦距，控制云台上、下、左、右转动等，以达到最佳摄像效果。

室内防护罩具有防尘、防盗、防破坏等防护作用。室外防护罩具有降温、升温和防雨等防护功能，无论何种恶劣天气，防护罩内摄像机均能保证正常工作。

2. 监视器

监视器用于显示由各监视点摄像机送来的视频信号，是视频监控系统中不可缺少的设备。对于具有数十个或上百个监视点的大型视频监控系统，通常需要数个或数十个监视器。在视频监控系统的中心大厅中，还配置有庞大的电视墙。彩色监视器根据显示原理分发光二极管（LED）显示器、液晶（LCD）显示器和等离子（PDP）显示器。

3. 控制部分

控制部分是整个视频监控系统的核心，由主控制台、副控制台与编解码器组成。

主控制台对系统中各个设备进行控制，其主要功能为：视频信号的放大与分配、图像信号的校正和补偿、视频网络控制、图像信号的切换和分割、图像信号的记录、摄像机及其辅助部件的控制。

副控制台设在一个或多个监视分点，只是一个操作键盘，采用 RS-485 总线连接主控制台，和主控台操作键盘的功能相同，可以对整个系统进行各种控制和操作。

编码器一般安装在前端摄像机附近，或在车站通信机房内室内。解码器一般安装在控制中心和上级监控中心机房内。

4. 传输部分

视频监控系统的前端设备与中心端（主机）设备通过传输系统进行通信。将前端摄像头、监听头、报警探测器或数据传感器捕捉到的音视频信号及各种探测数据传送到中心端。并将中心端的各种控制指令传送到前端解码器。因此，CCTV 的传输系统应该是双向的。因上下行带宽不对称，故上下行传输一般使用不同的传输介质来实现。城市轨道交通视频监控系统往往借助已有的通信传输线路或 IP 网络来传输各种信号。有电缆直接传输，视频电缆传输，音频、通信与控制电缆传输，光纤传输，基于 E1 通道传输，基于 IP 网络传输等多种方式。

5. 报警部分

视频监控系统通常还具有环境监控信号的采集、编码、传输与报警功能，并具有报警与视频监控连动的功能。有安防报警、消防报警、视频报警、警视连动、设备连动等方式。

6. 网管部分

网管部分负责用户管理、系统网管、系统日志、控制权协商、信息查询等。

三、车站视频监控系统

车站视频监控系统如图 6－18 所示。在售检票厅、乘客集散厅、上下行站台、自动扶梯等场所，以及设置消防设备及变电设备的地方设监视摄像机。摄像机的安装位置、数量及安装方式应根据乘客流向、乘客聚集地等场所综合考虑。同时，在设置重要设施处也应安装摄像机，以利于监管。应根据车站的布局情况设置监视点，如在地下车站，固定的摄像机设于上、下行站台，根据站台的长度，可在上、下行站台分别设置 1 ~ 2 台摄像机，摄像范围应能覆盖站台；配有自动云台的具有调焦功能的摄像机设于站厅，它可以自由偏转进行摄像。在车站控制室内设有显示器及图像选择设备，可以自由地选择所希望监视的车站各部位及对摄像机的云台和焦距进行遥控调整。各站还配有四路图像复用调制设备和光发射设备，以将各站图像经光纤传送至控制中心。

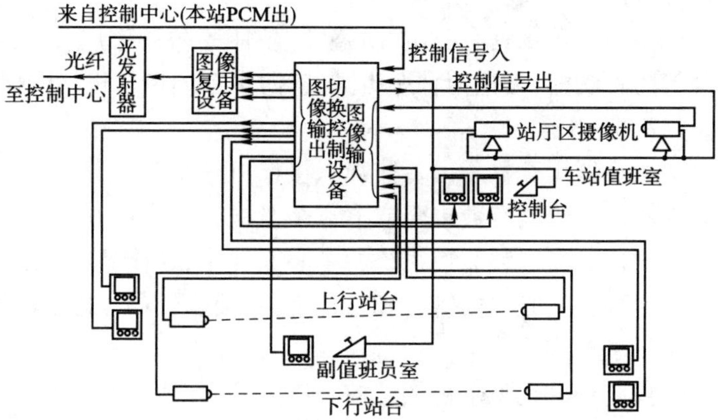

图 6－18　车站电视监控系统示意图

车站视频监控系统为各车站值班员和防灾值班员，提供本车站内现场的实况图像，站台区的摄像机还为司机提供乘客上、下车及车门关闭情况的信息。它也受中央控制室的控制，为各调度员提供本站摄像画面。在车站值班员室设有监视器和控制键盘。各摄像机输出的视频信号经同轴电缆线接至切换控制设备的图像输入端。切换控制设备的图像输出端中的一部分经图像复用设备和电—光转换后以光纤接至控制中心，用来向控制中心提供本站的现场实况图像信息，另一部分输出端分别接至相应的监视器。车站值班员可从控制台发出控制信号，控制信号包括两部分：一部分用来进行图像切换或选择，即将值班员室的监视器与所需监视的现场的摄像机连接；另一部分用来控制云台的转动和摄像机调焦。

调度员要获取某站摄像画面时，在控制中心送出控制信号，经 PCM 系统传输至本站，以控制切换设备的工作，选择所需的摄像画面，在切换设备的图像输出端可同时输出几个图像，经图像复用和电—光转换后沿光纤将图像送回到控制中心。控制中心的调度员可同时收看一个车站的几个摄像画面。从控制中心送来的控制信号也可控制云台的转动和调节摄像机镜头的焦距，以达到最佳的摄像效果。

车站监控摄像机的输出还可送至一台监视器，供通信维修人员使用。

四、控制中心视频监控系统

城市轨道交通的视频监控系统既可由车站值班员控制，也可由控制中心的列车调度员、环境控制调度员控制，当控制中心还设有总调度台时还可由总调度员控制，互不影响。

在控制中心的各调度台上配备一定数量的监视器和一个带键盘的控制台。每位行车调度员和防灾调度员可通过键盘操作来选择所希望了解的某个或某些车站的某个或某些区域的客流情况或突发事件的图像。控制中心设备及其与车站设备的连接情况如图 6－19 所示。

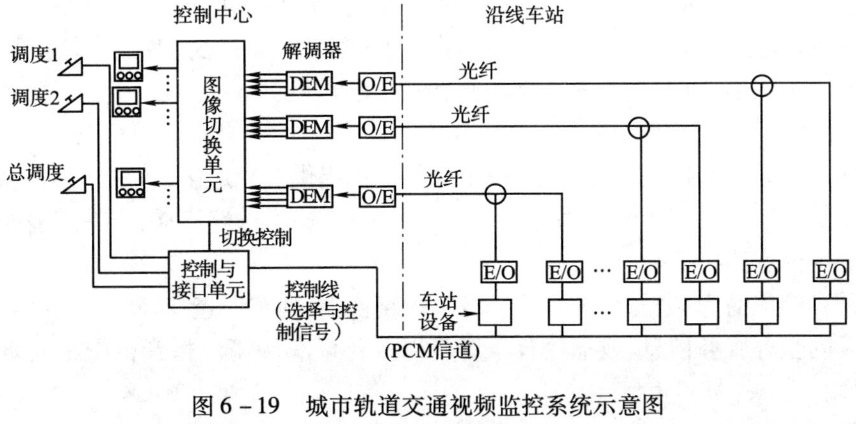

图 6－19　城市轨道交通视频监控系统示意图

控制中心的各调度员可通过控制台键盘操作送出选择与控制信号，选择与控制信号沿 PCM 信道传送至各个车站，各车站设备收到选择信号后，与本站的编码相比较，若一致，则进一步确定选择哪几个摄像机，然后经图像切换设备将选中的几幅图像输出，再由调制器调制复用后经电—光转换，沿光纤送向控制中心。在控制中心，则先进行光—电转换，还原成电信号，再经解调器分路，将几路图像信息分开并送入图像切换单元，在切换控制信号的控制下，图像信息便经图像切换单元送到相应的监视器。为了及时了解整个城市轨道交通系统各个车站的现场实况，控制中心或各个车站的图像切换设备均应能对众多输入的图像信息进行自动顺序扫描，依次向各调度员、值班员显示现场实况图像。

第六节　广播系统

广播系统为控制中心调度员、车站值班员、站台工作人员、车辆段/停车场值班员提供对相应区域的广播。广播系统应保证调度员和车站值班员向乘客通告列车运行以及安全、向导等服务信息，向工作人员发布作业命令和通知。在紧急情况下，防灾调度人员可以直接利用广播对其工作人员与乘客进行应急指挥、调度和疏导。广播系统由正线广播和车辆段/停车场广播两个系统组成。车辆段/停车场广播系统为独立于中央控制的有线广播系统。

一、正线广播系统

1. 控制方式

正线广播系统由控制中心广播子系统和车站广播子系统组成，采用车站和控制中心两级控制方式。控制中心广播的优先级高于车站广播。车站广播在控制中心不广播时，具有独立的广播功能。平时以车站广播为主，控制中心可以插入，但在紧急情况下（如事故抢险、组织指挥、疏导乘客安全撤离时），则以控制中心广播为主。广播系统具有自动和人工广播，以及相应的选择功能、优先级功能。

2. 功能

正线广播系统为控制中心调度员、车站值班员提供对相应区域进行广播，同时也兼做运营维护广播。控制中心广播控制台可以对全线选站、选路广播；车站广播控制台可对本站管区内选路广播。

对乘客的广播为：通知列车到站、离站、线路换乘、列车误点、时间表改变、对乘客的提醒以及安全等服务信息，或播放背景音乐以改善候车环境。播音范围主要是站台和站厅。

对控制中心、车站工作人员的广播为：发布作业命令、有关通知、通告等信息，以便迅速通知现场相关工作人员协同工作。播音范围为办公区域、站台、站厅、隧道。

在出现突发事件或紧急情况时,由控制中心的防灾广播台进行事故抢险、组织指挥的应急广播。对工作人员进行调度指挥,对乘客进行及时的安抚和疏导。

防灾广播应优先于行车广播。行车和防灾广播的区域应统一设置。

3. 组成

控制中心广播系统由声源、音频合成器、前置放大级、功率放大器、扬声器配电盘与负载核算模块、扬声器组、音频切换矩阵和录音设备、广播控制盒、广播控制器、传输设备组成。

(1)声源。包括:传声器(话筒)、录放机、电唱盘、收音机、"咚"音发生器等。

传声器又称为话筒、麦克风、微音器,是工作在空气媒质中能接收声信号并转换为电信号的电声转换器,用于广播、录音、扩音。传声器有动圈传声器、电容传声器、驻极体电容传声器等。传声器必须与放大器相匹配。

(2)音频合成器。预先录制与 ATS 系统配合自动播放的各种通告、通知,合成语言与各种节目。

(3)前置放大器。前置放大器对音频信号进行放大,将各种输入音频信号放大至传输接口设备所需的输入电平。前置放大器中往往带有音量调节器、均衡器、动态压缩器、混响器、延时器、移频器等,用来改善音质和适应重放环境。这些装置还常被组合成一个具有多个音源输入接口的调音台。

音量调节器完成对音量的调节。均衡器对音色(频响)进行补偿或修饰,改善音质。

(4)功率放大器。功率放大器将前置放大器输出的音频电压放大至一定的功率,用以推动扬声器组。在大型广播系统中设置由多个功率放大器组成的功放组,用以增大功率输出以及配置备用功放。

(5)扬声器配电盘与负载核算模块。功率放大器与扬声器组不直接相连,而是通过扬声器配电盘上的接线器与开关相连接。可以利用开关开启或关闭某一路扬声器组。在多功放情况下,通常由一个功放的输出带一路扬声器组,在某一功放故障时可以人工切换到备用功放上。

负载核算模块用以计算功放和广播区域的功率,并控制功放的启动数量和工作次序,以合理使用功放,节约能源并延长功放的使用寿命。当某台功放故障时,负载核算模块即启动另一台功放代替故障功放,故障功放自动退出工作。

(6)扬声器组。扬声器将电信号转换成声信号并辐射到空气中。功率放大器采用恒压输出,在一个功率放大器的输出线上可并接多只扬声器,只要负载功率不超过功放的额定功率,并接的扬声器数量不限。常用的扬声器有纸盆扬声器与号筒扬声器。

(7)音频切换矩阵。配置多个广播台与广播区域时,需要在前置放大器组与功放组之间插入音频切换矩阵,用以完成任意广播台向任意广播区域进行可控制的广播。

对输入端音频信号选择数路下传至各车站;选择上传的广播监听信号。音频切换矩阵受广播控制器的控制。

(8)录音设备。目前均采用数字硬盘录音设备。模拟信号需经 A/D 转换才能存入数字硬盘,按现有的编码技术每分钟约占用 2 M 空间。作为广播的监听录音还需同时记录播音时间、区域与地址。

(9)广播控制盒。广播控制盒是以控制键盘和显示屏作为底座的传声器。调度员可利用控制键盘选择全线任意车站内的任一区域、多个区域、全部区域进行广播。显示控制中心占用、全线各车站及广播区的工作、空闲及故障状态。可选择监听全线车站的任一广播区的广播内容。

(10)广播控制器。广播控制器根据各控制中心广播控制盒的键盘操作与各广播控制盒的优先级,控制音频切换矩阵的音频输出。并通过传输系统传送控制信号,用以控制各车站的音频切换矩阵,选择车站以及车站内的广播区域,选择上传需监听的车站与区域。

(11)传输设备。控制中心广播系统输出的宽带广播信号与控制信号,通过城市轨道交通专用传输网的 TDM 通道或分组通道传送至各车站的广播系统。

4. 车站广播系统

(1)设计。车站广播系统负荷区宜按站台层、站厅层、换乘通道、与行车直接有关的办公区域等进行划分。声场强度不论室内、室外均应大于噪声级 10 dB。负荷区各点的声场均匀度及混响指标应保证广播声音清晰、稳定。各新建城市轨道交通可根据其确定的车站、隧道的结构形式、建筑装修材料等条件进行广播网的方案设计。有条件时应进行现场声场试验。

现场扬声设备的选择应考虑建筑布局和装修条件。一般具有装修吊顶的处所宜设吸顶式扬声器;没有装修吊顶的处所,宜设壁挂或吊挂式音箱;室外露天处所宜设扬声式声柱或音箱。车站广播系统功放设备总容量应按照所有广播负荷区额定功率总和及线路的衰耗确定。

(2)组成。车站广播系统由声源、音频合成器、前置放大器、功率放大器组、扬声器组、音频切换矩阵,以及广播控制盒、广播控制器、应急切换设备、负载控制器、传输设备等组成。其中声源、广播控制盒、音频合成器、前置放大器、扬声器组、音频切换矩阵、广播控制盒与中心广播子系统的设备相同。车站广播系统的组成如图 6-20 所示。

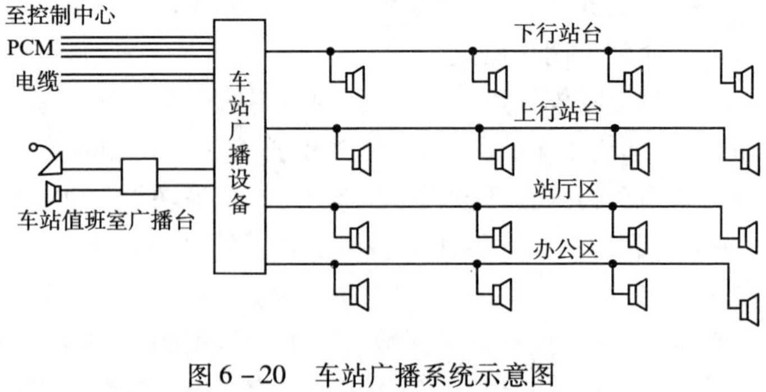

图 6-20　车站广播系统示意图

功率放大器组由数个功放组成,采用 n:1 备份(在一台标准的 19 英寸机架上,设置 n 台主用功放、一台备用功放及自动检测切换装置),当任何一个功放故障时,能自动切换到备用功放上。功率放大器采用定压输出,各扬声器通过匹配变压器并接在功放的输出线路上。

应急切换设备在系统的智能控制失效时,对设备进行手动控制接续音源和功放,以确保不中断广播。

负载控制器为功放组与扬声器组之间的开关与配线设备,可在车站广播控制器的控制下调节功放负载与广播区域。

车站广播控制器的输入控制信号来自车站广播控制中心与车站各广播控制盒。车站广播控制器根据各输入控制信号的优先级别输出控制信号,控制车站音频切换矩阵与负载控制器。

(3)方式。车站广播,包括从车站播音和从控制中心对车站进行播音。一个车站大体上可分成四个播音区域,分别为上行站台区、下行站台区、站厅区和办公区。

①从本车站播音

在各车站的行车值班室配备带有送话器和区域选择键盘的播音台,两台之间实施互锁。这套广播设备可以供本站播音员向本站各广播区域进行选择和播音,还可转接控制中心发来的调度员播音,在本站可以对播音进行监听。在固定区域可以根据列车运行实现自动广播。

各车站的播音台具有对本站的四个广播区域进行播音的优先权,即本站播音键盘选择键按下后,既接通该广播区域的广播电路,也中断了控制中心送来的播音信号。

为了提高播音的可靠性,每个播音区域内的扬声器分别由两个扩大器驱动,其中一个扩大器故障时,仍能不间断地播音及维持基本播音量。站台的广播区域,还配备自动音量控制装置,以保证播音音量始终保持在比区域内噪声音量高 10 dB 左右,务必使乘客能清晰地听到广播,达到较好的播音效果。

在车站站台宜设置供客运服务人员随时加入本站广播系统作定向广播的装置。

②从控制中心播音

在控制中心设有列车调度、电力调度和环境控制调度三个播音台,三个播音台之间互锁,即当一个播音台在广播时,其他播音台不能插入或使其中断播音。三个播音台分别配有选择键盘和送话器,用来对各车站或各区域进行选择和播音。控制中心内每个播音台均装有扬声器,可以对播音进行监听。选择控制信号经控制与接口单元,通过 PCM 信道将其送至车站的控制单元。当车站的控制单元收到控制中心发来的选择信号,本站没有播音时,接通被选区域的广播电路,并将有关信息返送控制中心的广播控制单元,显示在相应的播音台上。播音信号经放大通过专用的屏蔽广播线传送至所选车站。中央控制室播音结构组成如图 6 - 21 所示。

从控制中心可对所有车站的所有区域播音,也可对某个车站的某个区域有选择地播音,以及对每个运行方向的站台有选择地播音。

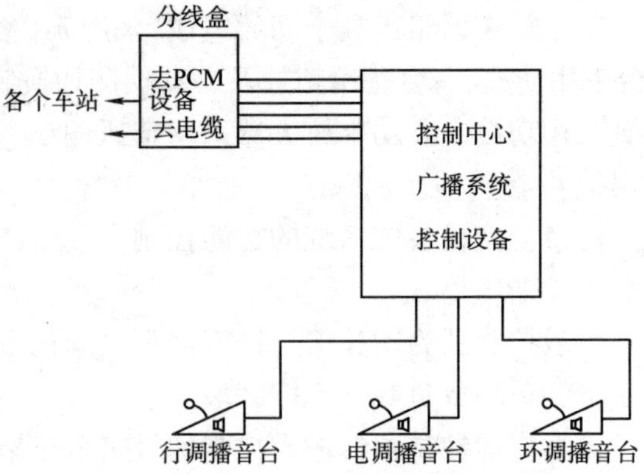

图6-21　中央控制室播音示意图

二、车辆段/停车场广播系统

车辆段/停车场广播系统为一套独立的广播系统,供车辆段/停车场行车调度指挥人员(信号楼值班员、运转室值班员和检修库值班员)向与行车直接有关的车辆段内生产人员发布车辆调度命令、列车编组及有关安全信息等。播音范围为车库、检修主厂房、段内道岔群附近。

除了不配置噪声检测探头、语音合成器以外,车辆段/停车场广播系统的配置与车站基本相同。

车辆段广播系统设有维修值班员、信号楼值班员、车辆段列车调度员使用的三个播音台。播音范围分三个区域:车辆段入口区、维修区和停车库区。各值班员的广播控制台具备对相应播音区的监听功能。三个播音台都配置送话器和键盘,以及对讲控制台。同样,在机房内设有广播设备,用于对信号的放大和对播音区域(或对讲分机)进行选择,如图6-22所示。

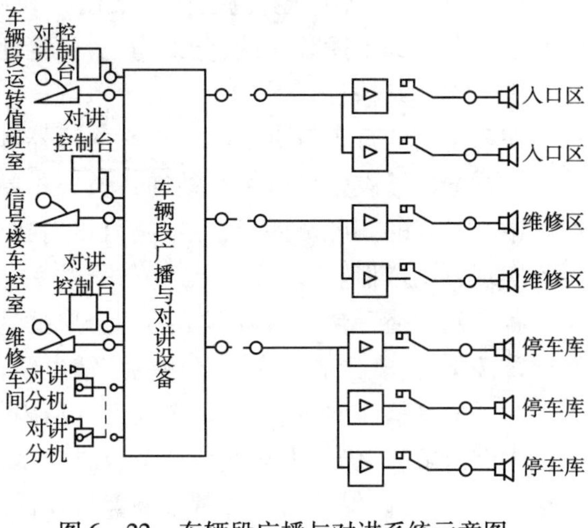

图6-22　车辆段广播与对讲系统示意图

三个播音台的优先权是:第一优先权——车辆段列车调度员;第二优先权——车辆段信号楼值班员;第三优先权——车辆段维修值班员。三个广播区域的选叫原则是:每个广播台可对某一个广播区域进行广播;每个广播台可对所有三个广播区域进行广播。

车辆段广播系统除扬声器外,还安装了对讲分机。对讲分机通过电缆与三个播音台的对讲控制台相连,对讲机的扬声器与送话器设在分机内,还设有三个选择键,以便车辆段内工作人员能够方便地与各个对讲控制台的值班员直接通话而不致大范围地喧哗。对讲分机还可根据需要分成若干个分机组,分布在各个广播区域。

另外,列车上应设置列车广播设备。列车广播设备应兼有自动和人工两种播音方式,平时可通过无线广播信道,接收控制中心对列车内乘客的广播,如有必要也可由司机直接对车内乘客进行广播。该系统由车辆配套,并预留与控制中心广播系统通信的无线广播接口。

在有商业区的车站可设置商业区广播,该广播由商业区管理部门控制,播放通告、广告和背景音乐等。

第七节　无线通信系统

为了给控制中心调度员、车辆段调度员、车站值班员等固定用户与处于移动状态的相关工作人员(如运行中的列车司机、车站内流动的工作人员、公安警务人员、各工种抢修或维护人员、意外情况下的组织指挥操作人员等)提供便捷可靠的通信联络手段,必须设置无线通信系统,以满足行车指挥及紧急抢险的需要。无线通信系统在城市轨道交通中发挥着十分重要的作用,是调度员与司机通信唯一的可靠手段,也是与移动中的作业人员、抢险人员进行通信的重要手段。

城市轨道交通的无线通信系统在发展初期曾采用直接对讲形式,后来发展为同频单工组网、异频单(双)工组网、单信道一呼百应及选呼,目前已成为多信道自动拨号的集群通信系统。

城市轨道交通无线通信系统包括列车无线调度电话、站场无线电话、维修及公安部门使用的无线电话等。其中列车无线调度电话是最主要的一种。

一、概　　述

1. 要求

(1)城市轨道交通无线通信系统采用的制式应符合国家有关技术标准,所采用的工作频段及频点应由当地无线电管理部门批准。

(2)城市轨道交通无线通信系统应采用有线、无线相结合的传输方式。中心无线设备通过光数字传输系统或光纤与车站、车辆段/停车场的无线基站连接,各基站通过天馈系统或经漏泄电缆的辐射构成与移动台的通信。

(3)无线通信系统对于地面线路、高架线路、车辆段/停车场,电波传播宜采用高架定向天线的空间波方式;而对于隧道,电波传播宜采用漏泄同轴电缆或隧道定向天线的辐射方式。

(4)无线通信系统根据运营需要设置行车、防灾、综合维修、公安、车辆段调度等系统。

(5)城市轨道交通无线通信系统应具有选呼、组呼、全呼、紧急呼叫、呼叫优先级权限等调度通信功能,并应具有存储、监测等功能。

(6)车载台无线天线的设置不应超出车辆限界。

2. 组成及功能

无线通信是利用无线电波在空间传递信息的一种通信方式。无线通信系统主要由发射机、接收机和天线等设备组成。发射机将基带信号调制到射频(载频)频率上的频带调制常称为射频调制。接收机完成其相反的过程为射频解调。

在发送方,发射机通过射频调制将有用信息经放大后加载到载波上,形成已调振荡经功率放大后,通过天线发送出去。在接收方,接收天线接收已调振荡,送接收机进行放大,并对已调振荡进行解调,解调出原始信号。

调制是用基带信号去改变正弦振荡的某些参数(幅度、频率、相位),以使被调正弦振荡携带该基带信号;而其逆过程则称为解调。因数字信号只有 0 和 1 作为简单的开关信号,故信号调制称为键控。数字信号幅度调制称为移幅键控,频率调制称为移频键控,相位调制称为相移键控;亦可采用相位的变化值来代表开关信号,称为差分相移键控。

无线通信系统由控制中心内、车站内和车辆段的基地台,车站内的天线及射频电线,隧道内(或高架线路旁)的漏泄同轴电缆,列车无线电台、天线、控制板、电源及电缆,控制中心、各个车站和列车上的无线通信控制台,控制中心的自动指示设备、电源及带有电池及充电器的便携式无线电台等组成。

电波在隧道中传播困难,故需要在隧道内的相邻车站的车站台之间采用漏泄同轴电缆。这样无线电波可从漏泄同轴电缆中泄漏出来,充满整个隧道空间而被车载台接收。

无线调度通信系统提供调度台与移动台、移动台与移动台、移动台与公众电话网用户之间的通信。当移动台呼出时需通过系统的鉴权,移动交换机才能将该次呼叫连接到被呼用户;当移动台被呼时,移动交换机需从用户数据库中查到移动台所在的基站位置,并在该基站进行寻呼,被呼移动台应答后,移动交换机连接主、被叫用户。

在移动通信中从基站到移动台的无线频道称为下行频道或前向频道;从移动台到基站的无线频道为上行频道或后向频道;一对上下行无线频道合成为一条无线信道,有时亦称上行或下行无线信道,严格地说为上行或下行无线频道。

在单个无线调度通信系统组网时,不存在漫游用户,无须设置访问用户数据库;在多个无线调度通信系统组网时,系统间存在漫游用户,才需要配置访问用户数据库。

3. 无线通信的分类

(1)固定通信和移动通信。无线通信分两类,一类是固定点与固定点之间的通信,称为固定通信;另一类是固定点与移动点或移动点之间的通信,称为移动通信。城市轨道交通中采用的无线通信主要是移动通信。

(2)公用移动通信和专用移动通信。移动通信又分为公用移动通信和专用移动通信两类。城市轨道交通中采用的是专用移动通信。

(3)单向通信和双向通信。不论是固定通信还是移动通信,都是有两种通信方式,即单向通信和双向通信方式。在轨道交通专用移动通信系统中采用的是双向通信方式,通信双方能相互发送信息和接收信息。

(4)单工制和双工制。在双向通信方式的系统中,无线电台有单工制、半双工和双工制三种方式。

单工制无线电台只能甲方呼出乙方并讲话,乙方接听。单工方式下每个移动台只占用一个无线频道,多数用于组呼。在组呼中,同一基站的通话组成员可共用一个下行无线频道进行收听。

半双工无线电台,甲方呼出乙方并讲话,乙方接听;或乙方讲话,甲方收听,但甲乙双方不能同时讲话。半双工方式下每个移动台只占用一个无线频道(发或收),可用于组呼和选呼。

采用单工与半双工通话可以节省无线信道资源,并降低无线终端设备的耗电。

全双工制无线电台在发送信号的同时也能接收,双方能同时讲话。全双工方式下,每个移动台同时占用收、发两个无线频道,多用于移动台用户与公众电话网用户之间的通信。全双工制无线通信方式如图 6－23 所示。为防止干扰,电台的接发频率不同,并设置双工器与天线连接。双工器能将从天线接收到的信号送到接收器,而将发射机输出的信号送到天线发射出去,使接收和发送之间没有影响。

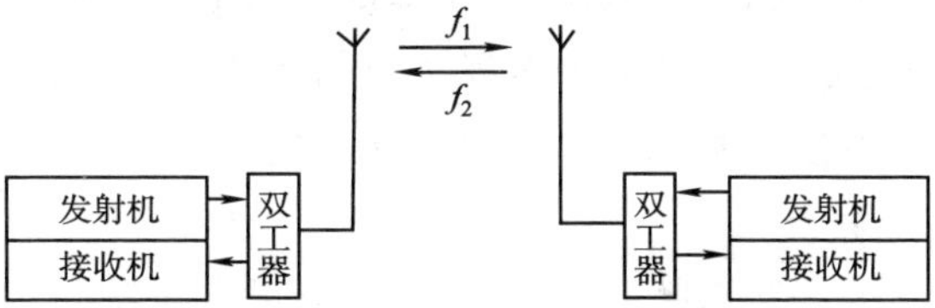

图 6－23 全双工通信示意图

4. 无线通信功能的实现

现以列调无线通信为例说明无线通信功能的实现。列车无线调度电话简称无线列调。采用无线列调可实现调度员、车站值班员与司机之间随时进行通话,使列车运行置于调度员的控制之下。这对提高运输效率、保证行车安全具有十分重要的作用。如遇特殊情况,通过无线列调能得到及时的处理。在无线列调中,司机是随列车运行而移动的,其移动范围限于城市轨道交通沿线的带状区域内,故无线列调属于带状移动通信。

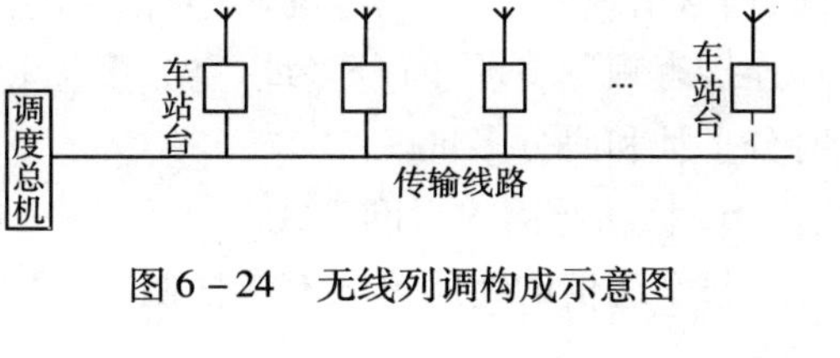

图 6－24 无线列调构成示意图

无线列调系统由车站台、车载台、调度总机及传输线路等组成。无线列调构成如图 6－24 所示。无线列调采用无线和有线相结合的方式,调度总机与车站台间采用有线方式连接,在传输线路上传送呼叫信号及话音信号,在车站台和车载台之间则采用无线方式通信。

当调度员要呼叫司机时,调度员按下控制盘上的数字键,通过调度总机发出选呼(或全呼)命令,该选呼命令沿PCM光纤传输系统送到各车站基站,由基站将该命令变为无线电波从天线发射出去,沿线各车载台收到呼叫控制信号后进行比较,若证实是呼叫本列车则立即建立与调度员之间的通信。其信息传输途径为:控制中心无线列调控制台→控制中心基地台→PCM光纤传输系统→车站基地台→漏泄电缆、天线→车载台。

当司机要呼叫调度员时,只要按车载台的发射键,车载台就能自动发出与该列车编号及有关的呼叫数据信息,该信息经天线或漏泄电缆传送到各车站基站,由车站基站经传输系统传送到调度总机,并在列调监视器上显示出来,呼叫建立后便可通话,于是就可建立与调度员之间的通话联络。其信息传输途径为:车载台→漏泄电缆、天线→车站基站→传输系统→控制中心交换机→控制中心无线列调控制台。

沿线的各个区段是通过分别连接到各车站基站的天线或漏泄电缆实现覆盖的。由于列车前进速度快,每次通话有可能涉及沿线的几个车站台。因此通过设在控制中心的判决比较器从中选择一个信噪比最好的信号,只有被选中的车站台送来的信号才能被调度员听到。在整个通话过程中,比较和选择过程将不断进行,以维持通话不致中断。

当某次呼叫已建立后,无线列调系统将自动向其他使用同一频道的车载台发出锁闭信号,以防止新的呼叫打断进行中的通话,直到该通话结束为止。由于无线列调对保障运行安全是至关重要的,所以不允许其他移动台之间使用无线列调频道通话。

当列车发生意外而无法使用车载无线台时,列车无线设备每隔一固定时间自动接通发射电路10 s,并将驾驶室环境声音发向控制中心,直到调度员取消选择为止。

5. 移动通信中的多址技术

在移动通信系统中各基站和移动用户终端间的通信共用一个空间物理媒体。需要采用不同的信号特征去表征每一个无线信道,以便接收端能选择接收所需无线信道。无线集群移动通信系统采用多址技术,即在发送端改变信号的某些特征,使各站所发射的信号有所差异。接收端具有信号识别能力,能从混合信号中选择出所需接收的信号。一个无线电信号可用若干参量来表征。其中最基本的参量是射频频率、信号出现的时间、信号出现的空间、信号的码型、信号的波形等。按照这些参量的分割,可以实现的多址连接有频分多址、时分多址、空分多址和码分多址等。目前,移动通信系统主要采用时分多址和码分多址。

6. 移动通信的组网方式

移动通信的组网方式有大区制、中区制和小区制。

大区制一般在一个服务区域只设置一个基站,利用直放站(亦称中继器)加大其覆盖范围。在一条线路中,若采用大区制组网,可以在一个车站设置基站,全线其他车站均设置直放站。大区制不存在越区切换问题,工程造价低,但可靠性较低,存在多径干扰的场点较多,单基站的载频受限使扩容受到限制。

中区制一般只设置少量基站,利用直放站加大覆盖范围。采用中区制组网,可以在一条线路的少数几个车站设置基站,其他车站均设置直放站,基站与直放站可以采用同轴电缆连接或利用传输网连接。非相邻基站载频频率一般允许进行空间复用。中区制频率资源利用率较高,越区切换频次较少,干扰较少,系统可靠性较高,工程造价较低,扩容灵活、方便。

小区制设置多个基站,直放站只用来消灭个别盲区。采用小区制组网,可在一条线路的每个车站设置基站,非相邻基站载频频率一般允许进行空间复用,频率资源利用率高。近年来基站价格下降,接近直放站的价格,故新建的无线集群通信系统采用小区制组网逐渐增多。

7. 基站间的越区切换

在无线集群通信系统的小区制组网方式中,每个小区使用一组载频,邻近小区使用不同载频。移动台离开一个小区进入另一个邻近小区时,需进行载频切换,这种切换统称为越区切换。在无线集群通信系统中若采用小区制或中区制组网方案,车载台在列车行进过程中经常会发生越区切换的情况。

8. 泄漏电缆

泄漏电缆是一种特殊的同轴电缆,电缆铠甲的开孔结构使得射频信号能从电缆中均匀地泄漏出来,实现无线信号的沿泄漏电缆的均匀覆盖。泄漏电缆是实现隧道内无线信号覆盖的首选设备。

9. 天线

天线的作用是实现高频电能与电磁波的相互转换,即将射频电流送发送天线,转换为空间电磁波;或空间电磁波在接收天线中感应出射频电压。一般来说天线长度与工作频率相关,射频频率越高(波长越短)天线越短,对定向微波天线而言则反射面直径越小。

城市轨道交通无线通信系统主要使用:棒状天线(全向天线),主要用于车辆段等较大范围的地面区域;耦合天线(全向天线),主要用于站厅层或其他面积较小的区域;八木天线(定向天线),主要用于覆盖某些有特殊要求的区域,例如正线上某一段轨道区域;鞭状天线(全向天线),主要用于手持台收发天线;圆盘天线(定向天线),又称吸顶天线,主要用于站厅、出入口以及车载台收发天线。

10. 无线通信场覆盖范围

集群通信系统的无线场强覆盖范围包括:运行线路全线各车站的站台、站厅及区间隧道或地面及高架线路,以及整个车辆段区域。可以采用如下方式进行场强覆盖:沿线隧道、地面及高架运行线路及沿线地下车站的站台区主要采用漏泄电缆辐射方式进行场强覆盖；沿线地下车站站厅区（含部分出入口通道）主要采用吸顶天线进行场强覆盖；车辆段/停车场主要采用室外全向及吸顶天线进行场强覆盖。

二、无线集群通信系统

无线集群通信是一种智能化的无线频率管理技术。通过系统的集群，使各个无线通信子系统各自通话互不妨碍，同时实现共用设备、频率资源和覆盖区的共享。集群系统的本质是允许大量用户共享少量通信信道和虚拟专网技术。其工作方式与移动电话系统相似，由一个交换控制中心根据需要，自动为用户指定无线信道。不同点在于集群通信以组呼为主，用户之间有严格的上、下级关系，用户根据不同的优先级占用或抢占无线信道，呼叫接续快，且以单工、半双工通信为主要通信方式。

1. 主要特点

与公众蜂窝移动通信系统相比较，无线集群调度通信系统具有以下主要特点：

(1)呼叫接续速度快(300～500 ms)。

(2)具有选呼、组呼、列车广播、优先呼叫、强拆、强插、调度通话录音、后台监听等功能。以组呼为主，同基站群组内用户共享下行无线频道。

(3)采用按键讲话(PTT)方式，进行单工或半双工呼叫，只按 PTT 键时才占用无线信道，节约了无线资源和终端耗电。

(4)组内呼叫和讲话时，需按住 PTT 键，同组被叫不需要摘机可直接接听。

2. 主要功能

无线用户主要有车载台、车站台、手机三类移动用户，可以在系统提供的无线覆盖范围内漫游。无线用户通过移动台接入系统服务，移动台与基站之间通过空中接口进行通信。

(1)提供语音服务。组呼允许一个得到网络管理员授权的用户（移动台或调度台）与一组用户（通话组）建立一组用户通信。

通播组呼叫可以由多个通话组组成，得到网络管理员授权的用户可以发起通播组呼叫，建立一个包括多个通话组的组呼。

紧急呼叫是一种具有最高排队优先权的组呼叫。

私密呼叫是在得到系统网络管理员授权的情况下，系统允许用户（调度台与移动台或移动台与移动台）之间进行私密通话。

电话互联是在调度的授权（转接）下，允许有线电话用户与移动台用户（单个移动台或通话组）之间进行通话。

直通模式方式通话是所有移动台用户可以选择这种不依赖于系统的直通模式进行通话，它是系统的后备模式。

分机间具有脱机对讲功能（相当于对讲机）。在司机与调度员不能正常通话的紧急情况下，利用该功能，司机可直接呼叫车站值班员，起到应急通信的作用。

(2)提供数据服务。数据服务包括状态信息服务、短数据传送服务和紧急告警。

紧急告警是当移动台用户使用紧急呼叫时，将会有一个紧急告警信息传送到监视该组的无线调度台上或集中告警终端上显示出来。

(3)提供组呼的补充服务。组呼的补充服务包括遇忙排队和回叫；优先级排队；新近用户优先；动态站分配和关键站点分配；设置有效站点；全部启动和快速启动；动态重组；通话方识别；迟后加入；优先监视。

3. 技术优势

无线集群通信系统弥补无线专用控制信道的方式的不足，并且在系统功能方面，即通话、呼叫、广播、存储、录音、显示、检测等方面都具有优点。尤其是，数字集群系统功能强大，应用灵活，同时系统编组功能强，支持4 000 个通话组，可以根据实际需要增减通话组，无论系统正常或故障都可方便地实现调度与移动台用户、移动台用户之间的通话，满足了城市轨道交通内部无线通信的需求，提供了较为有效的联系手段，是城市轨道交通无线通信系统的发展方向。数字集群通信系统由于采用了数字通信技术，具有以下优点：

①采用时分多址技术，频谱利用率高。数字集群通信系统中信道动态分配，只要有空闲信道，系统中任意用户均可使用，因此进一步提高了信道利用率。

②由于引入了数字通信技术，系统功能强大，能接收 ATC 系统传来的数据，通过数据库的对应，在各行车调度台上显示列车在哪个站发出呼叫，乘务员是谁，以及车次号等信息。同时，在车辆段与正线转换轨的接口监控，使得列车从车辆段转到正线时，列车车组号从车辆段调度台转到正线的行车调度台，列车的呼叫也发送到行车调度台，相反，当列车从正线返回车辆段时也可自动实现转换。

③在话音编码、调制和组网等方面采用的是当前最先进的技术。

④采用了各种数字信号处理技术和信道编码技术，抗干扰能力强，传输质量较高，话音质量好。

⑤网络管理和控制比模拟集群通信系统更为有效灵活。

⑥数字技术易于采用大、中规模集成电路，可以大批量生产，设备成本低、体积小、重量轻。

4. 集群方式

集群通信系统的集群方式主要有：消息集群（信息集群）、传输集群（发射集群）和准传输集群（准发射集群）3 种。

消息集群是在调度通话期间，控制系统始终给用户分配一条固定的无线信道，移动台用户讲话完毕松开 PTT 键，系统经 6 ~ 10 s 信道保留时间后脱网，完成消息集群。若在保留时间内，原用户再次按压 PTT 键，双方仍可在该信道上通话，即保留原信道分配；若超过信道保留时间，则信道将分配给他人通话。

传输集群是双方用户在通话期间，用户按下 PTT 键占用一个空闲信道，当讲话完毕松开 PTT 键时，就有 1 个传输完毕信令送到系统的控制器，指示该信道可以分配给其他用户使用。

准传输集群缩短了信道保留时间（约 0.5 ~ 6 s），增加了用户每次发话完毕松开 PTT 键后的时间，不会使消息中断。

这三种集群方式各有优缺点，但消息集群能够保证城市轨道交通调度的可靠性和连续性，且便于与有线电话网兼容。

5. 控制方式

集群通信系统的信道控制主要有：集中式（专用控制信道）和分散式（分布式控制）两种方式。

集中式采用一条专用信道作为控制信道（信令信道），由中央控制器集中管理所有信道。其优点是接续快，功能设置相对较多，如连续分配信道更新、遇忙排队、自动回叫等，系统的可靠性提高。缺点是减少了话音信道。

分散式基地台的转发器（中继器）都有单独的智能控制，负责信道控制和信号转发。移动台可在任何空闲信道上实现接入操作，每个信道均能独立完成信令交换。其优点是可以最大地发挥系统效率，交换负荷小，接入时间短，阻塞率低；缺点是信令由高低速混合信令构成，传输速率不高，而且系统功能少，不如集中式控制容易实现一些特殊的功能（如动态重组）。

集中式控制更适用于话务负荷较重的大容量移动用户系统，而分散式控制方式更适用于移动用户较少的集群通信系统。

6. 数字集群无线通信系统的构成

在数字集群系统中，各调度网以虚拟专网的方式存在，互相独立、互不影响。各调度网共享频点和基站设备，提高了频率资源的利用率，节约了设备投资。

在行车调度网中具有行车调度台，以及该调度台所隶属的正线运营列车车载台、车站固定台、车站人员手持台、工程车司机手持台等用户。

在维修调度网中具有维修调度台，以及该调度台所隶属的维修人员手持台用户。

在环控调度网中具有环控调度台，以及该调度台所隶属的环控人员手持台用户。

在防灾调度网中具有防灾调度台，以及该调度台所隶属的防灾人员手持台用户。

在车辆段调度网中具有车辆段调度台，以及该调度台所隶属的列车车载台、车辆段人员手持台、工程车司机手持台等用户。

数字集群无线通信系统采用小区制组网方式，通过城市轨道交通内部传输网的连接，将多个基站组合起来，形成轨道交通内部的无线专用调度网络。在站厅及车辆段区域，采用天线方式实现信号覆盖；在隧道区间，则采用泄漏电缆实现信号覆盖，实现了整个区间无线信号均匀、可靠的覆盖。

系统主要设备由若干个基站和若干个射频直放站组成一个有线、无线相结合的网络系统。该系统可分为4个主要组成部分，即中央控制单元、基站、信号分配单元和移动台用户。系统组成如图6－25所示。

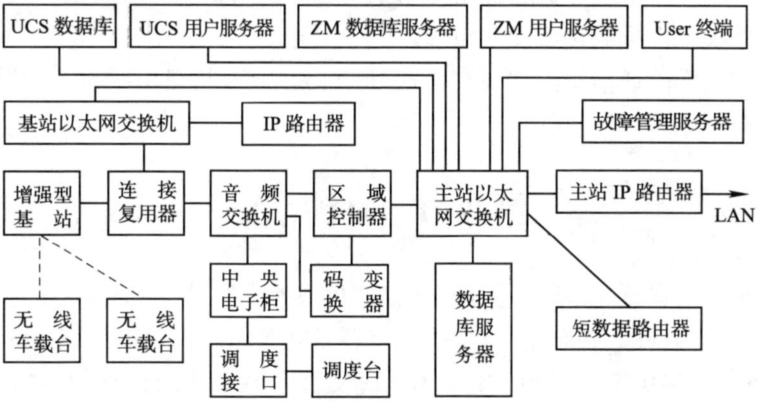

图6－25　数字集群无线通信系统框图

中央控制单元主要包括：区域控制器、音频交换机、码变换器、基站连接复用器、短数据路由器、网络管理系统、故障管理系统及调度台系统等。

基站设备主要包括：基站控制器、无线收发信机、GPS收发天线、环境告警系统和射频分配系统。

信号分配单元主要包括：射频直放站、功分器、泄漏电缆和天线。

移动台设备包括：车载台、车站台和便携电台。

7. 专网调度与集群调度

(1)专网调度。一个调度专网配置一组专用载频，即使载频空闲，其他专网亦不能使用。

(2)集群调度。集群调度将几个专网合并，共用一组公共载频，建立一个集群调度网。在集群调度网中，各专网以虚拟专网的形式存在，各虚拟专网有自己的调度台与移动台，用户并不会感觉到其他虚拟专网的存在。这样，各虚拟专网可以共享公共载频资源。

集群调度具有共用频点、共用设施、共享覆盖区、共享通信业务的优点。

8. 无线集群终端

(1)车载台。列车前后两端驾驶室各安装一台车载台。该车载台主要由无线收发信机、控制及接口电路、控制面板、话筒、天线等组成。其中无线收发信机、控制和接口电路安装在一个固定的机壳内,控制面板和话筒分别安装在司机座位的左方与右方,天线安装在车顶。司机可通过操作控制面板的按键,发出通信请求,通过话筒发话,通过扬声器收听。通过系统与 ATS 系统的连接,控制面板显示屏上显示当前列车位置与车次。

(2)车站台。车站台为固定台,配置在每个车站的车控室。车站值班站长可通过车站台与行调进行联系,经行调转接可与司机通话。

(3)手持台。手持台主要配备给站务人员、维修人员等不固定地点的作业人员。使他们可与相关调度员通话或发起组呼。

以上集群终端的通信功能主要有一般呼叫、紧急呼叫、短信收发、组呼以及调度员通过车载台对列车进行广播等。

第八节　时钟系统

时钟系统是为保证城市轨道交通运营准时、服务乘客、统一全线设备标准时间而设置的。时钟系统为各线、各车站工作人员、乘客及相关系统设备提供统一的标准时间信息,为其他各系统提供统一的定时同步信号,使整个城市轨道交通执行统一的定时标准,确保通信系统及其他重要控制系统协调一致。

时钟系统由中心母钟(一级母钟)、车站和车辆段母钟(二级母钟)、时间显示单元(子钟)组成。一级母钟设置在控制中心,二级母钟设置在各车站和车辆段,子钟设置在中心调度室、车站综合控制室、牵引变电所值班室、站厅、站台层及其他与行车直接相关处所。

一、对时钟系统的要求

1. 当设有数字同步网设备时,一级母钟应能接收外部全球卫星定位系统(GPS)基准信号校准,也可播发中央人民广播电台时钟信号;一级母钟定时向二级母钟发送时间编码信号用以校准;二级母钟产生时间信号提供给本站的子钟。

2. 一级母钟自走时精度应在 10^{-7} 以上,二级母钟自走时精度应在 10^{-6} 以上。

3. 一级母钟、二级母钟应配置数字式及指针式多路输出接口,一级母钟应配置数据接口,以便向其他各系统提供定时信号。

二、时钟同步技术

在时钟同步系统中,时钟源的精度、时钟信号的传输方式和同步方式是同步技术中的关键部分,它们将直接影响到系统的精度。

1. 时钟源的精度

目前常见的时钟源有石英晶振、铯原子钟、铷原子钟等。

2. 时钟同步方式

通常采用主从同步方式，由高精度的上级时钟去同步低精度的下级时钟，使下级时钟的精度与上级时钟接近。同步电路一般采用数字锁相环电路。

3. 全球定位系统

导航卫星定时测距全球定位系统简称全球定位系统。它是一种可以定时和测距的导航系统，可提供全球、全天候、连续、实时服务的高精度三维位置、三维速度和时间信息。全球定位系统由空间系统（导航卫星星座）、地面监控系统和接收终端三大部分组成。

4. 时钟的稳定度与精度

时钟稳定度为一段时间内的时钟走时误差。时钟精确度为该时钟与标准时间（我国为北京时间）之间的误差。

三、时钟系统的性能

1. 可靠性

时钟系统所有设备均能满足一天 24 h 连续运行的要求。

2. 同步校对

一级母钟设备接收外部全球定位系统标准时间信号进行自动校时，保持与全球定位系统时标信号的同步。一级母钟周期地送出统一的同步脉冲和标准时间信号给其他系统，并通过输出信道统一校准各二级母钟。具备降级使用功能，一级母钟在失去全球定位系统时标时应能独立正常工作；二级母钟在传输通道中断的情况下能独立正常工作；各子钟在失去外部时钟驱动信号时能独立正常工作。在降级使用中允许时钟精度下降。

3. 时钟精度

在全球定位系统时标同步下，一级母钟受控时钟精度在 $\pm 1 \times 10^{-10}$ 以上。一级母钟独立时钟精度（不受控情况下）在 $\pm 1 \times 10^{-8}$ 以上，二级母钟独立时钟精度应在 $\pm 1 \times 10^{-7}$ 以上。

4. 日期、时间显示

一级母钟能产生全时标信息，格式为：年、月、日、星期、时、分、秒、毫秒，并在设备上显示。二级母钟具有日期、时间显示功能。一级母钟和二级母钟具有数字式及指针式子钟的多路输出接口。数字式及指针式子钟均有时、分、秒显示，显示清晰，数字子钟具备 12 和 24 两种小时制显示方式的转换功能。子钟为双面或单面显示设备。

5. 为其他系统提供标准时间信号

一级母钟设有多路标准时间码输出接口，能够在整秒时刻给其他各相关系统提供标准时间信号。

6. 设备冗余

一、二级母钟采用主、备母钟冗余配置，并具有热备功能。当主母钟出现故障时，自动切换到备母钟工作。主母钟恢复正常后，备母钟自动切换回主母钟。

7. 系统扩容和升级

采用分布式结构方式，可方便地进行扩容。对每个节点二级母钟系统的改动都不会影响整个系统。节点设备扩容时无须更换软件和增加控制模块，只需适当增加接口板便可扩大系统的容量。

8. 可监控性

主要时钟设备具有自检功能，并可由中心维护检测终端采集检测的结果，实时显示各设备的工作状态和故障状态。系统出现故障时，维护检测终端进行声光报警，指示故障部位，打印和存储故障状态和时间，并具有集中告警和联网告警功能。

9. 防电磁干扰

列车电机所产生的电磁波会对时钟系统产生干扰，有必要的防护措施避免对时钟设备与线缆的电磁干扰。

四、时钟系统的构成

时钟系统使用全球定位系统技术进行同步时间校准，采用控制中心及车站/车辆段两级组网方式。

控制中心设一级母钟，车站/车辆段设二级母钟和子钟。

城市轨道交通时钟系统的构成如图6－26所示。其中全球定位系统定时同步仪位于系统最前端，它接收全球定位系统卫星信号，从中解出标准时间信号，用来同步中心一级母钟。一级母钟A、B两套，互为主备，并能自动倒换。一级母钟的时间码信号经不同的中心接口产生不同的信道编码，分别传往城市轨道交通各线路，校准各个车站的二级母钟。二级母钟同步于中心一级母钟，控制本站内的所有子钟。

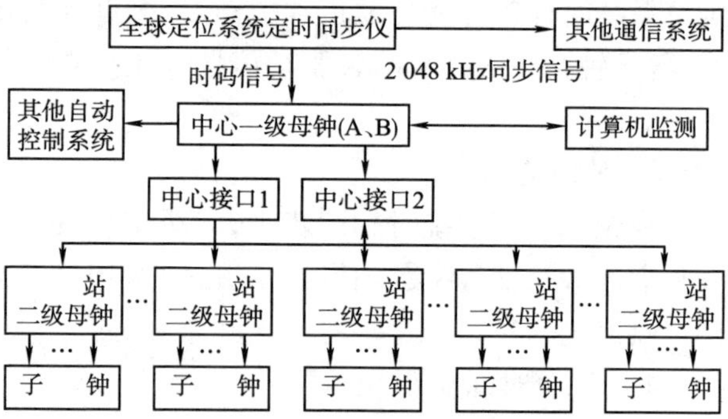

图6－26　城市轨道交通时钟系统的构成框图

全球定位系统定时同步仪输出2 048 kHz标准频率信号，用于同步其他通信系统，这样既保证了整个城市轨道交通系统的时间是统一的，同时与国家标准时间相比也是准确的，极大地满足了各个系统的要求。

全球定位系统接收板具有10 kHz标准频率信号输出，用于通信系统的同步。

通过全球定位系统定时同步仪获得了标准时间信号，用来同步城市轨道交通时钟系统，使城市轨道交通时间既是统一的，也是准确的，为行车指挥、列车运行、设备管理提供时间基准，确保了通信系统以及其他重要控制系统的协调同步。

1. 一级母钟

中心母钟的时间依靠接收外部同步时标信号（包括日期和时间）来进行校准，以免产生累积误差，外部同步时标信号采用全球定位系统接收机接收卫星时标信号，对自身时钟进行校准。一级母钟通过中心接口定时向二级母钟发送时间编码信号，以校准二级母钟。接收外部同步时标信号的装置出现故障时，一级母钟将利用自身的高稳定度晶振产生的时钟信号驱动二级母钟正常工作，并向时钟网管设备提供告警。当外部时间信号设备恢复时，一级母钟将自动跟随。

一级母钟提供严格同步的时码输出，能够在整秒时刻给城市轨道交通其他系统提供统一的时标信号。

一级母钟包括全球定位系统信号接收模块和一级母钟模块。全球定位系统信号接收模块向时间系统提供高精度的时间基准，以实现时间系统的无累积误差运行。一级母钟为受全球定位系统时标信号控制的高稳定度温补晶体振荡器。一级母钟带有时钟驱动电路，用以驱动控制中心中的子钟；并带有时钟系统网管接口，用以连接网管终端。

中心一级母钟向各车站/车辆段的二级母钟、系统网管、其他机电系统通过传输系统提供的数据通道。需要时标信号的其他系统包括：PIS、CCTV 系统、AFC 系统、传输系统、无线通信系统、专用电话系统、公务通信系统、安防系统、综合 UPS 系统。一级母钟设备单设两路时标输出接口，在整秒时刻给综合监控系统提供标准时间信号。一级母钟设备单设两路时标信号输出接口，提供时间信号给控制中心信号系统。

2. 二级母钟

在各车站/车辆段的通信设备用房内设置车站接口和二级母钟（双机热备），通过传输通道接收中心母钟发出的时标信号，产生并输出时间控制信号，用于驱动本站所有的子钟。同时，二级母钟向中心一级母钟回送的各站二级母钟及子钟的运行状态信息。二级母钟预留系统监测数据接口，以便接入便携式终端进行设备维护管理。

二级母钟连接子钟的时标接口采用 RS-422 总线方式，也可点对点方式。提供通信设备基准频率的同步时钟，采用公众通信网所使用同步节点（BITS）设备。为通信设备提供同步时钟信号，使各通信节点设备能同步运行。也可采用公众通信网所使用的通信楼综合定时供给系统 BITS 提供通信设备的同步时钟信号。

3. 子钟

子钟（时间显示单元）接收二级母钟发出的时标驱动信号，进行时间信息显示。导乘信息服务系统在站台、站厅区均设有 PIS 显示屏，此设备上已显示了时间信息，故在车站站台、站厅区可少设子钟。

4. 传输通道

中心一级母钟至二级母钟的传输通道利用城市轨道交通专用传输网提供的电路数据传输通道（亦可采用分组数据通道）实现。每站占用 2 路（一主一备）通道，接口标准为 RS-422，传输速率 9 600 bit/s。中心母钟、车站（段）二级母钟至子钟间的传输通道，采用时钟屏蔽电缆。

5. 网管系统

在控制中心的通信设备用房内的时钟系统网管终端，通过数据传输通道，实时监测全线时钟系统的运行状态，实施故障定位、报警。并通过网络接口设备向城市轨道交通综合网管系统传输告警信息，实施集中管理与集中告警。

五、城市轨道交通网络化后的时钟系统

城市轨道交通网络化运营后，由于不同的全球定位系统接收设备所提供的时间存在差距，影响安全运营和管理，必须建立统一的时间源平台。为此，设上层网时间系统，上层网时间系统包括接收机、一级时间服务器、二级时间服务器、ETS 服务器、网管交换机和上层网交换机，由上层网的全球定位系统统一接收标准时间，通过网络发送给各条线路控制中心和各上层中心的一级母钟，使全线网的时钟同步。这时，各级就不需要 GPS 接收机。

第九节　乘客导乘信息系统

城市轨道交通系统的运营管理逐渐注重对乘客的服务，以对人的服务为中心，十分重视乘客导乘信息系统（PIS）的建设。乘客信息系统指的是城市轨道交通采用成熟、可靠的网络技术和多媒体传输、显示技术，在指定的时间，将指定的信息显示给指定的人群的系统。在正常情况下，乘客信息系统可提供列车时间信息、政府公告、出行参考、广告等实时多媒体信息。在火灾及阻塞、恐怖袭击等非常情况下，提供动态紧急疏散指示。

一、基本原理

1. 功能

PIS 的功能包括紧急信息功能、显示信息功能、广告播出功能、定时自动播出功能等。

（1）紧急信息功能

①预先设定紧急信息

PIS 可以预先设定多种紧急灾难告警模式，自动或人工触发进入告警模式。当灾

难发生时,将 PIS 控制进入紧急灾难告警模式。此时,相应的终端显示屏显示警告信息及客流疏导信息。

②即时编辑发布紧急信息

系统环境可能会发生非预期的灾难,并且需要 PIS 及时发布非预期的灾难警告信息,PIS 软件可以即时编辑发布紧急信息。操作员通过工作站及时编辑各种警告信息,并发布至指定的终端显示屏。

(2)显示信息功能

①显示列车服务信息

从 ATS 系统接收列车信息,再控制指定的终端显示器显示相应的列车信息,如下一个班车的到站时间、列车时间表、列车阻塞/异常、特别的列车服务安排等。

②显示时钟

PIS 可以读取时钟系统的时钟基准,并同步整个 PIS 所有设备的时钟,确保终端显示屏幕显示时钟的准确性。屏幕可以在播出各类信息的同时提供日期和时间显示。

③显示实时信息

屏幕上不同区域的信息可根据数据库信息的改变而随时更新。实时信息的更新可以采用自动的方式或由操作员人为地干预。实时信息包括新闻、天气、通告等。

(3)广告播出功能

PIS 可为城市轨道交通引入一个多媒体广告的发布平台,通过广告的播出,可以为城市轨道交通带来更多的广告收入。广告可以分为图片广告、文字广告和视频广告。广告与其他各类信息同步播出,提高了系统的工作效率。

(4)定时自动播出功能

PIS 可以提供一套完整的定时播出功能。信息的播出可以采用播出表播出的方式,系统可以根据事先编辑设定好的播出列表自动进行信息播出。

2. 功能实现方式

(1)广泛兼容终端显示屏。PIS 能良好地兼容多种显示设备,包括各种 LED 显示屏和 PDP 显示屏。另外,也能良好地支持 LCD 显示屏、投影仪、电视墙等各种多媒体显示设备。

(2)多区域屏幕分割显示。PDP 屏幕可根据功能划分为多个区域,不同区域可同时显示不同的各类信息。文字、图片和视频信息可分区域同屏幕显示,不同区域的信息可采用不同的显示方式。

(3)灵活多样的显示功能。所有的 PDP、LED、LCD 显示屏在整个 PIS 中都是相对独立的终端,因此中央操作员和车站操作员可以直接控制到每块显示屏的显示内容(车站操作员限本站),即根据需要在同一时间内所有的显示终端显示不同的信息。

(4)多语言支持功能。PIS 可支持简体中文、英文、繁体中文同时混合输入、保存、传输、显示。也支持微软 Windows 2000 操作系统的语言文字的导入、保存、传输、显示。

(5)全数字传输功能。整个 PIS 从中心信号采集到显示终端的整个过程都是采用全数字的方式，从而避免了由于传输过程中过多的转换而造成图像质量的下降，真正做到广播级的图像质量。

3. 信息类型

(1)紧急灾难信息。包括：火灾警报、台风警报、洪水警报；逃逸、疏散方向指示，如紧急出口的指示；紧急站务警告信息，如停电、停止服务等；有关乘客人身安全的临时信息，如乘车安全须知。

(2)列车服务信息。包括：列车时刻表、列车阻塞等异常信息、下班车的到站时间(以及下二、三班车的到站时间)、列车组成(4 节、6 节或 8 节)及特别的列车服务安排信息。

(3)乘客引导信息。包括：动态指示信息；逃逸、疏散方向指示；轨道交通服务终止通告；换乘站换乘信息；地面交通指示信息。

(4)一般站务信息和公共服务信息。包括：日期和时钟信息，票务信息，公益广告信息，天气、新闻、股市等信息，地面公共汽车交通信息，公安提示(如当心扒窃)。

(5)商业信息。包括：视频商业广告，视频形象宣传片，图片商业广告，文字商业广告，各类分类广告。

4. 信息显示的优先级

高优先级的信息优先显示，相同优先级的信息按照先进先出的规则进行显示。按照这个要求，信息显示的优先级规则如下：

(1)信息类型的优先级按照如下顺序递减：紧急灾难信息、列车服务信息、乘客引导信息、一般站务信息及公共信息、商业信息。紧急灾难信息为最高优先级信息，发生紧急情况时可以终止和中断其他所有优先等级的信息。

(2)高优先级的信息可以中断低优先级信息的播出，低优先级的信息不能打断高优先级信息的播出。发生紧急情况时，系统紧急中断当前信息的播出，进入紧急信息播出状态，其他各类信息自动停止播出。

(3)同等优先级的信息按设定的时间播出列表顺序播出。

5. 媒体信息的显示方式

(1)文字显示。支持多种文本格式的显示、录入、保存；支持多语种文字的显示，支持简体中文、英文字符的显示；用户可以自定义文字显示的属性，包括加边、加影、字体、大小的设置；支持多种文字显示方式，如底行滚动、闪烁显示、上下左右滑动、淡入淡出等效果。

(2)动画和图像显示。支持动画图像序列的导入和播出;支持图片格式的导入和播出;图片的播出支持多种表现形式,滚屏、淡入淡出、滑像、溶像、擦除等效果;图片的大小、长宽比用户可调。

(3)视频播放。系统支持多种视频媒体格式;支持中心子系统对各站的数字电视视频广播和本地视频素材的播出;视频窗口的位置和缩放可以自定义;支持多种信号源:DVD 播放机、VCD 播放机、有线电视端子、现场视频直播、电视 DVB 接口。

(4)时钟显示。支持数字式时钟显示和模拟式时钟显示;用户可以调整时钟位置、大小;用户可以自定义调整模拟时钟的指针、表盘的式样和颜色。

二、构　　成

从结构上,PIS 可分为中心子系统、车站子系统、车载子系统、网络子系统、广告制作子系统。从控制功能上,PIS 可分为信息源、中心播出控制层、车站播出控制层和车站播出设备四个层次。PIS 结构如图 6－27 所示。

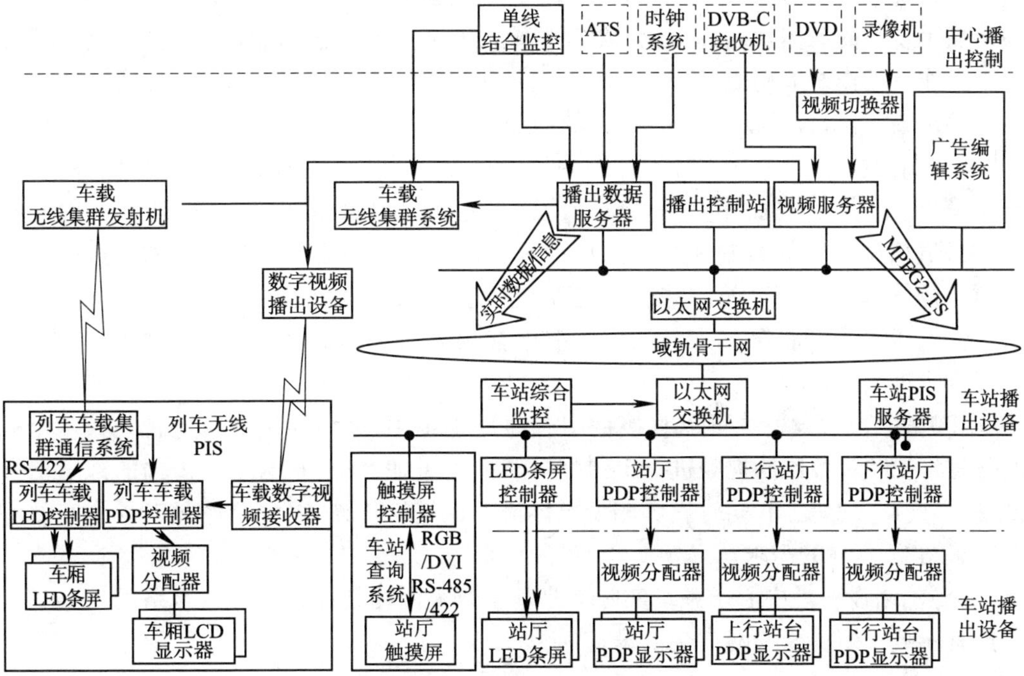

图 6－27　PIS 结构图

1. 中心子系统

中心子系统主要负责外部信息流的采集、播出版式的编辑、视频流的转换、播出控制、对整个 PIS 设备工作状态的监控以及网络的管理。

中心子系统主要设备有:中心服务器、视频流服务器、中心操作员工作站、中心网管工作站、播出控制工作站、数字电视设备、外部信号源等。它们构成了一个完整的播出和集中控制系统。同时,中心子系统还将提供多种与其他系统的接口。

(1)中心服务器主要负责创建数据并从车站子系统、广告中心子系统导入各种日志数据,包括告警日志、事件日志、用户操作日志、分类信息的播放日志、外部系统导入/导出信息日志等。中心服务器将集中保存各种系统数据,同时将管理本 PIS 与外部各系统的连接,如综合监控系统(含 ATS 系统)、地面交通信息系统和时钟系统等。

(2)视频流服务器是向整个 PIS 发放网络视频流数据的设备。能够同时提供标清、高清和 DVB-ASI 功能。可存储超过 1 000 h 的 MPEG-2 视频。

(3)中心操作员工作站。通过该工作站,具备超级管理员权限的操作员可以设置整个 PIS:各车站子系统的总体设置、各车站子系统工作站的设置、各车站子系统终端显示设备的设置、终端显示设备分组管理;创建预定义的中心公共信息,包括紧急灾难信息、紧急疏散信息、轨道交通公司公共公布信息等;控制 PIS 中的某一/某组/全部终端显示设备的实时信息窗口显示指定的信息内容。对于整个 PIS 中的某一/某组/全部终端显示设备的工作状态或工况(紧急告警状态或中心信息直播状态)的切换也可在中心操作员工作站上完成。

通过该工作站,具备超管权限的操作员可以设置管理系统的用户账号。

(4)播出控制工作站。对本系统内的播出设备(包括控制中心的视频服务器、视频切换器、上载录像机、车站终端显示设备)进行集中的播出控制管理。它们的开机、关机、播出列表的编制和播出的启动都由控制中心的播出控制工作站通过网络进行统一的管理。各个车站的乘客信息系统实现无人值守运行。夜间停播时,播出控制工作站可以自动将第二天各站点需要的播出列表发送到各站点播出控制工作站,进行播出准备。

(5)数字电视设备。可以直接播出或通过 TCP/IP 网络播出数字电视。数字电视设备是将视频服务器的视频进行 IP 封包,转换到可在标准 IP 网络上传输的数字信号设备,它支持多路复用,同时提供多个媒体流通道进行传输,可完全满足对单个车站和所有车站 IP 广播的需求。

(6)网络设备。中心子系统实际上是基于以太网构架组成的。其网络的核心是一台具有三级交换功能的网络交换设备。

2. 车站子系统

车站子系统的主要由车站数据服务器、车站播控服务器、车站操作员工作站、屏幕显示控制器、网络系统等构成。车站子系统通过传输通道转播来自控制中心的实时信息,并在其基础上叠加本站的信息,如列车运行信息和各类个性化信息等。

(1)车站服务器。包括车站数据服务器和车站播控服务器。车站服务器从中心服务器接收控制命令,同步播出时间表、版式和数据,集中转发至站内的终端显示设备显示控制器执行。车站服务器集中管理控制整个车站的所有车站操作员工作站、所有显示控制器和显示终端设备。

(2)车站操作员工作站。操作员可通过该工作站及时编辑指定的提示信息,并发布至指定的终端显示屏,提示乘客注意;可以进行整个车站的某一/某组/全部终端显示设备的工作状态或工况(紧急告警状态或中心信息直播状态)的切换。车站操作员工作站对本系统内的播出设备进行控制管理。

(3)传送流(TS)流解码器。对于中央下传的实时电视信号,每个车站都具有相对应的TS流解码器,即信号源同时进入车站子系统,可根据需要在任意PDP屏和全彩LED屏上播放,窗口模式和全屏模式均可。

(4)显示屏。包括PDP显示屏和LED显示屏。

(5)PDP/LED显示控制器

①PDP显示控制器。每一个PDP显示屏配备一台显示控制器,以实现每一终端显示设备能可靠自主地显示独立指定的内容,并且能智能地处理各种异常情况。PDP显示控制器既可控制单个PDP屏,也可控制一组PDP屏。PDP显示控制器需提供网络接口,并通过TCP/IP协议,与车站服务器进行通信和数据交换。

②LED显示控制器。每个LED显示屏都配备一个独立的显示控制器,以实现每一终端显示设备能够可靠自主地显示独立指定的内容,并且能智能地处理各种异常情况。一般车站具有的LED条屏、室内双基色屏和室外双基色屏、LED全彩色显示屏、多媒体全彩色显示屏可实时播放视频节目,也可用来举行重要会议和发布重要信息。

(6)PDP触摸屏显示控制器。控制播放车站播放的视频。不对屏进行触摸操作时,正常滚动显示来自车站服务器的信息;对屏触摸操作时,能实时互动地显示和查询来自车站服务器的信息,并且信息内容量可无限扩展。乘客可通过触摸此屏获得所各种需求的指南。

3. 网络子系统

网络子系统是指城市轨道交通主干通信网提供给PIS的通道,该通道用来传输从OCC到各车站的各种数据信号和控制信号。中心局域网、广告中心局域网、车站局域网都是通过网络交换机连接本局域网内的各种设备,再由交换机经防火墙设备连接至传输网。

4. 广告制作子系统

广告制作子系统主要提供直观方便的用户界面,供业务人员/广告制作人员制作广告节目(如广告片、风光片和宣传片,并可承接城市轨道交通以外的一些广告制作),编辑广告时间表,控制指定的显示屏或显示屏组播放显示指定的时间表,并将制作好的素材经审核通过后通过网络传输到控制中心和各车站进行播出。

广告制作子系统主要包括:图像存储服务器(可无限扩容)、非线性编辑设备(用于节目的串编)、视频合成工作站(用于高端广告片、形象片的制作)、数字编辑录像机、数字编辑放像机、摄像机、网络系统、合同管理软件系统和屏幕编辑预览系统等。

5. 车载子系统

PIS 车载子系统指车辆段、轨道交通沿线、列车上的 PIS 设备。主要包括:车辆段 PIS 监控站、车辆段和车站 PIS 数字视频发送设备、无线集群通信系统、车载 PIS 数字视频接收设备、车载 LCD/LED 显示控制器。

PIS 车载子系统获取信息的来源通常有三种方法:一是在列车上播放预先录制节目的 DVD 光盘,主要是广告信息;二是在固定的地点(如车辆段)通过有线或无线的方式向列车传输信息,行驶过程中列车 PIS 可播放这些信息;三是通过车载无线集群系统向列车传送信息,该方式可保证信息的实时性,例如,天气预报、文字新闻、其他信息等。

随着数字电视技术(DVB)的发展,采用移动数字电视技术进行数字化的视频图像接收成为了可能,也可用于轨道交通的 PIS 车载子系统。

6. 集中网管维护

为了确保系统的正常运行,PIS 提供了完备的网管功能。控制中心服务器可实时监控各终端结点的状态(PDP、LED 显示屏),车站服务器管理各自车站的 PIS(PDP、LED 显示屏)。中心网管工作站提供基于地理位置分布图的管理界面,动态显示各设备的工作状态,实时监控系统,实现智能声光报警,并自动生成网络故障统计报表,进行智能故障分析,以减少各个车站维护人员数量。

第十节　电源及接地系统

一、通信电源系统

通信电源是通信系统各设备正常工作、充分发挥效能的重要保障,除了要消除电网对通信设备的损害,还要保证对设备的供电要求和质量。通信电源包括交流配电屏、直流供电系统、UPS 和蓄电池组,是整个通信设备的重要组成部分。

1. 要求

(1)通信电源系统必须是独立的供电设备并具有集中监控管理的系统。通信电源系统应保证对通信设备不间断、无瞬变地供电,满足通信设备对电源的要求。

(2)城市轨道交通通信设备应按一级负荷供电。由变电所引接双电源双回路的交流电源至通信机房交流配电屏,当使用中的一路出现故障时,应能自动切换至另一路。

(3)对要求直流供电的通信设备,应采用集中方式供电。

(4)电源设备容量应符合下列要求:直流配电设备的容量应按远期负荷配置;整流

器、直流变换器、逆变器、UPS 设备的容量应按近期配置;蓄电池组的容量应按近期负荷配置,并应保证连续供电不少于 4 h;蓄电池一般设置两组并联,每组容量应为总容量的 1/2;通信电源的后备供电时间不应少于 2 h。

(5)对要求不间断供电的通信设备,可根据负荷容量确定采用逆变器供电或 UPS 供电方式。当交流负荷小时采用逆变器供电;当交流负荷大时采用 UPS 供电。

2. 交流配电屏

交流配电系统即交流配电屏,完成交流电源的引入、切换、隔离、变压及配电。

(1)双电源切换控制。交流配电屏控制系统中的重要组成部分是双电源切换控制。交流配电屏实现交流切换控制主要有三种基本方式:继电器 + 接触器方式、ATS 控制方式、智能交流控制器 + 接触器方式。目前多采用智能交流控制器 + 接触器的方式实现两路交流相互切换、互为备用,以保证切换安全可靠,提高供电的可靠性。

智能交流控制器 + 接触器方式的双电源切换控制包括双电源切换电路、主监控单元和交流切换单元。双电源切换电路主要由两个交流接触器组成。在交流切换单元的控制下进行两路交流电源的切换。交流切换单元和两个交流接触器构成交流电源的自投回路,且可以实现两路交流电源的互锁,保证了系统的可靠性。主监控单元是整个交流电源系统的控制、管理核心。主监控单元采用以微处理器为核心的集散式监控系统,模块化设计;对两路交流电源、输入输出开关状态和接触器状态实施全方位的监测和控制。

(2)输出电路。交流配电屏从两路电源切换后的电源母线上通过断路器分别供出传输系统、公用通信系统、专用通信系统、无线通信系统、CCTV、广播系统、时钟系统以及 SCADA、公安等电源。交流电源有电时通过断路器向 UPS 供电,交流电源停电时 UPS 通过断路器向交流配电屏供电。

3. 直流供电系统

直流供电系统由交流配电单元、高频开关电源、直流配电单元、控制器等部分组成,一般设于控制中心、车辆段通信机房。通信设备的数字化使传输、交换及其他通信设备的用电基本要求趋于同一化,故直流电源基础电压为 −48 V,其他种类直流电源电压应通过直流变换器供电。

市电经防雷后,由交流配电单元将三相交流电配接,分别送各高频开关电源。由高频开关电源整流、稳压为直流电,全部高频开关电源输出并联到正、负母排上。蓄电池通过断路器也并联到母排上。正、负母排上的直流电通过直流配电单元为负载供电。交流配电单元、高频开关电源、直流配电单元都由控制器检测或控制。控制器通过 RS-232、RS-485 接口与监控单元组成监控系统。

(1)交流配电单元。交流配电单元将两路三相交流电源进行切换,供高频开关电源用电。交流配电单元设有三相显示板和交流电压检测板。

(2)高频开关电源。高频开关电源采用高频逆变、功率因数校正、脉宽调制、软开关、自保、并联均流等电力电子技术,将交流电整流为直流电,在整流的同时进行稳压。

(3)直流配电单元。直流配电单元包括正负母排、转接板、直流检测板、蓄电池保护板和直流接触器,用来将开关电源输出的直流电配接到各用电负载。

(4)监控系统。监控系统由计算机控制,键盘操作,汉字显示,对电源系统进行检测、控制,还可与远端的监控中心连接实现“三遥”。监控系统由交流检测单元、直流检测单元、转接单元和控制器组成。

二、接地系统

为了提高通信质量,确保通信设备与人身安全,通信电源的交流和直流供电系统都必须有良好的接地装置。接地的作用是:通信设备的金属外壳和电缆金属护套及隔离线屏蔽接地,能减少电磁感应和杂音干扰;在交流电源系统中,三相四线制的中性点接地,以便在发生接地故障时迅速将设备切断;将电源设备的不带电金属部分接地或接零,可防止设备故障时,发生维护人员触电事故,保证人身安全;装设防雷保护接地,可防止因雷击产生的过电压危及人身安全和击毁设备。

1. 对接地的要求

(1)通信设备的接地系统设计,应做到确保人身、通信设备安全和通信设备的正常工作。

(2)城市轨道交通根据条件可采用合设接地方式,也可采用分设接地方式。分设接地和合设接地两种接地方式可因地制宜采用。

(3)按分设接地方式设置的不同接地体间的距离均应大于20 m的规定。按分设接地方式设置的接地体之间应保持一定距离,防止产生地线之间的串扰所造成的不安全因素。

(4)通信设备接地电阻值要求全年内不应大于表6-1所列之值。

表6-1 通信设备接地要求

接地体类型	分设室外接地体阻值(Ω)			合设室外接地体阻值(Ω)
	联合接地	保护接地	防雷接地车站	
车站	1~4	10	10	1

注:通信防雷接地可与建筑防雷接地共用。

2. 接地系统的构成

接地系统由地线系统和接地装置构成。地线系统则指地上连接的各种地线(包括接地母线、垂直主干地线和互相“搭接”的接地导线)。接地装置包括接地引入线和地下接地电极。

3. 接地方式

城市轨道交通根据条件可采用合设接地方式,也可采用分设接地方式。合设即一个车站/车辆段共用一个地网。分设即在一个车站/车辆段设置多组不同用途的地线,分别与所需要接地的设备相连,各类接地装置及引线互不相混。采用合设接地方式,对人身和设备的安全保障比分设接地方式更为有利。

4. 地线分类

(1)交流接地系统。交流接地系统包括工作接地、保护接地和防雷接地三部分。

①工作接地。在通信电源的交流供电系统里,一般采用三相四线制,如中性点接地,配电变压器次级线圈接地,称为交流工作接地。当电网的某部分发生故障而接地时,能使保护用的熔丝或自动开关短路而动作,迅速切断电源,从而保护设备的安全。另外,当电网三相负荷不平衡时,中性线上会荷载电流,产生压降,有可能影响电气设备的正常工作,当中性线接地时就可以得到改善。

②保护接地。在通信电源设备中,将设备在正常情况下与带电部分绝缘的金属外壳与接地体之间作良好的金属连接,可防止设备因绝缘损坏而遭受触电的危险,这种保护工作人员安全的接地措施,称为保护接地。在保证电源设备运行、维护和检修时,保障人身安全。因为当这些电源设备的不带电金属外壳、机架和操作机构妥善接地后,与大地同电位,若设备的金属外壳一旦因绝缘损坏而带电,则电流可以通过接地引线和接地装置而流入大地中去,不致使接地的设备上产生危险电压,从而保障了人身安全。保护接地的方法有直接接地保护、接零保护法、重复接地保护法。

③防雷接地。有两种:一种是为保护建筑物不受雷击而专设的防雷接地装置,另一种为了防止雷电过电压对设备的破坏而埋设的防雷接地装置。

(2)直流接地系统。在直流供电系统中,由于通信设备的需要,蓄电池组的正极(或负极)必须接地。这种接地通常称为直流工作地。此外在直流供电系统中,还常埋设一组供测量用的接地装置,这种装置称为测量接地装置。

5. 接地装置

由于土壤的电阻率很大,所以接地体与土壤之间要有很大的接触面积,才能减小接地电阻。通常采用铁管、角铁、铜板等接地体,将其埋入地下一定深度,用扁铁或铜线将这些接地体互相连接并引出,从而组成对地接触电阻较小的接地装置。

接地网一般均采用多根棒形垂直接地体和带形水平接地体联合组成环形接地装置。

第七章

城市轨道交通机电设备

城市轨道交通机电设备包括:供电系统,通信系统,信号系统,通风、空调与采暖系统,给水、排水与消防系统,火灾自动报警系统(FAS),环境与设备监控系统(BAS),自动售检票系统(AFC),自动扶梯、电梯,站台安全门,防淹门,门禁系统。本章介绍除供电系统、通信系统、信号系统之外的其他各个系统。

第一节　通风、空调与采暖系统

城市轨道交通地下线路是一座狭长的地下建筑,除各站出入口和通风道与大气相通外,基本上与大气隔绝。由于列车运行、设备运转和乘客等散发出大量热量,若不及时排除,轨道交通内部的空气温度就会升高;同时,由于周围土壤通过围护结构的渗湿量也较大,若不加以排除,轨道交通内部的空气湿度会增大,或夏季地表的热空气进入地下,或因无风而感到闷热等,这些都会使得乘客无法忍受。高架线和地面线站厅也需要保持一定的空气温度。因此,必须设置通风、空调、采暖系统,对轨道交通内部的空气环境因素进行控制,为乘客和工作人员创造一个生理和心理上都满意的适宜环境,满足轨道交通设备正常运转的需要。

一、通风、空调系统

1. 通风、空调系统的任务

通风和空调系统主要用于区间隧道,地下车站的站厅、站台及车站管理用房和设备用房,地面车站、高架车站的车站管理用房和设备用房。地下车站的出入口通道和长通道连续长度大于60 m时,应采取通风或其他降温措施。通风和空调系统由环境与设备监控系统控制。

(1)通风。通风的基本任务是向车站、区间各地点供给足够数量的新鲜空气,稀释和排除有害物质,调节车站、区间内部的气象条件,创造舒适的乘降环境。通风系统就是依照风流流动的路线,从进风口到排风口,以通风机为动力,包括管道网络、三防设施、消音装置等组成的空气流动系统。站台、站厅的气流组织均为沿长度方向均匀送风,两侧由上向下送风,中间上部回风。常见的通风方式有机械送风、自然排风,机械通风、排风,自然送排风三种。地下车站对通风要求较高,一般采用机械送排风。按照通风机所在的位置又有压入式送风、抽出式排风和抽压混合式通风。具体采用哪一种,要根据地下车站的实际通风量和通风要求决定。为保证地下车站内有一定的超压,抽出的风量必须小于压入的风量。

全新风运行主要是在春秋两季,当室外空气的焓(单位质量的物质所含的全部热能)低于站内空气的焓时,启动全新风风机将室外新风送至车站。

车站事故通风是当站台层发生火灾时,关闭站台层送风系统及站厅层回排风系统,启动全新风风机向站厅送风,由站台层回排风系统将烟雾经风井直接排向地面。

(2)空调。空调的基本任务是对车站各地点降温除湿。采用空气调节,就是向特定的空间内部输送并分配一定的按需处理的空气,与内部环境的空气之间进行热、湿交换,然后将完成调节作用的空气排向外部空间,在任何自然环境下将室内空气维持在一定的温度、湿度、气流速度以及一定的清洁度。

空调运行在夏季,站台、站厅的温湿度大于设定值时,启动空调系统,向站台和站厅送冷风。通过送、回风温湿度变化,调节新风与回风的比例及进入空调器的冷水量,保证站台、站厅的温湿度要求。

对于城市轨道交通来说,通风和空调是密不可分的。

2. 通风、空调系统的组成

城市轨道交通通风、空调系统主要由区间隧道通风系统、车站空调通风系统、车站区间排热系统(安全门方式)等组成。其他还有空调制冷循环系统、隧道洞口空气幕系统、折返线通风系统等。

(1)隧道通风系统:分为区间隧道通风和车站隧道通风两部分。区间隧道通风系统包括区间隧道活塞通风系统及机械通风系统。

①区间隧道活塞风系统。车站两端为每一区间隧道设有活塞/机械通风系统,包括活塞风井、活塞风阀、活塞/机械风阀等。活塞风是列车在隧道内运行过程中强迫气流形成的阵风,通过隧道和活塞风道进、出,如图7-1所示。其通风原理是利用列车在区间隧道运行时对隧道内空气的前压后吸的活塞效应来进行通风换气的。区间隧道的降温和列车新风必须依靠活塞风井进行换气。

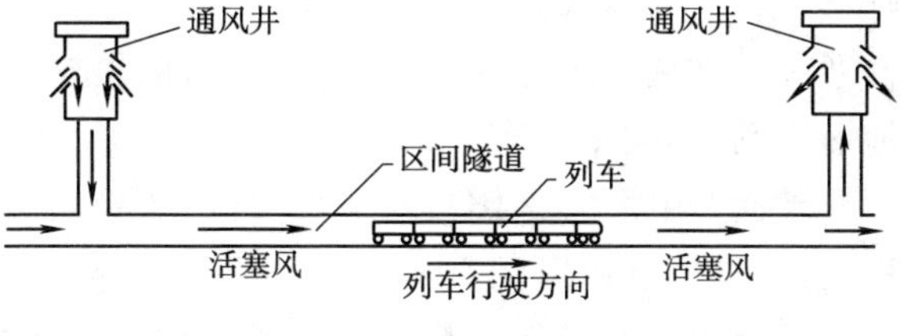

图7-1　活塞风系统图

②区间隧道机械通风系统(兼排烟)。应首先考虑使用不费能源的活塞风系统。但活塞效应所产生的换气量是有限的,而且在城市轨道交通的实际建设中,经常受到周边环境的影响,导致活塞风道无法修建,或由于风亭出口位置的关系,致使活塞风道长

度过大,以至活塞效应失效,故在单靠活塞效应不足以排除隧道内的余热时,应设置机械通风系统。

③车站隧道通风。车站隧道通风负责地下车站隧道部分的通风,主要设备为轨道排风机、电动风阀和防火阀,一般安装在车站站厅两端。

(2)车站空调通风系统

①地下车站公共区空调通风系统。车站空调通风系统中,地下车站的站厅、站台公共区空调通风系统,称为车站空调通风大系统。大系统兼站厅、站台的排烟。该系统通常采用集中式全空气系统,主要由组合式空调机组、回排风机、全新风机、排烟风机、空调新风机、消声器、电动组合风阀、调节阀、防火阀、新风井、风道、混合室和风管等组成。

大系统主要设备一般集中、对称地分布于车站站厅层两端的环控通风机房,机房内分别设置 1 台或 2 台组合式空调机组,每台机组对应一台回排风机。车站每端设置一台空调新风机,提供车站公共区新风工况的新风。

②车站管理用房和设备用房空调通风系统。车站管理用房和设备用房空调通风系统(兼排烟)以及主变电所、牵引变电所通风与空调系统,称为车站空调通风小系统。小系统可采用局部集中式全空气系统、局部空气—水系统、局部空气冷却系统等。局部集中式全空气系统(变风量系统)主要由热泵/单冷机组、变风量空调箱、新风机、排风机(兼排烟)、调节阀、防火阀等组成。局部空气—水系统(风机盘管系统)主要由热泵/单冷机组、风机盘管、排风机(兼排烟)、送风机等组成。局部空气冷却系统主要由空调机组、送风机、回排风机、排风机(兼排烟)、消声器、风阀、调节阀、防火阀、风管或分体空调机组成。小系统设备一般位于车站站厅层两端的环控机房和小系统通风机房内。

对于地面车站、高架车站,公共区域由于散热散湿条件好,为简化通风与空调系统、降低造价、节省能源,一般宜采用自然通风,无须空调通风系统,必要时,站厅可设置机械通风或空调系统,此时站厅通向站台的楼梯口、扶梯口处以及出入口宜设置风幕。但地面车站、高架车站有小系统。

地面变电所宜采用自然通风降温,当自然通风不能达到设备对环境的要求时,采用机械排风、自然进风的方式。

③制冷空调循环水系统。空调系统的冷源应优先考虑自然冷源,无条件采用自然冷源时,可采用人工冷源。制冷空调循环水系统为车站公共区及车站设备管理用房空调器提供冷源。冷源是冷冻水。水系统由两个循环组成:冷冻水循环和冷却水循环。

制冷空调循环水系统主要由冷水机组、冷冻/冷却水泵,冷却塔、膨胀水箱、分水器、集水器、管道和阀件等组成。设于地下线路内的空调冷源设备应采用电动压缩式,不应采用吸收式冷水机组。冷水机组的选择应根据空调系统的负荷情况、运行时间、运行调节要求,结合制冷工质的种类、装机容量和节能效果等因素确定。

供冷方式分为分站(独立)供冷和集中供冷。

独立供冷是在车站内部设置一个冷站,只负责本站的冷量供应。对于独立供冷,车站站厅层一端设置一座冷冻机房,用于安放冷水机组、冷冻泵、冷却泵、分水器和集水器设备,地面安放冷却塔和膨胀水箱。

集中供冷是沿线设置1个到多个集中冷站,每个冷站负责3～5个车站的冷量供应。集中供冷是将车站的空调用冷冻水汇集到一处集中处理,冷冻水再由二次冷冻水泵和管路长距离输送到各车站,以满足车站所需的冷量。

(3)车站区间排热系统。车站区间排热系统将列车产生的热量及时排至地面,由排热风机、站台顶部排热风道和站台下部排热风道、风井、风亭等组成。站台顶部排热风道上设置成组风口,正对列车空调冷凝器;站台下部排热风风道上设置成组风口,正对列车制动装置,将列车停站时散发的热量直接排至地面。

3. 通风、空调系统的主要设备

通风、空调系统的主要设备包括风机、空调机组、冷水机组、水泵、冷却塔、阀、风口等,它们在正常运营情况下用于排热、换气,灾害情况下用于定向排烟、排热和送新风。

(1)风机。通风、空调系统中,使用轴流风机和离心风机。轴流风机风压较低,风量较大,工作效率高,可节省能耗和车站运营成本,能十分方便地实现双向转动,在必要时可实现排烟排热的功能,但噪声相对较大。离心风机风压高,风量可调,噪声相对较低。

按风机的用途和作用可分为区间隧道通风用的事故冷却风机、通风季节用的全新风机、空调季节用的空调新风机、回排风机;排走电动列车在停站时散发的热量用的排热风机;设备用房送风机、排风机;管理用房送风机、排风机;主变电所、牵引变电所、降压变电所用的送风机、排风机。

排风机一般兼做排烟、排毒风机。重要场所还专设排烟、排毒风机。

(2)空调机组。空调机组是空气集中处理设备,完成对空气的过滤、冷却、加热、去湿、消声、新风和回风混合等。空调机组必须有热湿处理和净化处理功能,通过各种处理方法,达到所要求的送风状态。空气热湿处理中常用的是各种热、湿交换设备。作为热、湿交换的介质有:水、蒸汽、液体吸湿剂和制冷剂。根据各类工作设备的工作特点,空气热、湿处理方式有直接接触式和表面式两种。地下车站通常采用表面式来保持地下空间的温度和湿度。

空调有集中式、半集中式和分散式三种系统。集中式空调又称中央空调,是将所有空气处理设备及通风机、水泵都设在一个集中的空调机房内,经处理后的空气,经风道输送到各空调房间或空间。半集中式空调系统,除了设有集中在空调机房内的空气处理设备用来处理部分空气之外,还有分散在被调房间内的空气处理设备,以使对部分房间或空间的空气进行就地处理或对来自集中处理设备的空气再进行补充处理,以满足不同房间对送风状态的不同要求。分散式空调系统,它是将空气处理设备全部分散在被调房间或空间,空调机组把空气处理设备、风机以及冷热源、控制装置都集中在一个箱体内,形成一个紧凑的空调系统。

地下车站夏季空调工况时,由冷水机组提供7 ℃ ~12 ℃的冷冻水送至空调机组的表冷器,经与空气进行热交换后,回到冷水机组,被冷水机组冷却后,再送回空调机组的表冷器,完成一个冷冻水的冷却循环。经过空调机组表冷器冷却后的空气由空调机组内的离心式风机送至站厅和站台。

(3)冷水机组。冷水机组为中央空调提供冷源。按压缩机的压缩方式,冷水机组有活塞式冷水机组、离心式冷水机组和螺杆式冷水机组三种类型。

(4)水泵。中央空调水系统中采用单级离心水泵,用作冷冻循环水和冷却循环水的动力。

(5)冷却塔。在制冷装置中,冷凝器最普遍的冷却方式是水冷式。水冷式冷凝器必须使用冷却水系统。冷却塔作为冷却水系统的降温设备,广泛地被应用在中央空调的水系统中。冷却水在冷水机组的冷凝器中吸热,温度升高,通过冷却水泵送到冷却塔的布水器中。在布水器中,冷却水被喷淋,形成细小水滴,流经填料层时形成薄薄的水膜,最后流到塔底。水滴和水膜表面的饱和水蒸气分压力与空气中的水蒸气分压力差是热量传递的动力,部分液体水吸收气化潜热蒸发成水蒸气,扩散到空气中,大部分水被冷却。冷却后的水被冷却水泵送到冷水机组的冷凝器中开始新的循环。

冷却塔应设置在通风良好的地方,并与周围环境相协调。多塔布置时,宜采用相同型号产品,且其积水盘下应设连通管,进水管上设电动阀。

(6)阀。阀广泛地应用在工况调节、流量控制、防火排烟等系统中。阀分为风阀及水阀两类。风阀大量地应用于通风系统及中央空调中。水阀应用于冷却循环水和冷冻循环水中。

(7)风口。风口又称空气分布器。用来向房间送入或排出空气,在通风管道上设置各受送风口、回风口、排风口,并调节送入或排出的空气量。

4. 通风、空调系统的构筑物

构筑物包括风道、风井、风亭等。风道、风井、风亭分布于车站两端。地面进风风亭应设在空气洁净的地方,任何建筑物距进、排风亭口部的直线距离应大于5 m。当进、排风亭合建时,排风口应比进风口高出5 m,或风口错开方向布置,且进、排风口最小间距应大于5 m。为了防止送风系统将进风口附近的灰尘、碎屑等物扬起并吸入城市轨道交通内,进风亭格栅底部距地面的高度应大于2 m,当布置在绿地内时,高度允许降低,但不宜低于1 m。是否设置区间通风道,应根据每条线路的具体情况决定。

二、采暖系统

1. 地下车站采暖

地下车站及区间隧道可不设采暖系统。车站设备及管理用房根据使用要求需采暖时,可以采用局部采暖。对于最冷月份室外平均温度低于 –10 ℃的地区,车站的出入口宜设热风幕。

2. 高架车站和地面车站的采暖

对于最冷月份室外平均温度高于 –10 ℃的地区,地面车站和高架车站的站厅、站台可不设置采暖系统。

对于最冷月份室外平均温度低于 –10 ℃的严寒地区,车站的站台不设采暖装置,站厅宜设采暖系统。

站厅设采暖系统时,其厅内的设计温度为 12 ℃。站厅设置采暖系统时,站厅的出入口和站厅通向站台的楼梯口、扶梯口应设热风幕。

采暖地区的车站管理用房需设采暖装置,室内设计温度为 18 ℃。车站设备用房根据工艺要求设采暖装置。

热源应尽可能采用附近热网,以便简化车站采暖系统,提高采暖效果,减少运行维护和管理工作量。无条件时可采用无污染的热源。

第二节　给水、排水与消防系统

城市轨道交通的车站和车辆段必须设置给水、排水与消防系统,分为给水系统、排水系统、消防系统。给水系统包括生活给水系统、生产给水系统和消防给水系统,其功能是满足生产、生活和消防用水对供水的要求,并应坚持综合利用,节约用水的原则。排水系统则包括污水系统、废水系统和雨水系统,其功能是保证车站和车辆段排水畅通,为轨道交通安全运营提供服务。

一、车站给水、排水系统

1. 车站给水系统

车站(含区间隧道)给水系统采用城市自来水作为供水水源,在车站两端的风亭处,分别用两条进水管将自来水引进车站,与城市自来水的接管点处水压要求不低于 0.2 MPa。两条给水引入管上的电动蝶阀及隧道两端的消防电动蝶阀由车站控制室的 BAS 实行监控,两条引入管互为备用,进站前设置水表和水表井,每条进水管水表前设置室外消火栓和水泵结合器。

生产、生活给水系统和消防给水系统采用分开直接给水方式,由城市自来水引入水管接出生产、生活水管及消防水管。生活和生产给水在站内采用枝状或环状管网；消防给水在站内采用环状管网。

(1)生产、生活给水系统：由水源(城市自来水)、水池、水泵、水塔(水箱)、气压罐、管道、阀门、水龙头等组成。其功能是满足车站生产、生活用水对水量、水质和水压的要求。

(2)消防给水系统：由水源(城市自来水)、消防地栓、水泵结合器、消防水泵、管道、阀门、消火栓(喷头)、水流指示器等组成。消防给水系统的管网压力能满足消防水压、水量要求时，不另设加压系统，否则需设消防水泵进行加压。

2. 车站排水系统

车站排水系统分为车站污水排放系统、车站废水排放系统和雨水排放系统。

(1)车站污水排放系统：主要由集水井、压力井、化粪池等组成。用排水管道将车站内的厕所、盥洗室、茶水间冲洗水等生活污水汇集到集水井，经潜水泵提升到压力井消能、地面化粪池简单处理后，排入城市污水管网。

压力井是排水进入市政排水管网前的消能设施，其构造要求进、出水管道不得在同一高程上且侧壁有防冲洗的措施。

(2)车站、区间废水排放系统：由集水井、压力井等组成。用排水管道或排水沟将车站内的生产废水、消防废水、结构渗漏水汇集到集水池，经潜水泵提升到压力井消能后排入城市污水管网。

区间隧道设置独立的排水系统，其泵房设在区间隧道的最低处，明挖隧道的废水泵房设在隧道外侧或联络通道内，盾构隧道则利用联络通道作为废水泵房。压力井内进、出水管道要求与污水系统一样。

(3)雨水排放系统：系统的组成和功能基本上和废水排放系统相同。

二、车辆段/停车场给水、排水系统

1. 车辆段/停车场给水系统

车辆段/停车场供水水源为城市自来水，两条进水管分别接在城市自来水管网的不同干管上，互为备用，以保证供水安全。室外生产、生活和消防给水宜采取共用的环状管网给水系统，每隔 120 m 设一座室外消火栓井，每隔 80 m 设一个洒水栓。

当城市自来水的供水量和供水压力不能满足车辆段/停车场内的用水要求时，应设给水泵房和蓄水池。

(1)生活、生产给水系统。主要由水源、蓄水池、水泵、水塔、管道、阀门、气压罐及水龙头等设备或构筑物组成，一般采用枝状管网。其功能是满足车辆段生产、生活用水对水量、水质、和水压的要求。

采用水泵—水塔联合供水方式时，车辆段给水系统工艺流程如图 7 - 2 所示。采用变频变量恒压供水方式时，车辆段给水系统工艺流程如图 7－3 所示。

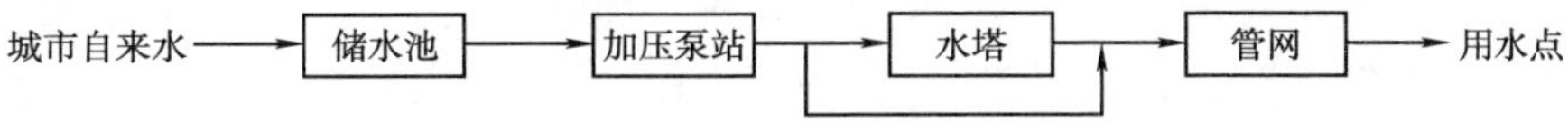

图 7－2　车辆段给水系统工艺流程（水泵-水塔联合供水方式）

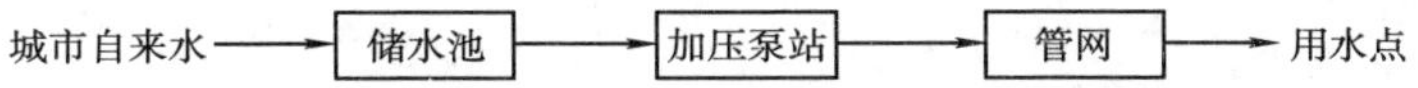

图 7－3　车辆段给水系统工艺流程（变频恒压供水方式）

（2）消防给水系统。主要由水源、蓄水池、消防水箱、水泵、水塔、管道、阀门、气压罐及消火栓等设备或构筑物组成，一般采用环状管网。车辆段水消防系统的功能是当车辆段内发生火灾时，提供满足消防要求的水量、水压。

2. 车辆段/停车场排水系统

车辆段/停车场排水系统包含车辆段/停车场污水排放系统、废水排放系统和雨水排放系统。采用分流制排水方式。

（1）污水排放系统。车辆段/停车场的污水包括厕所冲洗水及生活污水，经化粪池简单处理后，排入车辆段内污水处理站的调节沉淀池，经潜水泵提升至污水处理一体化设备，经过厌氧、好氧、缺氧和消毒处理达标后，排入附近河涌。

（2）废水排放系统。车辆段/停车场的废水包含理发、淋浴废水，餐厅、食堂、汽车维修及洗车等含油污水。理发、淋浴废水排入毛发聚集井；餐厅、食堂、汽车维修及洗车等含油污水就近排入隔油池或油水分离设备，经简单处理后统一排入沉淀池，经潜水泵提升至气浮处理装置处理达标后，排入附近河涌。

（3）雨水排放系统。雨水系统由室外排水明沟（或埋地雨水沟）、PVC 排水管、排水检查井等组成。对雨水做处理，汇集后直接排入附近河涌。

三、消防系统

消防系统主要由固定灭火装置组成。固定灭火装置是通过灭火介质实施灭火的消防设备。消防专用设备主要有消火栓、喷洒水设备、消防泵及管路电动阀、卤化物灭火设备等。

1. 消火栓灭火系统

消火栓灭火是最常用的灭火方式，由蓄水池、加压送水装置（水泵）、管路及消火栓等设备组成。在采用消防水泵时，在每个消火栓内设置消防按钮，如图 7－4 所示，其按钮的触点被按钮盖的玻璃

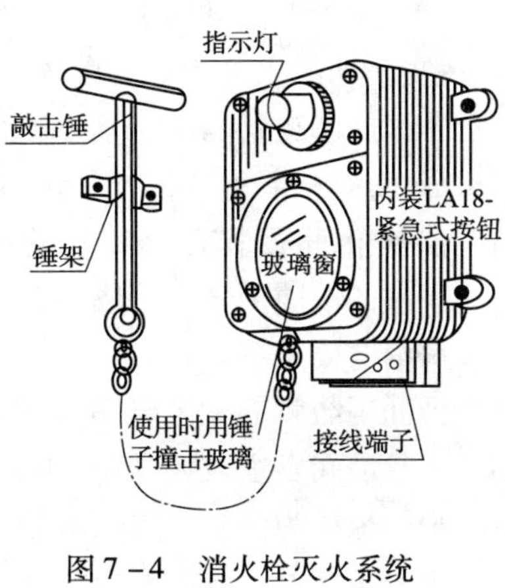

图 7－4　消火栓灭火系统

面板压迫成闭合状态。灭火时用小锤敲击按钮的玻璃窗,玻璃被打碎后,按钮不再被压下,恢复常开状态,立即起动加压泵,并向消防中心和就地报警区发出声光报警。此时,消防水由加压泵经过消防水龙带喷出,起到灭火作用。

地下车站站厅、站台、设备及管理用房区域、人行通道、地下区间隧道均应按规范设置具有手动报警按钮和电话插孔的室内消火栓箱。在地下车站出入口或通风亭的口部等处明显位置应设水泵接合器,并在 15 ~ 40 m 范围内设置室外消火栓。

室内消火栓的设置应符合下列要求:

①消火栓口径均为 DN65,水枪喷嘴直径为 19 mm,每根水龙带长度为 25 m,栓口距地面或楼板高度应为 1. 1 m。

②在车站的站厅、站台等公共场所内,宜将消火栓与灭火器共箱设置,箱内配备水龙带和水枪,自救式消防软管卷盘和灭火器。车站其他部位的消火栓箱可不设自救式消防软管卷盘。设双口双阀消火栓箱时,箱内可配一根 25 m 的水龙带。

③消火栓的布置应保证有两只水枪的充实水柱同时到达室内任何部位。水枪充实水柱不应小于 10 m。消火栓的间距,应按计算确定,但单口单阀消火栓不应超过 30 m,双口双阀消火栓不应超过 50 m。地下区间隧道(单洞)内消火栓的间距不应超过 50 m。人行通道内消火栓间距不应超过 30 m。

④消火栓口的静水压力不超过 0. 8 MPa,消火栓口处出水压力不超过 0. 5 MPa。

⑤地下区间隧道的消火栓,可以不设消火栓箱,不配水龙带。但应将水龙带放在邻近车站端部专用消防箱内。

⑥当车站设有消防泵房时,消火栓处应设水泵启动按钮。

一般设置为:

①站厅、站台及通道的消防栓箱内放置两个单头单阀消火栓、两盘 25 m 长的水龙带、两支多功能水枪、一套自救式软管卷盘。

②车站设备区域的消火栓箱,箱内放置一个单头单阀消火栓、一盘 25 m 长的水龙带、一支多功能水枪和一套自救式软管卷盘。

③区间隧道每隔 50 m 距离设置一个消防箱,箱内放置两个单头单阀消火栓、两盘 25 m 长的水龙带、一支多功能水枪,或每隔 50 m 设一个消火栓头。隧道两端各设两个消防器材箱,里面装有 25 m 长的水带及多功能水枪等消防器材。

车站的消防干管布置成环状,并与区间消防管网连接。

按消防要求,车站两条与市政供水管网连接的引水管上设闸阀,水表前设室外消火栓。区间消防管端头设电动蝶阀和手动蝶阀旁路,平时电动蝶阀关闭,手动蝶阀开启 2% ,一旦区间发生火灾,FAS 开启电动蝶阀,保证区间消防水压、水量。

消防地栓为消防车提供水源,根据环境条件,可分为地上式、地下式和墙壁式。

水泵结合器一端由室内消火栓给水管网引至室外,另一端井口可供消防车或移动水泵站加压向室内管网供水，防止断电或消防水泵故障时能保证车站消防给水。与室外消防地栓的距离在15～40 m范围内。消防地栓为消防车提供水源，根据环境条件，可分为地上式、地下式和墙壁式。

2. 自动喷水灭火系统

自动喷水灭火系统分为湿式和干式两大类，主要由水源、加压送水设备、报警阀、管网、火灾探测器及喷头等组成。喷头是直接喷水灭火的组件，其形式有闭式、开式和专用喷头三种。闭式喷头如图7－5所示，它是一种由热敏元件和密封组件组成的自动开启喷头。

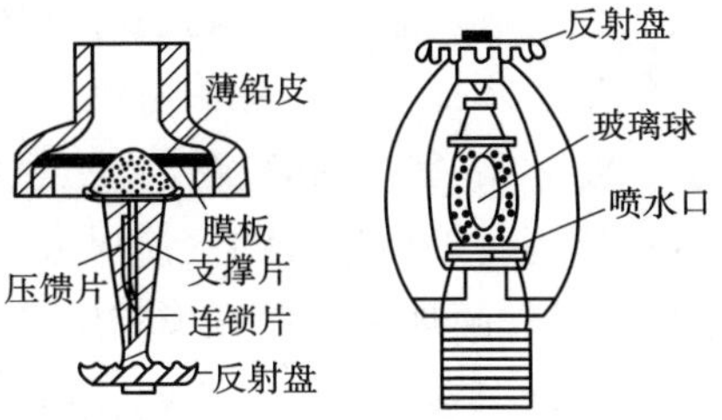

图7－5　闭式喷头

湿式系统的自动喷水由玻璃喷头的动作完成。当发生火灾时装有热敏液体的玻璃球由于受热，压力增加而爆裂，密封垫脱开，喷出压力水，同时，压力开关动作，将水压信号变为电信号，启动喷水水泵保持水压。喷水水流接通水流开关，其浆片随水流动作，接通延时电路，发出电信号给控制中心，以辨认发生火灾的区域。干式系统的工作原理基本上与湿式系统相同，不同之处在于干式系统平时管道内不充水，适用于寒冷地区有冰冻的场所。

3. 水幕消防系统

水幕消防系统是将水喷洒成帘幕状，实施冷却的一种简易防火分隔物，提高周围环境及设备的耐火性能或形成防火水帘以阻止火势扩大和蔓延。该系统由水源、管网、喷头、控制设备组成，其阻火效果与形成水帘的水量有关。

4. 气体自动灭火装置

地下车站的车站控制室、通信及信号机房、地下变电所、环控电控室应设置气体自动灭火装置。虽然它们的设备容量及占用面积较小，但这些房间比较重要，又处在地下，一旦发生火灾，灭火难度较大，所以规定设置气体自动灭火装置。地面及高架车站的上述设备室为降低工程造价，不宜设气体自动灭火装置。控制中心气体灭火装置的设置，按现行建筑设计防火规范的规定执行。

(1)气体自动灭火系统的种类：主要有二氧化碳灭火系统、卤代烷灭火系统及烟烙尽气体灭火系统等。

二氧化碳自动灭火系统包括高压二氧化碳灭火系统和低压二氧化碳灭火系统。它主要是依靠高浓度的二氧化碳喷敷至所保护的区域，使其中的氧气浓度急速下降(稀释)至一定程度，并产生窒息作用，使燃烧无法再继续进行下去。但此种灭火机理严重影响停留在保护区域中的人员生命安全及健康。

卤代烷灭火系统主要有1211灭火系统和1301灭火系统两种。城市轨道交通采用的主要是后者。1301灭火剂的化学名称为三氟一溴甲烷。由于卤代烷破坏臭氧层对人类的大气环境造成极大的破坏,故近年遭到各国的禁止。

“烟烙尽”是由几种特定的惰性气体经过简单的物理方式混合而成。这些特定的惰性气体包括氮气、氩气和二氧化碳,其中氮气占52%,氩气占40%,其余8%为二氧化碳。当组成烟烙尽气体的三种气体喷放到着火区域时,在短时间内会使着火区域内的氧气浓度降低至不能够支持燃烧的12.5%以下,同时使着火区域中的二氧化碳浓度仅上升至2%~5%,对燃烧产生窒息作用,使燃烧迅速终止。烟烙尽气体不会对人体造成直接伤害。烟烙尽自动气体灭火系统的优点是:灭火药剂由大气中的气体组成,符合环保要求;保障现场工作人员的生命安全;不会产生任何酸性化学分解物,对精密贵重的设备无任何腐蚀作用。因此,该系统成为目前最流行的气体灭火系统。

(2)气体自动灭火系统的组成。各种气体自动灭火系统的主要组成部分是相似的,均由管网系统及报警控制系统两大部分组成。以下以烟烙尽自动气体灭火系统为例予以介绍。

①管网系统。管网系统由气体钢瓶及瓶头阀、不锈钢启动软管、电磁阀、高压软管、集流管、放气阀、单向阀、减压装置、选择阀、压力开关、喷嘴和气体输送管道组成。

气体钢瓶是贮存烟烙尽药剂的容器,瓶头阀是密封封盖的,不能拆卸,具有指示药剂容量、药剂释放控制及连接相关部件的作用。

电磁阀是安装在瓶头阀顶部电磁启动装置,由控制盘的电流控制回路进行控制。

选择阀是药剂所经管路路径控制的设备,可由人工操作或使用电磁阀进行自动控制。

排放喷嘴用于控制用钢瓶内贮存压力喷放烟烙尽药剂。也可与喷嘴导流罩合用。

②报警控制系统。由控制盘及外围辅助设备组成。控制盘是系统的核心部分,与外围设备一起实现系统的探测报警、自动喷气、手动喷气、止喷、手/自动切换等功能。

a. 自动喷气。控制盘具有两个独立的区域探测回路。探测回路可以挂上普通火灾自动报警设备,如普通烟感、普通差定温感等。当某一路火灾报警时,控制盘启动联动设备(如关闭防火阀、关闭风机等),并同时控制警铃响,发出一级火灾报警信号给FAS。如另一路亦报警时,控制盘鸣响蜂鸣器,发出二级火灾报警信号给FAS,经过30 s延时后,控制盘输出控制信号,启动对应区域的选择阀和对应主动瓶上的电磁阀,将烟烙尽气体释放到保护区内进行灭火。

b. 手动喷气。系统设有手拉启动器。手拉启动器一经人为拉下,系统即时对相应的保护区域喷气。

c. 止喷。系统设有紧急止喷按钮。紧急止喷按钮被按下后,系统会取消自动喷气,但不能阻止手动喷气。

d. 手/自动切换。当手/自动转换开关处在自动状态时,系统可以实现自动喷气的一整套程序;当处在手动状态时,系统除了不能喷气外,仍然可以完成报警联动等其他功能,此时,需要拉下手拉启动器,系统才能喷气。

四、防烟、排烟与事故通风系统

地下车站的站厅和站台、地下区间隧道内必须设置防烟、排烟与事故通风系统,以消除烟气大量积累并防止烟气扩散到疏散通道。

防烟、排烟系统与事故通风应具有的功能:①当区间隧道发生火灾时,应能背着乘客疏散方向排烟,迎着乘客疏散方向送新风;②当地下车站的站厅、站台或设备及管理用房发生火灾时,应能防烟、排烟和通风;③当列车阻塞在区间隧道时,应能对阻塞区间进行有效通风。

一般采用防火门、防火阀、防火卷帘,还包括排烟机、送/排风机,以及空调、通风设施,并设有排烟系统控制箱,可进行联锁控制和就地控制;根据火灾情况打开有关排烟道上的排烟口,启动排烟风机,降下防火卷帘门,打开安全出口的电动门,关闭有关防火阀及防火门,停止有关防烟分区内的空调系统;同时打开送风口、关闭送风机。

1. 防火门

防火门一般安装在车站设备用房的走廊与车站的进入处。防火门有常开和常闭两种。可根据现场需要设置。防火门的材料有特殊要求。防火门任一侧的火灾探测器报警后,防火门应自动关闭,防火门开、闭信号送到 FAS。

2. 防火阀

通风与空调系统穿越防火分区的防火墙及楼板处、每层水平干管与垂直总管的交接处、穿越变形缝且有隔墙处,应设置防火阀。

防火阀在火灾发生时能自动关闭,并能同时起到对运行工况调节作用。有受 FAS 控制的防火阀和手动关闭防火阀(或受热温度 70 ℃时自动关闭)。地下车站通风及空调系统的防火阀,一般都与 FAS 联动,依据火灾情况的不同来控制防火阀的关闭。

3. 防火卷帘门

防火卷帘门主要用于阻隔火势扩散或蔓延,一般安装在商场与车站的过道处、车站疏散通道上。防火卷帘门两侧应设置火灾探测器组及其报警装置,且应设置手动控制按钮。疏散通道上的防火卷帘门在感烟探测器动作后下降,卷帘下降距地面 1.8 m,感温探测器动作后,卷帘下降到底。探测器动作后,用作防火分隔的防火卷帘应下降到底。感烟、感温火灾探测器的报警信号及防火卷帘的关闭信号应送到 FAS。

第三节　火灾自动报警系统

火灾自动报警系统(FAS)由火灾报警装置、消防控制设备及其他具有辅助功能的装置组成。FAS 用于尽早探测到火灾的发生并发出火灾警报,直接操作联动控制消防设施,启动有关防火、灭火、防烟、排烟装置,或通过环境与设备监控系统(BAS)联动控制防烟、排烟系统,以便于人员撤离,防止火灾发展和蔓延,控制和扑灭火灾。城市轨道交通必须设置 FAS。

地下车站和区间隧道,是 FAS 的一级保护对象;设有集中空调系统或每层封闭的建筑面积超过 2 000 m^2,但不超过 3 000 m^2 的地面车站、高架车站,是 FAS 的二级保护对象。FAS 在城市轨道交通所有子系统中处于特殊地位。一方面,它是城市轨道交通防灾、救灾体系最关键的一环。另一方面,它的构建必须遵从国家和地方的消防规范,受到这些规范的强力制约。

一、FAS 的结构

FAS 由设置在各车站、区间隧道、控制中心、车辆段/停车场、主变电所等的火灾报警设备以及相关的网络设备和通信接口组成。系统按中央级和车站级两级监控、管理方式设置,分为三级:中央监控管理级、车站/车辆段监控管理级、现场控制级。其结构如图 7 -6 所示。

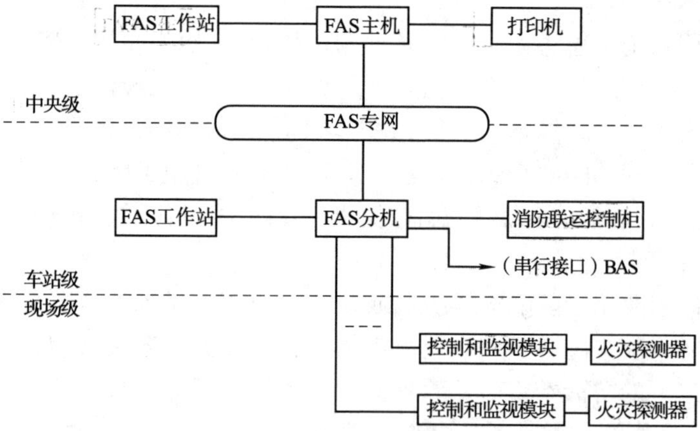

图 7 -6　FAS 结构图

1. 中央监控管理级

中央监控管理级设在控制中心,作为城市轨道交通消防的指挥和控制中心,用于监视全线各车站、区间隧道、控制中心、车辆段/停车场、主变电所等所有区域的火灾报警、消防联动和故障情况。

FAS控制中心宜与BAS控制中心结合,设置在城市轨道交通全线控制中心内,并靠近行车调度。

中央监控管理级由FAS主机、操作工作站、打印机和模拟屏等设备组成。在控制中心配备FAS主机,FAS主机由两套消防通信机(火灾报警控制器)组成。FAS主机一般通过专用网卡与FAS专网相连,并作为网络的一个结点与各FAS分机保持通信。

一般在控制中心设FAS大屏幕或模拟显示屏,以图形的方式提供了全线各站点设备的分布图,直观地显示全线各区域的火灾报警及故障信息,支持全线的防灾、救灾指挥。

FAS操作工作站还配备了两台打印机,一台作为实时数据打印,另一台作为报表或历史记录打印。

中央监控管理级应具备下列功能:

①与各车站、车辆段等FAS进行通信联络。

②实现全线消防集中监控管理。

③接收由车站级火灾监控报警系统所发送的火灾报警信息,实现声光报警,进行火灾信息数据储存和管理。

④接收、显示并储存全线火灾报警设备、消防设备的运行状态信息,进行全线消防设施日常监管。

⑤发布火灾时涉及有关车站消防设备的控制命令。

⑥存储事件记录和人员的各项操作记录,具备历史档案管理功能;实时打印火灾报警发生的时间、地点等事件记录。

2. 车站/车辆段监控管理级

车站/车辆段监控管理级由设在车站/车辆段控制室的车站FAS分机、车站FAS操作员工作站、打印机等组成。除FAS操作员终端外,还有BAS等操作员终端等。

车站消防控制宜与车站BAS、行车值班结合设置车站控制室。

FAS分机通过总线与现场设备相连组成所辖站点的火灾报警系统,负责车站的火灾报警处理及联动控制,并通过FAS网络与其他车站的FAS分机及控制中心操作工作站进行通信,报告火灾报警、系统故障、联动控制及各消防设备的运行状态等信息。车站级火灾自动报警系统应具备下列功能:

①与FAS中央监控管理级以及本车站/车辆段BAS间进行通信联络。

②监视车站/车辆段管辖内火灾灾情,接收、存储、打印监控区火灾报警信息,显示具体报警部位;向FAS中央监控管理级发送车站级火灾报警信息,接收中央级火灾自动报警系统发布的消防控制指令。

③发生火灾时,独立或接受控制中心FAS指令,发布火灾联动控制指令。车站级火灾自动报警系统应满足下列监控要求:

a. 直接控制专用排烟设备执行排烟模式。启动广播系统进入消防广播状态；控制消防设备的启、停并监视其运行及故障状态；控制防火卷帘门的关闭并监视其状态；监视自动灭火系统的状态信号。

b. 直接向 BAS 发布火灾模式指令，由 BAS 自动启动防排烟与正常通风合用的设备，执行相应火灾控制模式。控制其他与消防相关的设备进入救灾状态，停止通风、空调系统运行，切除非消防电源。

④接收、显示、储存辖区内火灾自动报警系统设备及消防设备的状态信息，实现故障报警。自动生成报警、设备状态信息的报表，并能对报警信息、设备状态信息进行分类查询。

3. 现场控制级

现场控制级由消防联动控制柜和现场的火灾探测器、控制及监视模块等组成。

在车站控制室设置消防联动控制柜，用于消防泵(引入管电动蝶阀)、区间隧道风机、车站排热风机、组合式空调箱、变风量空调器、回排风机(兼排烟风机)、小系统回排风机、送风机等火灾工况下运行的设备的直接手动控制。消防联动控制柜采用硬连线的方式直接连接所控制的消防设备的控制回路。

4. FAS 网络

FAS 主机和各车站的 FAS 分机之间利用公共通信网络，不宜独立配置，但 FAS 现场级网络应独立配置。由于 FAS 主机和各 FAS 分机直接通信，不受其他系统网络负荷和设备故障的影响，此网络通信方式响应速度较快，安全可靠。

5. 维修工作站

火灾自动报警系统应设置维修工作站。维修工作站设于系统维修人员的办公室内，是供维修人员专用的一个网络接点。用以接收、显示、储存、统计、查询、打印全线火灾监控报警系统设备的状态信息，发布设备故障报警信息，建立火灾监控报警系统设备维修计划及档案。对车站级火灾自动报警控制盘进行远程软件下载、软件维护、故障查询和软件故障处理。维修人员通过维修工作站监视全线系统的运行情况，详细了解系统出现的故障，准确判断故障并迅速实施抢修。

二、FAS 的设备组成

FAS 由火灾报警装置、消防控制设备及其他具有辅助功能的装置组成。包括火灾自动报警触发器件、火灾报警控制器、火灾警报装置以及火灾联动控制装置组成。

发生火灾时，系统通过设置在现场的感烟、感温和感光火灾探测器等火灾自动报警触发器件自动接收火灾燃烧所产生的烟雾、温度变化和热辐射等物理量信号，并变换成电信号输入火灾报警控制装置；也可以通过手动报警按钮以手动的方式向火灾报警控制装置通报火警。火灾报警控制装置对输入的报警信号进行处理、分析，经判断为火灾时，立即以声、光信号等火灾警报装置发出火灾警报，并记录、显示火灾发生的时间和位置，同时向防烟排烟系统、自动喷水灭火系统、室内消火栓系统、管网气体灭火系统、泡沫灭火系统、干粉灭火系统以及防火门、防火卷帘、挡烟垂壁等防烟防火设施发出控制命令，启动各种消防装置，指挥人员疏散，控制火灾蔓延、发展。

1. 火灾自动报警触发器件

火灾自动报警系统设置自动和手动两种触发装置。

(1)自动触发装置。通常指火灾探测器。它是火灾自动报警系统的感觉器官。其作用是监视环境中是否有火灾发生。一旦有火情发生，它自动将火灾燃烧所产生的特征物理量，如烟雾浓度、温度变化、热辐射等转换成电信号，并向火灾报警控制器发送。

①火灾探测器的种类。火灾探测器由各式敏感元件(即对光、温、烟和红外线反应灵敏)组成，根据被监测环境的火灾特性不同，可选择不同种类的火灾探测器。常用的火灾探测器有：感烟探测器、感温探测器、火焰探测器、复合型探测器、可燃性气体探测器。

②火灾探测器的设置。报警区域应根据防火分区和设备配置划分。站厅、站台等大空间部位每个防烟分区必须划分为独立的火灾探测区域。火灾探测器的布置关键是满区域保护，即不能有探测盲点，以影响防火的效果。在布置火灾探测器的点位时，要根据被保护空间面积和探测器报警有效范围进行合理安排。

(2)手动触发装置。主要是手动报警按钮。如果人为发现被监视现场有火情，可以通过手动报警按钮快捷准确地向火灾报警控制器通报火警。

设置火灾探测器的场所应设置手动火灾报警按钮。每个防火分区至少设一个手动火灾报警按钮。从一个防火分区内的任何位置到最邻近的手动火灾报警按钮的距离不大于30 m。手动火灾报警按钮设置在公共活动场所的出入口处，而且是设置在明显的和便于操作的部位。当安装在墙上时，其底边距地高度为1.3～1.5 m，且有明显的标志。

2. 火灾报警控制器

火灾报警控制器是火灾自动报警系统的核心，担负着整个系统监视、报警、控制、显示、信息记录和档案存储等功能。正常运行时，自动监视系统的运行状态和故障诊断报警。发生火灾时，接受探测器、手动报警按钮的报警信号，将此信号与现场正常状态整定信号比较，若确认着火，将其转换成报警信号，指示报警部位、记录报警信息，通过火灾警报装置进行报警，通过自动灭火控制装置启动自动灭火设备和消防联动控制设备。同时火灾报警控制器还是系统供电转换中心，负责现场设备探测器等的供电。

状态监视是指监测消防相关设备的状态，主要是监测消防水泵、水喷淋泵的运行及故障状态；防火阀、挡烟垂幕、防火卷帘门的关闭状态；排烟风机的运行状态；气体灭火系统的一、二级报警，故障、喷气及手/自动状态等。

3. 火灾警报装置

火灾警报装置是火灾发生时以声、光、语音等形式给人以警示的设备，常用警铃、警笛、声报警器、光报警器、声光报警器、语音报警器等。声光报警器、语音报警器的音响效果更为人性化,更容易被人接受。车站管理、设备区的走廊,控制中心,车辆段及主变电所应设置火灾警报装置。乘客活动的公共区域不宜设置警报音响。

4. 火灾联动控制装置

火灾联动控制装置是对气体灭火设备、水消防设备、防排烟设备等消防设施进行联动控制的设备,实现由火灾报警系统直接或间接监控管理消防设备和相关非消防设备的控制和切换。主要有:消防控制功能模块、消防联动控制柜、手动联动控制柜。车站、车辆段、主变电所、控制中心应设置火灾自动报警控制盘。

(1)对消火栓系统的控制。控制消防泵的启、停;设消防泵的消火栓处应设消火栓按钮,向消防控制室发送要求启动消防泵的信号;消防值班控制室应能显示消防泵的工作和故障状态、消火栓按钮工作位置和手动/自动开关位置。

(2)消防给水干管电动阀门的控制。车站 FAS 应控制消防给水干管电动阀门的开关,并显示其工作状态。

(3)对气体自动灭火系统的控制。车站 FAS 必须显示气体自动灭火系统保护区的报警、放气、风机和风阀状态、手动/自动放气开关所处位置。

(4)对防烟、排烟系统的控制。由 FAS 确认火灾,发布预定防烟、排烟模式指令;由 FAS 直接联动控制或由 BAS 接收指令执行联动控制;BAS 接受火灾控制指令后,应优先进行模式转换,并反馈指令执行信号;运行模式状态应显示在火灾报警显示器装置上。

(5)对电源的控制。根据火灾涉及区域,按供电配电范围,在配电室或变电所切断相关区域非消防电源,接通应急照明灯和疏散标志灯电源,监视工作状态。

(6)对安全门和自动检票闸机的控制。车站 FAS 对车站安全门和自动检票闸机应设置开启控制装置,并显示工作状态。

5. 防灾通信

城市轨道交通通信系统的设计,应具备火灾时能迅速转换为防灾通信的功能。

城市轨道交通公用通信的程控电话具有火警时能自动转换到市话网“119”的功能。同时,城市轨道交通内配备在发生灾害时供救援人员进行地上、地下联络的无线通信设施。

控制中心设置防灾无线控制台,列车司机室设置防灾无线通话台,车站控制室、站长室、保安室及车辆段值班室设置无线通信设备。控制中心和车站控制室设置监视器和控制键盘,供防灾调度员监视。

城市轨道交通设消防专用调度电话,防灾调度电话系统在控制中心设调度电话总机,在车站及车辆段设分机。车站设消防对讲电话。

6. 消防安全广播系统

控制中心设置防灾广播控制台,车站控制室、车辆段值班室应设置广播控制台。

车站公共区设置消防安全应急广播。在火灾发生时，自动报警系统进入报警工作程序，此时，首先要使消防紧急广播系统转入工作程序，车站广播系统自动转入紧急广播状态，接通各个预定消防分区的广播支路，做全音量广播，向火灾现场的人们发出疏散通知，并传达指挥灭火的命令。在现场一般应配置有耐火性能的扬声器。

三、FAS 的接口

1. 与气体灭火系统的接口

如果气体灭火控制系统采用探、控、灭为一体的方案，则 FAS 与气体灭火系统的接口非常便捷，只需通过系统内部网卡接口即可。这种内部连接，最大限度地保证了消防系统的完整性、安全性，可节约投资，也利于维护管理。如果气体灭火系统与 FAS 是不同的两个系统，则需要系统间就接口问题进行协商，此时以 FAS 为主。

2. 与主时钟的接口

在中央级，FAS 与主时钟的接口采用 RS-422 异步接口，接收由通信系统提供的时钟同步信号，然后再通过 FAS 网络，将时钟同步信号传送到各个站点，以实现全线各站点的时间同步。接口界面以通信系统的主时钟机架为界。

3. 与 BAS 的接口

FAS 和 BAS 在主控级和分控级均设有数据传输接口，接口界面在 FAS 主机和 FAS 分机上。主控级采用网络联网方式提供数据接口。FAS 主控制计算机作为整个城市轨道交通调度管理网络的一个节点，通过骨干网连接车站监控网，实现与 BAS 控制主机的数据交换。分控级直接采用 RS-232 串口提供数据接口。在各车站，FAS 通过控制器本身提供的 RS-232 串行接口与 BAS 的站内通信接口提供的串行接口直接对接，实现数据传输。通信协议由 FAS 系统提供。

FAS 发出的指令应具有最高优先权，当发生火灾时，FAS 通过车站的数据接口发出救灾指令给 BAS，使 BAS 强制进入火灾运行模式，BAS 按指令将其所监控的设备运行状态转换为预定的火灾运行。

4. FAS 应预留与拟建其他线路换乘站 FAS 接口的条件。

四、FAS 的供电

FAS 设主电源和直流备用电源。FAS 主电源应由一级负荷或相当于一级负荷的电源供电。FAS 直流备用电源宜采用专用蓄电池或集中设置的蓄电池组供电，其容量应保证主电源断电后供电 1 h。采用集中设置蓄电池时，消防报警控制器供电回路应单独设置，保证控制器可靠工作。FAS 中的显示器等电源宜由 FAS 的供电电源接引。FAS 主电源的保护不应采用漏电保护开关。

第四节　环境与设备监控系统

环境与设备监控系统英文缩写为 EMCS，我国城市轨道交通规范为 BAS。BAS 是将城市轨道交通车站、区间和相关建筑内的环控、给排水、自动扶梯、低压供电及照明、屏蔽门等设备，以集中监控和科学管理为目的而构成的综合自动化系统。BAS 针对城市轨道交通的特点和各城市的气候环境、经济情况，设置不同等级的 BAS，以达到营造良好舒适环境、降低能源消耗、节省人力、提高管理水平的目的，满足城市轨道交通运营管理的需要。BAS 应遵循分散控制、集中管理、资源共享的基本原则。BAS 应选择具备可靠性、容错性、可维护性，适应城市轨道交通使用环境的工业级标准设备，对事故通风与排烟系统的监控应采取冗余措施。BAS 软件应为标准、开放和通用软件，并具备实时多任务功能。

一、BAS 的组成

BAS 采用分布式计算机系统，由中央管理级、车站监控级、现场控制级及相关通信网络组成，如图 7 -7 所示。

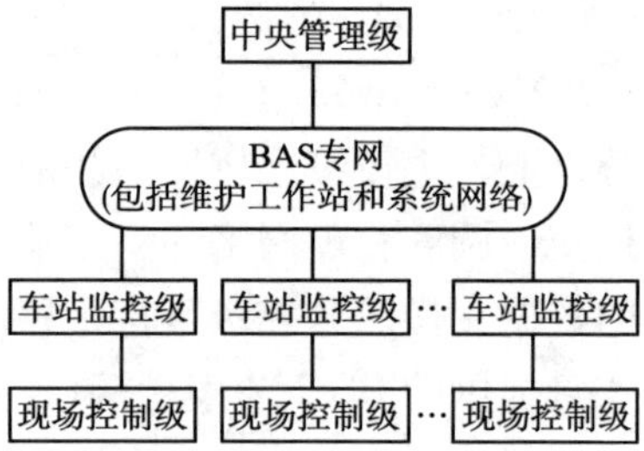

图 7 -7　BAS 结构图

1. 中央管理级

BAS 中央级设于控制中心的中央控制室，负责监视全线环控设备的状态和全线的环境状况并向各站发布控制命令，定时记录设备运行状态，记录车站温、湿度等原始数据，同时可根据操作人员的需要绘制曲线图、定制报表等。

(1)功能

①监视、控制全线各站空调、冷水机系统、隧道通风系统及低压设备的运行。监视全线各站及区间隧道给排水、自动扶梯设备的运行状态。

②实时显示各站主要设备的故障并报警。

③显示并记录各车站典型测试点的温度、湿度，各车站主要设备的操作状况和设备累积运行时间。

④管理资料并定期打印报表。

⑤接收 FAS 的报警信息并触发本系统的灾害模式，下达灾害指令，控制设备按灾害模式运行。

⑥接收 ATS 的列车区间停车信息，并向相关车站发布运行区间阻塞或区间火灾模式的命令。

⑦接收主时钟的信息，保证整个系统时钟同步。

⑧根据运行环境及车站其他系统的监控的要求，确定并修改全线隧道及车站通风与空调系统的运行模式，并把相关的运行模式下达给车站，使车站设备按给定的模式运行；同时也向车站下达其他所有机电设备监控系统的控制模式和时间表。

（2）组成。BAS 中央管理级由服务器、工作站、模拟屏、电源等组成。

①服务器。根据系统实际需要选用服务器或小型机对整个系统实现优化控制、管理以及数据备份。配置两台冗余服务器。还配备数据记录设备如光盘刻录机或磁带机，作为系统历史数据备份归档用。

②工作站。中央级配置两台或两台以上的操作工作站，采用并列运行或冗余热备技术，使工作站处于热备状态，保证故障情况下的自动投入。

至少配置一台事件信息打印机，作为事件流水账记录使用；至少配置一台报表打印机，作为全线报表输出使用。

③模拟屏。系统中央级配置马赛克或背投式模拟屏，或大屏幕投影系统，直观显示全线重要设备运行状态、重要报警、主要运行参数等，便于环控调度掌握总体情况，及时发现问题。其主要显示内容有：隧道风机及推力风机运行状态及风向、列车正线阻塞信号、接收到 FAS 火警信号提示、各车站环控大系统运行状态、各车站公共区温度超限报警。

④电源。配置在线式 UPS，后备时间应不小于 1 h。

⑤与其他系统接口。配置与 FAS 在中央级接口，接收火灾报警信息；配置与 ATS 的接口设备，接收列车区间阻塞信号；配置与通信母钟通信的接口设备，定时与母钟时间同步，并进一步实现系统内部各设备间的同步。

2. 车站控制级

BAS 车站控制级设在各车站和车辆段。

通过车站级监控工作站和模拟屏设备提供相应的人机界面，监控本站及所辖区间隧道的环控、给排水、自动扶梯、照明、安全门、防淹门、车站事故照明电源等设备的运行状态。

（1）功能

①监视车站及所辖区间隧道的通风、空调设备的运行。根据通风与空调系统提供的环控要求，对车站及所辖区间隧道的通风、空调设备进行正常和灾害模式控制。

②监视车站自动扶梯、车站及所辖区间隧道给排水设备的运行状态。

③按照节能优化的控制要求，确定本车站环控设备最佳的运行模式并执行。

④实时显示车站机电设备的故障以及采样点的上、下限报警。

⑤显示并记录车站及所辖区间隧道测点温度、湿度。

⑥显示并记录车站机电设备的操作状况和累积运行时间。

⑦实时记录操作信息、产生报警信息；可进行故障查询和分析，同时自行编辑报表，或自动生成日、周、月的报表；进行档案资料的记录和存储。

⑧打印各类数据统计报表、操作和报警信息。

⑨接收 FAS 车站级报警信息并触发 BAS 的灾害模式，发布灾害指令控制环控设备按灾害模式运行。

⑩及时向中央级传送报警及检测数据并执行中央级下达的控制命令。

⑪可通过模拟显示屏上所设的紧急按钮实现灾害模式的运行。

（2）组成。BAS 车站控制级由监控工作站、模拟屏盘、接口组成。

①监控工作站。车站级配置操作工作站，实现操作界面功能，一般选用工业控制计算机。操作工作站配有在线式 UPS，配置一台打印机兼作历史和报表打印机。操作工作站不应兼有网关功能。

②模拟屏盘（IBP）。是系统在火灾工况自动控制的后备措施，其操作权限高于车站和中央工作站。盘面以火灾及紧急工况操作为主，操作程序应简单、直接。IBP 采用按键式，操作简便。当车站或所辖区间发生火灾、列车阻塞等情况时，由环控调度授权车站操作人员按不同的事故区域在 IBP 上启动相应的应急模式。

IBP 通过硬线连接到控制器的 I/O，实现对本车站及所辖区间环控及救灾有关机电设备的控制。IBP 上设有投入/切除开关，利用此开关可以实现 IBP 控制功能的投入和切除，防止出现误操作。

3. 现场控制级

（1）功能。实现对所监控设备的直接控制，并传送设备的运行状态及故障信息到车站工作站，执行车站级发出的指令。

（2）组成。BAS 现场控制级包括现场控制器、现场检测仪表及执行机构。

①现场控制器。BAS 可选用分布式控制系统（DCS）和可编程逻辑控制器（PLC）作为现场控制器。控制器宜采用可扩展、易维修的模块化结构，并具有远程编程功能。输入输出（I/O）模块可具有带电插拔功能及必要的隔离措施。一般集中置于环控室内，部分分散设置于现场被监控设备的附近。为提高 BAS 的可靠性，现场控制器采用冗余配置。现场控制器须具备：软件联锁保护设置、控制被控对象设备顺序动作、冗余设备故障切换控制、冗余设备运行时间平衡计算及选择执行的功能。可通过对于系统各种运行参数的采集及存储及一定的计算，来实现优化控制及各种模式控制。对中央级下达的控制指令亦由现场控制器执行。

②现场检测仪表及执行机构。在站厅、站台、隧道口、新风道、排风道、混合室、送风室及重要设备用房分别设置温度、湿度传感器，测量环境中需要重点监测及控制的参数。在水系统管路上，设置水温、压力、压差、流量、液位传感器，测量水系统中需要重点监测及控制的参数。在冷冻水管路上，设置二通或三通流量调节阀，对冷量进行调节。

4. 维护工作站

为了实时监视 BAS 的运行情况，提高系统运行的可靠性，及时发现并排除故障，减少故障延时,在控制中心的中央控制室及车辆段的系统维修车间分别设置维护工作站。

维护工作站监视全线 BAS 运行情况,是维修人员专用的远程维修终端,可赋予最高的操作级别和一定的软件修改权限,即可对系统软件进行维护、组态、运行参数的定义、系统数据库的形成及用户操作画面的修改、增加等工作;可监视全线系统运行情况,及时反映现场故障,迅速组织系统抢修;可为系统开发、优化提供平台,减少对在线系统运营的影响。

5. 系统网络

BAS 网络结构采用分布式网络结构,BAS 网络由通信传输网、中央级和车站级监控网(局域网)及现场总线组成。中央级与车站级之间的传输网络由通信系统提供。

(1)中央级网络。中央级监控网通过通信传输网与车站级监控网相连。任一车站工作站和中央工作站的退出,均不应造成网络通信中断。通信传输网为 BAS 数据传输提供的通信速率宜不低于 2 Mb/s。

(2)车站级网络。车站级局域网连接控制器、操作站和通信设备,必须保证数据传输实时可靠,并应具备良好的开放性和采用标准通信协议,具有抗电磁干扰能力。

(3)现场总线。BAS 主控制器与远程控制器或远程 I/O 模块通过现场总线连接。现场总线实现系统的分散控制,可连接智能化仪表,连接远程 I/O 和控制器,适应城市轨道交通现场环境及具有抗电磁干扰能力。

二、BAS 的监控内容

BAS 监控对象以通风、空调系统为重点,根据不同功能需求也可包括:给排水系统、照明系统、自动扶梯、电梯、安全门、防淹门等。BAS 的被控对象与其他系统相比不仅数量多且分布极其不规则,几乎遍布整个城市轨道交通的各个地方。

监控内容应包括:正常运营模式的判定及转换;消防排烟模式和列车区间阻塞模式的联动;设备顺序启停;风路和水路的联锁保护;大功率设备启停的延时配合;主、备设备运行时间平衡;车站公共区和重要设备房的温度调节;节能控制;运行时间、故障停机、启停、故障次数等统计;配置数据接口以获取冷水机组和水系统相关信息。

1. 通风、空调系统的监控

(1)空调机组的监控。空调机组启停控制;风机启停状态显示;过载报警;过滤网络状态显示及报警;就地/遥控转换开关位置;环控/自控转换开关位置;送、混、回风温度、湿度测量;空调机冷冻水流量调节;变风量控制(为变速风机时);电加热器控制(需供暖时);电加热器状态显示(需供暖时)。

(2)隧道风机的监控。隧道风机的启停控制;正反转控制;风机启停状态显示;过载报警;就地/遥控转换开关位置;环控/自控转换开关位置。

在地下区间发生火灾或列车阻塞停车时,由控制中心发布隧道通风模式控制命令,车站 BAS 接收命令并执行。

(3)送、排风机的监控。送、排风机启停控制;风机启停状态显示;过载报警;新风温度、湿度测量;就地/遥控转换开关;环控/自控转换开关位置。

(4)调节风阀、联动风阀、防火阀的监控。调节风阀、联动风阀、防火阀启停控制;风阀开启、关闭显示;过载报警(有运营要求时);就地/遥控转换开关位置;环控/自控转换开关位置。

(5)空调、通风系统的基本控制。环控工艺模式判定;消防排烟模式联动;顺序启停;风路联锁保护;故障停机;大功率设备延时启停;主备设备运行时间平衡;运行时间、故障停机、启停、故障次数等统计;车站公共区和重要设备房温度调节。

2. 防排烟系统的监控

防排烟系统与正常通风系统合用的车站设备,应由 BAS 统一监控。由 FAS 发布火灾模式指令,BAS 优先执行相应的火灾控制程序。

在地下区间发生火灾或列车阻塞停车时,由控制中心发布排烟系统模式控制命令,车站 BAS 接收命令并执行。

3. 冷水系统的监控

(1)冷水机组的监控。冷水机组启停控制;冷水组就地/遥控指示;冷水机组运行状态显示;过载报警;冷冻水进出口温度、压力检测;冷却水进出口温度、压力检测;冷冻水出水温度再设定(根据控制需要)。

(2)冷冻水系统的监控。冷冻泵启停控制(由 BAS 控制时);冷冻泵状态显示;冷冻泵过载报警;冷冻水系统水路电动阀开启、关断控制;冷冻水系统水路电动阀开启、关断状态显示;冷冻水旁通阀压差控制;冷冻水泵、电动蝶阀就地/遥控转换开关状态;冷冻水泵、电动蝶阀环控/自控转换开关状态;水流量测量及冷量记录;分、集水温度,流量测量。

(3)冷却水系统的监控。冷却泵、冷却塔启停控制(由 BAS 控制时);冷却泵、冷却塔状态显示;冷却泵、冷却塔过载报警;冷却水系统水路电动阀开启、关断状态显示;冷却水泵、电动蝶阀就地/遥控转换开关状态;冷却水泵、电动蝶阀环控/自控转换开关状态。

(4)冷水系统的控制。环控工艺模式判定;顺序启停;冷水机组台数控制;冷水系统群控;水路联锁保护;故障停机;大功率设备延时启停;主备设备运行时间平衡;运行时间、故障停机、启停、故障次数等统计;冷水系统参数测量和调节。

4. 应急照明的监控

充电机故障;直流投入;母线电压;充放电电流和时间。

5. 自动扶梯的监控

上、下行运行状态显示;故障报警及显示;运行时间、启停次数统计。

6. 给排水的监控

车站用水总量测量;区间连通蝶阀监控;水泵启停控制;水泵运行状态显示;水泵故

障报警;水位显示及危险水位显示和报警;水泵运行时间统计,主备泵运行转换控制。

7. 动力、照明的监控

环控设备供电母线掉电监视;工作照明、节电照明、广告照明开关控制;按列车运行图设定时控制;各种照明工作状态显示和故障报警;根据消防要求切换照明。

8. 安全门的监控

安全门开启状态;关闭锁紧状态;故障信号;操作允许信号;开门指令发出;关门指令发出;互锁解除;应急门关闭锁紧;应急门开启;滑动门探测到障碍物;安全门处于测试/旁路状态;滑动门手动打开。

9. 防淹门的监控

防淹门的开启状态;关闭锁闭状态;故障信号;操作允许信号;开门指令发出;关门指示发出。

10. 环境的监控

车站控制室温、湿度;信号设备室温度;环控室温度;整流变电室温度;公共区温、湿度;低压设备室温度;风室/风道温、湿度;其他重要部位温、湿度。

三、BAS 的接口

城市轨道交通 BAS 在功能上需要同 FAS、冷水机组、ATS、通信时钟、安全门、防淹门等系统进行数据交换。

1. 与 FAS 接口

BAS 在车站级设置与 FAS 的接口,接收车站 FAS 按防火分区传输并经 FAS 确认的火警信息,并根据火警信息的内容自动选择并发布执行相应车站火灾通风模式。

BAS 与 FAS 有采用可编程通信口进行数据交换的,交换的信息有火警分区报警、恢复、火警位置、报警时间、通道检测信息、FAS 接口故障信息、校验信息等。也有与 FAS 采用硬线接口的方式连接,其内容包括:火警分区报警、恢复。

2. 与冷水机组接口

BAS 设置冷水机组数据接口,每个车站或冷站设一个数据接口,接收一台(或一组)冷水机组信息。BAS 的冷水机组信息接口可接收冷水系统参数检测值,通过数据接口远程重置参数,完成通道检测,数据校验。

3. 与 ATS 接口

BAS 在中央级设置数据接口设备,接收 ATS 列车超时占用轨道信息,根据需要启动隧道通风系统。采用可编程通信口进行数据交换,信息报文内容包括:列车占用轨道电路编号、车组编号、时间、轨道占用恢复、通道检测信息、接口故障信息、校验信息等。

4. 与时钟系统接口

在控制中心,BAS 接收同步时钟信号,动态修改系统的工作时钟,同时由系统通过网络下载到全线相关车站及冷站的监控工作站及系统所有控制器，使系统内所有控制设备时钟同步并与全线其他系统保持时钟同步。

5. 与安全门系统接口

BAS 采用数据接口与安全门系统交换信息，信息内容包括：安全门系统各种故障信息、操作方式状态及转换信息、安全门及应急门开关状态信息、安全门系统异常状态信息、通道检测信息、接口故障信息、校验信息等。实现实时监视安全门系统工作及报警状况，并对其故障发生情况进行统计分析。

6. 与防淹门系统接口

BAS 采用数据接口与防淹门系统交换信号，信息内容包括：防淹门系统各种故障信号、操作方式及转换信息、防淹门开关状态信息、防淹门系统异常状态信息、通道检测信息，接口故障信息、检验信息等。

第五节 自动售检票系统

自动售检票系统（AFC）是城市轨道交通普遍应用的现代化联网收费系统。AFC 是基于计算机应用、计算机网络通信、通信传输、现金自动识别、机电一体化、嵌入式系统集成和大型数据库管理、自动控制技术，实现轨道交通售票、检票、计费、统计、清分、管理等全过程的自动化系统。它既是控制系统，又是信息管理系统。

一、对自动售检票系统的要求

（1）系统应适应城市轨道交通网络化运营的需要，并应预留与城市公共交通票务系统的数据接口。

（2）系统应建立统一的密钥体系和车票制式标准；车票制式应与城市公共交通系统标准一致。

（3）系统应适应各种票务政策，具备实时客流统计、收入清分、防止票务作弊等功能。

（4）系统应采用相对独立分级设计，当其中任何一级系统故障时，均不应影响其他系统的正常运行；当故障解除后，应能自动进行系统的恢复处理。系统关键设备应冗余设置，重要数据应备份。

（5）系统对外部的恶意侵扰应具有有效的防御能力；车站计算机系统和车站终端设备控制器均应按工业级标准设计，系统设备应满足车站的环境要求。

（6）系统的设计能力应满足车站最大预测客流量的需要。

（7）系统应满足远期发展及与其他客运交通线路换乘的要求，预留后建线路的接入条件；所采用的车票制式、车站设备的功能和票务政策等应与已建线路自动售检票系统兼容,实现数据互联、互通。

(8)系统应满足各种运行模式(主要指在正常情况下乘客能快速购票和进出站;列车堵塞时,对站内乘客全部放行;未进站使用的单程票可延期使用;紧急疏散时疏导乘客快速疏散)的要求。在非正常运营状态下,系统应能由正常运行方式转为相应的降级运行方式或紧急方式,并应为票务管理、客流疏导提供方便。

(9)在紧急状态下,通过车站值班员的控制,使所有检票机闸门均应处于自由开启状态,并应允许乘客快速通过。

(10)自动售票设备和进站检票设备的数量应满足最大预测客流量的需要;出站检票机应满足行车间隔内下车乘客全部出站的要求。

(11)自动检票机对乘客应有明确、清晰、醒目的工作状态显示;双向自动检票机应能通过参数设置自动转换各时段的使用模式。

二、自动售检票系统的构成

AFC由线路中央计算机系统、车站计算机系统、车站售检票设备和传输系统以及信息载体——车票等部分组成。城市轨道交通网络化运营后,还必须设清分系统。自动售检票系统的构成如图7-8所示。

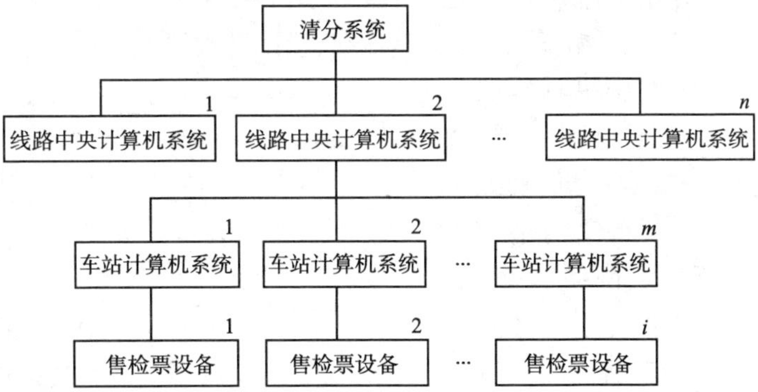

图7-8　自动售检票系统的构成

AFC的各级设备都可以独立运作,确保在系统出现局部故障时,不至于影响整个系统的运作。

1. 清分系统

清分系统即综合中央计算机系统。清分中心中央计算机系统由两台冗余配置的服务器、磁盘阵列、磁带机、工作站(系统管理工作站、数据管理工作站、网络通信管理工作站、参数下载工作站、票卡管理工作站、设备监控工作站、报表查询工作站、中央及远程维修工作站)、交换机和路由器等局域网设备、打印机、不间断电源及编码分拣机等组成。清分系统设在票务清分中心。

清分系统其主要功能是统一全市轨道交通自动售检票系统内部的各种运行参数,收集城市轨道交通自动售检票系统单程票的产生、交易和审计数据并进行数据清分和对账,负责单程票的初始化和调配、应急票的制作,进行线路之间的票款清分和客流统计,并辅助各业务部门进行分析决策;同时负责城市轨道交通自动售检票系统与城市一卡通清算系统之间的对账、清分和结算等。清分系统不仅是票务数据的汇总和处理，实际上也是全线网中各条线路和各个车站客流的分析系统，可及时分析各条线路、各个车站的客流数据，当某一条线路或某一个车站发生突发事件，可以及时地向相关线路和相关车站作出应急处置。

编码分拣机根据应用需求，既可功能分离，设置成单独的编码机和分拣机，也可将分拣、编码功能相结合，设置成编码分拣机。编码分拣机设置在清分中心的车票编码室内，由主控单元（工业级计算机）、操作显示器、IC 车票读写器及天线、票卡管理单元、车票读写模块、票卡传送装置、票卡安放装置、刮票机构、堆叠器、机身、电源模块、支持软件和操作平台等部件组成。编码分拣机通过工业级以太网以客户机/服务器模式与清分系统中央计算机相连。编码分拣机完成对新采购的票卡进行初始化（即格式化），定期收缴损坏的票卡，注销超出有效期的车票，编制应急票，按类型分拣票卡、分离有效票和无效票等操作。

2. 线路中央计算机系统

线路中央计算机系统是本线自动售检票系统的管理控制中心。线路中央计算机系统与各车站计算机系统进行通信，进行票务管理、对账处理、收益管理、设备管理、设备控制、运营参数管理、黑名单管理、软件管理等。

线路中央计算机系统由若干台服务器、磁盘阵列、磁带机、初始编码机（未实现网络化运营时设）、网络设备、各种功能的工作站（主要指安全工作站、清算工作站、审计工作站、维修工作站、统计工作站等）、交换机和路由器等局域网设备、不间断电源（UPS）和高速打印机等构成，如图 7－9 所示。其中维修工作站设在车辆段自动售检票系统维修工区内，其余设置在该线路的控制中心相对应的职能部门内。为了准确、可靠、高效地工作，线路中央计算机系统采用两台服务器作为主机，两台主机进行在线冗余备份。中央主机通过核心交换机与车站级交换机进行连接，通过防火墙、路由器与城市一卡通清算中心的服务器连接。中央计算机按照一定的时间间隔从车站级设备收集数据，并通过车站计算机将系统的票价参数、运营参数和控制参数下载到站级设备。

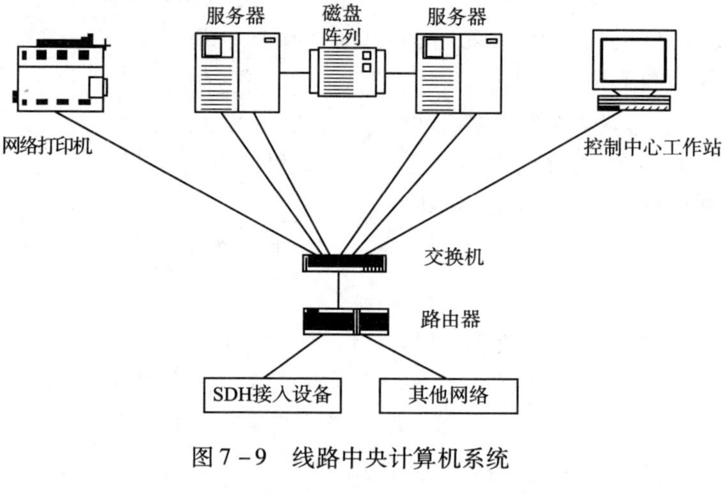

图 7－9　线路中央计算机系统

中央计算机系统应具备以下主要功能：

①接受车站计算机系统上传来的车站售检票设备的数据，包括设备状态数据、车票交易数据、设备维修数据等。

②监视全线路自动售检票系统的运行状态，根据需要向一个或者多个车站、单个或者一组终端设备下达运营参数和设备控制指令。

③对所采集数据的类型和用途进行批量处理，以满足系统监控、运营管理及运营部门决策分析的需要。

④通过通信系统的时钟子系统获取标准时间，自动进行同步，并将标准时间信息下传至车站计算机系统和各车站终端设备。

⑤有备份和恢复功能及灾难恢复功能。

⑥未实现网络化运营时，预留与城市公交"一卡通"清算系统进行清算对账的功能，并能实现接受城市公交"一卡通"安全、车票等参数和数据的功能。

城市轨道交通网络化运营后，线路中央计算机系统将需要清分的信息上传给清分系统，接收清分系统下传的清分数据、黑名单、费率表等数据。

3. 车站计算机系统

车站计算机系统安装在各车站的综控室内。车站计算机系统由车站计算机（操作员控制计算机和网络计算机）、监视器、网络设备、紧急按钮、不间断电源和打印机等组成，如图 7－10 所示。

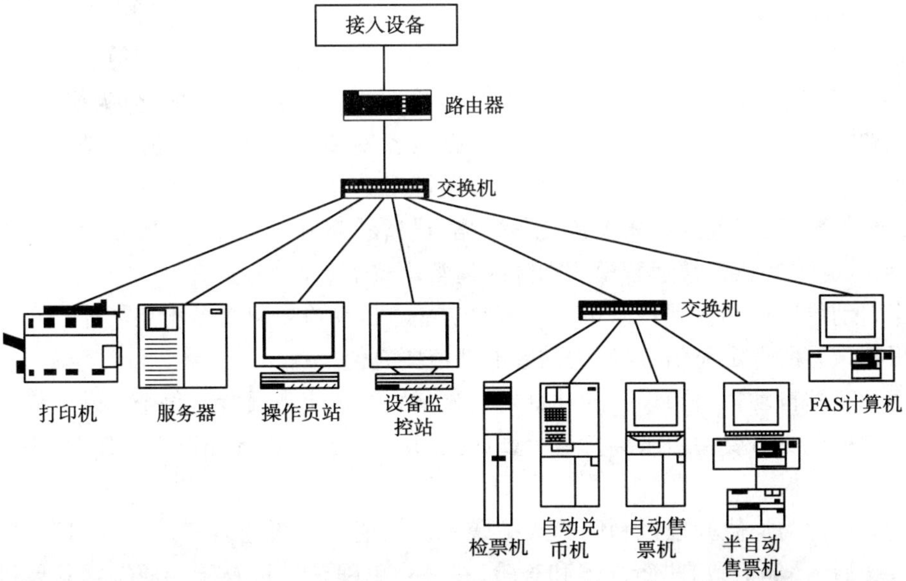

图 7－10　车站计算机系统

车站计算机系统应具备以下主要功能：

①采集本车站范围内的售检票交易数据、设备状态数据和其他运营数据。

②实时监视和控制车站售检票设备的运行状态和网络运行情况；根据需要向单个或者一组终端设备下达运营参数和设备控制指令；具有车站自动售检票系统自诊断、车站设备控制和故障告警等功能。

③完成车站各种票务管理（客流、车票和现金收益）工作和自动处理当天的所有数据及文件，并能生成定期的统计报告。

④与中央计算机及车站售检票设备进行网络数据通信和数据交换，接受和储存线路中央计算机系统下达的系统运行参数和控制指令，并下传至车站终端设备。

⑤紧急情况下，按下紧急按钮或通过操作车站计算机启动紧急运行模式，控制本车站所有进、出站检票机的通道解除阻挡，便于乘客快速疏散，同时控制所有的自动售票机、加值验票机等退出服务。

⑥实时操作车站计算机系统使车站终端设备进入特殊运营模式。

车站计算机的运行有两种模式：与中央计算机相连时的“在线运行模式”；与中央计算机通信中断时的“离线运行模式”。如果中央计算机与车站计算机通信出现故障，车站计算机至少可以保存 7 天的 AFC 设备数据在车站计算机的主存储器中，包括所有的车票处理和维修报警信息，直至中央计算机确认接收到数据后才将数据从车站计算机中删除。这些数据亦可以人工方式复制。

4. 车站自动售检票设备

车站自动售检票设备即终端设备，主要由半自动售票机（BOM）、自动售票机（TVM）、自动充值机（AVM）、自动（进/出站）检票机、验票机等组成，分为售票类、检票类及验票类设备三种类型。车站自动售检票设备安装在各车站的站厅，是直接为乘客提供售检票服务的设备。车站自动售检票设备接受中央控制系统和车站控制系统的管理，按照系统参数配置的方式上传交易数据、设备状态和事件报警，接收运营参数和控制指令，根据需要在正常运营模式和降级运营模式下工作。

半自动售票机和自动售票机具备售票功能。自动检票机具备检票功能。自动充值机能根据乘客所选定充值金额，为乘客的储值票充值。

每个车站自动售检票设备的数量根据该车站的客流来设置。每个车站的检票机和人工售票机至少需要两台来维持运行，以便当其中一台因维修而退出工作时，仍能保持工作。

验票机分为加值验票机和便携式验票机。加值验票机通常安装在非付费区，负责对公共交通卡（储值票）进行加值和查验，并可对单程票进行查验。便携式验票机是一种移动设备，由车站工作人员随身携带，用于对乘客所持公共交通卡和单程票进行查询，方便车站工作人员在付费区内对有关票卡的有效性进行检验并显示检验结果，为及时处理票务纠纷提供帮助。

验票机和自动售票机最少可以保存3天的运营数据。

5. 传输系统

整个AFC可以说是一个计算机通信网络。清分系统、线路中央计算机系统和车站计算机通过城市轨道交通内部的专用通信网络以点对点的方式连接;清分系统、线路中央计算机系统与车站计算机之间、车站计算机与自动售检票设备之间均通过以太网连接。

三、售 票 机

售票机包括自动售票机和半自动售票机。

1. 自动售票机

自动售票机是可以自助发售有效车票、自动处理支付的设备。自动售票机安装在车站的非付费区,由乘客通过人机操作界面,按提示的步骤去操作,自助购买车票。自动售票机只能发售各种票价的单程票,它接收硬币和纸币,并找零,根据乘客所选到站地点或票价自动计费、收费、发售车票。

自动售票机接受车站计算机系统的数据和指令,向车站计算机系统发送设备状态和业务数据。自动售票机能对城市轨道交通车票的相关信息进行查询。

自动售票机包括主控单元、车票处理单元、支付找零单元、人机交互单元、供电及其他辅助单元。

主控单元是自动售票机的核心,是工业级计算机,负责运行控制软件,完成车票处理、显示、数据通信、状态监控等功能,并协调和控制各主要模块。

车票处理单元包括单程票处理模块、车票读写器及天线等,用于单程票的处理、车票读写及赋值。

支付找零单元包括纸币接收模块、纸币找零模块、硬币处理模块、银行卡处理模块、储值卡处理模块等,分别支持乘客的支付操作:实现纸币的识别、传送、找零;硬币识别、接收找零;读取乘客所持银行卡信息,完成利用银行卡进行支付操作;储值票充值,用储值票支付购买单程票。

人机交互单元包括乘客显示器、触摸屏、运行状态显示器、密码键盘、凭条打印、后台维护模块、多媒体功能模块、按钮等。乘客显示器安装在自动售票机前面乘客操作范围内,用于显示购票操作的有关信息;乘客通过其提示的信息进行操作,完成购票过程。乘客操作触摸屏通常覆盖于乘客显示器,乘客根据乘客显示器上显示的信息,在触摸屏上进行选择操作,完成购票操作。运行状态显示器安装在自动售票机顶部用于显示运营状态。密码键盘用于银行卡操作时输入密码。凭条打印机提供自动售票机运营以及维护时的操作凭证。维护面板安装在设备内部,运营维护人员通过其更换钱箱和票箱,进行设备维修检测以及结账操作。多媒体功能模块用于设备播放多媒体广告以及语音提示。按钮用于乘客招援。

供电及其他辅助单元包括电源模块、不间断电源(UPS)、散热风扇、温控模块等,为设备提供电力,并确保设备的正常工作温度。

2. 半自动售票机

半自动售票机通常安装在车站服务中心内,由售票人员操作,通过人工收费和操作设备,完成车票发售,以及为乘客办理车票加值、更换车票、退票、补票、验票、退款,进行车票交易查询及检验,分析有疑问车票,解决票务纠纷。

半自动售票机能发售包括单程票、储值票、纪念票在内的各种车票,并对储值票进行充值;能分析车票的有效性,查询车票历史交易信息;能对无法正常完成进出站的车票进行票务更新,发售出站票,退票处理,受理车票挂失,查询票价及打印票务记录和每班财务记录。

根据应用要求,可分别设置成单独的半自动售票机或半自动补票机,也可设置成具有半自动售票和补票功能相结合的设备。功能单一的半自动售票机设置于非付费区,半自动补票机设于付费区内。半自动售/补票机可以同时为非付费区与付费区服务,兼顾售票及补票。

半自动售票机由主控单元(工业级计算机)、操作显示器、乘客显示器、票卡发送装置、读写器与天线、打印机、键盘、鼠标、机身、电源模块、支持软件等组成。

半自动售票机接受车站计算机系统的数据和指令,向车站计算机系统发送设备状态和业务数据。

四、检 票 机

检票机是实现乘客自助进出站检票的设备,安装于车站付费区与非付费区的交界处,即检票机将车站站厅分成付费区和非付费区,同时也将城市轨道交通系统围成一个封闭的区域。凡持有效车票的乘客在进入和离开付费区时,检票机通道阻挡解除,允许乘客进出站。

1. 检票机的主要功能

(1)检验车票的有效性,控制阻挡装置的动作,引导乘客进出站。

(2)控制设备可置于正常运行、故障停用、测试、检修、停止服务以及特殊的运行模式。

(3)接受车站计算机系统的数据和控制指令,向车站计算机系统发送设备状况和业务数据。

(4)车站处于灾害紧急状态和设备失电时,检票机应能自动或手动控制,使其处于开启状态。

2. 检票机的分类

(1)根据阻挡装置的类型,检票机分为门式检票机和转杆式检票机两大类。转杆式检票机又分为固定式和落杆式两类。

(2)根据功能,检票机分为进站检票机、出站检票机和双向检票机三种。

进站检票机用于完成进站检票,检票端在非付费区。对于门式检票机,要面向付费区端安装扇门装置。对于转杆式进站检票机,转杆装置要安装在检票机左侧。乘客使用储值卡或 IC 单程票进站检票时,将车票靠近进站检票机读写器天线,检票有效时,开启通道阻挡装置(门扇开启或转杆装置释放),乘客显示器提示相关信息,告知乘客进站,检票机在卡内写入进站交易记录,且保存卡的交易记录于检票机存储介质。

出站检票机用于完成出站检票,检票端在付费区。对于门式检票机,要面向非付费区方。对于转杆式检票机,要求转杆装置安装在检票机左侧。乘客使用储值卡出站检票时,将车票靠近出站检票机读写器天线;使用 IC 单程票出站检票时,需将车票投入回收口。当检票有效时,开启通道阻挡装置(门扇开启或转杆装置释放),乘客显示器提示相关信息告知乘客出站,检票机在卡内写入出站交易记录,并保存卡的交易记录于检票机存储介质。

双向检票机,进站端检票处理时,左侧检票机出站检票端暂停服务;出站检票处理时,左侧检票机进站检票端暂停服务。

3. 检票机的结构

检票机一般由主控单元(工业级计算机)、车票传送装置、车票回收装置、读写器及天线、乘客显示器、方向指示灯、声光报警装置、通道阻挡装置(转杆式检票机采用转杆装置,门式检票机采用拍打扇门或剪式扇门)、乘客通行传感器(适应门式检票机)、维修键盘、移动维护终端接口、电路控制单元、电源模块、机身和支持软件等部件组成。

主控单元包括微处理控制器、存储器、控制车票接收的电气接口、转动操作和乘客显示的电子接口,并提供一个与车站计算机通信的接口。

车票传送装置由上、下两组橡皮皮带构成。两组橡皮皮带由同一电动机驱动,它们自动同步。装在其中一个辊轴上的转杆编码器与车票编码速度同步。车票通过插入槽,水平地进入传送机构,与驱动系统对准;槽上传感器探测到车票进入驱动系统并经校验就加电,驱动电动机。

车票回收装置直接把车票回收进检票机的票箱内。堆叠器控制进票箱车票的高度。

乘客显示器用直接的和指令性的显示与乘客联系,指示车票插入槽左边的通道是开启还是关闭的。

通道阻挡装置由电磁阀控制,转杆式使转杆向前转动,门式打开扇门。

4. 检票机的工作方式

为了处理轨道交通在运营中所遇到的各种问题，检票机具有正常的进/出站检验、降级运营模式和暂停服务三种工作方式。除了暂停服务状态外，车站计算机的控制具有优先权。

降级运营模式是由于轨道交通运营出现某种紧急事故的情况下所采用的模式，有日期忽略模式、进/出站忽略模式、超程忽略模式、时间忽略模式、列车故障模式和紧急放行模式，还可以根据实际需要再增加。在降级运营模式执行过程中，自动售检票系统对单程票和公共交通卡的处理上是有差别的。

(1)日期忽略模式。由于轨道交通运营的原因，导致单程票过期，系统设置为日期忽略模式。在该模式下，检票机对车票的有效性进行检验时，免检车票日期。

(2)进/出站忽略模式。当车站的客流量超过车站检票机处理能力时，系统设置为进/出站忽略模式，及时疏散客流。在该模式下，检票机对车票的有效性进行检验时，免检进/出站。

(3)超程忽略模式。由于轨道交通运营的原因造成乘客超程，系统设置为超程忽略模式。在该模式下，出站检票机在对车票的有效性进行检验时，免检票价，回收所有单程票，对公共交通卡扣除最低票价。

(4)时间忽略模式。由于轨道交通运营的原因造成乘客在车站收费区内停留时间超过 AFC 系统所规定的时间时，系统设置为时间忽略模式。在该模式下，出站检票机对车票的有效性检验时，免检进站时间信息。

(5)列车故障模式。当轨道交通运营发生列车故障并在短时间很难修复时，系统设置为列车故障模式。在该模式下，单程票乘客通过出站检票机时一定要取票出站，因为该单程票在规定期限内仍然有效并且不受车站限定，或者按轨道交通规则对车票进行善后处理，储值票不扣车资。

(6)紧急放行模式。当轨道交通运营时发生火灾、毒气等突发灾害，防灾报警系统自动启动紧急按钮或车站控制室值班人员按下紧急按钮后，AFC 以自动/人工方式，进入紧急放行模式。在该模式下，所有检票机的阻挡装置被释放打开，固定式三杆可双向自由转动，落杆式三杆自动落杆，门式检票机阻挡门敞开，禁止检票处理，乘客不需要使用车票就可通过检票机迅速离开车站，事后再对车票进行善后处理。

在紧急放行模式下，自动检票机乘客显示屏显示“紧急模式”，顶部警示灯闪亮。面向付费区的导向指示器显示“允许通行”标志，面向非付费区的导向指示器显示“禁止通行”标志，表示付费区乘客不需检票即可出站，而拒绝非付费区乘客进站。

5. 检票机的处理能力

在测试环境下，进/出站检票机每分钟可处理60(无回收情况下)/40(有回收情况下)张车票。在实际运行中，由于乘客熟练度的问题，这一数字会有所下降。

五、车　　票

供乘客持有、使用的单程票、公共交通卡、其他随机发行的纪念卡等统称为车票。车票是乘客乘车的凭证,车票记载了乘客从购票开始,完成一次完整行程所需要和产生的费用、时间、乘车区间等信息。

为了更方便地服务乘客,轨道交通提供多种类型车票,例如:单程票、多程票、一日票、储值票、纪念票、公共交通卡等,供乘客选用。此外,还有轨道交通职工持有的员工票。

自动售检票系统的初始阶段,采用计程、计时票价制,车票包括磁卡车票和 IC 卡。目前,多采用非接触式 IC 卡车票。

第六节　自动扶梯、电梯

自动扶梯、电梯是城市轨道交通的重要组成部分。自动扶梯提供了一种自动输送乘客的能力,对客流的及时疏散起到了至关重要的作用,并满足了乘客对乘降舒适度的要求。

一、对自动扶梯、电梯的要求

1. 自动扶梯、电梯的配置及数量应满足最大预测客流量的需要。

2. 对自动扶梯的规定

(1)自动扶梯应采用公共交通型重载扶梯,其传动设备、结构及装饰件应采用不燃材料或低烟无卤阻燃材料。

(2)自动扶梯应有明确的运行方向指示。

(3)自动扶梯应配备紧急停止开关。

3. 对电梯的要求

(1)电梯的设置应方便残障乘客的使用。

(2)电梯的操作装置应易于识别、便于操作。

(3)当发生紧急情况时,电梯应能自动运行到设定层,并打开电梯门。

(4)电梯轿厢内应设有专用通信设备,并应保证内部乘客与外界的通信联络。

(5)非透明电梯轿厢内应设视频监视装置。

4. 地下车站站台至站厅用的自动扶梯,由于事故时纳入疏散梯用,故必须采用一级负荷供电。

二、自动扶梯、电梯的配置

1. 配置自动扶梯、电梯的基本原则

(1)站台至站厅间根据车站远期客流量设置上、下行自动扶梯。

(2)出入口及过街隧道、天桥根据人流量设置上、下行或上行自动扶梯。

(3)当提升高度达到 6 m 以上时，设上、下行自动扶梯以保证人流的疏散和服务质量。

(4)露天车站出入口设置自动扶梯时，应采用室外型扶梯。

(5)车站内设置电梯以满足残疾人等特殊人群的需要。

2. 自动扶梯的设置

应按远超高峰客流量、提升高度以及客流量不均衡系数等通过计算确定，可参考表 7－1 的规定执行。

表 7－1 自动扶梯的设置

提升高度(m)	上行	下行	备用
$h \leqslant 6$	自动扶梯	－	－
$6 < h \leqslant 12$	自动扶梯	⊿	－
$12 < h \leqslant 19$	自动扶梯	自动扶梯	⊿
$h > 19$	自动扶梯	自动扶梯	自动扶梯

注：⊿表示重要车站也可设自动扶梯。

3. 自动扶梯的设计能力，应能满足该车站远期超高峰客流量的需要。

4. 自动扶梯水平运行梯级数量

为增加乘客使用自动扶梯的舒适度，当运行速度为 0.5 m/s 时，上、下两端采用 3 块平梯级；当运行速度为 0.65 m/s 时，上、下两端不应少于 3 块平梯级；当运行速度为 0.75 m/s 时，上、下两端不应少于 4 块平梯级。

5. 自动扶梯的安装

自动扶梯的踏步面至顶部洞口处的建筑物底面垂直净空高度不应小于 2 300 mm。

自动扶梯的安装位置应避开建筑物变形缝。

6. 自动扶梯的检修设施

在自动扶梯两台之间和靠桁架外部周围有连续建筑物或其他障碍物时，宜设宽度不小于 500 mm 的检修通道。当顶部不可开启时，其净空高度不小于 1 800 mm。

当自动扶梯在桁架外部设机房对，机房内设备周围应留足够的检修空间，同时，机房内应有通风和消防设施。室外自动扶梯，宜在桁架外设机房。

车站出入口自动扶梯下基点桁架外宜设集水坑和配备排水设施。

三、自动扶梯

自动扶梯是带有循环运动梯路向上或向下倾斜输送乘客的固定电力驱动设备，由一台链式输送机和两台胶带式输送机组合而成，用于在建筑物的不同楼层间连续运载人员上下。由于其结构特殊，无论从造型还是从工作特性上都与单一的链式或胶带式输送机有很大的区别。要求自动扶梯运行安全、平稳、结构紧凑、可靠程度高，同时为提高自身的运行效率，应有智能控制功能。

1. 自动扶梯的特点

与一般电梯不同，自动扶梯具有连续输送功能，能够在较短时间内输送大量乘客。

其主要优点是：输送能力大，效率高，能连续运送乘客，特别适合于有大量人流汇集与疏解的场所，对地下、高架车站尤是如此；自动扶梯能逆转，上、下行都能运转，甚至可实现从站台到地面出入口的连续输送；当停电或重要零件损坏需停止运行时，它又可用作普通扶梯用。

缺点是：自动扶梯构成中有水平区段，产生附加的能量损失，同时提升高度较大时，乘客在自动扶梯上停留时间较长；造价较高。

2. 自动扶梯的组成

自动扶梯的构造如图 7 – 11 所示。它可分成梯路、动力驱动装置、框架结构、控制装置、安全装置等部分。

(1)梯路。供乘客站立并能连续提升，梯路由梯级、牵引构件和梯路导轨组成。

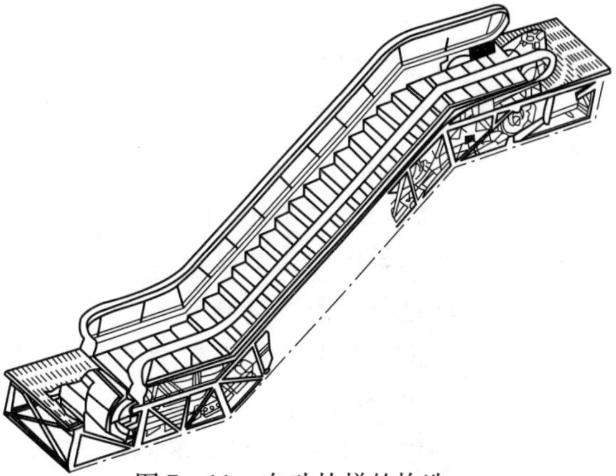

图 7 – 11 自动扶梯的构造

①梯级。一种具有特殊结构的四轮小车，包括两个主轮和两个辅轮，如图 7 – 12 所示。主轮的轮轴与牵引链条铰接在一起，全部梯级沿着按一定规律布置的导轨运行。在自动扶梯上分支的梯级保持水平，以保证乘客站立；在自动扶梯下分支的梯级处于倒挂位置以完成梯级的循环运行。

在一台自动扶梯中，梯级是数量最多的部件，约需几十只梯级，甚至几百只梯级。

梯级可分为分体式与整体式两类。分体式梯级由踏板、踢板和撑架等部分零件拼装组成，整体式梯级是把三者形成一体压铸而成。

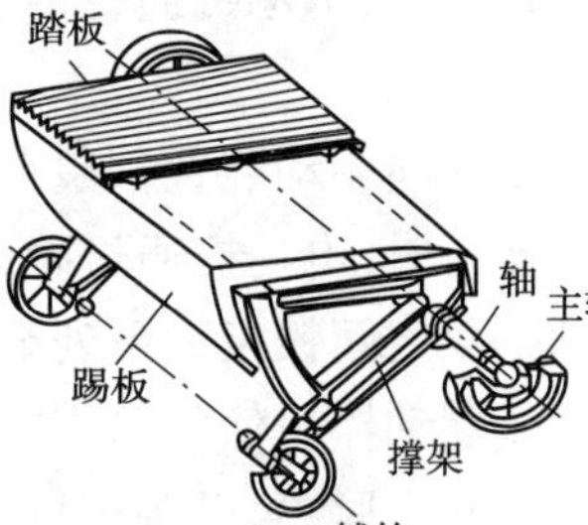

图 7 – 12 梯级结构

踏板是供乘客站立的平台，其表面应有足够的粗糙度，通常踏板表面采用众多凹槽平行布置，以防乘客在踏板上滑动失重，造成危险，同时它使梯级通过扶梯上下出入口时，能嵌在梳板齿中以保证乘客安全上下。

踢板一般做成圆弧面，且做成齿状，使后一个梯级踏板后端的齿嵌入前一个梯级踏板的齿槽内，从而使各梯级间可以进行相互导向，保持各梯级间的运行平稳性，消除梯级在传输过程中的左右晃动。

梯级撑架是梯级的支承结构，包括两侧撑架和横向联系构（杆）件组。撑架上面固定踏板，下端装有轴套，以便安装主、辅轮。

一只梯级有四个车轮，两只铰接于牵引链条上的为主轮，两只直接装在梯级撑架短轴上的为辅轮。自动扶梯的梯级车轮一般采用橡胶、塑料或压制织物制成，其中橡胶车轮可使梯级运转平稳，减少噪声。自动扶梯梯级车轮的工作转数不高，为 80 ~ 140 r/min，但其工作荷载很大，同时外形尺寸受到限制，因此对轮系材料的单位容许荷载提出了很高的要求。

②牵引构件。是传递牵引力的构件，目前常用牵引链条和牵引齿条。端部驱动式采用牵引链条，驱动装置装在上分支水平直级区段的末段。中间驱动式采用牵引齿条，驱动装置装在倾斜直线区段上、下分支的当中。整台自动扶梯一般有两根构成闭合环路的牵引链条（或牵引齿条）来完成传递牵引力的任务。

③梯路导轨。包括主轮、辅轮的全部导轨，反轨，导轨支架及转向壁等，它主要支承由梯级主轮和辅轮传递来的梯路荷载，引导梯级按一定的规律运动，决定了各梯级在自动扶梯的运动过程中的运动轨迹。

（2）动力驱动装置。完成梯路的提升和连续循环运转。自动扶梯的工作强度很大，长时间进行连续不断的强荷载传输，又要求有尽可能紧凑的空间，因此对自动扶梯的机器零件有以下要求：有足够的刚度、强度，有充分的安全性，尤其是出现短期过载情况时；耐磨性好，以保持系统长期、可靠工作；结构紧凑，且拆装、维修方便。

动力驱动装置将动力通过牵引构件传递给梯路与扶手，其主要包括电动机、减速器、制动器、传动链条及驱动主轴。

①端部驱动装置。装在自动扶梯金属结构外建筑物的基座上，以牵引链条为牵引件。运行时，电动机通过传动链条带动驱动主轴，该主轴上的牵引链条驱动梯级，驱使自动扶梯运行。

②中间驱动装置。装在自动扶梯梯路中部的上、下分支之间，以牵引齿条为牵引件。运行时，电动机通过减速器将动力传递给两侧的构成闭合环路的传动链条，每侧的传动链条之间铰接一系列滚子，滚子与牵引齿条的牙齿啮合，驱使自动扶梯运行。

③制动器。依靠构成摩擦副的两物体之间的摩擦使机构进行制动。启动时，使摩擦副的双方脱离，机构进行运转。需要制动时，使摩擦副的两方接触并压紧，使摩擦面间产生足够的摩擦力矩，消耗机构运动能，从而使运动机构减速，直到停车。

自动扶梯采用工作制动器、紧急制动器和辅助制动器。

工作制动器是自动扶梯正常停车时使用的制动器。自动扶梯不工作时，制动器处于制动状态，保证自动扶梯在静止状态时的绝对安全。

紧急制动器安装在驱动主轴上，它在自动扶梯出现异常情况（在速度将要超过额定速度的40%时，梯路突然改变其运行方向时）时起紧急制动作用。

辅助制动器在自动扶梯停车时起冗余保险作用，尤其是在满载下降时。

（3）框架结构。用于安装和支持自动扶梯各零件，承受各种荷载以及将建筑物两个不同层面的地面连接起来。它由驱动段、张紧段和中间段组成，三段拼装成金属结构整体，两端支撑在建筑物的不同层面之上。

（4）控制与安全装置。使自动扶梯协调、安全地工作，平稳运行的装置，包括：张紧装置、扶手装置、电气控制设备和安全装置。

①张紧装置。使自动扶梯的牵引链条获得必要的初张力，以保证自动扶梯正常运转；补偿牵引链条在运转过程中的伸张；牵引链条及梯级由一个分支过渡到另一分支的改向；安装完成梯路导向所必需的部件，如转向壁等。

张紧装置有重锤式和弹簧式两种。前者是利用重锤的上下来自动调节构件的张力，因其结构复杂、自重大，目前已很少采用。后者利用弹簧和滑块来调节牵引链条的张力。中间驱动的自动扶梯没有张紧链轮和牵引链轮，因而自动扶梯的上端与下端设主轮转向壁。

②扶手装置。扶手是供站立于踏板上的乘客扶手用的，是重要的安全保障设备。它由扶手驱动系统、扶手胶带和栏杆等组成，实际上是两台装在自动扶梯梯路两侧的胶带输送机。有摩擦轮驱动和压滚驱动两种形式。

摩擦轮驱动，扶手胶带围绕若干组导向滚柱群，进出口的改向滚柱及特种形式的导轨构成闭合环路，扶手与梯路由同一驱动装置驱动，并保证两者运行速度基本相同。

压滚驱动，由扶手胶带的上下两组压滚组成，上压滚组由自动扶梯的驱动主轴获得驱动动力，下压滚自动扶梯的上端与下端设置有与辅轮转向壁作用相同的主轮转向壁。

③电气控制设备。自动扶梯采用三相交流笼式电动机，自动扶梯的电气设备包括动力电路的主开关和附属电路、照明电路的开关。根据自动扶梯控制方式不同，主要有继电式、电子式和PLC式。

继电式自动扶梯控制系统全部采用接触器、继电器和行程开关部件组成，相对结构较为简单，自动化程度较低。

电子式自动扶梯控制系统采用空气延时头作延时继电器，霍尔接近开关作为故障检测元件，光耦合器作为信号传输元件，并采用逻辑电路，实现灵敏、可靠和抗干扰的系统控制。

PLC式自动扶梯控制系统由于采用了微机技术，具有软、硬件系统，因此只需改变运行程序，不改变PLC就可以实现多元控制功能的要求，这是前两种控制不能比拟的，并充分显示出其灵活多变控制模式的优点。

设有电机保护，防止自动扶梯驱动电机超载或电流过大。设有相位保护，防止电源相位接错或断相。

④安全装置。为防止自动扶梯在工作中可能出现的危及乘客安全的事故或在出现这种事故后能及时中断自动扶梯的运行，减少可能造成的对乘客的伤害。

a. 驱动链断链保护装置。驱动链过度伸长和破断时，能使扶梯停止运行。

b. 梯级下陷保护装置。梯级任何一部分下陷，能使扶梯停止运行。

c. 梯级运行开关：两梯级之间卡入异物，梯级滚轮运行迹象异常时，能使扶梯停止运行。

d. 梯级链张紧装置。在梯级链过度伸长或不正常收紧时或破断时使扶梯停止运行。

e. 梳齿板保护装置。当乘客的伞尖、鞋跟或其他异物嵌入梳齿之间，自动扶梯立即停止运转。

f. 裙板保护装置。当有异物卡入梯级与裙板之间的缝隙，使裙板受异常压力时，扶梯停止运行。

g. 扶手带断带保护装置。在扶手带破断时使扶梯停止运行。

h. 超速监控装置。扶梯超速至 1.15 倍额定速度时，工作制动器动作；超速至 1.3 倍时，附加制动器动作。

i. 扶手带入口保护装置。扶手带在端部下方入口处发生异物夹住事故时，扶梯停止运行。

j. 扶手带速度监控装置。扶手带与梯级的速度差超出 0 ~ +2% 并持续 10 s 时，向 BAS 系统发出信号；超出 ±5% 并持续 10 s 时，扶梯停止运行。

k. 地板安全保护装置。当扶梯地板被非正常打开时，扶梯停止运行。

l. 防逆转装置。在扶梯速度意外降低至额定速度的 20% 时，工作制动器动作；扶梯出现逆方向运行时，在速度为 0 之前，附加制动器动作，使扶梯停止运行。

四、电　梯

电梯是垂直运行的工具，由曳引机绳牵引上下运动。电梯靠液压传动，采用柱塞侧置式，其油缸柱塞设置在轿厢侧面，借助曳引绳通过滑轮组与轿厢连接，利用电动泵驱动液体流动，由柱塞使轿厢升降。全过程通过电控和液控集成技术可靠、准确地实现。

1. 液压传动系统

液压传动系统由液压泵站、阀组、单向阀、溢流阀、节流阀、安全阀、截流阀、手动下降阀和手动泵、管路组成。

(1)液压泵站。主要由螺杆泵、潜油电机、电液比例阀组成，并设有液压油冷却装置。由于油的吸音及油箱铁板的隔声作用，故机房噪声可控制在 75 dB 以下。

(2)阀组。液压系统中的控制元件,对液压梯的起动、运行、减速、停止及紧急情况进行控制。

(3)单向阀。只允许液体单向流动及反向截止的阀门。当油压下降到最低工作压力时,单向阀能把载有额定负荷的液压梯在任一位置加以制停并保持静止。

(4)溢流阀。维持额定工作压力的阀门,安装在泵站和单向阀之间的管路上。当压力超过一定值时,溢流阀使油回流到油缸内,可防止上行运动时系统压力过高。

(5)节流阀。限制液体流量的阀门,防止轿厢超速。

(6)安全阀。当系统压力超过最高额定工作压力时令其泄荷以防止系统超压破坏的阀门。当液压系统出现较大的泄漏、轿厢速度达到了额定速度再加上 0.3 m/s 时,安全阀必须能将超速的轿厢制停并保持静止状态。

(7)截流阀。可令油路断路的阀门。

(8)手动下降阀和手动泵。当电源出现故障时,按压手动下降阀可放油,将液压梯下降到最近的一个站层,帮助乘客逃生。手动阀门操纵轿厢的速度不得超过 0.3 m/s。手动泵连接在单向阀与截流阀之间的管路上,利用它可使轿厢缓慢上升。

(9)管路。液压系统必不可少的附件,管路可以采用刚性的或柔性的。

(10)油温过热保护。油流速度与油黏度直接有关,而黏度又受温度影响,为了控制油温,液压系统中装设一套检温和控温的装置。当液体温度超过预定值时,这套装置将泵站制动直到温度正常为止。

2. 选层器

乘客直接运用的是选层器。选层器与轿厢同步运行,反映轿厢运行位置,以电器触点的电信号实行多种控制功能。选层器的功能是按所记忆的内选、外呼信号与轿厢的位置关系,确定运行方向,发出减速指令,确定是否停层和预告停车,指示轿厢位置,消去应答完毕的呼梯信号,控制开关门和上下等。

3. 安全装置

为保证安全,电梯安装有限速器、极限开关、缓冲器、减速开关、限位开关、安全钳装置、称载装置等。

(1)限速器。限制电梯由于超载、打滑、断绳失控情况下轿厢超速下降时的重要安全装置。

(2)极限开关。分机械式和电气式。机械式极限开关设置在机房,由轿厢开关板碰及安装于井道上、下两端的滚轮,经钢丝绳拉动而动作;极限开关动作时使整台电梯电源切断(除照明电源外),每次动作后应查明原因排除故障后,到机房用手动复位。电气式开关一般采用行程开关,安装在井道上、下适当位置。该开关在轿厢开关板碰触减速开关、限位开关仍未起作用时动作,切断电梯控制电源或切断上、下行接触器电源,该开关动作后电梯不能再启动,需查明原因排除故障后才能复位。

(3)缓冲器。电梯最后的安全保护装置,当电梯失控撞向底坑时吸收和消耗电梯的能量,使其安全减速停在底坑里。

(4)减速开关。安装在电梯井道顶部和底坑内。当电梯失控冲顶或撞底时,轿厢上的上、下开关先使减速开关断开,转至平层慢车速度,保证电梯有足够的换速距离,防止轿厢越位。

(5)限位开关。有上、下限位开关。当减速开关失灵未能使电梯减速、停止,轿厢越过上、下端站平层位置时,上限或下限位开关动作,迫使电梯停止。上限位开关动作后,如轿厢下面楼层有召唤,电梯能下行。下限位开关动作后,如轿厢上面层楼有召唤,电梯能上行。

(6)安全钳。在轿厢向下运行发生断绳、打滑、超速、失控情况时由限速器动作,断开安全钳开关,切断曳引机电源使之制动,并拉起安全钳拉杆使安全钳钳头卡住导轨,不使轿厢下坠。

(7)称载装置:为防止电梯超载而设置。

此外,电梯门装有门光电装置、门电子检测装置、门安全触板构成门安全保护,防止夹持人员和物件;轿厢内还装有警铃、电话、对讲机,便于与外部联系;轿厢安全窗、轿厢门手动开门设备、安全门、曳引机手动盘车装置、自发电运行装置等安全逃生自救装置。

4. 电梯机房

车站电梯的机房宜设置在电梯井道的侧面,即设在站厅或站台的地面上。站厅在首层而站台在二层则电梯机房在站厅地面上;站厅在二层而站台在首层电梯机房设在站台地面上。电梯机房应有通风和消防设施。

机房面积应满足设备安装要求。机房设备周围的检修间距一般不小于500 mm,电器设备尚应满足有关规定的间距要求。

电梯井道顶部应设有起重吊环。

第七节　站台安全门

站台安全门(以下简称安全门)系统是安装于城市轨道交通沿线车站站台边缘,用以提高运营安全系数、改善乘客候车环境、节约运营成本的一套机电一体化设备,为站台公共区与列车之间提供可控通道。列车进站时配合列车车门动作打开或关闭滑动门,为乘客提供上下列车的通道。安全门系统集成了现代微机控制、伺服驱动、网络、UPS、钢化玻璃以及精密机械技术。安全门视封闭状态分为完全封闭的安全门(屏蔽门)和仅封闭下部的非屏蔽安全门。

一、安全门的功能

安全门将站台与轨道间隔开,使站台成为封闭式,当列车进站停稳后,开滑动门上下客,列车关车门时关滑动门。

(1)安全门的使用,隔断了站台公共区空间与轨道空间,列车未进站时,安全门处于关闭状态,保证了乘客候车的安全,避免了人员跌落轨道的安全隐患。

(2)安全门的使用,可实现司机一人全程操作,站台上不必再设站务人员接发列车(安全门的开启由司机操纵);也避免了司机驾车进站时害怕危及乘客安全的心理恐慌问题。

(3)安全门的使用,在整个站台长度上将车站的站台区域与轨道区间分隔开来,是环控系统气流组织的一个不可缺的物理屏障,也是事故工况气流导向的重要组成部分。安全门隔离了列车运行时所产生的热量、噪声、活塞风,保证了站内乘客良好的候车环境,并避免了活塞风所造成的站内空调冷量的损失,节省了运营成本。

(4)安全门的使用,使得站台空间显得更加舒适;还可减少地下车站空调设备容量及数量、减少土建工程量等投资建设成本,降低能耗,产生了良好的社会、经济效益。

(5)安全门具有障碍物检测功能,滑动门关闭时检测到障碍物,会后退作短暂停止以释放夹到的障碍物,然后再关闭,从而避免夹伤乘客。

二、安全门系统的组成

安全门有密闭型和开放型两种。密闭型安全门用全立面玻璃隔墙和活动门,在站台侧面从地板到顶棚全部遮挡起来,把站台乘客候车区与列车进站停靠区域分隔开。密闭型安全门一般应用于地下车站。开放型安全门采用一道栏杆式玻璃隔墙和活动门,只是隔离一定的高度,其余部分敞开,属于半封闭型。开放型安全门,空气可以通过安全门上部流通,主要起隔离作用,保障站台候车乘客的安全,即为“安全门”。对于采用车站进风、区间排风的车站来说,以敞开式安全门为好,有利于站台和隧道的通风和排烟,但对于采用全封闭空调的地下车站来说,则要采用密闭式,以保证车站空调的效率。

安全门系统由机械和电气两部分构成:机械部分包括门体和门机;电气部分包括控制系统和电源。

1. 门体

门体包括支撑结构、门槛、固定门、滑动门、应急门、端门、顶箱。

(1)支撑结构。包括(上、下底部)支承部件、门梁、立柱、顶部伸缩装置等构件,承受安全门的垂直载荷、隧道通风系统产生的风压、列车运行时形成的正负水平风压、乘客挤压载荷等。

(2)门槛。包括固定门门槛和滑动门门槛。固定门门槛承受固定门的垂直载荷,滑动门门槛承受乘客载荷。门槛结构中有滑动导槽,配合滑动门滑动。

(3)固定门。隔断站台和轨道。固定门由钢化玻璃、门框等构成,门框插挂于立柱的方孔内，门框与立柱之间设有橡胶减振垫。

(4)滑动门(活动门，ASD)。为中分双开式门，关闭时隔断站台和轨道，开启时供乘客上下列车，在非正常运行模式和紧急运行模式下，也可作为乘客的疏散通道。滑动门由钢化玻璃、门框、门吊挂连接板、门导滑板、门胶条、手动解锁装置等组成。门吊挂连接板设有滑动碳刷架，使金属门框接地。滑动门设手动开锁机构，并与置于顶盒内的闭锁机构联动，在滑动门关闭后，闭锁机构可防止外力作用将门打开。在滑动门开启并处于正常运营模式时，滑动门的门锁可自动解锁；但在非正常运营模式和紧急运营模式时，站台工作人员或乘客可手动打开滑动门，实现解锁，即每樘滑动门在轨道侧均可用把手、在站台侧均可用专用的"通用"钥匙对门进行开/闭操作。

(5)应急门(PED)。是列车出进站不能准确停靠时的紧急疏散通道。应急门一般当作固定门使用，在正常情况下不开启。在紧急情况下，列车进站无法停靠在允许的误差范围位置时，必有一道列车门对准应急门，此时若需要由应急门紧急疏散时，可由乘客在轨道侧列车上打开相对应的列车门后推动应急门的解锁装置或由站台工作人员在站台侧用专用的"通用"钥匙打开应急门进行紧急疏散。应急门使用后必须确保关闭与锁紧。

应急门由钢化玻璃、门框、闭门器、推杆锁等装置组成。

(6)工作门(端门，EED)。是车站工作人员在站台和轨道之间的进出通道，同时兼顾紧急情况下疏散乘客。可在轨道侧推动工作门的推杆锁的解锁装置或由站台工作人员在站台侧用专用的"通用"钥匙打开。

工作门由钢化玻璃、门框、闭门器、推杆锁等装置组成。

(7)顶箱。包括铝合金型材(用于安装门机部件)、门楣、前后盖板、电缆线槽、密封胶等。

2. 门机

门机由门控单元、电动机与减速箱组件、传动副、门锁紧装置、应急门检测开关、金属电缆槽等组成。

(1)门控单元(DCU)。安装于门机内，控制门单元运动，并反馈控制状态给安全门主控制器。门控单元有电子式、气动式等多种类型，目前多采用微机控制电子式门控单元。该门控单元配置模式转换开关接口、手动测试接口、门头闸锁接口、现场总线接口、关键信号硬线接口、配套电机电缆接口等。它具备自诊断功能，能与维护计算机连接，可进行测试、组态编程维护，实现了信息化、智能化及集成网络控制。

(2)电动机与减速箱组件。采用直流无刷伺服电动机、直流伺服电机等电机，带有霍尔传感器或光电编码器，或由门控单元使用矢量技术，实现闭环控制及位置控制。由门控单元采用脉宽调制(PWM)驱动。减速箱用于减速及提高输出驱动力矩。

(3)传动副。电动机与减速箱组件输出轴至门扇的传动机构，一般是皮带/齿轮式或螺杆式。

(4)门锁紧装置。包括闭锁检测开关、手动解锁检测开关、解锁电磁铁、凸轮、门锁支架。

(5)应急门检测开关。用于检测应急门开关状态,输入至门控单元,以及构成门单元的关闭与锁紧信号。

(6)金属电缆槽。包括通信线路线槽、控制线路线槽、电源供电线路线槽,位于顶箱之上。

3. 控制系统

控制系统包括安全门主控制器、站台操作盘、安全门监视器、控制回路。

(1)安全门主控制器(PEDC)。实现系统内部信息的收发、采集、汇总和分析,并实现与系统内部各单元之间、与系统外部 BAS 或主控系统、信号系统之间的信息交换,用于传送安全门系统运行状态、故障诊断信息,便于车站控制室人员、维修人员监视安全门状态。

(2)站台操作盘(PSL)。用于实现站台级控制。

(3)安全门监视器。在站台监控亭设有安全门监视器(PSA),经双路 RS-485 与安全门主控制器连接。车站工作人员、安全门维修人员可在安全门监视器上监控安全门系统运行状态,诊断安全门故障状态、查看/下载安全门系统运行历史记录,修改、上载安全门系统控制程序、参数等。

(4)控制回路。包括继电器、火灾模式控制回路、控制变压器、CAN 总线、Lon Works网络、RS-485 通信线等。

4. 电源

包括驱动电源、控制电源、系统配电柜。

(1)驱动电源。为门机提供电源,当外电中断供电时,能为断电后的安全门提供一定开关门次数的驱动能量,为车站人员提供应急处理的时间。

(2)控制电源。为系统控制线路提供电源,当外电中断供电时,能为安全门控制回路提供不少于 30 min 的后续能量,为车站人员提供应急处理的时间。

(3)系统配电柜(PDP)。包括系统总开关、主隔离变压器、门单元分路负荷开关、各控制回路工作电源开关、车站低压配电接地保护等。

(4)安全门与接地。上、下安装支架设有绝缘套,使安全门金属构件(包括门槛、立柱、门机铝箱、盖板、门楣、滑轨、门扇框架等)与车站地绝缘。安全门金属门体构件通过地线与轨道连接,使安全门金属构件与列车车体等电位。

5. 站台绝缘地板

沿安全门在站台侧及安全门端门轨侧设有一定宽度的绝缘地板。

三、安全门的控制模式

安全门系统控制模式有系统级、站台级、人工操作(或称手动操作)三种控制模式。正常控制模式由系统级控制,是执行信号系统命令的控制模式。

站台级控制是执行站台操作盘(PSL)发出命令的控制模式,由车站值班人员在车站控制室操作发出命令的模式。

手动操作模式由站台工作人员在站台侧用专用钥匙解锁或由乘客在轨道侧推动解锁装置打开滑动门。

此外,安全门还设置有火灾控制模式,在相应的火灾模式下,车站值班人员在车站控制室操作消防联动盘上的安全门紧急控制开关,打开滑动门疏散乘客,配合环控系统排烟。

模式的控制优先权从高到低依次为人工操作(或称手动操作)模式、火灾控制模式、站台级控制模式、系统级控制模式。

四、安全门的作业程序

安全门的开、关是与车门联动的。当司机在打开车门的同时,安全门也自动打开,关闭车门时也是如此。安全门的开、闭采用与车门有同等可靠性的压缩空气为动力,驱动气缸安装在安全门顶部的仓盖内。

安全门以关闭为定位,正常情况下的开闭按以下作业程序:

(1)列车进站,由 ATO 控制在指定位置停车,车门对正安全门。

(2)司机按动开门按钮,安全门先动作,半秒钟后,车门开始打开,一般司机给出指令到车门全部打开的时间为 3 s。

(3)司机根据列车停站时间,当判断乘客乘降结束时,准备关门。

(4)司机按动车上的关门按钮,预告蜂鸣器发出声响后车门先动作,0.5 s 后安全门动作。整个关门时间也为 3 s。

一旦出现异常情况,即列车司机无法操纵安全门或安全门开关不到位的情况下,对安全门的控制权将交给车站服务员或调度员。当所有电源被切断时,可用手动方式打开各站台的空气阀,使安全门打开。

五、安全门的安全保证装置

1. 列车与安全门之间的控制联系

安全门的开闭指令是由司机从列车驾驶室发出的,而门的执行机构安装在站台上。另外门的开闭到位的确认、动作过程中各种异常情况的感知和信息处理都需要列车与站台固定设备之间的信息往返传递。这通常由应答器完成,它由车上信息处理装置的变换器和轨道上设置的有源应答器组成。车、地元件通过高频电磁波进行信息交换。例如列车定点停车与安全门与车门对准之间的关系判断方法为:车上元件发出某信号由应答器中的两个列车定位检测线圈接收,当车门与安全门对正或在允许的误差范围之内,两线圈所受到的信号强度达到均衡,综合控制盘确认后发出可以进行开、关门的操作信号。如果列车停车位置超出规定的停车误差，两线圈受到的信号强度不一致，检测的结果不允许进行开关门的操作，这时就必须由司机用手动驾驶列车，重新修正停车位置，直到能允许进行开关门操作为止。

2. 安全门的安全装置

在安全门上有三种安全探测装置，即：障碍物传感器、门沿传感器、防夹传感器。

(1)障碍物传感器探测安全门与车门之间有无人或物体。障碍物传感器采用红外线探测。

(2)门沿传感器设在两扇门边缘，为防止安全门夹人。门沿传感器采用带状的导电橡胶条。

(3)防夹传感器为防止衣物等被安全门或安全门和车门同时夹住。防夹传感器也采用红外线探测。在安全门关闭的过程中进行检测，如果任一传感器发出异常信号，安全门将会后退短暂停止以释放夹到的障碍物，再做关门动作，以免夹伤乘客，直到障碍消除。否则，再进行第二次关门。如果第二次关门时依然检测到障碍物存在，安全门重复上次操作，一般重复三次。若三次关门障碍物依然存在，安全门将在开启的位置停下来，并向列车驾驶室、各操作台和行车调度室发出报警信号，等待工作人员到现场处理，从而保证了乘客乘降的绝对安全。

3. 安全门防电击措施

由于安全门、地板与列车车体之间存在电位差，当人体跨越车门时，与两者同时接触可能会被电击。为防止这一情况的发生，采用如下措施：

(1)在安全门的支柱上涂敷高绝缘强度的橡胶保护层；

(2)在乘客进出的站台地板上铺装绝缘橡胶板；

(3)在安全门的表面涂绝缘的氟化树脂材料。

第八节　防 淹 门

防淹门系统作为城市轨道交通的防灾设备，主要应用在水系复杂、常年蓄水或地处海域海岛的地区。城市轨道交通在以地下线路穿越河流或湖泊等水域时，应考虑在进出水域的隧道两端的适当位置设置防淹门，以防止因意外使洪水进入隧道和车站，避免造成大范围的人身伤亡和财产损失，有效保护地下设备和人身的安全。

一、防淹门的设置

在城市轨道交通线路下穿江、河、湖水域时，一般应设置防淹门。但以下情况可不设置防淹门：

(1)线路穿越不通航的小河、涌等水域，此水域截面平均面积小于4 m(深)×100 m

(河道宽度)时可不设防淹门,若发生隧道破裂,可采用人工堵截、车站内人防门关闭或其他防淹措施进行防水。

(2)线路穿越不通的小河、涌等水域,此水域截面平均面积大于4 m(深)×100 m(河道宽度),且线路穿越的水域位置处于河网受控区域,即若轨道交通线路所穿越的水域在河网内节制闸门的保护范围内时,则可不设防淹门。否则,在隧道两端的车站内应设置防淹门。

(3)线路穿越水域的轨道交通车站内最低轨面高于此水域的常年最高水位,符合条件的车站一侧可不设防淹门。

(4)线路穿越水域的轨道交通隧道区间埋深较深(一般大于2倍隧道直径)或隧道区间采用明挖法施工的,隧道区间两端可不设置防淹门。

(5)线路穿越水域时,由于意外事故导致隧道破裂引起的水域对某些点(车站)的威胁不至于扩大到对更大范围或整条线的威胁,综合考虑行车、工程费等各种因素,可不设置防淹门。如对地铁线路中的某些小岛上只设置了一座车站,线路由此车站通向两侧车站均需过水域,此时两侧隧道的意外入水导致的最坏情况是会淹掉岛上车站及区间,不会对其他主要线路及车站造成影响,在这种情况下,岛上车站两侧不设置防淹门。

二、防淹门系统的组成

防淹门系统主要由机械系统和监控系统两部分组成。

1. 机械系统

机械系统主要由闸门、门槽、启闭设备、锁定装置等部件组成。

(1)闸门

闸门门体采用多立梁焊接钢结构,用热喷锌加封闭涂料的防腐工艺,以延长使用寿命,减少维修工作量。每扇闸门对称设两个泄水闸阀,以保证事故完毕后将隧道内的积水排出,使防淹门在无压或低压状态下开启。

(2)启闭设备

启闭设备用来启闭闸门,采用双钩电动启闭机。预埋地脚螺栓固定在机房顶板上,其动滑动组固定在闸门的第一根主梁腹板上。驱动机构应设手动松闸装置,使启闭机在系统停电或启闭机故障情况下能关闭闸门。

启闭机有固定卷扬式、螺杆式、液压式和双钩电动葫芦。

①固定卷扬式

固定卷扬式启闭设备用于操作依靠自重或加重关闭并要求短时间内全部启闭的闸门,宜一机一门。固定卷扬式操作维修简单,但布置较复杂,成本较高。

②螺杆式

螺杆式启闭设备多用于操作需要下压力的闸门。

③液压式

液压式启闭设备由液压缸、液压站、电器装置组成。有顶升式和倒挂式。顶升式液压缸需布置在门体中，检修时要求闸门下移至特定位置，时间受限制。倒挂式须增加门槽深度，易与管线相冲突。液压式启闭设备造价高，易漏油，元器件需不定期更换，增加了维修成本。液压式多用于平开式闸门。

④双钩电动葫芦

双钩电动葫芦采用非标设计，185 kW 的电动机。同轴驱动 2×80 kN 的双钩葫芦，提升速度约 5 m/min，提升高度为 6 m；设有开度显示和限位器，设置手动释放装置。电源故障时，利用闸门的自重，操作手动释放装置来关闭闸门。双钩电动葫芦结构尺寸小、造价低、维修方便。升降式闸门采用双钩电动葫芦作为驱动源。

(3)锁定装置

每扇闸门配置两台锁定装置。锁定装置采用电动锁定装置，由传动机构推动锁定梁触动行程开关，使其就位锁定闸门和拉开启动闸门。锁定装置固定在防淹门控制室锁定平台上，它的锁定梁横跨机房闸门孔洞。锁定梁的移动用螺杆传动，并设手摇机构，在系统停电情况下能手动解锁，关闭闸门。正常情况下，锁定装置处于锁定位。电动情况下，每扇闸门的两套锁定装置应能同步动作。

(4)载荷限制器

每扇闸门配一套载荷限制器，以避免开门过程中闸门被卡或倾斜的情况下，启闭机仍然工作，造成启闭机、门槽、钢丝绳损坏。

(5)行程开关

包括闸门上极限位行程开关、闸门全开位行程开关、闸门下极限位行程开关。全开位行程开关采用红外线对射开关或非接触式行程开关，其与上极限位行程开关的工作距离应不小于 500 mm。锁定装置需满足运行操作要求的位置指引行程开关和闸门下滑行程开关。

2. 监控系统

监控系统是对防淹门系统的机械设备进行监视和控制的系统，由液位传感器、现场控制柜(箱)、IBP 盘上的按钮、报警设备、控制电缆等组成，还有与信号系统、综合监控系统的接口，现场控制柜(箱)设于防淹门控制室内。

防淹门的控制系统采用可编程控制器(PLC)作为控制主设备，采用设于隧道内的液位传感器作为水位信息采集装置。

监控系统分为中央级、车站级、现场级三级设备。

中央级设备具有对全线防淹门的状态和被监控隧道内的水位、水位上涨速度集中监测的功能。

车站级设备具有对本站防淹门的状态和被监控隧道内的水位、水位上涨速度集中监测的功能,并对本站防淹门的启闭进行控制。防淹门系统在车站级与综合监控系统集成,通过数据共享,由综合监控系统实现车站级监控功能,重要数据通过综合监控系统上传控制中心,实现综合中央级监测功能。车控室的 IBP 盘通过硬线与防淹门系统主控制装置 PLC 连接,实现远程控制功能。

现场级设备监视防淹门的状态,对隧道内的水位进行监视和报警,监视水位上涨速度,控制门体的启闭,并具有列车模拟运行的功能。

三、防淹门的型式

防淹闸门的型式主要有升降式、平开式、横拉式。

1. 升降式闸门

升降式闸门又叫下落式闸门,如图 7 – 13 所示。门体为单扇,属平面多主梁焊接钢结构件,两侧采用钢基铜塑材料作为滑动导向块,与门槽配合,在门槽内上下滑动,实现闸门在隧道内开闭和水流通道的动作。升降式闸门的启闭是通过启闭装置将闸门上提

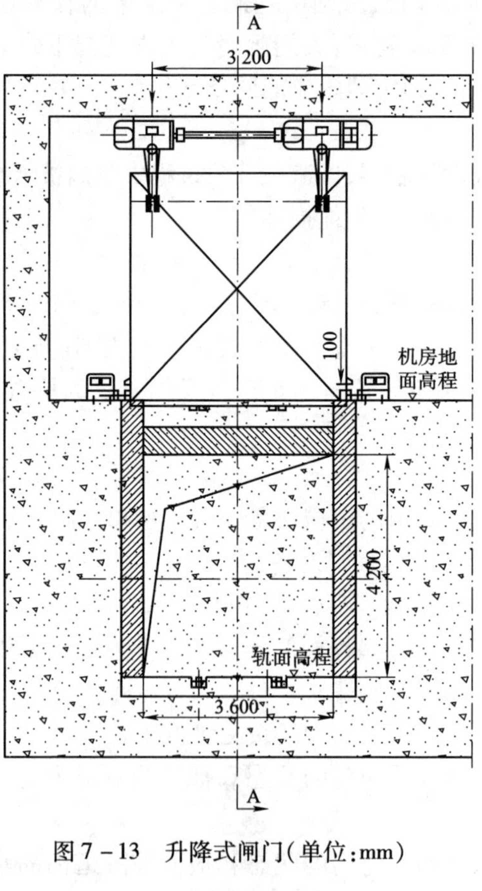

图 7 – 13　升降式闸门(单位:mm)

或放下。其优点是结构简单，仅由一扇滑动门、门槽、一套启闭装置及两个锁定装置组成；控制系统也简单；在闸门上直接安装密封橡胶即可获得与轨道之间的密封效果；布置紧凑，方便维修。缺点是，需在门洞上方设一个大洞室，以放置闸门及启闭装置。

2. 平开式闸门

平开式闸门又叫人字门，如图 7 – 14 所示。闸门绕门轴旋转。其优点是闸门平时只需放在平行于车辆运行方向、隧道两侧的小洞室内，启闭装置可设于隧道两侧，不受隧道高度的限制；门槽结构简单。缺点是隧道尺寸相对较大；门体重，需要大型启闭装置；门体结构较复杂，周边止水差，要求操作设备防水性能好；造价高，维护成本高。

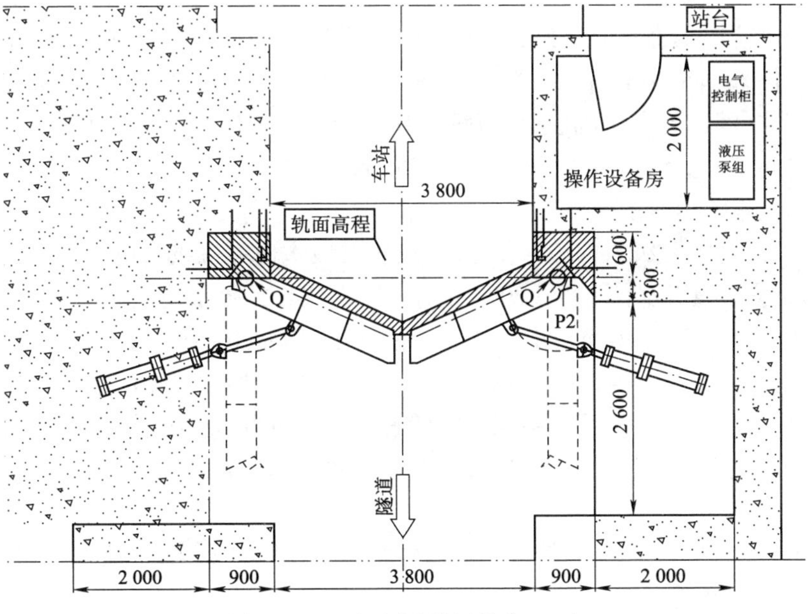

图 7 – 14　平开式闸门（单位：mm）

3. 横拉式闸门

横拉式闸门的启闭靠闸门左右移动完成。其优点是结构简单，主要设备布置在隧道一侧，不受隧道高度的限制。缺点是必须在隧道一侧设置一个大于闸门的洞室放置闸门及启闭装置，而且横向移动与电缆、消防管道的布置相冲突。

闸门的选型主要由车站结构确定，升降式闸门一般应用在设有站厅层的两层车站，平时悬挂在站厅层；而平开式闸门设于只有站台层的单层结构车站，正常状态下掩存在隧道侧壁。如果车站结构条件允许，一般选择升降式闸门。

四、防淹门系统的功能

系统功能主要包括区间水位监视和报警、门体状态监控等。

1. 区间水位监视和报警

在区间废水泵房内设置液位传感器(或液位变送器),用于采集区间水位信息,并将这些信息传送至防淹门室主控制装置。主控制装置对水位进行分析综合后,驱动车站车控室和防淹门室内相关指示灯警笛、警铃动作,并将水位及设备相关状态传输到车站控制室工作站,在车站控制室及防淹门室能对区间水位进行自动监测及报警。当区间水位超过系统相应设定值时,系统自动向防淹门控制室、车站控制室报警。当区间水位到达影响列车正常运行的临界水位时,或者区间水位及其变化趋势危及列车正常运行时,系统自动向相关车站控制室发出区间水位报警信号。

区间水位按四级监视、两级报警设置。一般将区间最低里程处钢轨底以下 100 mm 处设为一级水位预报警,即系统报警临界水位(此时区间隧道开始积水,将危及信号系统的正常工作),向车控室、控制中心发出预报警信号;区间最低处钢轨顶面以上 44 mm 处为四级水位,即危险水位(此水位将危及列车的正常工作)。达到四级水位,或在一、四级水位之间水位上涨速度大于等于设定值(暂定 10 mm/min)时,向车控室、控制中心发出危险水位报警信号。

根据系统需要,一级与四级水位之间,设置二级水位和三级水位。一、二、三级水位差为 100 mm,三、四级水位差为 1 200 mm。一级水位与二级水位之间、二级水位与三级水位之间作为水位上涨速度监测区,水位上涨速度(暂定 10 mm/min,系统可调)作为危险水位报警信号。水位预报警信号和危险水位报警信号均由防淹门系统主控制装置上传至车站级主控系统,主控系统终端显示状态信号并报警,防淹门状态信息和区间水位信息由主控系统上传至控制中心(OCC),实现中央级的监视功能。

2. 门体状态监控

控制中心、车控室、防淹门控制室对门体状态实现三级监视,车控室、防淹门控制室对门体进行二级控制。

紧急控制在以下情况下采用:

①当车站 IBP 盘收不到信号系统的同意关门信号时,可通过人工确认(行车调度员用电话通知车站值班员同意关门),操作带锁的关门按钮关闭闸门。

②车站级控制系统故障后无法关闭闸门时,由授权的车站值班员到防淹门控制室,通过现场控制柜(箱)关闭闸门。

③启闭设备故障或失电,由授权的车站值班员到防淹门控制室,通过手动操作关闭闸门。

在现场控制柜(箱)上进行开/关门操作时,可随时暂停和重新执行开/关门操作。

区间水位信息和防淹门状态信息通过系统主控制装置 PLC 显示和报警。

防淹门的现场控制箱(柜)设置门体控制的功能按钮和状态指示灯,实现现场控制。

五、防淹门系统的接口

防淹门系统须与综合监控系统、信号系统、低压供电系统接口。

1. 与综合监控系统的接口

防淹门系统与综合监控系统的接口实现了防淹门系统现场控制器经通信接口与综合监控系统交换机连接，通信介质为光纤，配备一套光电转换器。防淹门状态信息经光纤传至综合监控系统终点设备。防淹门系统现场控制器与 IBP 盘的通信采用硬线，实现远程控制，包括开门、关门、操作停止、关门请求等，并设置状态指示灯。

2. 与信号系统的接口

防淹门系统给信号系统提供开门信号和请求开门信号，信号系统为防淹门系统提供同意开门信号和不同意关门信号。与信号系统的接口采用硬线通信，接口在防淹门控制室控制柜（箱）端子排上。为防止误操作关闭闸门，信号系统同意关门信号与锁定装置存在电气联锁关系。当防淹门系统收到同意关门信号后，锁定装置才能动作并使闸门关闭。

3. 低压供电系统的接口

接口在防淹门控制室动力配电箱上。低压供电系统提供 AC 380 V 动力电源和 AC 220 V 控制电源。

在建设时，还要和土建、轨道专业相结合。

第九节　门禁系统

门禁指出入口通道门的禁止权限。门禁系统是新型现代安全管理系统，它集微机自动识别技术和现代安全管理措施为一体，涉及电子、机械、光学、计算机、通信、生物技术。它是解决重要部门出入口实现安全防范管理的有效措施。在数字技术、网络技术飞速发展的今天，门禁技术得到了迅猛发展。它早已超越了单纯的门道及钥匙管理，已逐渐发展成为一套完整的出入管理系统，在工作环境安全、人事考勤管理等工作中发挥着巨大的作用。在城市轨道交通，门禁系统主要是方便授权人员在受控情况下方便地进入设备管理区域。

一、门禁系统的功能

1. 对通道进出权限的管理

（1）进出通道的权限。对每个通道设置哪些人可以进出，哪些人不能进出。

（2）进出通道的方式。对可以进出该通道的人进行进出方式的授权，进出方式通常有密码、读卡（生物识别）、读卡 + 密码三种方式。

(3)进出通道的时段。设置可以该通道的人在什么时间范围内可以进出。

2. 实时监控功能

系统管理人员可以通过微机实时查看每个门区人员的进出情况(同时有照片显示)、每个门区的状态(包括门的开关、各种非正常状态报警等);也可以在紧急状态打开或关闭所有的门区。在轨道交通设备管理区通道处门禁设备联动控制 CCTV,当门禁报警时,CCTV 自动调出报警区域图像信息并存储。

3. 出入记录查询功能

系统可储存所有的进出记录、状态记录,可按不同的查询条件查询,配备相应考勤软件可实现考勤、门禁一卡通。

4. 异常报警功能

在异常情况下可以实现微机报警或报警器报警,如非法侵入、门超时未关等。

5. 消防联动功能

当发生火灾时,系统会自动接收消防信号,打开所有门锁,便于人员疏散离开。

根据系统的不同门禁系统还可以实现一些特殊功能:反潜回、防尾随、消防报警监控联动、网络设置管理监控、逻辑开门。

二、门禁系统分类

1. 按进出识别方式分类

(1)密码识别。通过检验输入密码是否正确来识别进出权限。密码识别又分普通型和乱序键盘型(键盘上的数字不固定,不定期自动变化)。

普通型操作方便,无须携带卡片,成本低。但同时只能容纳三组密码,容易泄露,安全性很差、无进出记录、只能单向控制。

乱序键盘型操作方便,无须携带卡片,安全系数稍高。但密码容易泄露,安全性还是不高,无进出记录,只能单向控制,成本高。

(2)卡片识别。通过读卡或读卡加密码方式来识别进出权限。按卡片种类分为磁卡和射频卡。

磁卡成本较低,一人一卡(+ 密码),安全一般,可连微机,有开门记录。但卡片、设备有磨损,寿命较短,卡片容易复制,不易双向控制,卡片信息容易因外界磁场丢失,使卡片无效。

射频卡片设备无接触,开门方便安全,寿命长,安全性高,可连微机,有开门记录,可以实现双向控制,卡片很难被复制,但成本较高。

(3)生物识别。通过检验人员生物特征等方式来识别进出。有指纹型、虹膜型、面部识别型。生物识别从识别角度来说安全性极好,无须携带卡片。但成本很高,识别率不高,对环境要求高,对使用者要求高(如指纹不能划伤,眼不能红肿出血,脸上不能有伤,或胡子的多少),使用不方便(如虹膜型和面部识别型,安装高度位置一定,但使用者的身高却各不相同)。

2. 按设计原理分类

(1)控制器自带读卡器(识别仪)。控制器须安装在门外,因此部分控制线必须露在门外,内行无须卡片或密码可以轻松开门。

(2)控制器与读卡器(识别仪)分体。控制器安装在室内,只有读卡器输入线露在室外,其他所有控制线均在室内,而读卡器传递的是数字信号,因此,若无有效卡片或密码任何人都无法进门。

3. 按与微机通信方式分类

(1)单机控制型。单机控制型是最常见的,适用于小系统或安装位置集中的单位。通常采用 RS-485 通信方式。优点是投资小,通信线路专用。缺点是一旦安装好就不能方便地更换管理中心的位置,不易实现网络控制和异地控制。

(2)网络型。网络型技术含量高。通信方式采用 TCP/IP 协议。优点是控制器与管理中心通过局域网传递数据,管理中心位置可以随时变更,不需重新布线,很容易实现网络控制或异地控制。适用于大系统或安装位置分散的单位使用。缺点是系统的通信部分的稳定性依赖于局域网的稳定性。

三、门禁系统的组成

门禁系统由设置在控制中心的中央级门禁管理层、车站级门禁管理层、现场设备层及通信网络等组成。中央级门禁管理层(含 1 个发卡授权中心),设在控制中心。车站级门禁管理层设在车站、车辆段/停车场、控制中心。主变电所门禁设备以总线方式接入相邻车站管理级。中央管理级与车站管理级通过 TCP/IP 以太网通道连接,车站管理级与现场设备间通过现场总线环网式连接。

门禁系统的组成如图 7－15 所示。

1. 中央级门禁系统

中央级门禁系统主要是中央计算机及其外围设备。其主要功能有:

①门禁卡授权管理。设置员工票的安全级别、授权进入的区域、密码等。

②车站及限制区域设置。设置需授权进入区域的属性、安全级别,车站的属性和授权控制的区域。

③门禁系统参数管理。设置门禁系统的设备控制参数及安全参数,对系统参数的下载进行管理。

④采集限制区域读卡器进入的数据,并对数据进行存储与处理。

⑤对限制区域进出监控,在较高安全级别的区域通过实时显示及打印的方式进行监控。

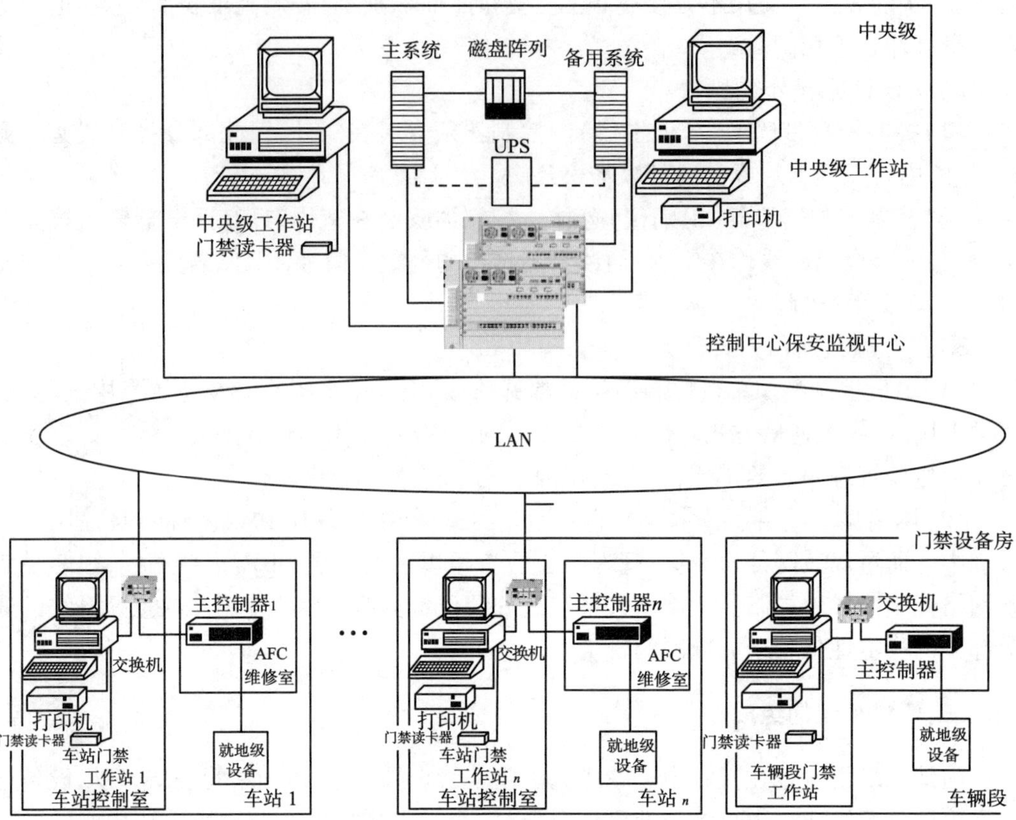

图 7－15　门禁系统的组成图

⑥系统报表生成。系统按时生成有关的报表,必要时可以灵活地根据条件查询数据及生成临时报表。

⑦与中央主时钟同步,可以接受通信系统的同步时钟信号,并把时钟信号下达到各车站和车辆段,使整个系统的时钟与全线其他系统保持一致。

⑧可使用 AFC 系统的数据库建立授权档案,能满足系统运作、授权、设备监测与控制、网络管理、数据库管理、维修管理及系统数据的集中采集、统计、保存、查询等功能。

2. 车站级门禁系统

车站级门禁系统包括车站计算机和主控制器。

①车站计算机。监控主控制器、就地控制器和读卡器的运行状态;采集读卡器读取车票及相应动作的数据,并将数据上传到中央计算机;接收中央计算机下达的系统参数,将相关参数下传至主控制器、就地控制器和读卡器;对于较高安全级别的区域,通过实时显示及打印的方式进行监控。必要时,授权人员可临时设置本车站内区域及进出权限。在不具有权限的人员闯入时,车站计算机能收到就地控制器的报警信号。

②主控制器。车站计算机与就地控制器、读卡器间数据上传与下载的中介设备，通过标准工业现场控制网络连接车站计算机和就地控制器、读卡器。具有以太网的接口。它监控就地控制器、读卡器的运行状态及动作，有关数据上传到车站计算机。

3. 现场设备

由车站公共区进入设备和管理用房区的通道门、一般重要房间以及特别重要的房间设置门禁现场设备。对车站而言，特别重要的房间为 AFC 票务管理室，一般重要房间为通信设备室、信号设备室、车控室等。控制中心和车辆段信号楼仅在重要设备用房设置门禁现场设备。

现场设备包括就地控制器、读卡器及电子锁，它们是具体的动作执行单元，安装在限制区域的门内、门外及门上。

就地控制器、读卡器及电子锁读取车票内的授权信息，具备在线、离线及灾害三种运行模式。在线模式下将信息上传到主控制器，接收主控制器的指令。离线模式下则根据所保存的安全参数进行分析。在与主控制器的通信中断情况下，自动转为离线模式。当发生灾害时，自动转为灾害模式。

①就地控制器。门禁系统的核心部分，负责整个系统输入、输出信息的处理和储存，控制。它检测电子锁及门的开启状态；根据指令或权限规则向电子锁发出动作信号，由电子锁执行门的开启和锁闭操作；在处理过程中具有显示或声音提示功能；在高度安全区域，具有密码输入及识别功能；向主控制器上传有关的卡识别、控制动作、设备运行及门开闭状态等数据。

②读卡器(识别仪)。读取卡片中数据的设备。使用与 AFC 系统相同的读卡器作为门禁系统的读卡器，能读取经二次编码后作为“一卡通”储值票及专用员工票的信息。

③电子锁。门禁系统中锁门的执行部件，采用断电释放式的电子锁，与机械锁合二为一。

④员工票。利用员工票作为进入限制区域的门禁卡，在员工票初始化及数据编码时，编入限制权限，是开门的“钥匙”。

4. 其他设备

出门按钮，按一下即打开门，适用于对出门无限制的情况。

门磁用于检测门的安全/开关状态等。

电源是整个系统的供电设备，分为普通式和后备式两种。

第八章

城市轨道交通综合监控系统

城市轨道综合监控系统是为了实现城市轨道交通信息互通、资源共享,提高各系统的协调能力,提高整个城市轨道交通的安全性、可靠性、自动化水平和综合运营水平而研发的,它将各分立的自动化系统全面集成,构成了一个有机的综合系统。

第一节 概 述

一、综合监控系统的由来

传统的城市轨道交通监控系统包括信号系统、通信系统、供电系统、环控系统、消防系统等,它们是相对独立的数据采集与监控系统。自动售检票、安全门、防淹门等系统也均是各自独立的系统。传统的分立监控系统存在以下缺点:

(1)不同的系统所采用的硬件设备及软件一般随设备供应商的不同而不同,设备维护种类多、工作量大。

(2)各个系统的人机界面(图形风格、设备监控操作方式、报警管理、实时历史数据管理等)由于系统的不同,监控性质大相径庭。

(3)无法在通用的、可互换的操作员工作站上实现对所有运营数据进行全面的综合监控,信息无法全面共享。分立的系统较难实现仅按权限登录即可监控任意子系统的运营需求。

(4)各系统较难实现直接、快速的数据交换,不利于城市轨道交通对所有运营系统全面监控的实际需要,无法实现更为复杂、实用的联动功能。

(5)较难适应城市轨道交通运营对能源、环控、安全、乘客满意度等目标逐步提高的运营需求。

为克服上述分立系统的缺点,实现城市轨道交通信息互通、资源共享,提高安全性、可靠性,提高系统的协调配合能力和综合运营水平、整体自动化水平,出现了将各分立的自动化系统联结为一个有机整体的系统,即构成全面集成的综合监控系统。

二、综合监控系统的集成范围

1. 被综合监控系统监视的子系统

可以被综合监控系统监视的子系统主要包括以下三类:

(1)控制中心监控的子系统,可以被位于控制中心的操作人员正常监控的全部子系统。

(2)车站/车辆段监控的子系统,可以被位于车站/车辆段控制室的操作人员正常监控的全部子系统。

(3)通信系统,包括控制中心或车站操作员使用的通信系统,也包括用于运营人员与乘客之间完成信息交互的通信相关系统。

2. 集成和互联

对子系统的集成,可将接入的子系统的全部信息由综合监控系统传输,或者子系统由专用线路进行传输再接入综合监控系统,子系统车站级和中央级的功能由综合监控系统实现。子系统没有自己单独的信息传输网络。

对子系统互联,是被连子系统具有自己单独的信息传输网络,为独立系统,但综合监控系统控系统与它在不同的网络级别接口,综合监控系统传输必要的信息给这些子系统,实现对这些子系统的监控功能。

各地、各线综合监控系统集成和互联的子系统不尽相同。

一般综合监控系统(图 8－1)集成电力自动监控系统(PSCADA)、环境与设备监控系统(BAS)、火灾报警系统(FAS)。还可以集成其他子系统,包括门禁系统(ACS)、广播系统(PA)、视频监控系统(CCTV)、乘客导乘信息系统(PIS)、站台安全门系统(PSD)、防淹门系统(FG)。

互联的子系统更不相同,一般包括信号系统的 ATS、自动售检票系统(AFC)和通信相关系统等。有些系统不宜集成于综合监控系统,如 AFC 系统本身运作比较复杂,涉及财务等方面问题,不宜直接进入综合监控系统,宜采用互联的方式,只把一些必要的客流数据和设备状态数据传输到综合监控系统上。

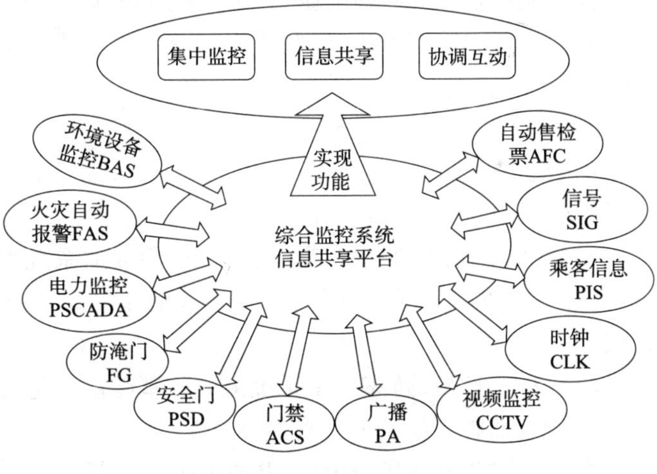

图 8－1　综合监控系统平台示意图

三、综合监控系统的平台

综合监控系统为城市轨道交通提供一个可实现信息互通和资源共享的平台,以满足城市轨道交通对现代化运营管理的需求。

综合监控系统采用通用性好、符合国际标准或行业标准的、高可靠性的网络交换机、服务器和工控机等网络和计算机产品来构建统一的硬件集成平台。

综合监控系统采用模块式、类似积木结构的多层软件开发平台定制应用软件。

综合监控系统采用通用、开放的硬件接口及软件通信协议，以集成和互联的方式与各接入系统实现信息交换，最终实现对各相关机电设备的集中监控功能和各系统之间的信息互通、信息共享和协调互动功能。

第二节　综合监控系统构成

各地、各线综合监控系统集成和互联的子系统不尽相同。本节以集成电力自动监控系统(PSCADA)、环境与设备监控系统(BAS)、火灾报警系统(FAS)、视频监控系统(CCTV)的综合监控系统为例，介绍综合监控系统的构成。

综合监控系统设有中央级监控中心(位于控制中心)、车站级监控中心(位于车控室)、现场级监控设备(位于各子系统设备室)和设备维护中心。中央级监控中心和车站级控制中心根据权限对供电设备、机电设备和视频设备进行监控，对防灾报警设备进行监测；现场级监控设备对各自系统设备进行监控。

综合监控系统的监控对象为：电力监控系统、环境与设备监控系统、防灾报警系统、视频监控系统的监控对象，以及构成监控系统本身的设备等。

一、系统总体构成

1. 系统结构

系统采用分层分布式结构，分为以下三层：

(1)全线控制中心与控制中心以太网组成的系统顶层。

(2)由全线各车站和车辆段/停车场的车站综控室与车站级以太网组成的车站监控层。

(3)供电、环控、防灾等子系统组成的基础自动化层。

2. 综合监控系统的三级控制

综合监控系统是基于TCP/IP或UDP/IP体系的三层网络结构，实现三级控制。

(1)中央级控制。在控制中心和备用控制中心中按系统集成的要求，针对系统总体功能实现全局性的操作、管理和决策等工作。

(2)车站级控制。在车站内实现区域性控制模式和数据处理等功能。

(3)现场级控制。在正线范围内采集监控对象和其他数据源(含视频、模拟量以及开关量信号)等数据，并执行相关指令。

3. 网络结构

网络分为三层体系结构：

（1）顶层网为通信骨干网（通过路由器）支持的高速交换冗余以太网，作为全线控制中心的网络。

（2）车站层采用 100 Mbit/s 交换以太网。

（3）底层是车站各子系统的实时控制网络和现场总线。

顶层的控制中心监控局域网和各车站监控局域网由通信骨干网连接起来，构成一个广域网，一个地理上分散的大型监控系统。骨干网沿线路分布，将各车站、车辆段的局域网连接起来，同时连入中央监控中心的局域网。车站局域网和中心局域网皆为冗余高速以太网。

系统的监控功能主要在全线中央监控中心和各个车站综控室实现。

车站以太网将底层各子系统的实时数据存入车站服务器的数据库里，通过骨干网又汇接到中央监控中心服务器（又称全局服务器）里。骨干网连接的全局服务器和车站服务器组成了一个分布式服务器系统，采用 C/S 结构，TCP/IP 协议，构建起集成系统的数据处理中心。

车站用前端处理器（用于数据协议转换）和以太网，将低压供电控制系统、环控 PLC 系统连接起来，接入 FAS 的相关信息。中央监控中心通过骨干网将局域网连起来进行全系统的集成。集成系统在各层都留有对第三方设备、第三方子系统、第三方系统的接口。综合监控系统的总体结构示意图如图 8－2 所示。

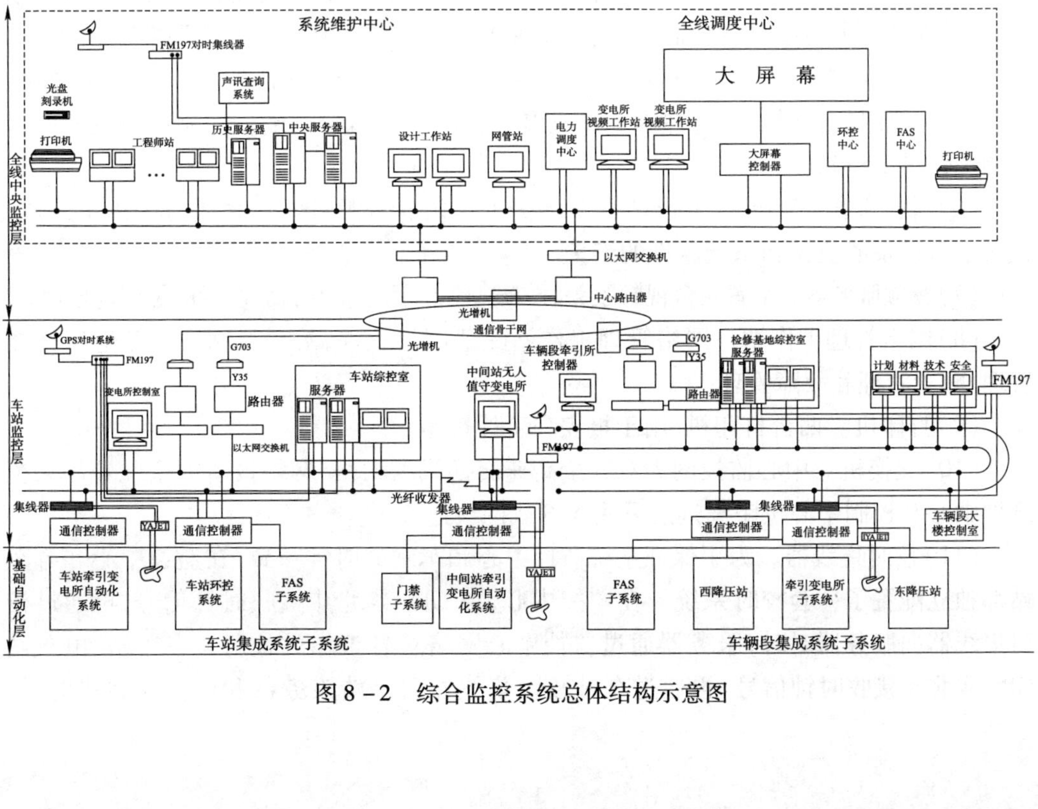

图 8－2　综合监控系统总体结构示意图

二、系统的硬件平台构成

系统由中央监控系统、车站监控系统、车站设备层和骨干网构成。

1. 中央监控系统

在控制中心设中央监控网络。中央监控网的核心是 SDH 骨干网在控制中心的节点连出的冗余 100 Mbit/s 交换机。监控网上建立多服务器(实时服务器和历史服务器)、多工作站以及外围设备。

(1)控制中心监控局域网。控制中心监控局域网以交换机为核心。冗余配置的交换机的各相应端口连接控制中心各个设备,包括两台冗余配置的实时数据服务器,构成冗余配置的中央监控网。中央监控网与骨干网的界面在骨干网中心路由器。

(2)控制中心实时数据服务器。控制中心实时数据服务器由两套服务器组成,完成实时数据采集、数据处理和文件管理。具有双机热备功能,任何一台服务器可以完成全部服务。

(3)控制中心历史服务器。控制中心设一套历史服务器,完成历史数据、报警记录、操作记录、报表等与历史相关的数据和文件管理。

(4)电力调度工作站。电力调度工作站是中央电力调度中心。电力调度工作站由三套双屏电力调度员工作站、事件和报表打印机等组成,对全线各主变电所、牵引降压变电所(含跟随所)、降压变电所(含跟随所)等进行监控。实现遥测、遥控、遥调和遥信功能;实现全线电力线路管理监控功能;实现对电力牵引动力供电管理监控功能。

(5)环调工作站。环调工作站是中央环控调度中心。环调工作站实现对泵、风机、空调、冷水机组、自动扶梯、电梯等全线机电设备的中央监控功能。控制中心设置两套环调操作员工作站。

(6)维护工作站。维护工作站由双维护工作站、事件打印机、报表打印机等组成,完成本身设备的监视和系统软件的维护。

(7)视频服务器。配置两台视频服务器,双机热备,用于全线视频图像的控制与处理。

(8)网络管理工作站。网络管理工作站配置网管软件,对全线网络设备进行性能管理、配置管理和故障管理。

(9)打印机。两台打印机,用于报表和事件打印。

(10)交换机。中心监控网为双冗余高速交换式以太网,网络设备冗余配置。系统维护中心和控制中心按距离远近采用光纤或网线连接。

(11)校时集线器。为了保证系统监控中心和车站的时钟一致,在监控中心和各车站都独立配置了一套校时系统。在监控中心,由 GPS 或北斗接收时钟信号,再通过校时集线器向服务器对时,服务器通过监控中心网络对各工作站校时。在车站,由车站 GPS 或北斗接收时钟信号,再通过车站校时集线器向车站服务器和通信控制器对时。

当车站的校时失效时中心服务器通过网络对车站服务器进行校时,实现全线的校时。校时集线器的标准时钟通过本地时钟电路产生,也可以通过外接标准时钟产生。

(12)前端处理器。配置一对冗余的前端处理器,负责接入 AFC 和 ATS,采用以太网 TCP/IP 通信接入。

(13)大屏幕。大屏幕系统用于电力系统、CCTV 视频的投影,包括大屏幕投影墙、两台网络图形控制器、U-GATE 控制器、切换矩阵及相应的输入信源组成。

(14)UPS。配置一台在线式 UPS,其供电范围包括控制中心和维修中心所有综合监控设备,后备时间为 2 h。在系统维护中心配置一台在线式 UPS,供电范围为各维护工作站、网络管理工作站和打印设备等,后备时间为 2 h。

(15)中心机柜。在监控中心提供了三个机柜,其中两个机柜为两台实时服务器所用,每个机柜含一台机架安装的服务器、一台 15 英寸显示器、一台中心交换机、一台校时集线器,另外还有键盘和鼠标。为了保证这些设备供电的安全可靠,电源直接采用端子排连接。

2. 车站监控系统

车站级监控层是以以太网为中心的局域控制网。

车站级监控系统相对于中央监控系统侧重不同,对于电力设备的监控,监控重心在监控中心,车站按无人值班设计,保留监视功能,监视本车站电力设备的工作状态;对于环控子系统,监控重点在车站车控室,监控中心保留控制的功能,但重点是监视全线各车站机电设备的工作状态。

(1)车站监控局域网和车站交换机。车站级监控网为冗余的 100 Mb/s 交换式以太网。车站监控网以交换机为核心。冗余配置的交换机的各相应端口连接车站的各个设备。

(2)车站服务器。双机热备,任何一台服务器可以完成全部服务。

(3)车站环控监控工作站。在车站控制室设置环控车站工作站,监视本站所有机电设备的工作状态。由于监控重点在车站,车站控制室实现了对本站全部机电设备工作状态的监视和控制。还能实现对本站(含变电所)CCTV 图像的调取。

在权限允许的情况下,本站值班员可以通过本站环控工作站,登录其他某个车站,完成对该站全部环控设备的监控。

(4)车站前端处理器。为了减轻服务器的负担,实现分布式数据处理,所有集成的监控设备均统一接入车站前端处理器(通信控制器),负责与相连智能设备的周期数据巡检和协议转换,定期查询各链路的数据,按照双方规定的协议,将各种不同格式的实时数据转换成为内部数据对象格式,提交车站实时服务器和中心实时服务器,通过车站实时服务器和中心服务器向需要数据的客户端分发数据。

为了分散危险,同时为了低负荷率,配置两台通信控制器:一台为电力通信控制器,另一台为环控通信控制器。电力通信控制器负责与电力系统设备的通信,环控通信控制器负责与环控机电设备的通信。

(5)车站校时系统。车站服务器由本地的 GPS 校时,工作站由本车站服务器校时。车站各通信控制器由本地的 GPS 或北斗校时,GPS 或北斗有故障时,由车站服务器用网络方式校时。

(6)视频监控设备。每个车站(含变电所)安装一套视频设备,经本站编码器将原来的模拟图像信号转换为以太网数据包,经千兆交换机传送到车站网络,供本站视频图像的调取。通过 SDH 将图像数据传至骨干网,实现控制中心远程的监控图像调取。

(7)综合后备盘。综合后备盘(IBP)是按键式监控盘,为一种人机接口装置,设置在每个车站的控制室,当在中央一级发生通信故障或在车站一级发生人机界面故障时,作为车站监控系统的后备设备,在紧急情况下使用,以支持车站的关键监视和控制功能。例如,对于信号系统,在 IBP 上设置信号系统的"紧急停车/取消紧停"、"扣车/终止扣车"等按钮实现对列车的相关控制。对于安全门系统,监视本站内的安全门系统主要报警及开门状态,并提供每边站台的安全门的开/关控制功能。

IBP 为各系统提供一个统一的硬件安装平台,作为相关集成和互联系统的手动后备设备。

(8)车站控制室机柜。在每个车站综合控制室配置一个标准机柜,用于环控通信控制器、车站网络传输设备及逆变电源的组屏。

(9)紧急停电控制箱。供电系统的区间紧急停电按钮安装在车站综合控制室,相关人员直接按下紧急停电按钮,使不安全区间停电。

(10)车站 UPS。为了保证车站监控计算机和网络设备的安全可靠供电,系统在车站综合机房配置一套 UPS。

车辆段/停车场监控系统大体上与车站监控系统相同,只是没有环境与设备监控系统。

3. 现场设备层

现场设备层为电力自动监控系统、环境与设备监控系统、火灾报警系统的现场设备。

(1)变电所设备。在每个变电所配置了一个标准的 RTU 屏,用于电力通信控制器、车站监视设备和变电所网络传输设备及逆变电源的组屏。

每个变电所安装一套视频设备,通过变电所内的摄像头获取变电所的图像模拟信息,经过编码器转换为基于 TCP/IP 网络标准的数据包,通过 RJ-45 以太网接口直接传送到车站网络上,再通过骨干网传输到监控中心,实现中央远程监视。

在变电所设置电力监控工作站,以监视本车站电力设备的工作状态。可以实现控制中心对本站的全部监控功能,但通常情况下,控制功能由中心电力调度掌握,只有当权限下放到本站以后,本站才能使用控制功能。

在权限允许的情况下,本站值班员可以通过电力监控工作站,登录其他某个车站,完成对该车站全部电力设备工作状态的监控。

(2)环控机房设备。在每个车站环控机房配置一个标准机柜,用于环控通信控制器、车站网络传输设备及逆变电源的组屏。

4. 综合监控系统接入骨干网

综合监控系统在车站和监控中心之间的数据交换以及车站与车站之间的数据交换,没有采用独立的通信网络,而是借用骨干网的信道。

骨干网 SDH 机架在每个车站和控制中心提供两个冗余的以太网口,实现全线各个车站点对点的通信。SDH 网在整个网络里仅起二层网络数据交换作用,实现车站局域网和中心局域网网络连接。骨干网的接入示意图如图 8－3 所示。

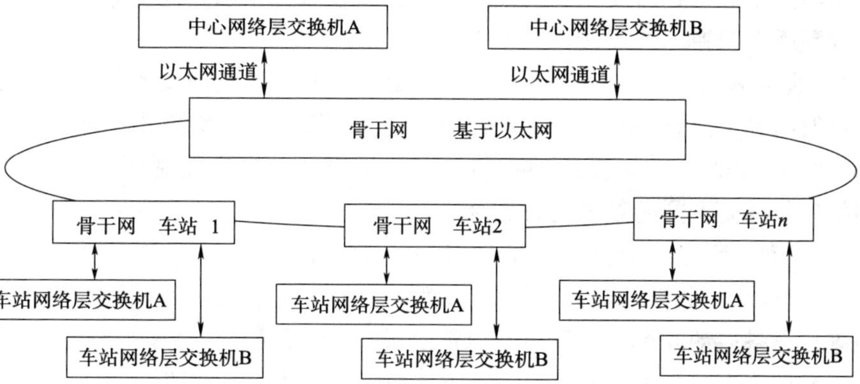

图 8－3　骨干网接入示意图

(1)中心网络层交换机。在网络层千兆交换机对各个车站、各个系统进行 VLAN 划分,由于各 VLAN 不能直接通信,保证了网络的安全。三层网络交换机使路由器的三层网络路由功能与二层交换机相结合,使网络设计得更加简单紧凑,且减少了设备数量。

(2)车站交换机。在系统车站级建有百兆局域网。各个车站交换机通过光纤连接,组成环网结构,使分散在车站各处的终端设备便于接入网络。车站环网接入示意图如图 8－4 所示。

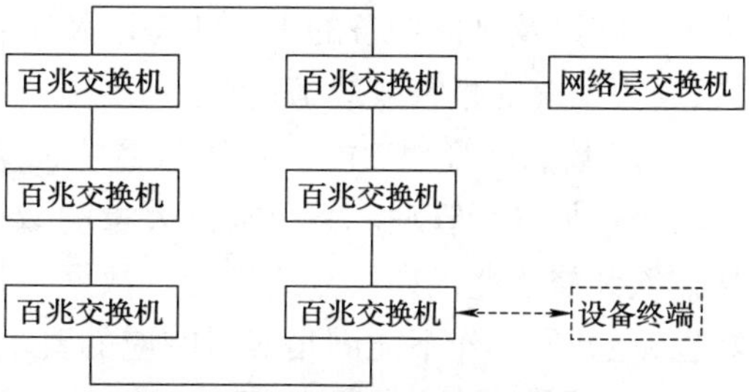

图 8－4　车站环网示意图

三、系统功能

综合监控系统的主要功能包括对机电设备的实时集中监控功能和各系统之间协

调联动功能。此外,还具有系统平台功能、大屏幕显示功能、视频系统功能、网络管理功能、防病毒功能。

1. 集中监控功能

通过综合监控系统,可实现对电力自动监控、环境与设备监控、火灾监视报警等进行实时集中监视和控制功能。

2. 协调联动功能

通过综合监控系统,还可实现晚间非运营情况下、日间正常运营情况下、紧急突发情况下和重要设备故障情况下各相关系统设备之间协调互动的功能。系统联动分为全自动、半自动和手动三种。

(1)全自动联动。综合监控系统接收处理接口系统的报警状态触发点,然后自动发送相关的控制命令到需要联动的接口系统而无须人员干预。控制命令还根据需要包括图形或画面自动弹出的形式。

(2)半自动联动。当与预定义的联动功能相关的报警点触发动作后,将在 HMI 上向操作员发出提示信息,操作员确认后,自动向需要联动的系统发出控制指令。

(3)手动联动。人工选择启动一组涉及多个系统的顺序控制序列,系统自动按照顺序和闭锁条件向不同的系统发布指令。

例如:日间正常运营情况下的早间启运联动功能:车站照明、电扶梯、乘客导向系统、环境与机电设备监控等根据系统运营时刻表执行早间启运联动,根据时刻表的编排有序地进行设备启动并投入运营。紧急情况下,火灾报警与广播及视频监控联动:综合监控系统在接收火灾报警信息后,自动切换视频监控监视火灾报警区域,同时在 HMI 上发出弹出的窗口信息,操作员需作出确认后才将服务广播强制切换成火灾应急广播模式,如不确认或选择取消则继续正常服务广播。

3. 系统平台功能

(1)HMI 功能。综合监控系统在各个工作站上都具有一个友好、方便、有效的和清晰的图形用户界面,采用图像、文字、数字、图表等进行静态及动态信息的展示,显示各个子系统以及具体设备的工作状态以及工作参数,并可以及时通过声音或动态色彩方式,通报系统的报警或故障信息。

(2)数据库管理功能。系统设置实时数据库及历史数据库系统,对在线运行数据及历史数据进行管理。系统提供大量的数据库在线监视、管理、统计、维护等工具。数据输入和修改能以在线方式进行。数据库管理软件可以快速访问常驻内存数据和硬盘数据,在并发操作下能满足实时响应的要求。

(3)系统安全与权限管理。系统通过用户名、密码识别并分配操作权限来实现系统安全管理,所有用户都必须经过登录过程才能访问系统。一旦用户登录,就能够在已选定的用户权限范围内进行操作。权限决定操作员的监视及控制的范围。系统将分配给每个级别用户一定的权限,这些权限包括操作模式、控制权力、控制范围等。

(4)统计和报表。系统具有强大的报表管理、生成和打印功能,常用报表有报警报表、事件报表、数据统计报表、各种日志报表等,同时授权用户可以定制所需的报表及定制报表格式。

(5)故障诊断。系统故障诊断功能主要负责计算机系统本身的故障诊断与系统状态监视,确保系统能够及时发现故障,实现双机系统的有效切换,以及系统设备的状态监视。

(6)系统校时。系统提供校时机制对于接入的服务器、工作站、通信控制器进行校时。

(7)在线下装。在线无扰下装功能用于对数据库、算法及与此相关的组态数据进行局部修改后的远程下装。

(8)远程更新。远程更新功能用于对数据库、算法及与此相关的组态数据进行局部修改后的远程配置。

(9)员工签到和信息传递。员工签到包括上班签到、值班签到、巡检签到、开会签到、签到信息查询、签到报表的自动生成。信息传递包括通知的编辑、发送及接收。

(10)系统总貌监视。系统具有应用监督系统,以便于维护和故障分析。通过系统状态图显示,操作员了解系统服务器、网络、通信控制器、保护测控装置的状态。

4. 大屏幕显示功能

在正常使用状态下,大屏幕通过显示行调、电调的调度信息,通过控制计算机的操作,可以在行调、电调网络图形上以窗口形式显示监控视频信号。窗口信号和底层的网络图形为两层显示界面,互不干扰。

5. 视频系统功能

监控中心可以接收来自网络上的视频数据并进行在线播放,也可以直接播放存放在本地的视频文件。在进行播放的同时,不仅可以实现同步录像、抓拍等功能,此外,还具有动态配置画面特殊布局、主窗口画面位置交换功能,对主窗口功能操作加锁和解锁、报警接收、报警提示、报警录像和监控设备控制等功能。

除在线播放功能外,还对各车站以及中心的视频录像进行调取、下载等功能。此外,还具有 CCTV 联动功能,报警接收、报警提示和监控设备控制等功能。

6. 网络管理功能

综合监控系统监控配置了网络管理软件,目的在于加快网络故障定位速度,提高网络维护效率,同时保证网络安全。

网络管理包括设备故障管理、配置管理、图形设备管理等。

7. 防病毒功能

系统安装了防病毒企业版,在网络服务器和工作站上完成关键性的防护任务。

第九章 单轨交通

单轨交通也称独轨交通，是指车辆在一根轨道上运行的轨道交通系统。单轨交通利用城市道路中间上空架设高架轨道梁，开行电力车辆，是一种中、小运量的轨道交通系统。单轨交通因轨道梁比较窄，仅为85 cm，对城市的景观及日照影响较小，占用土地少，能在大坡道小半径曲线区段发挥正常性能，建设工期短，造价低，安全，噪音低，振动小，无污染，可以采用现代化的信号和通信技术、高频率的发车间隔，从而快捷、便利、舒适地运送乘客。

但是，单轨车运能小、速度低、能耗大。由于橡胶轮与混凝土轨面的滚动摩擦阻力比钢轨大，所以其能耗要比普通的轨道交通大40%；橡胶轮与轨道间的摩擦会形成橡胶粉尘，对环境有轻度污染；列车在区间发生事故时，面积狭小的轨道梁难以安设救援设施，疏散和救援工作都比较困难。

因我国仅在重庆、芜湖城市轨道交通中采用跨座式单轨交通，故本章的单轨交通线路、车辆、供电、信号只介绍跨座式的。单轨交通其他设备同一般城市轨道交通。

第一节 概　　述

一、单轨交通的选用

对于地形条件复杂的地段，高低相差悬殊而运量相对较小，单轨交通是较理想的选择。单轨交通路可以用作大中城市发展城市轨道交通可供选用的一种模式，可用于连接车站、港口、机场、住宅区、商业区，特别是地形条件复杂、利用其他交通工具比较困难，而且运量处于中等的情况，建设和发展单轨交通将是适宜的，它对改善我国城市交通状况，是一个有效途径。

二、单轨交通的类型

单轨交通基本上分为跨座式和悬挂式两种类型。

跨座式单轨交通是车辆跨坐在轨道梁上行驶，车体重心在轨道梁的上方。

悬挂式单轨交通是车辆跨坐在轨道梁上行驶，车体重心在轨道梁的下方。

三、单轨交通的优点

单轨交通与轻轨交通相比,突出优点表现在:

1. 占用土地少

高架单轨轨道结构窄,又可架设在道路上方,不需要很大空间,每根支柱直径仅为1~1.5 m,双线轨道梁的线路断面总宽度约为5~7 m,在高架轨道系统中是最窄的。

2. 运量较大

单轨列车一般由4~6辆组成,列车运输能力每小时为5 000~20 000人次,其运量介于公共汽车与轻轨交通之间。

3. 能适应复杂地形

爬坡能力强、转弯半径小,非常适合山高坡陡、弯多路窄的地形条件。由于使用橡胶轮胎,可以适应复杂地形,适宜在狭窄街道上空穿行,可减少拆迁。

4. 建设工期短,造价低

高架单轨结构简单,易于建造,因此工期较短,造价较低,一般为地铁的1/3。

5. 能确保安全、正点

由于车辆与轨道的特殊结构,在轨道梁两侧均有起稳定作用的导向轮,没有脱轨的危险;采用高架轨道,与其他交通各行其道,互不干扰,特别是不受公路拥挤的影响,不会发生撞车事故,能保证安全、正点运行。

6. 噪声与振动均低,且无排气污染等公害

由于采用橡胶轮胎,取消了传统的钢轨和钢轮,所以振动和噪声大大降低,此外,电力驱动也不存在污染环境的问题。

7. 对日照和城市景观影响小

高架单轨占用空间少,沿线不会投下很大的遮光阴影,并且对城市景观还能起到一定的点缀作用。

8. 乘坐舒适

由于橡胶车轮和空气弹簧转向架的采用,列车运行平稳,再加上空调等现代化设备的装设,乘客乘坐环境舒适,视野广阔,瞭望条件好,在城市中运行可兼有游览观光的作用。

四、单轨交通的缺点

单轨交通车辆的弱点有两个方面:一是它的运量在实践中还没有达到过计算运量,所以,对单轨交通车辆的最大运量问题尚需进一步论证;二是这种类型车辆我国还没有研制的经验,而引进的价格非常昂贵。

单轨交通折返设备因其需承载线路、列车做转动或平移,故建造与投资均有一定的难点,这是单轨交通发展的一个限制因素。

第二节 单轨交通的线路

一、单轨交通的线路

跨座式单轨交通线路结构比较简单,由轨道梁、支柱、基础组成,如图 9 – 1 所示。其轨道梁结构中主要包括承重面,导向侧面及附属设施(如供电、信号、通信等设备)。

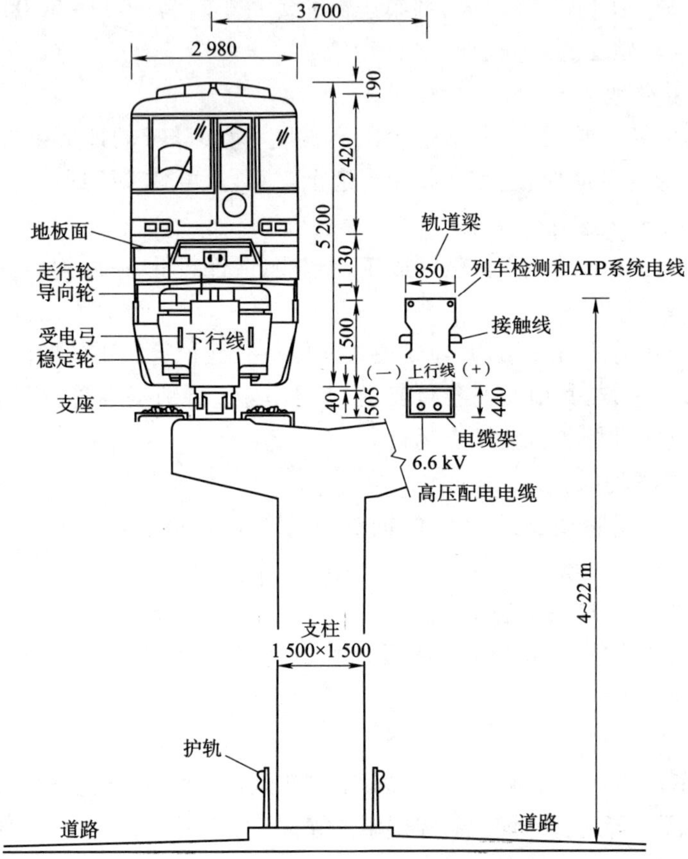

图 9 – 1 跨座式单轨交通线路结构(单位:mm)

单轨交通特别适合在大坡道和小半径曲线区段发挥作用,最小曲线半径,运营线路 60 m,其他线路 30 m。线路最大坡度,运营线路 60‰,其他线路 100‰。单轨交通的线路中心距,直线段 3. 7 m,曲线段适当加宽。圆曲线最小长度不小于 20 m。

二、跨座式单轨交通的轨道结构

单轨交通的轨道由轨道梁、支柱和基础构成。

1. 轨道梁

轨道梁的作用是引导单轨列车运行，直接承受车轮传来的压力，并将力通过立柱传递到基础上。轨道梁的上表面是车辆走行轮的行驶路面，两个侧面是水平导向轮的导轨，也是水平稳定轮的支撑。

标准轨道跨度为 20 m。标准轨道梁：宽 800 mm，高 1 400 mm。大型轨道梁：宽 850 mm，高 1 500 mm。

跨座式单轨交通的轨道梁一般用预应力混凝土制成，当轨道梁跨度很大（25 m 以上）或很高时，必须用钢材，以保证其足够的强度。

2. 支柱

支柱的作用是支撑轨道梁，承受由轨道梁传递的列车荷载。

支柱采用细长结构，分为 T 型、倒 L 型和柱型，根据地形或其他要求选用，采用钢筋混凝土制成。

支柱的高度决定于线路的地形和轨道梁的高度要求。

支柱跨度在直线地段一般为 20 ~ 25 m，曲线地段一般应短些，为 14 ~ 20 m。

3. 基础

基础的作用是稳固支柱并承受由支柱传来的力。

三、跨座式单轨交通的道岔

道岔包括一个活动轨、一对走行梁和导向轨。除活动轨之外，还有一个调整轨，在两走行面间起补偿作用。

跨座式单轨交通道岔是由一定长度的轨道梁本身作为道岔，使其移动，与另一线路的轨道梁对接完成转辙作业。道岔梁一端可以移动，整根梁与梁下方的支撑台车固定在一起，由台车上的电动机驱动。道岔梁可分为两类：一类是柔性铰接型如图 9 - 2 所示，可使道岔梁连续弯成曲线；另一类为简易铰接型，转辙时道岔梁在转辙点前方保持一定距离的直线，用于车库内部或低速区段轨道梁上。

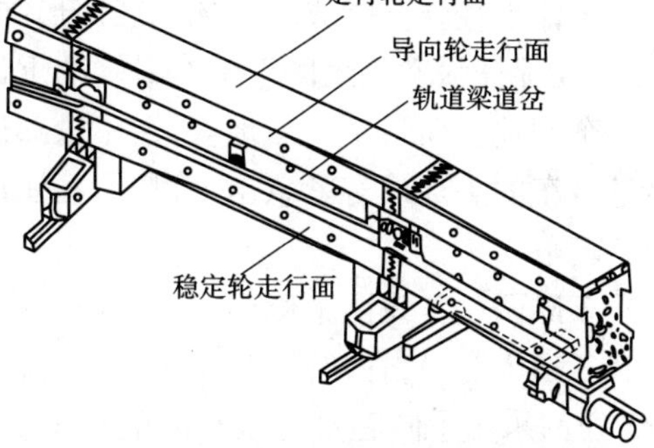

图 9 - 2 柔性铰接型道岔

单轨交通根据连接线路的形式，可分为单开道岔、三开道岔和交叉道岔，如图 9 - 3 所示。

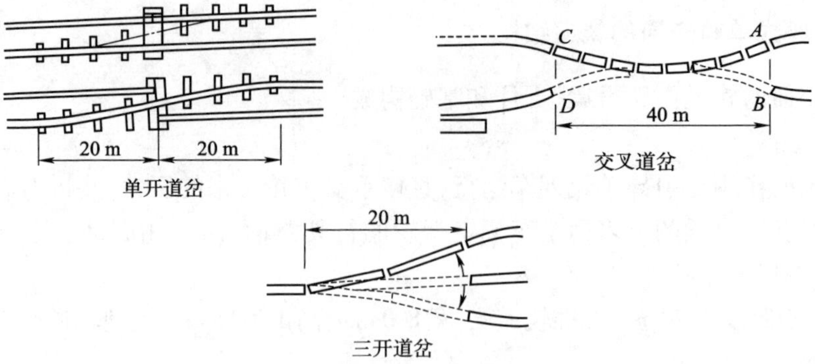

图 9－3　单轨交通道岔

四、跨座式单轨交通的车站

车站位置应根据沿线的开发计划确定，还要考虑与其他交通工具的衔接，为乘客换乘提供方便。站间距一般为 500 ~ 1 000 m。站台型式有岛式和侧式两种，一般根据占地面积、方便乘客和便于管理来确定。站台长度通常根据运用车辆的大小和列车长度而定。岛式站台最小宽度为 3 m，侧式站台最小宽度为 2 m。

第三节　单轨交通的车辆

跨座式单轨交通列车一般由 4 或 6 辆固定组成，列车前后两端的动车带有司机室。为便于其他车辆连挂，首尾部位设自动密接式车钩，中间车辆使用杆式车钩连接。

一、车　　体

车体由轻合金制成的整体承载筒形结构，采用大型中空截面的挤压型材料，经拼焊而成，在保证强度和刚度下具有最轻的重量。车内所配置设备材料具有阻燃性。

车厢地板面为全平面地板，在车轮部位也没有凸起。座席采用纵向座椅，以扩大载客量。车的头部设有紧急出入口，车厢间设置全贯通式通路，以利于各车厢乘客均衡及应急疏散。

车厢两侧各设两个侧门。为了满足乘客沿途观光需要，在每节车厢的中间部位连续有三扇大窗户，在端部有小窗户。为了在春秋季节能进行自然通风换气，侧窗上部 2/3 处都采用了向客室内敞开的活动窗。为防止向外投弃杂物，在开口处安装了封闭的保护金属网。

车厢内装有空调装置，可制冷和采暖，通过环流风扇保持了舒适的室内环境。

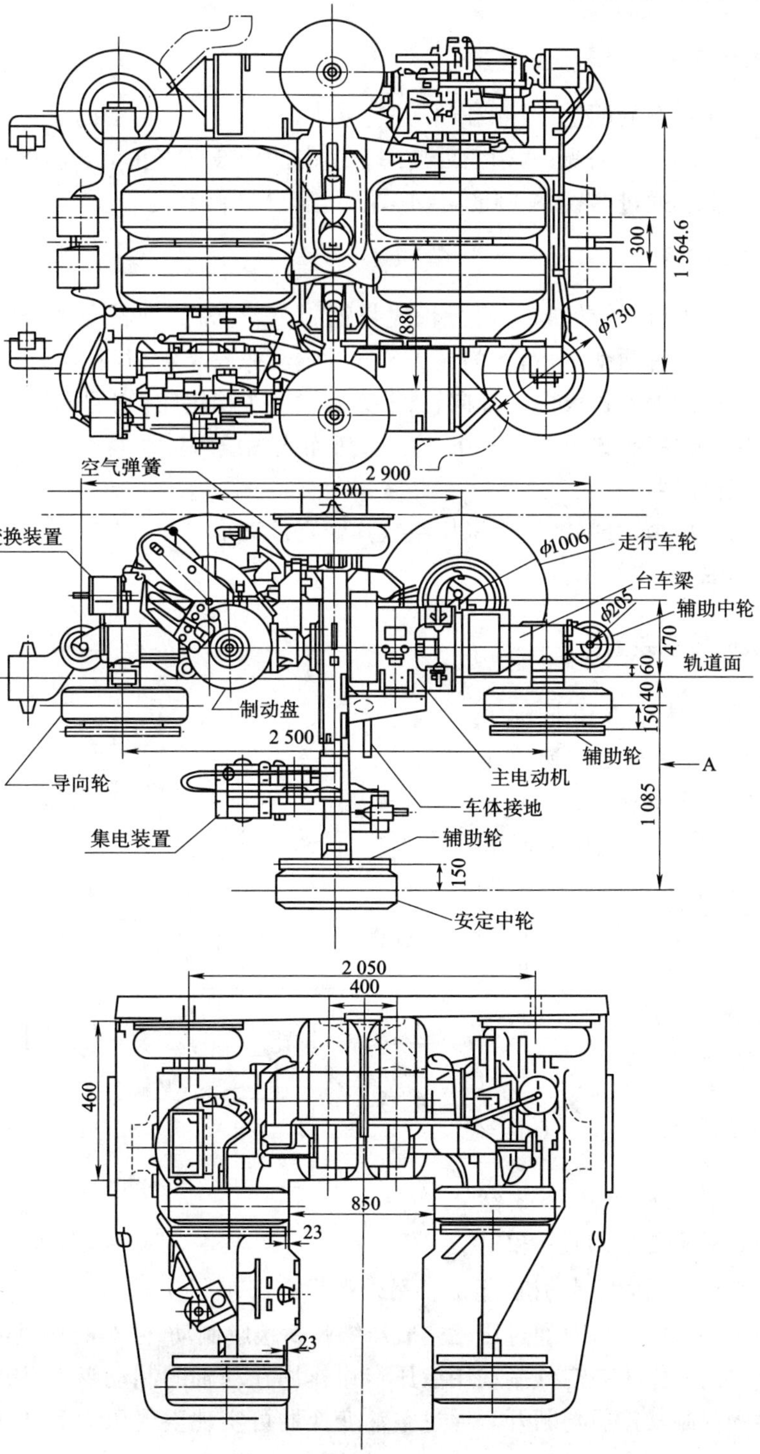

图 9－4　转向架结构(单位:mm)

二、司机室

司机室在列车的两端，设侧开门，并与乘客车厢隔开。正面的窗户采用平面玻璃，以保证司机室的正面采光；两边角处使用合适的曲面玻璃以扩大司机的视野。

这种单轨车通过 ATO 控制能自动运行，也可人工操作运行。

三、转向架

转向架由走行轮、导向轮、稳行轮代替钢制车轮，为二轴转向架，全部是动力转向架。每根轴上装有两个走行轮，为充入氮气的钢套橡胶车轮，其直径为 1 006 mm。

转向架两侧上方各设两个导向轮，下方各设一个稳定轮，它们都是充入空气的尼龙丝橡胶车轮，直径为 730 mm。另外，为防止车轮轮胎放炮，都装有钢制备用轮，并设置了车轮放炮检测器。

车体的支承为无摇枕结构，采用空气弹簧直接支承方式，以求轻量化和舒适性。转向架结构如图 9－4 所示。

四、机械传动装置

采用两级减速直角传动方式，把主电动机的转矩传递给走行轮，如图 9－5 所示。

减速箱由输入轴、中间轴和驱动轴组成。输入轴和中间轴采用螺旋伞齿轮传动，中间轴和驱动轴采用螺旋齿轮传动，齿数比为 1∶5.68。减速箱的外面，敷设有降低噪声的减噪材料。

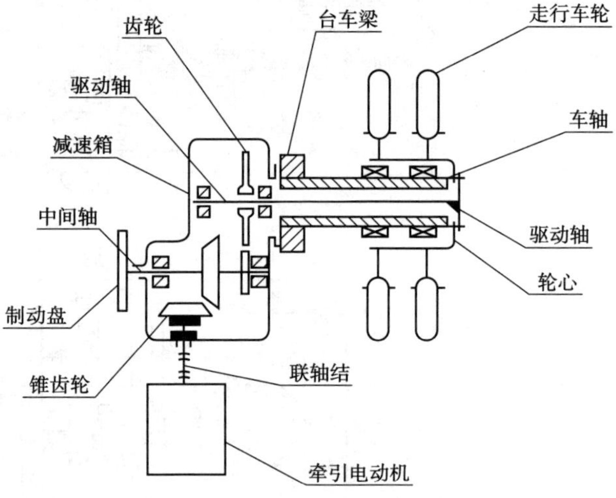

图 9－5　机械传动装置

五、制动装置

制动装置由电气指令式空气制动机（附设安全制动）和电传动装置制动机（再生制动机）组成。另外还设有停车制动器，它利用弹簧产生制动所需的机械力。车辆走行时通过压缩空气压缩弹簧缓解制动，停车时通过电磁阀断电，弹簧复原产生制动作用。空气制动用液压卡钳作用在动轴的制动盘上，液压卡钳由风动液压转换阀控制其接通与断开。通过空油变换器可实现空气压力和油压的转换，从而产生制动作用。当再生制动不足时，由空气制动补充。

六、主电动机

主电动机输出功率为 80 kW,采用带有直流串联绕组补偿极的圆形偏转线圈的开式自通风结构。每台转向架安装两台电动机,通过橡胶挠性联轴节与齿轮箱相连,将扭矩传给轮对。主电动机的绝缘等级为 H 级,电机转子、励磁系统采用无溶剂树脂进行真空浸渍,满足了小型轻量化的要求。在换气侧设置了冷却风扇,在出口处安装有消音器以降低噪声。

七、斩波器控制装置

每列车设有两组斩波器,每组可控制 8 台主电动机,斩波方式为串联消弧形反向振荡脉冲方式,使用反向耐压 2 500 V、额定平均正向电流 400 A 的反向导通式晶闸管。作为附加再生制动的电动机斩波器控制方式,是通过来自主控制器的手动运行指令和采自 ATO 装置的自动运行指令,在牵引运行时控制直接加在主电动机上的电压,在制动时控制电力再生,进而控制了电动车组减速度。通过采用再生制动装置,降低了电能的耗费,实现了主回路的无接点化、自动化,提高了可靠性。

第四节 单轨交通的供电

单轨交通车辆一般采用橡胶轮胎走行轮,因而轨道梁(不管是钢梁还是钢筋混凝土梁)不能成为供电回线。为此,采用设置送电正线与负馈电线构成回路方式。如图 9－6 所示为跨座式单轨系统供电设备的设置情况。

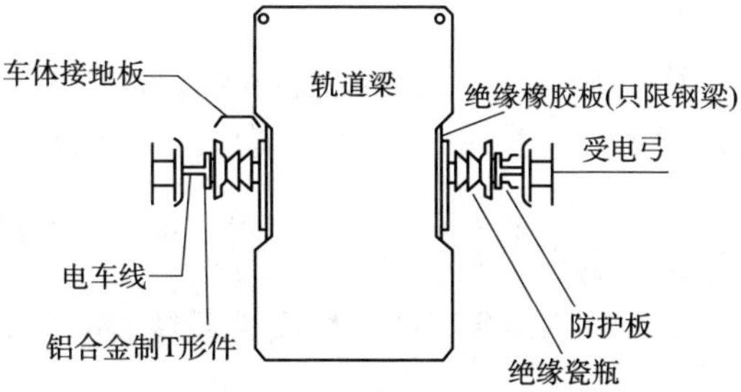

图 9－6 跨座式单轨系统供电设备

单轨交通系统供电流程如图 9－7 所示。

电车线采用复线式,在车站或乘务员乘降所线路轨道梁内设车体接地装置,保证对人无危害。

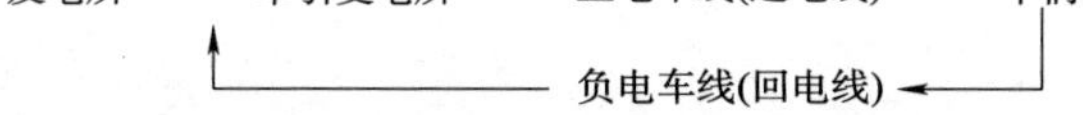

图 9－7 单轨交通系统供电流程

第五节　单轨交通的信号

为了检测列车占用情况以及对列车进行控制，重庆单轨交通采用日本信号公司的ATP车载及轨旁设备。

一、单轨交通信号系统的特点

1. 单轨交通取消了钢轮和钢轨，传统的依靠钢轨传递ATP信息和获得列车位置信息的方法已不再适用，必须采用特殊的方式来传递信息和检查列车的位置。

2. 单轨交通除使用单开道岔外，还使用三开道岔，采用高架线路，道岔非接通位置是悬空的，因此在联锁系统和道岔控制系统中必须进行特殊处理和合理分工，才能确保行车安全。

3. 轨道大部分采用高强度混凝土梁，在制作时对信号设备安装和敷设管线的部位，必须进行预留和预埋。

4. 高架线路上信号设备的施工和维护全部采用作业车进行。

二、单轨交通信号系统的组成

单轨交通信号系统由列车自动防护（ATP）及列车位置检测（TD）子系统、计算机联锁（CI）子系统和列车自动监控（ATS）子系统三部分构成。

1. ATP/TD系统

引进具有实际运营经验和成熟技术的日本单轨交通ATP/TD系统。它采用基于轨道环线的感应技术，实现列车运行超速防护和列车在线位置检测，能确保列车高速、高密度、安全可靠地运行。

2. CI系统

采用TYJL-Ⅱ型计算机联锁系统，实现道岔、进路、信号相互之间的联锁，确保行车安全。

3. ATS系统

采用自律分散方式的ATS系统，对其控制范围内的列车群进行控制、监视和管理，具有实时、高可靠、高安全、高可用性的特点，做到全天候工作不间断。

三、ATP/TD系统

1. 系统功能

（1）列车位置检测。ATP/TD系统的车载设备通过列车头部和尾部的天线，分别向轨道环线连续发送不同频率的信号，由地面设备接收解码，并利用逻辑判断电路进行处理,确定列车的在线位置。

(2)列车运行超速防护。ATP/TD 系统的地面设备通过设置于轨道梁两肩部的轨道环线,向列车连续发送速度控制信息,由 ATP 系统的车载设备根据接收到的速度控制信息,连续控制车辆的运行,实现列车的间隔保护和超速防护。

2. 系统构成

(1)ATP/TD 地面设备。主要由联锁编码单元、轨道继电器、发送设备、TD 接收设备、匹配单元、匹配变压器和电缆环线等组成,如图 9-8 所示。

(2)ATP/TD 车载设备。主要由接收天线、匹配变压器、公共单元、接收单元、TD 信号发送单元、ATP 放大单元及 ATP/TD 继电器单元等组成,如图 9-9 所示。

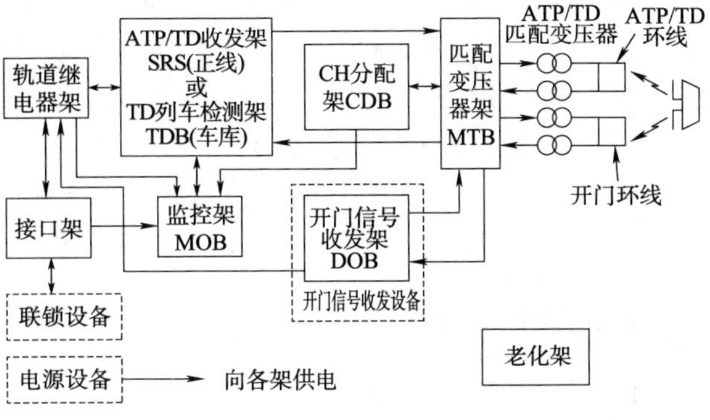

图 9-8 ATP/TD 地面设备构成图

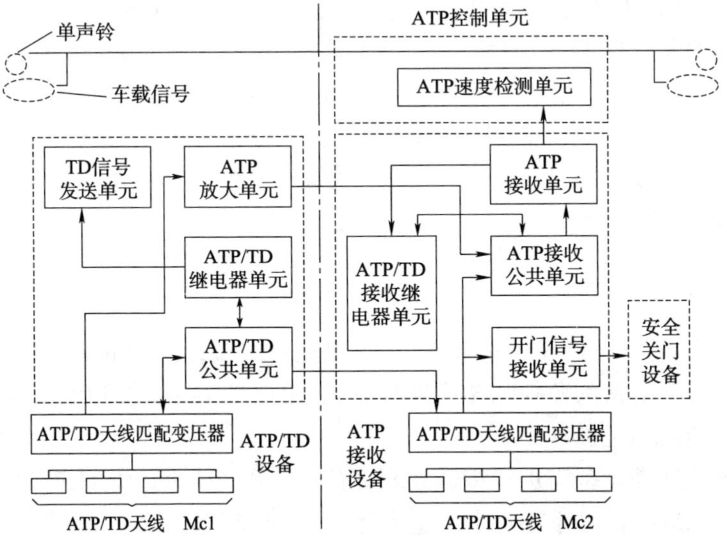

图 9-9 ATP/TD 车载设备构成图

3. 工作原理

(1)列车位置检测。单轨交通不能按传统的轮轨式轨道电路方式来检测列车占用情况,而是在混凝土梁或钢箱梁面上预埋轨道环线,利用轨道环线与车载设备共同完成列车占用检测任务。在列车没有压入该环线区段时,地面环线接收设备可以接收到 TD

检查信号而使环线继电器吸起，表明该环线区段没有被列车占用。一旦列车占用该环线区段，列车车头和车尾不断发送的TD调制信号将会叠加到地面环线上，使得地面环线接收设备不能正常工作，环线继电器落下表明环线被列车占用。通过地面和车载设备的配合使用，可以检测列车占用情况。

(2)列车速度防护。ATP地面设备根据位置、线路占用/出清等情况选择限制速度信号，并将其发送给轨道环线。ATP车上设备通过列车的天线接收信号并解码，一方面使车载信号速度灯点亮，另一方面将列车速度限制的信息传给ATP控制装置。

ATP地面设备控制信号，分上、下行方向，上行载频频率为21 kHz，下行为20 kHz，在送电端叠加发码。ATP地面设备与TD检查发送共用同一环线，利用环线向机车传递地面ATP信息。其工作原理与轨道电路一样。

四、防误出发设备

在车辆段每一股道出段信号机前方区段，设置防误出发设备，由安装于室内的防误出发信号发送器，向室外的TD环线上叠加防误出发信号。

当出段信号机关闭时，防误出发设备向每一股道的TD环线发送"M"信号，使列车启动ATP车载设备，列车以7 km/h的速度行驶。此时若列车错误出发越过信号机，因信号机后方区段是ATP区域，车载ATP设备从有码变无码，列车将实行紧急制动。

当出段信号机开放时，防误出发设备向其前方股道的TD环线发送"X"信号，使列车切断ATP车载设备，以15 km/h的速度行驶并越过信号机。

当地面防误出发发送设备故障、TD环线故障、车载ATP设备故障或在无限制人工驾驶模式下，将失去防误出发功能。

五、道岔控制

单轨道岔由4～5节箱型钢梁连接组成，以道岔梁整体移动的方法构成列车运行的进路。单轨交通将道岔的监控和转换进行分工，由信号系统负责道岔的监控，由道岔系统负责道岔的转换和机械锁闭。

信号系统的联锁设备需进行特殊处理，解决三开、五开道岔的联锁关系以及道岔转换时间延长的问题。信号系统负责向道岔系统提供道岔转换的目标位置、现场操作授权和DC 24 V表示电源等信息。道岔系统向信号系统提供道岔位置的表示信息、现场操作交权信息、道岔故障信息。

第十章 城市轨道交通规划与运营管理

客流预测、路网规划和线路规划是轨道交通建设和运营的前期工作，对于城市轨道交通非常重要。

城市轨道交通运营管理包括运输计划管理、运营调度管理、车站工作管理、票务管理、调车作业管理和安全管理。只有在充分利用和发挥各种设备的基础上，通过科学管理，形成最大的运输能力，优质、安全地完成运输生产任务，才能促进城市经济发展，满足广大市民出行的需要。

第一节　城市轨道交通规划

由于城市轨道交通的投资大，建设期长，成本高，必须有足够的客运量，才能获得较好的效益，因此建设应相当慎重。所以，做好轨道交通建设的前期工作非常重要。

一、客流预测

1. 客流

城市轨道交通的客流是指单位时间内线路上乘客流动人数和流动方向的总和。客流既表明了乘客在空间上的位移及数量，又强调了这种位移的方向性和起讫位置。客流分为预测客流和实际客流。

客流不仅是规划城市轨道交通网络、安排建设顺序、设计车站规模和选择车站设备容量的依据，也是轨道交通系统合理安排运力、编制运输计划、组织行车和分析运营效果的基础。

影响客流的因素很多，有经济因素，也有非经济因素，主要有城市规模、经济发展水平、各功能区域的布局、人口密度、流动人口数量、国民收入、城市交通网的布局、客运服务的价格与质量、私人交通工具的拥有量等。

城市轨道交通的客流量以断面客流量表示时，是指单位时间内通过线路某一点的客流量。这里的单位时间一般指 1 h 或 24 h。通过某一点的客流量就是通过该断面所在区间的客流量。

在以小时为单位计算断面客流量的情况下，分时断面客流量最大的小时称为高峰小时。高峰小时有早高峰与晚高峰之分。就行车组织的内容而言,高峰小时的最大断面客流量对于行车组织而言,是一项重要的基础资料。

在城市轨道交通中,通常还以车站的乘降或换乘人数来衡量或考核客运量的大小。

2. 客流预测

客流预测是在已知以前发生的客流和假设未来发展的基础上进行的。预测客流,可以已知的运输统计提供的基础资料为依据,辅以对城市、港口、车站、机场等处的调查,然后进行预测。

(1)客流预测的作用。城市轨道交通建设的模式和规模要适应近期城市交通的需求,又要适应远期城市交通发展的要求,因此,进行城市客流预测是十分必要的。

客流预测是进行轨道交通项目投资决策的依据。从线网规划方面,要对轨道交通建设做出合理规划,确定其在城市发展中的比重,各种城市客运交通方式之间的比重,就必须对城市客运需求的现状和趋势作出科学预测;从线路规划方面,一条线路是否值得建设,什么时候建设,采用什么模式及规模,都必须以未来的客运需求为依据。

客流预测是轨道交通项目可行性研究和项目评估的基础。一个项目的投资额和运营成本,主要取决于在客流预测基础上确定的系统规模。项目建成后运营期内效益,也需要借助客流预测的结果来衡量。如果没有科学合理的客流预测为基础,就必然低估或高估项目的费用和效益。

(2)客流预测的方法。进行客流预测,首先要开展详尽的交通调查,收集与客流预测相关的各种基础资料并进行统计分析,确定有关参数,然后在此基础上建立科学的预测模型,通过计算机仿真,最后得到预测结果。客流预测分为区域预测、运量预测、平均运程预测等。

城市交通客流预测一般有以下模式:①采用城市交通规划中的预测模式,分析和预测城市道路网和轨道交通系统的客流量;②运用趋势外推的方法预测未来新建轨道交通线路的客流量;③以车站确定的吸引区域来计算各站点、断面、线路的客流量。

客流预测的方法有许多种,但无非是定量预测方法和定性预测方法两大类。定量预测法有时间序列客流预测法和因果关系客流预测法两类。定性预测方法中使用较多的是专家调查法。

(3)客流预测的局限性。由于客流预测是总结分析已知以前发生的客流规律,并对未来客流的发展进行假设,因此,带来了许多不确定性。往往在一条线路开通时间不长就会承受不断增加的客流压力,这在大城市尤为明显。而在一些中等城市的客流则需要比预计更长时间的培养。

二、城市轨道交通规划

1. 城市轨道交通规划的作用

对于一个现代化大城市来说,没有轨道交通是不可想象的,而且必须构筑一个科学合理完善的轨道交通网。因此,轨道交通规划是城市规划的重要环节。

城市轨道交通建设已属不易,建成后的改造调整更是近乎不可能。因此,必须做好城市轨道交通规划。城市轨道交通规划既需顾及多种相关因素,又需顾及城市发展趋势,是带有极强的空间相关性和时间延续性效应的高难规划。

城市轨道交通规划既有整体性——服从于城市规划,服从于城市交通规划的整体要求;又有独立性——是一个相对独立的体系。既有超前性——建设周期长,对城市发展影响大;又有调整性——在逐步完成的过程中,有调整的必要与可能。

2. 城市轨道交通线网规划

由于城市轨道交通建设投资巨大,时间跨度长,建设要求高,建成后调整可能性小。因此,每个城市轨道交通线网络的总体规模应有一个科学的预测,对于特大城市,城市轨道交通线网的规模相应较大,整体规模预测显得更为必要。

决定城市轨道交通线网规模的最重要因素是线网总长度。总长度基本反映了城市轨道交通网络的总体规模,包括由此可推算的总投资量、总输送能力、总设备需求量,总经营成本与效益等,从而在宏观决策与调控上有量可依,也可据此决定相应的管理体制与运作机制。

在总量规模基本确定的前提下,可完成线网的规划,即确定线网的基本结构和线路具体走向、站点设置等。

3. 城市轨道交通线路规划

城市轨道交通线路规划包括:线路规划、站点设置、环境保护等。

(1)线路规划。应能满足未来城市发展对交通设施的需求,充分利用自然条件,最大限度发挥轨道交通的能力。线路规划应考虑能与其他公共交通方式以及铁路、航空、水运换乘便利,衔接紧密。

(2)站点设置。要考虑城市布局和居民出行便利,一般在能容纳大交通量的地区,尤其是能充分接近高密度居住区。根据沿线的发展状况,合理安排车站间距的大小和车站位置布局,从而便利各种交通方式的换乘,尽量缩短换乘时间。

(3)在市区应尽量采用地下或高架结构,避免采用噪声、震动等公害最为严重的地面轨道,以满足环境保护的要求。

第二节 城市轨道交通运营管理

一、运输计划

运输计划是城市轨道交通系统运营组织的基础。城市轨道交通系统必须根据客流,科学编制运输计划,合理调度指挥列车运行,以实现计划运输。

1. 客流调查和分析

(1)客流调查。城市轨道交通的客流是动态变化的,但这种变化是有规律的。要掌握客流在时间、空间上的变化规律,必须经常进行各种形式的客流调查。

客流调查主要有全面客流调查、乘客情况抽样调查、断面客流目测调查和节假日客流调查等。

对于客流调查资料,应认真整理,采用适当的统计方法来汇总计算各项指标,主要有:全线各区间分时断面客流量、分时最大客流断面、分时最大断面客流量,全线各站分时上、下车人数、换乘人数,本线乘客乘车站数,跨线乘客乘车站数,乘客分时平均运距,全线分时乘客密度等。

(2)客流分析。对客流进行系统分析,掌握客流现状及其变化规律是顺利进行行车组织工作和客运组织工作的前提。

客流主要有以下变化:①小时客流量在一日内的变化;②全日客流量在一周内的变化;③客流的不均衡性(包括上下行客流的不均衡、断面客流的不均衡、分时客流的不均衡);④客流量的其他变化(季节性变化、大型活动、天气变化等)。

2. 客流计划

客流计划是在运输计划中对城市轨道交通线路客流的规划。它是全日行车计划、车辆运用计划和列车交路计划编制的基础。

对于刚投入运营的新线,根据客流预测资料编制客流计划;对于既有运营线路,根据客流统计资料和客流调查资料编制客流计划。

客流计划的主要内容包括:站间到发客流量,各站方向别上、下车人数,全日、高峰小时和低谷小时的断面客流量,全日分时最大断面客流量等。

3. 全日行车计划

全日行车计划是营业时间内各个小时开行的列车对数计划,是根据各个小时的最大断面客流量、列车定员人数和车辆满载率,以及希望达到的服务水平综合编制的。

全日行车计划规定了城市轨道交通线路的日常作业任务,又是编制列车运行图、计算运营工作量和确定车辆运用数的基础资料。

4. 车辆运用计划

车辆运用计划是为完成全日行车计划而制定的车辆保有数安排计划。车辆保有数是在推算运用车辆数、在修车辆数和备用车辆数后,确定在既有设备和行车组织方法的条件下,为完成运输任务必须保有的车辆。

5. 列车交路计划

列车交路计划规定了列车的运行区段、折返车站和按不同列车交路运行的列车对数。

在城市轨道交通线路的各个区段客流量不均衡的情况下,采用合理的列车交路是运输计划的重要组成部分。合理的列车交路既能提高车辆运用效率,避免运能虚靡,降低运营成本,又能较大地方便乘客。

列车交路可分成长交路(大交路)、短交路(小交路)和长短交路 3 种。长交路指列车在线路上全线运行。短交路指列车在线路的某一区段内运行,在指定的车站折返。长短交路是指线路上两种交路并存的列车运行。列车交路的图解如图 10 - 1 所示。图 10 - 1(a)所示为长交路在两端站(a 站和 c 站)之间运行,短交路在端站(a 站)和中间折返站(b 站)之间运行。图 10 - 1(b)所示为长交路在两端站(d 站和 g 站)之间运行,短交路在两中间折返站(e 站和 f 站)之间运行。图 10 - 1(c)所示为:①h 站和 j 站之间的长交路;②i 站和 j 站之间的短交路。在j 站和 l 站之间也为短交路。

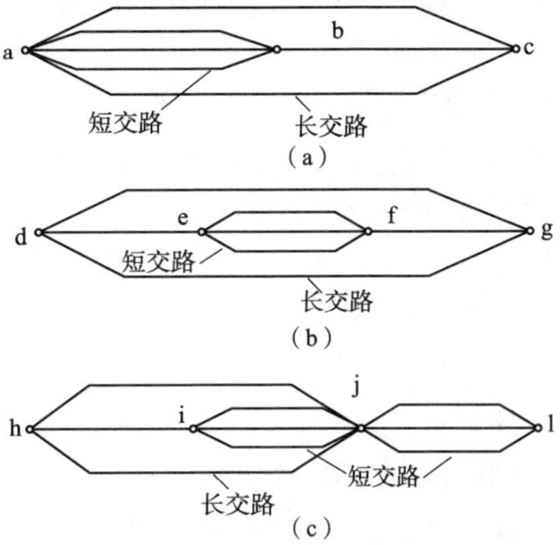

图 10 - 1　列车交路图解

长交路比短交路列车运行组织简单,但在各区段客流量不均衡情况下会产生部分区段运能的浪费。短交路能适应不同客流区段的运输需求,但要求中间折返站具有两个方向的折返能力以及具有方便的换乘条件。长短交路既能满足运输需求,又能提高运营效益。在线路各区段客流量不均衡的情况下,可以采用以长交路为主,短交路为辅的列车交路计划,组织列车在线路上按不同的密度行车。当高峰期间客流在空间分布上比较均匀,而低谷期间客流在空间上分布相差悬殊时,也可以在低谷时间采用长短交路列车运行方案,组织开行部分在中间站折返的短交路列车。

二、运营调度指挥

1. 运营调度

城市轨道交通是一个复杂的、技术密集的公共交通系统,具有高度集中和各个工作环节紧密联系、协同动作的特点,必须实行集中调度、统一指挥的原则。

运营调度是城市轨道交通日常运输工作的指挥中枢,凡与运营有关的所有部门和工种都必须在运营调度的统一指挥下进行日常生产活动。

(1)运营调度的任务。科学地组织客流,经济合理地运用车辆,挖掘运输潜力,提高运输效率和经济效益,组织与运输有关各部门密切配合、协同动作,确保实现列车运行图,努力完成运输生产任务,为广大乘客服务。

(2)运营调度组织系统。为统一指挥、有序组织运输生产活动,各轨道交通线路设立控制中心,即运营调度组织系统,如图 10 - 2 所示。为对运输生产活动进行全面的指挥和监督，控制中心实行分工管理，设置不同的调度工种分别管理一定的工作，如通常设有行车调度、电力调度和环控调度等。

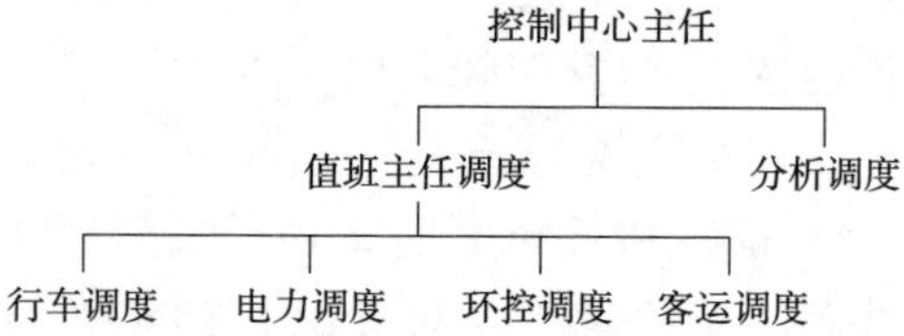

图 10－2　运输调度组织系统

①值班主任调度。组织和领导调度工作，其主要工作职责是传达、贯彻和执行上级有关命令及指示，负责完成本班组各项运输指标，主持接班会，布置有关注意事项，检查安全生产情况，掌握列车运行图执行情况，负责施工和救援工作，主持事故分析会等。

②行车调度。是运营调度工作的核心，担负着指挥列车运行、贯彻安全生产、实现列车运行图、完成运输计划的重要任务。行车调度统一指挥列车运行，负责监控或操纵 ATS 设备，掌握列车运行、到发情况，发布调度命令，检查各站、车辆段执行和完成行车计划情况，在列车晚点或运行秩序紊乱时采取有效措施尽快恢复按运行图行车，负责施工要点登记，发生行车事故时迅速采取救援措施，并向上级和有关部门报告，填写各种报表。所有与列车运行有关的作业人员，如车站值班员、车辆段/停车场值班员、司机都必须服从行车调度指挥，执行行车调度员的命令。如果行车设备在运营时间内发生故障，由行车调度员指挥电力、环控调度员配合进行行车调整及应急处置。

③电力调度。负责对变电所、接触网设备的运行状态进行实时监控和数据采集。电力调度通过实时监控供电设备的运行，掌握和处理供电设备的各种故障，确保实现对系统安全、可靠地供电。

④环控调度。负责监控全线各站相关区域的温度、湿度、二氧化碳浓度等环境参数；对各区间的危险水位进行监控，及时发出报警信号；监控全线各车站的通风、空调和给排水设备，以及安全门、自动扶梯和防淹门的运行；根据具体情况制定环控要求，向车站下达区间隧道通风设备的运行模式。

⑤客运调度。负责监控全线各站的客流状况，根据行车调度的列车调整指令，向有关车站下达客流组织指令。例如，当行车调度下达列车越站指令时，客运调度就要通知相关车站进行广播，以免乘客误乘。

2. 列车运行图

(1)列车运行图及其作用。列车运行图是列车在各区间运行和在各车站到达、出发时刻的图解形式，是组织列车运行的基础，它规定各次列车占用区间的顺序、在每个车站的到达和出发时刻、在区间的运行，以及列车交路等。列车运行图是维持运营秩序、保证行车安全和协调各部门工作的综合工作计划，是行车调度员指挥列车运行的基本依据。正确地编制列车运行图，对保证行车安全、加速车辆周转、提高运输效率和运输能力、完成客运任务，具有非常重要的意义。

(2)列车运行图的基本格式。在列车运行图上，将横轴按一定比例用竖线划成等分，竖线代表一昼夜的小时和分钟；将纵轴按一定比例用横线加以划分，横线代表车站的中心线所在的位置；斜线代表列车运行轨迹线，一般以上斜线表示上行列车，下斜线表示下行列车。这样便构成了列车运行图的基本格式。

城市轨道交通的列车运行图通常采用一分格运行图。它的横轴以 1 min 为单位用细竖线加以划分，10 min 格和小时格用较粗的竖线表示。

列车运行图有不少类型。城市轨道交通均采用双线平行运行图。如图 10－3 所示。在双线，上、下行列车在各自的正线上运行，互不干扰。在同一区间内，同一方向列车的运行速度相同，因而运行线相互平行。

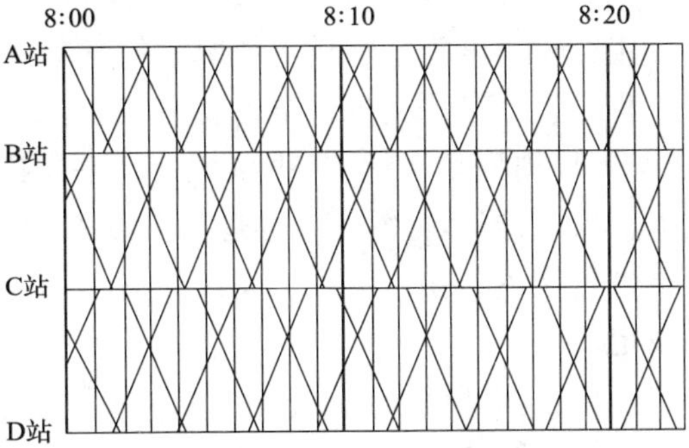

图 10－3　双线平行运行图

(3)列车车次。在列车运行图上，各次运行列车均有不同的车次。一般按不同的列车类别(图定列车、加开列车、调试列车、空驶列车、救援列车、施工列车)及发车顺序编制列车车次号。但各个城市每条线路的车次号也不相同。如北京地铁列车车次号由 4 位数组成，第 1 位为上下行方向(上下行方向由各个城市每条线路各自规定)，第 2 位为列车种类，后两位为列车运行次序；上海轨道交通 1 号线使用的车次号由 5 位数组成，前 3 位为列车识别符，后 2 位为目的地码，目的地号代表列车的运行终点站。

(4)列车运行图的编制。编制列车运行图是行车组织的主要内容。在组织运输生产的过程中，列车运行要利用多种技术设备，要求各个部门和工种的协调配合。通过列车运行图，把整个轨道交通的活动连成统一的整体，把与列车有关的单位组织起来。编制的列车运行图既要有先进性，又要有可行性。

每经过一定时期，如果客运量和技术设备发生了较大的变化或运输组织方法进行了调整，就有必要重新编制一次列车运行图。

在编制列车运行图前，必须收集各种编图资料。编制列车运行图时要充分考虑方便乘客、经济合理地使用车辆、列车运行与车站客运作业的协调、列车运行与车辆段作业的协调，要注意确保行车安全和乘客的乘降安全。

编制列车运行图时，在一分格列车运行图上精确地铺画每一条列车运行线，即根据列车运行方案图和有关资料详细规定列车在每个车站的到、发时刻，在各个区间的运行时分和在折返站的停留时间。

(5)实绩列车运行图。实绩列车运行图是行车调度和运输分析工作的重要原始资料，一般由 ATS 自动绘制，但行车调度员应能准确完整地绘制实绩列车运行图。

3. 行车调度指挥

(1)正常情况下的行车调度指挥。ATC 系统已被城市轨道交通广泛采用。在正常情况下,列车运行控制由 ATC 系统自动完成。列车进路按 ATS 的指令,由联锁设备自动排列,行车调度员主要监视列车的运行。

①行车调度指挥。正常情况下的行车调度指挥分为集中控制模式和站控模式。

集中控制模式又分为全自动模式、自动调度模式和集中人工模式。在全自动模式下,ATS 根据列车运行图,由系统自动办理进路,调度全线列车的运行。在自动调度模式下,ATS 根据运行图自动办理列车进路,但列车在车站的停站时分、运行等级等,由调度员进行调整。在集中人工模式下,列车的始发进路和运行目的地由调度员人工办理和设定。

在行车调度员授权下,可将控制权下放给联锁集中站,由联锁集中站的车站值班员对所管辖区段的列车运行进路进行控制,也可通过设置自动触发列车运行进路。

②列车运行调整。由于发生设备故障、突发事件或作业延误等原因,造成列车运行晚点。此时行车调度应根据列车运行的实际情况,在保证行车安全的原则下尽量恢复正点运行,对列车的运行进行调整。

ATS 的列车运行调整有自动调整和人工调整两种。自动列车运行调整由系统根据使用时刻表对早、晚点时间在一定范围内的图定列车自动进行运行调整,可通过改变列车运行等级和停站时间进行。当列车晚点时间超出一定范围时,必须由行车调度员进行人工运行调整,可采用列车跳停、扣车等方式进行,必要时停运部分列车。

跳停,指列车在某车站不停站,放站运行。跳停应严格掌握,客流较大车站原则上不安排通过,首末班车不安排跳停,不允许办理连续两列车通过同一车站。跳停时应提前广播通知乘客。

扣车,指当一条线路的列车由于发生行车设备故障或突发事件引起运行不正常,造成乘客拥挤时,将列车扣在附近车站,以缓和压力确保列车间隔。

停运列车,指当线路某区段中发生拥堵不能满足在线列车运行时,可适当抽调部分列车下线,拉大列车运行间隔。

(2)非正常情况下的行车指挥

①ATC 设备故障时的行车指挥

a. 控制中心 ATS 自动功能故障时,由行车调度员人工排列进路和进行列车运行调整,以及通知折返列车输入新的车次号。控制中心 ATS 显示功能故障时,控制权下放给集中联锁站,由车站值班员在联锁工作站上排列进路。

b. 车载 ATP 设备故障时,行车调度员对故障列车下达切除车载 ATP 的调度命令,以限速人工驾驶方式运行至前方站,清客后以双区间间隔、人工驾驶方式运行至就近有折返存车线或入段线的车站,退出运营。

c. 小范围 ATP 轨旁设备故障时，由行车调度员确认故障区间空闲后，向司机发布调度命令，列车不切除车载 ATP，在故障区间以限速人工驾驶方式运行，并且在故障区间只准一列列车占用。大范围 ATP 轨旁设备故障时，由行车调度员发布调度命令，停止使用基本闭塞法，按电话闭塞法或站间闭塞法行车，列车切除车载 ATP，以人工驾驶方式运行。

d. ATO 设备故障时，改为 ATP 防护下的人工驾驶方式运行。

②集中站联锁设备故障时的行车指挥。行车调度员下达按电话闭塞法行车的调度命令，列车进路控制权下放给集中站。控制中心和车站共同确认电话闭塞法行车的第一趟列车运行前方区间和车站空闲，车站值班员手信号接发列车，列车在故障区间以限速人工驾驶方式运行。

(3)特殊情况下列车运行

①列车反方向运行。在特殊情况下，可组织列车反方向运行，即下行列车在上行线运行或上行列车在下行线运行。列车反方向运行应按规定程序进行审批，以行车调度员的调度命令下达执行。行车调度员对反方向运行列车重点监控，确保行车安全。

②列车退行。列车需要退行时，行车调度员在确认列车退行进路空闲和车站广播通告乘客注意安全后，下达准许列车退行的调度命令。

③开行救援列车。在接到司机的救援请求后，如果确定由在线列车担当救援任务时，行车调度员应尽可能根据正向救援的原则指派救援列车，及时向担当救援任务的列车司机下达调度命令，并向有关车站值班员下达封锁区间的调度命令。在线列车担当救援任务时，应先清客，后担当救援任务。有关车站应根据救援命令，适时进行扣车，准备列车进路，并做好客运组织工作。

(4)检修施工时列车运行。轨道交通的检修施工作业原则上安排在非运营时间进行，必须中断列车运行的设备抢修除外。在确认进行夜间检修施工时，行车调度员要根据检修施工计划的安排，保证检修施工作业能顺利完成，并要确保次日运营能正常进行。检修施工结束后，行车调度员根据车站值班员的报告，在确认行车设备完好、检修施工人员和机具撤离后，下达调度命令同意注销检修施工。

(5)电话闭塞法行车。在停用基本闭塞法、联锁设备故障、列车反方向运行(反方向运行区段有 ATP 码除外)、开行施工列车和轨道车时，均应停止使用基本闭塞法，改用电话闭塞法行车。

电话闭塞法是在没有任何设备控制的条件下，仅凭站间行车电话联系来保证列车空间间隔的一种临时代用的行车闭塞法。改用电话闭塞法或恢复基本闭塞法行车，均应有行车调度员发布的调度命令。电话闭塞法行车时，列车占用区间的行车凭证为路票，列车发车凭证为车站值班员的手信号。有的城市轨道交通运输企业用电话记录号码代替路票，可节省作业时间，提高运输效率。

改用电话闭塞法行车时，行车调度员应及时调整使用时刻表，车站值班员根据调整后的使用时刻表严格按照规定的作业程序和要求办理闭塞、准备进路、显示信号、发出列车、接入列车、解除闭塞作业。在人工调度的情况下，由人工绘制实绩运行图。

三、车站工作组织

在轨道交通运输过程中，车站是运输企业与服务对象的主要联系环节，它的作用极其重要。车站是供列车到、发及折返的分界点，也是办理客运业务和各工种联劳协作的基地，是乘客旅行的起始、终到及换乘的地点。

车站的运输生产主要由行车组织和客运组织两部分构成。

1. 车站行车组织

(1)车站行车工作组织。车站行车组织包括接发列车作业和列车折返作业等。

车站行车组织工作必须确保运输安全，合理运用技术设备，按列车运行图接发列车，质量良好地完成客运任务。

对车站行行车组织工作的基本要求是：严格执行命令听从指挥、遵章守纪按图行车、作业联系及时准确、接发列车目迎目送、行车表报填写齐全。

为了加强车站行车工作组织，必须建立和健全各项行车工作制度，做到行车作业制度化、程序化、标准化。车站行车工作制度主要有车站值班员岗位责任制、行车作业联系制度、交接班制度、施工及检修登记制度、道岔擦拭制度、巡视检查制度和行车事故处理制度。

车站行车工作实行单一指挥制，车站值班员是一个班行车工作的组织者和指挥者。

(2)接发列车工作。在正常情况下，ATC 系统根据计划列车运行图及列车运行实际情况，自动办理与控制车站的接发列车工作。此时，车站值班员的职责是在车站控制台上监视进路的办理、信号的开放是否正确，列车状态是否正常等。

当根据列车调度员命令，停止使用基本闭塞法，改用电话闭塞法行车，实行车站控制时，车站值班员具体组织和直接指挥接发列车工作，包括办理闭塞、准备进路、开闭信号、交接凭证和接送列车等。

在按电话闭塞法行车时，当车站发生行车闭塞电话和调度电话等一切电话中断的情况，为了维持列车运行，区间改按时间间隔法行车。此时，车站值班员具体组织和直接指挥接发列车工作。

2. 车站客运组织

车站客运组织即客运服务工作。客运服务是为广大乘客提供安全、便利、舒适、快捷的乘车、候车环境，以尽量满足乘客的需求，要不断提高服务质量，使乘客满意。

客运服务工作包括引导乘客进站、问讯、售检票、组织乘客乘降和换乘等。车站客运工作是完成轨道交通运输任务的重要组成部分。客运工作直接面对乘客，能否安全、便利、舒适、文明地为乘客服务，是直接反映城市轨道交通运营管理水平的标志之一，也是反映城市文明程度的一个窗口。

对车站客运工作的基本要求是：站容整洁、有完善的向导标志、提高服务质量、严格按规章办事、掌握客流变化、搞好联劳协作。

(1)客流组织。客流组织是通过合理布置客运有关设备、设施以及对客流采取有效的分流或引导措施来组织客流运送的过程。客流组织对于客流较大、客流方向较复杂的大车站、换乘站尤为重要。

客流组织的主要内容包括：售检票设备位置的设置、车站导向标志的设置、车站自动扶梯的设置、隔离栏杆等设施的设置以及车站广播的导向、售检票数量的配置、工作人员的配备、应急措施等。客流组织应保证客流运送的安全，保持客流运送过程的畅通，尽量减少乘客出行的时间，避免拥挤，避免客流的对流，便于大客流发生时的及时疏散。

大客流是指车站在某一时段集中到达的客流量超过车站正常客运设施或客运组织措施所能承担的流量时的客流。大客流一般发生在大型文体活动散场时或重要节假日期间。大客流的组织应在保证疏散客流安全的前提下，尽快地疏散客流，主要包括：增加列车运能、增加售检票能力、采取临时疏导措施、关闭出入口或进行进出限流。

(2)售检票作业。目前，城市轨道交通普遍采用了自动售检票，但是还保留部分人工售检票。在实行人工售检票作业方式时，应准确、迅速地发售车票。车站应根据客流量的情况开设足够的售票窗口。检票应做到组织乘客有秩序的进站乘车。

(3)站台客运作业。主要是接送列车与站台管理，以维持列车的正常运行秩序以及客运安全。

对站台候车的乘客做好宣传疏导工作，提醒乘客在安全线以内候车，确保乘客人身安全。列车到达前，组织乘客尽可能在站台上均匀分布候车。列车到达后，提醒乘客先下后上，对下车乘客迅速疏导出站。对通过或特殊用途列车，应根据行车调度的通知及时广播，做好候车乘客的组织工作。列车到达终点站后，及时做好清客工作。

要加强站台巡视，严防乘客跳下站台和进入隧道，防止乘客和闲杂人员在站台上长时间停留。注意候车乘客动态，发现有可疑情况，及时与有关人员取得联系，进行处理。

要经常保持站台的清洁卫生。

四、票务管理

1. 票价制式

城市轨道交通的票价制式主要有单一票价制和计程票价制。

(1)单一票价制。不论乘车距离，全线只发售一种票价车票。单一票价制的优点是售票速度快，检票可实行单检制，即进站检票、出站不检票，以减少车站作业人员。缺点是不利于吸引短途客流。

（2）计程票价制。按照乘车距离或乘车站数发售不同票价车票。如上海轨道交通实行按乘坐里程计费的计程票价制，具体计费方法：0 ~ 6 km（含 6 km）3 元，6 ~ 16 km（含 16 km）4 元，16 km 以上每增加 10 km 增 1 元。计程票价制的优点是乘客的车费负担比较合理。缺点是车票种类多、售检票作业比较复杂。

2. 车票

车票是乘客乘车的凭证，车票记载了乘客从购票开始，完成一次完整行程所需要和产生的费用、时间、乘车区间等信息。车票可从使用次数的限制和车票制作材料等不同的角度进行分类。

（1）从使用次数的限制，车票一般分为单程车票和储值车票。单程车票是一次乘车使用有效的车票，储值车票是在票值用完前可多次乘车使用有效的车票。上海轨道交通还有一日票，在一天内可任意次乘车。

车票还包括公共交通卡和随机发行的纪念票等。

城市轨道交通内可实现“一票通”换乘，同时兼容公共交通卡，与市内其他公共交通系统实现“一卡通”联乘。

（2）从车票制作材料，车票分为纸片车票、磁卡车票和 IC 卡。纸片车票是用普通纸制成的传统车票，上面印有票价、站名、编号等。纸片车票曾为轨道交通运营初期采用。磁卡车票是用纸或塑料卡片作为基片，在上面涂上磁粉物质制成的车票，磁卡上有磁卡密码、编号、车资、进站时间和地点等信息，为计程、计时票价。磁卡车票在自动售检票系统的初始阶段采用，其自动售检票系统设备较复杂，购置和维修费用较高。磁卡车票密码的破译、伪造较容易，安全性稍差。

目前多采用非接触式 IC 卡，有卡型和筹码型两种。非接触式 IC 卡是将车票的所有信息储存在车票的集成电路中，用非接触式 IC 卡读写设备获取相关信息，读写时无接触、无磨损，只要卡与读写器距离在 10 cm 内，读写设备就可准确读写卡中信息。非接触式 IC 卡读写方便，有助于提高自动检票口的通过能力。非接触式 IC 卡车票的特点是信息储存量大，并且可修改。非接触式 IC 卡为现代化联网收费系统所必需，计程、计时票价可实行收费区内直接换乘和多元收益方的精细清分。

3. 日常票务管理

车票是整个轨道交通自动售检票系统的信息源头，在确保城市轨道交通的运营秩序和运营收入上，票务管理起着重要的作用，必须加强日常票务管理。

（1）专设票务管理部门，负责车票的印制、赋值、保管、发行、发售、退换、回收、统计和票款交收等工作。

（2）装备高效方便的售检票及其他辅助设备，如自动售票机、自动检票机、辅币兑换机，以及查询校验车票的验票机等。

（3）在实行人工售检票作业时，要有完善的售检票作业程序和防止乘客无票乘车或越站超时乘车的措施，并制定补罚票制度。

4. 联网结算

联网结算是以提高城市交通运转效率、方便市民、降低运营成本为目的而规划建设的系统，它以非接触 IC 卡为车票载体，以计算机及各种电子收费终端（轨道交通、公共汽车、出租车等运输工具上的自收费终端和停车场、路桥收费站中的自动收费终端）为核心，以局域网和远程网络作为支撑，实现计费、收费、统计、汇总、预测、决策、分析以及清算等业务，实现乘客持一张交通卡可乘坐各种交通工具和进行小额消费，以及全面实现车辆停车、过路桥自动收费全过程的电子化、自动化、网络化综合管理。

五、调车作业组织

1. 调车工作

在列车转线、解体或编组以及取送车辆等情况下，列车或车辆在线路上的调动，都属于调车。调车主要有转线调车、取送调车、解体调车和编组调车。

调车工作是城市轨道交通运输生产过程的组成部分，也是折返站和车辆段行车工作的重要内容。列车能否按运行图到发运行，线路通过能力能否充分利用，很大程度上也取决于调车工作的组织和调车作业效率。

城市轨道交通的调车作业通常是在折返站和车辆段范围内进行。在折返站主要是利用站内正线、折返线等线路进行调车作业。在车辆段是利用牵出线和车库线等线路进行调车作业。折返站主要用于转线调车。车辆段除了列车出、入段作业外，主要是调车作业。

调车作业的动力在折返站由电动列车本身提供，在车辆段除电动列车本身外，通常由机车或轨道车牵引。

调车工作应及时完成，充分运用各种调车设备，采用先进的工作方法，提高调车作业效率，必须保证调车作业安全。

调车作业常用的作业方法有推送法和溜放法两种。与溜放法相比，推送调车法需要的时间较长，但比较安全。城市轨道交通通常禁止使用溜放调车法，因此使用的是推送调车法。

调车工作由车站值班员和车辆段运转值班员领导。所有与调车工作有关的作业人员，必须认真执行命令、指示和作业计划，按调车领导人编制的调车作业计划进行调车作业。

2. 调车作业计划

调车作业计划是调车工作的依据。调车作业计划由调车领导人编制，以书面形式下达。调车作业计划包括作业车组号、作业线路、作业钩数及作业方法等内容。

由于调车作业涉及的因素较多，作业中会发生需要变更计划的情况。在调车作业中要变更计划时，应停止调车作业，由调车指挥人将变更后的计划向调车司机及有关人员传达清楚后，方可继续进行调车作业。

3. 调车信号

调车作业必须按照调车信号机或调车手信号的显示要求进行。没有信号不准进行调车作业。在作业中，调车司机必须时刻注意确认信号，不间断地进行瞭望，认真执行呼唤应答制度，按信号显示要求进行作业。如遇信号显示不清，应立即停止调车，严禁臆测作业。

4. 调车允许速度

在进行调车作业时，应根据不同种类调车作业的特点，准确掌握调车速度。在瞭望困难和天气不良时调车，应适当降低调车速度。

第三节　安全管理

城市轨道交通是一个封闭的系统，其结构复杂且客流密集，一旦发生事故就会形成比较严重的后果，因此城市轨道交通的安全问题一直得到社会的广泛关注。加强安全管理，制定预防事故相关对策以及突发事故后的救援措施，对于城市轨道交通系统的运营安全具有十分重要的意义。

安全，泛指不受威胁、没有危险、不出事故。城市轨道交通的安全，是指在运行或生产过程中不发生行车事故、人身伤亡事故、火灾事故、设备事故等。

一、安全管理体系

1. 安全管理的目标

安全管理的目标是以安全运营为中心，取得良好的经济效益和社会效益。具体而言，是减少和控制危害及事故，尽量避免由于事故造成的人身伤害、财产损失、环境污染以及其他损失。

2. 安全管理的主要内容

安全管理包括安全生产的法制管理、行政管理、技术管理、设备管理、作业环境管理、劳动保护、事故应急救援、事故调查处理等。主要分为：运营安全管理、设备安全管理、防火安全管理、治安综合治理等工作。

3. 安全管理的基本对象

安全管理的基本对象是城市轨道交通企业的全体员工，涉及企业中的所有人员、设备、物资、环境、财务、信息等各个方面。

安全管理的范围包括：安全生产管理机构和人员、安全生产责任制、安全生产管理规章制度、安全生产策划、安全生产培训教育、安全生产资料档案等。

4. 安全管理的主要措施

安全管理要贯彻“预防为主”的方针，建立健全和切实落实安全工作责任制；建立和完善安全管理网络；加强监督检查机制，预防事故发生；建立安全培训制度，提高员工安全意识和技能，营造安全氛围；建立应急救援体系，增强应急处置能力；建立事故处理机制，落实责任制度。

二、城市轨道交通事故

城市轨道交通事故指在运营或生产过程中，因违反规章制度、劳动纪律、作业操作规程，或由于技术设备原因或其他原因引起的人员伤亡、设备损坏、经济损失、影响正常生产作业或危及运营安全的事件。

1. 事故分类

按事故责任，分为责任事故和非责任事故。

按事故后果，分为伤亡事故和非伤亡事故。

按城市轨道交通企业内部事故管理，分为行车事故、设备事故、工伤事故、火灾事故和客伤事故。

按事故等级，分为特别重大事故、重大事故、大事故、一般事故。

2. 事故原因

城市轨道交通事故涉及人员因素、车辆因素、轨道因素，以及受到社会环境和列车运行相关设备（信号系统、供电系统）因素的影响。

人员因素是导致城市轨道交通事故的主要原因，其中包括拥挤、不慎落入和故意跳入轨道、工作人员处理失当等。

车辆因素主要是列车脱轨，此外车辆部件的故障处理失当也会酿成事故。

轨道因素主要是轨道发生裂缝。

3. 事故预防

安全管理应做到预防为主，通过有效的管理和技术手段，在可能发生人身伤害、设备或设施损坏、环境破坏的场合，事先采取措施，防止事故发生。

4. 事故调查处理

事故调查处理应本着实事求是、尊重科学、公正、公开、分级管辖的原则。

5. 事故责任分析

事故责任分析，就是分析造成事故原因的责任，确定事故责任者。事故责任者指对事故发生负有责任的人，包括直接责任者、主要责任者和次要责任者。

三、应急预案

应急预案是针对具体设备、场所和环境，在安全评价的基础上，为降低事故造成的人身、财产与环境损失，就事故发生后的应急救援机构和人员、应急救援的设备、条件和环境、行动的步骤和纲领、控制事故发展的方法和程序等，预先做出的科学而有效的计划和安排。

1. 编制预案的目的

编制预案的目的是做好城市轨道交通事故灾难的防范与处置工作，保证及时、有序、高效、妥善地处置城市轨道交通事故灾难，最大限度地减少人员伤亡和财产损失，维护社会稳定，支持和保障经济发展。

2. 对于应急管理的规定

城市轨道交通运营单位应当根据实际情况制定地震、火灾、停电、反恐、防爆等专题应急预案，建立应急救援组织，配备救援器材设备，并定期组织演练。

当发生地震、火灾或其他突发事件时，城市轨道交通运营单位和工作人员应当立即报警和疏散人员，并采取相应的紧急救援措施。

城市轨道交通车辆在地面行驶中遇到沙尘、冰雹、雨、雪、雾、结冰等影响运营安全的情况时，应启动应急预案，并按照操作规程进行安全处置。

遇有城市轨道交通客流量急增危及安全运营的紧急情况时，应采取限制客流量的临时措施，确保运营安全。

遇有自然灾害、恶劣气象条件或者发生突发事件（包括自然灾害、事故灾难、公共卫生事件和社会安全事件）等严重影响城市轨道交通安全的情形，并且无法采取措施保证安全运营时，可停止线路或者部分路段运营，但应提前向社会公告，并报告政府主管部门。

城市轨道交通运营中发生安全事故，政府主管部门、城市轨道交通运营单位应当依据应急预案进行处置。

城市轨道交通运营中发生人员伤亡事故，应当按照"先抢救受伤者，及时排除故障，恢复正常运行，后处理事故"的原则处理，并按照国家有关规定及时向有关部门报告；城市轨道交通主管部门、城市轨道交通运营单位应当配合公安部门及时对现场进行勘查检验，依法进行现场处理。

3. 应急情况报告

事故的早期报警可使事故救援工作开始于事故初发期，及时控制事故，防止事故蔓延和扩大。应急情况报告应快捷、准确、直报、连续上报。

4. 应急预案处置

应急预案处置分为启动预案、封锁现场、疏散人群、抢救伤员、勘查现场、恢复秩序等程序。

5. 应急保障

城市轨道交通应急保障包含信息网络通畅、救援物资齐备、人员调动迅速、指令及时传输、培训训练到位、法律法规保障等内容。

附录　名词术语英(缩略语)中对照

ACS	门禁系统
ADM	分插复用器
AFC	自动售检票系统
AIS	告警指示信号
AM	自动驾驶模式
AR	自动折返驾驶
ASD	滑动门
ATC	列车自动控制
ATM	异步传输模式
ATO	列车自动运行
ATP	列车自动防护
ATS	列车自动监控
BAS	环境与设备监控系统
BCU	制动控制单元
BRI	基本速度接口
CA	控制中心自动控制
CAN	控制器局域网
CBD	中央商务区
CBTC	基于通信的列车控制系统
CCTV	视频监控系统
CI	计算机联锁
C/S	客户机/服务器网
CTC	调度集中
DCE	数据电路终接设备
DCU	门控单元
DDL	电流变化率和电流增量
DSP	数字信号处理
DTE	数据终端设备
DTM	定时限过流
DTO	无人驾驶有人跟车的自动化运行模式
DVB	数字电视技术
DVD	数字光盘
DXC	数字交叉连接
EBCU	制动系统计算机
EED	工作门
E/O	电/光
ETS	有条件同步判断
FAS	火灾自动报警系统
GIS	数据采集器
GOA	自动运行等级
GPS	全球定位系统
GTO	大功率晶闸管元件
HMI	人机界面
IBP	综合后备盘
IC	集成电路
ICU	逆变器控制单元
ISCS	城市轨道交通综合监控系统
ISDN	综合业务数字网
LAN	局域网
LC	车站控制

LCD 液晶
LED 发光二极管

MMI 人机接口
MSTP 多业务传送平台
MVB 多功能车辆总线

N－ISDN 窄带综合业务数字网
NRZ 不归零单极性码

O/E 光/电
OTN 开放式信息传输网
OTR 光收发器

PA 广播
PAS 乘客广播系统
PCM 脉冲编码调制
PDP 等离子、系统配电柜
PED 应急门
PEDC 安全门主控制器
PID 乘客向导系统
PIS 乘客信息系统
PLC 可编程控制器
PSA 安全门监视器
PSCADA 电力监控系统
PSL 站台操作盘
PTI 列车识别系统
PTT 按键讲话

RM 限制人工驾驶
RPR 内嵌分组弹性环

SCADA 监控系统
SDH 光同步数字传输系统
SIP 信令控制协议
SM 列车自动防护驾驶
STO 有人驾驶的自动化运行模式

TCMS 列车管理系统
TCP/IP 传输控制协议/因特网互联协议
TD 列车位置检测
TDM 时分复用
TOD 司机显示
TM 终端复用设备

UCS 通用字符集
UDP/IP 用户数据报协议/因特网互联协议
UPS 不间断电源
URM 非限制人工驾驶
UTO 全自动无人驾驶模式

VC 带宽
VCD 音像光碟
VOBC 车载控制器
VTR 磁带录像机
VVVF 调频调压

参 考 文 献

[1] GB 50157—2013 地铁设计规范[S].

[2] 林瑜筠. 城市轨道交通信号[M].3版. 北京:中国铁道出版社,2015.

[3] 李伟章,杨海江. 城市轨道交通通信[M].2版. 北京:中国铁道出版社,2013.

[4] 宋奇吼,李学武. 城市轨道交通供电[M].2版. 北京:中国铁道出版社,2011.

[5] 吴海超,王华. 城市轨道交通车辆[M]. 北京:中国铁道出版社,2016.

[6] 韩宜康,林瑜筠. 城市轨道交通线路与站场[M]. 北京:中国铁道出版社,2013.

[7] 林瑜筠. 城市轨道交通运营管理[M]. 北京:中国铁道出版社,2017.

[8] 毛保华. 城市轨道交通规划与设计[M]. 北京:人民交通出版社,2006.